土木工程测量

（第5版）

主　编　覃　辉　马　超　朱茂栋
主　审　宁津生

U0347456

同济大学 出版社
TONGJI UNIVERSITY PRESS
·上海·

内 容 提 要

这是一本经 16 年持续改进、内容更趋成熟的移动互联网信息化测量多媒体立体教材,使用作者与广州南方测绘科技股份有限公司合作开发的 MSMT 手机软件解决施工测量程序计算的全部内容。同济大学出版社课程网站配有制作精美的 PPT 教案,练习题答案(只对教师及工程技术人员开放),测量实验与测量实习指导书,测量方法及测绘新技术教学视频,全站仪模拟操作 CIA 课件,各类测量软、硬件设备操作手册,建筑物数字化放样及道路、桥梁、隧道施工测量案例等充实的测、算、绘能力培养教学资料。

本书按《高等学校土木工程本科指导性专业规范》的要求修订,可用作土木工程专业各方向和建筑学、城市规划、给排水、工程管理、房地产经营与管理等专业的"土木工程测量"课程教材,也可用作土建工程技术人员的继续教育教材。

图书在版编目(CIP)数据

土木工程测量 / 覃辉,马超,朱茂栋主编.—5 版
. —上海:同济大学出版社,2019.1(2024.7重印)
　　ISBN 978-7-5608-8246-8

　　Ⅰ.①土… Ⅱ.①覃… ②马… ③朱… Ⅲ.①土木工
程—工程测量—高等学校—教材 Ⅳ.①TU198

中国版本图书馆 CIP 数据核字(2018)第 268004 号

土木工程测量(第 5 版)
Civil Engineering Surveying (5th Edition)

覃 辉 马 超 朱茂栋 主编

责任编辑 杨宁霞 李 杰 **责任校对** 徐春莲 **封面设计** 陈益平

出版发行 同济大学出版社 www.tongjipress.com.cn
　　　　　(地址:上海市四平路 1239 号 邮编:200092 电话:021-65985622)

经 　 销 全国各地新华书店
印 　 刷 常熟市大宏印刷有限公司
开 　 本 787 mm×1092 mm 1/ 16
印 　 张 25.5
字 　 数 636 000
版 　 次 2019 年 1 月第 5 版
印 　 次 2024 年 7 月第 9 次印刷
书 　 号 ISBN 978-7-5608-8246-8

定 　 价 58.00 元

第 5 版 前 言

"土木工程测量"是土建类专业唯一一门介绍施工测量的重要课程。2004 年 1 月出版了第 1 版《土木工程测量》教材。从撰写第 1 版教材至今,我们持续进行了 16 年的研发。今天,依托互联网信息化技术,第 5 版教材终于实现了移动互联网信息化测量全覆盖。学完第 5 版教材后,你一定会发现:原来施工测量还可以如此简单。

第 1～4 版教材专注于使用卡西欧 fx-5800P 工程机程序解决施工测量计算问题,对交通施工测量计算的原理、方法与程序持续进行了 15 年的研发,出版的 14 部专著成果在我国交通施工测量领域得到了广泛的应用。在我国移动互联网信息化技术迅速普及的背景下,继续使用 fx-5800P 工程机程序解决施工测量计算问题已不能适应工程用户的需求。

2017 年,笔者与南方测绘科技股份有限公司开展战略合作,将 14 部专著的全部成果融入南方 MSMT 手机软件中。

众所周知,智能手机可以连接移动互联网,手机中的数据,可以通过移动互联网发送给世界各地的好友。使用南方 MSMT 手机软件,可以实现蓝牙启动数字水准仪、全站仪测量,并自动提取测量结果到记录表格,生成的测量及计算数据 Excel 文件,可以通过移动互联网发送给好友,彻底颠覆了手动记录测量数据与抄录计算结果的传统模式。

本书按《高等学校土木工程本科指导性专业规范》[1] 的要求修订,按培养土木工程专业学生的测、算、绘应用技能为主线编写。其中,"测"是操作全站仪、数字水准仪、GNSS RTK 采集或放样点位的坐标;"算"是应用南方 MSMT 手机软件处理程序计算问题,应用工程编程机 fx-5800P 验算原理公式;"绘"是应用 Auto CAD 与数字测图软件 CASS 展示与编辑点位的坐标。

与第 4 版教材比较,第 5 版教材的测、算、绘三项技能培养全部使用南方 MSMT 手机软件实现,重点改进了下列章节的内容:

(1)开发了 MSMT 抵偿高程面高斯投影模块。高斯投影是测绘工程专业的课程教学内容,但因高铁与高速公路设计图纸频繁地使用分带投影的抵偿坐标系,如果不掌握抵偿高程面的高斯投影计算方法,就无法从事交通施工测量。

(2)与南方常州瑞德仪器有限公司合作,为新开发的 DL-2003A 数字水准仪新增蓝牙测量命令,使 MSMT 水准测量模块能通过蓝牙启动水准仪测量、自动记录测量结果和进行单一水准路线的近似平差计算。

(3)用全站仪取代光学经纬仪撰写角度测量章节的内容,这是国内第一本彻底删除了光学经纬仪内容的测量教材。为了满足全站仪与 MSMT 手机软件通过蓝牙传输数据的需要,与南方北京三鼎光电仪器有限公司合作完成了 NTS-362LNB 新款蓝牙全站仪机载软件的研发工作,开发了 MSMT 水平角、竖直角观测模块,实现了角度测量的信息化。

(4)用南方导航银河 6 GNSS RTK 替换 S86 GNSS RTK,银河 6 可以同时接收 GPS、GLONASS、北斗和 Galileo 四种卫星信号。

(5)开发了 MSMT 导线平差模块,能对所有类型的单一导线进行近似平差计算,坐标计算结果可以通过蓝牙发送给全站仪。

（6）开发了 MSMT 地形图测绘模块,使模拟测图与数字测图均实现了移动互联网信息化测量。

（7）开发了 MSMT 坐标传输模块,将南方 CASS 采集的建筑物放样点坐标文件传输到坐标传输模块,就可以方便地通过蓝牙传输到全站仪内存文件。

（8）开发了 MSMT 交点法程序 Q2X8 与线元法程序 Q2X9,两个程序均具有三维坐标正、反算,桥梁墩台桩基与涵洞坐标计算、隧道超欠挖测量计算功能。三维坐标正反算能处理高速公路和市政公路两种类型的路基横断面。对于市政道路路基,允许中分带加宽、主道加宽、侧分带加宽与辅道加宽,行车道、人行道允许设置 5 个结构层,边坡允许设置 4 个结构层,且每个结构层均允许不同的松铺系数。桥梁墩台桩基与涵洞坐标计算使用斜交坐标系,便于用户在 MS-Excel 中累加桩基或涵洞碎部点的斜交坐标。

2011 年 5 月,笔者在文献[19]中首先提出了使用轮廓线主点数据法,解决任意对称断面的隧道超欠挖测量的计算问题,用轮廓线主点数据法编写的各类程序已经在交通施工企业得到广泛的应用。使用轮廓线主点数据法编程,如果仅仅计算测点的超欠挖值并不复杂,但要精确地计算各种疑难断面图形测点的水平与垂直移距就非常复杂,这个问题一直都没有得到很好的解决。笔者在 2017 年用了整 3 个月时间研究算法,并用 25 种疑难断面图形测试,终于彻底解决了这一问题。MSMT 隧道超欠挖测量程序根据笔者的最新研究成果编写。

虽然本书用南方 MSMT 手机软件全面替代了卡西欧 fx-5800P 程序,但 fx-5800P 编程机的复数计算功能,在培养学生和工程技术人员手动计算、更好地理解公式原理方面,仍然具有重要的应用价值。

土木工程测量中最复杂的计算内容是路线施工测量。受课程教学时数的限制,本书只在第12章简要介绍了部分路线施工测量内容,如需掌握更全面的路线施工测量技术,请参考文献[25]。

王贵满、林培效、李飞三位教师详细审阅了书稿的所有章节,核算了全部章节的练习题答案,在此一并表示感谢。

南方 MSMT 手机软件为收费软件,广州南方高速铁路测量技术有限公司为使用本教材的在校师生制定了特殊的优惠政策,详情请登录公司网站(http://www.esurveycloud.com)咨询。

同济大学出版社课程网站(http://press.tongji.edu.cn/download/show/159)配有本书全部内容的精美 PPT 教案文件和练习题答案,也可扫描封底二维码登录。PPT 教案文件是作者耗时 16 年,潜心研究、精心创作并持之以恒开发完善的电子教学资料成果。练习题答案是 PDF加密文件,只对教师与工程技术人员开放,不对在校学生开放,请符合条件的读者将证件扫描后存为 JPG 图像文件发送到邮箱 qh-506@163.com 获取密码。

教材改版是一项永远在路上的艰巨工作。社会在发展,时代在进步,逆水行舟,不进则退,我们会继续努力研发新技术来改进教材,使测量课程的教学内容适应新技术发展的需要,惠及使用本教材的莘莘学子。希望能继续得到读者的批评意见,以改进我们的工作。敬请读者将使用中发现的问题和建议及时发送到邮箱:qh-506@163.com。

编　者

2018 年 9 月

目　　录

第1章 绪 论

本 章 导 读

● **基本要求** 理解重力、铅垂线、水准面、大地水准面、参考椭球面、法线的概念及其相互关系;掌握高斯平面坐标系的原理,熟悉南方 MSMT 手机软件抵偿高程面高斯投影计算方法;了解参心坐标系——"1954 北京坐标系"与"1980 西安坐标系"的定义和大地原点的意义;了解地心坐标系 WGS-84 世界坐标系与 2000 国家大地坐标系的定义。了解我国高程系——"1956 年黄海高程系"与"1985 国家高程基准"的定义和水准原点的意义。

● **重点** 测量的两个任务——测定与测设,其原理是测量并计算空间点位的三维坐标。测定与测设都应在已知坐标点上安置仪器进行,已知点的坐标通过控制测量的方法获得。

● **难点** 大地水准面与参考椭球面的关系,高斯平面坐标系与数学笛卡儿坐标系的关系与区别,我国对高斯平面坐标系 y 坐标的处理规则。

1.1 测量学简介

测量学(surveying)是研究地球表面局部地区内测绘工作的基本原理、技术、方法和应用的学科。测量学将地表物体分为地物和地貌。

地物(feature):地面上天然或人工形成的物体,包括湖泊、河流、海洋、房屋、道路和桥梁等。

地貌(geomorphy):地表高低起伏的形态,包括山地、丘陵和平原等。

地物和地貌总称为地形,测量学的主要任务是测定和测设。

测定(location):使用测量仪器和工具,通过测量与计算将地物和地貌的位置按一定比例尺和规定的符号缩小绘制成地形图,供科学研究和工程规划、设计、建设使用。

测设(setting-out):将地形图上设计的建筑物和构筑物的位置在实地标定出来,作为施工的依据。

城市规划、给排水、天然气管道、工业厂房和民用建筑建设中的测量工作是:在设计阶段,测绘各种比例尺的地形图,供建(构)筑物的平面及竖向设计使用;在施工阶段,将设计的建(构)筑物的平面位置和高程在实地标定出来,作为施工的依据;工程完工后,测绘竣工图,供日后扩建、改建、维修和城市管理应用,对某些重要的建(构)筑物,在施工中和建成以后还应进行变形观测,以保证建(构)筑物的安全。图 1-1 所示为利用公园地形图和规划设计图进行公园设计的案例。

公路、铁路建设中的测量工作是:为了确定一条经济合理的路线,应预先测绘路线附近的地形图,在地形图上进行路线设计,然后将设计路线的位置标定在地面上以指导施工。当

广东省江门市北新区体育公园规划方案

测量单位：江门市勘测院，设计单位：江门市规划勘察设计研究院

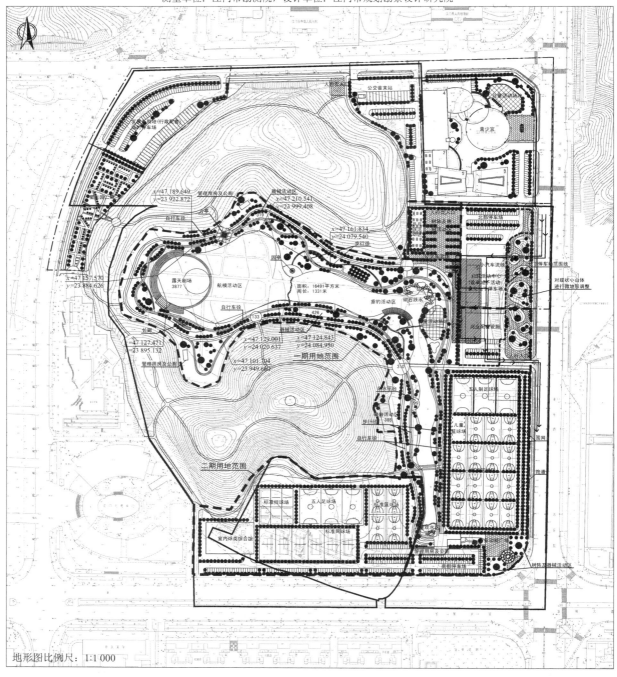

地形图比例尺：1:1 000

(1) 体育公园用地指标：
　　规划建设用地面积：一期 94 000 m²；二期 27 000 m²
(2) 体育公园一期主要项目：
　　五人足球场：3 个
　　标准篮球场：15 个
　　儿童篮球场：1 个
　　跑道：500 m
　　步行径：1 800 m（不含登山径）

自行车径：1 600 m（不含山地自行车径）
商业配套设施：2 700 m²
地面小汽车停车位：320 个
地下停车场面积：13 800 m²
星光园二期建设用地面积：4 300 m²
妇联活动中心建设用地面积：10 029 m²
建筑面积：10 200 m²（含半地下活动室 3 375 m²）
公交首末站建设用地面积：2 057 m²

图 1-1　广东省江门市北新区体育公园地形图与规划设计图

路线跨越河流时,应建造桥梁,建桥前,应测绘河流两岸的地形图,测定河流的水位、流速、流量、河床地形图和桥梁轴线长度等,为桥梁设计提供必要的资料,在施工阶段,需要将设计桥台、桥墩的位置标定到实地。当路线穿过山岭需要开挖隧道时,开挖前,应在地形图上确定隧道的位置,根据测量数据计算隧道的长度和方向,隧道施工通常是从隧道两端相向开挖,这就需要根据测量成果指示开挖方向及其断面形状,保证隧道准确贯通。图 1-2 所示为在数字地形图上设计道路、桥梁、隧道的案例。

对土建类专业的学生,通过本课程的学习,应掌握下列有关测定和测设的基本内容:

(1) 地形图测绘:应用测量仪器、软件和工具,通过实地测量与计算,把小范围内地面上的地物、地貌按一定的比例尺测绘成图。

(2) 地形图应用:在工程设计中,从地形图上获取设计所需要的资料,例如,点的平面坐标和高程,两点间的水平距离,地块的面积,土方量,地面的坡度,指定方向的纵、横断面,以及进行地形分析等。

(3) 施工放样:将图上设计的建(构)筑物标定在实地上,作为施工的依据。

(4) 变形观测:监测建(构)筑物的水平位移和垂直沉降,以便采取措施,保证建(构)筑物的安全。

(5) 竣工测量:测绘竣工图。

1.2 地球的形状和大小

地球是一个南北极稍扁、赤道稍长、平均半径约为 6 371 km 的椭球体。测量工作在地球表面上进行,地球的自然表面有高山、丘陵、平原、盆地、湖泊、河流和海洋等高低起伏的形态,其中海洋面积约占 71%,陆地面积约占 29%。在地面进行测量工作应掌握重力、铅垂线、水准面、大地水准面、参考椭球面和法线的概念及其相互关系。

如图 1-3(a) 所示,由于地球绕南北极自转,其表面的质点 P 除受万有引力 $F_万$ 的作用外,还受到离心力 $F_离$ 的影响。P 点所受的万有引力 $F_万$ 与离心力 $F_离$ 的合力称为**重力 G**(gravity),称重力 G 的方向为**铅垂线方向**(plumb line)。

假设静止不动的水面延伸穿越陆地,包围整个地球,形成一个封闭曲面,这个封闭曲面称为**水准面**(level surface)。水准面是受地球重力影响形成的重力等位面,物体沿该面运动时,重力不做功(例如水在这个面上不会流动),其特点是曲面上任意一点的铅垂线垂直于该点所在的曲面。根据这个特点,水准面也可以定义为:处处与铅垂线垂直的连续封闭曲面。由于水准面的高度可变,因此水准面有无数个,其中与平均海水面相吻合的水准面称为**大地水准面**(geoid),大地水准面是唯一的。

由于地球内部物质的密度分布不均匀,造成地球各处万有引力 $F_万$ 的大小不同,致使重力 G 的方向产生变化,所以,大地水准面是有微小起伏、不规则、很难用数学方程表示的复杂曲面。直接将地球表面的物体投影到这个复杂曲面上,计算起来将非常困难。为了解决投影计算问题,通常是选择一个与大地水准面非常接近、能用数学方程表示的椭球面作为投影的基准面,这个椭球面是由长半轴为 a、短半轴为 b 的椭圆 NESW 绕其短轴 NS 旋转而成的旋转椭球面[图 1-3(b)]。旋转椭球又称为**参考椭球**(reference ellipsoid),其表面称为参考椭球面。

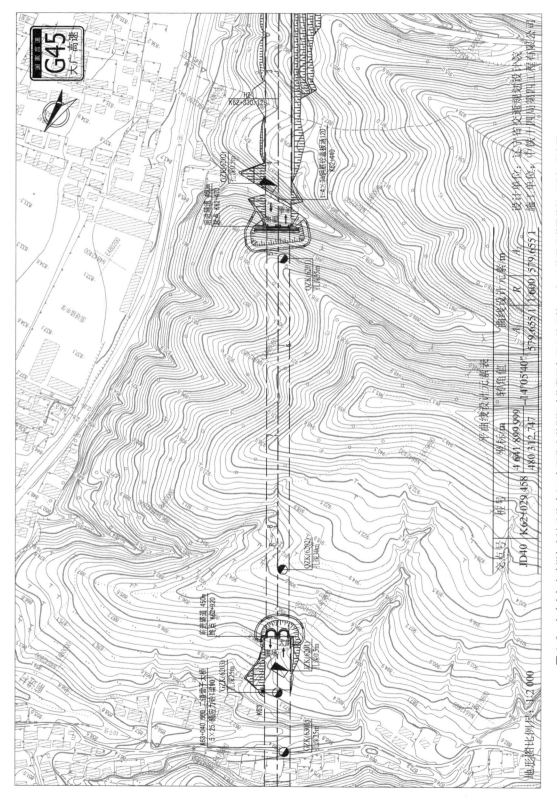

图1-2 大（庆）广（州）高速公路（G45）河北省茅荆坝（蒙冀界）至承德段第19标段前进隧道前进隧道带状地形图与设计图

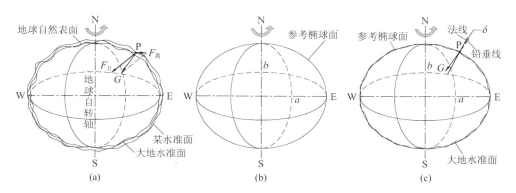

图 1-3 地球自然表面、水准面、大地水准面、参考椭球面、铅垂线、法线之间的关系

如图 1-3(c)所示,由地表任一点向参考椭球面所作的垂线称为**法线**(normal line),地面点 P 的铅垂线与其法线一般不重合,二者之间的夹角 δ 称为**垂线偏差**(deflection of the vertical)。

决定参考椭球面形状和大小的元素是**椭圆的长半轴** a(major radius)和**短半轴** b(secondary radius)或**扁率** f(flattening),其关系为

$$f = \frac{a-b}{a} \tag{1-1}$$

《城市测量规范》[2] 给出了我国采用的三个参考椭球元素值及 GPS 测量使用的参考椭球元素值,如表 1-1 所列。

表 1-1   参考椭球元素值

序号	坐标系名称	类型	椭球名	长半轴 a/m	扁率 f
1	1954 北京坐标系	参心坐标系	克拉索夫斯基椭球	6 378 245	1:298.3
2	1980 西安坐标系	参心坐标系	IUGG1975 椭球	6 378 140	1:298.257
3	2000 国家大地坐标系	地心坐标系		6 378 137	1:298.257 222 101
4	WGS-84 坐标系(GNSS)	地心坐标系	IUGG1979 椭球	6 378 137	1:298.257 223 563

表 1-1 中的 IUGG 为**国际大地测量与地球物理联合会**(International Union of Geodesy and Geophysics)的英文缩写,序号 4 的参考椭球,其长半轴 a 与 IUGG1979 椭球相同,扁率 f 与序号 3 的 IUGG1979 椭球有微小的差异。由于参考椭球的扁率很小,当测区范围不大时,可以将参考椭球近似看作半径为 6 371 km 的圆球。

1.3　测量坐标系与地面点位的确定

无论是测定还是测设,都需要通过确定地面点的空间位置来实现。几何空间是三维的,所以表示地面点在某个空间坐标系中的位置需要三个参数,确定地面点位的实质就是确定其在某个空间坐标系中的三维坐标。测量中,将空间坐标系分为参心坐标系和地心坐标系。"参心"意指参考椭球的中心,由于参考椭球的中心与地球质心一般不重合,所以它属于非地

心坐标系,表1-1中的第1,2两个坐标系是参心坐标系。"地心"意指地球的质心,表1-1中的第3,4两个坐标系属于地心坐标系。

1.3.1 确定点的球面位置的坐标系

由于地表高低起伏不平,所以一般是用地面某点投影到参考曲面上的位置和该点到大地水准面的铅垂距离来表示该点在地球上的位置。为此,测量上将空间坐标系分解为确定点的球面位置的坐标系(二维)和高程系(一维),确定点的球面位置的坐标系有地理坐标系和平面直角坐标系两类。

1. 地理坐标系(geographical reference system)

地理坐标系是用经纬度表示点在地球表面的位置。1884年,在美国华盛顿召开的国际经度会议上,正式将经过格林尼治天文台的经线确定为0°经线,纬度以赤道为0°,分别向南、北半球推算。明朝末年,意大利传教士利玛窦(Matteo Ricci,1522—1610)最早将西方经纬度概念引入中国,但当时并未引起中国人的重视,直到清朝初年,通晓天文地理的康熙皇帝(1654—1722)才决定使用经纬度等制图方法,重新绘制中国地图,他聘请了十多位各有特长的法国传教士,专门负责清朝的地图测绘工作。

按坐标系所依据的基本线和基本面的不同以及求解坐标方法的不同,地理坐标系又分为天文地理坐标系和大地地理坐标系两种。

(1)天文地理坐标系

天文地理坐标又称天文坐标,表示地面点在大地水准面上的位置,其基准是铅垂线和大地水准面,它用**天文经度** λ(astronomical longitude)和**天文纬度** φ(astronomical latitude)来表示点在球面的位置。

如图1-4所示,过地表任一点P的铅垂线与地球旋转轴NS平行的平面称为该点的**天文子午面**(astronomical meridian),天文子午面与大地水准面的交线称为天文子午线,也称经线。

设G点为**英国格林尼治**(Greenwich)天文台的位置,称过G点的天文子午面为首子午面。P点天文经度 λ 的定义是:P点天文子午面与首子午面的二面角,从首子午面向东或向西计算,取值范围是0°～180°,在首子午线以东为东经,以西为西经,同一子午线上各点的经度相同。

过P点垂直于地球旋转轴NS的平面与大地水准面的交线称为P点的**纬线**(woof),过地球质心O的纬

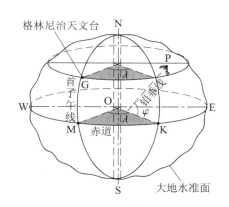

图1-4 天文地理坐标

线称为**赤道**(equator)。P点天文纬度 φ 的定义是:P点铅垂线与赤道平面的夹角,自赤道起向南或向北计算,取值范围为0°～90°,在赤道以北为北纬,以南为南纬。

可以用天文测量方法测定地面点的天文纬度 φ 和天文经度 λ。例如广州地区的概略天文地理坐标为N23°07′,E113°18′,在谷歌地球上输入"N23°07′,E113°18′",即可搜索到该点的位置,注意其中的逗号应为西文逗号。

（2）大地地理坐标系

大地地理坐标又称大地坐标，是表示地面点在参考椭球面上的位置，其基准是法线和参考椭球面。它用**大地经度** L（geodetic longitude）和**大地纬度** B（geodetic latitude）表示。由于参考椭球面上任意点 P 的法线与参考椭球面的旋转轴共平面，因此，过 P 点与参考椭球面旋转轴的平面称为该点的**大地子午面**（geodetic meridian）。

P 点的大地经度 L 是过 P 点的大地子午面和首子午面的二面角，P 点的大地纬度 B 是过 P 点的法线与赤道平面的夹角。大地经纬度是根据起始大地点（又称大地原点，该点的大地经纬度与天文经纬度一致）的大地坐标，按大地测量所得的数据推算而得。我国以陕西省泾阳县永乐镇石际寺村**大地原点**（geodetic origin）为起算点，由此建立的大地坐标系，称为"**1980 西安坐标系**"（Xi'an Geodetic Coordinate System 1980）；通过与苏联 1942 年普尔科沃坐标系联测，经我国东北传算过来的坐标系称为"**1954 北京坐标系**"（Beijing Geodetic Coordinate System 1954），其大地原点位于俄罗斯圣彼得堡市普尔科沃天文台圆形大厅中心。

2. 平面直角坐标系

（1）高斯平面坐标系

地理坐标对局部测量工作来说是非常不方便的。例如，在赤道上，$1''$ 的经度差或纬度差对应的地面距离约为 30 m。测量计算最好在平面上进行，但地球是一个不可展的曲面，应通过投影的方法将地球表面上的点位化算到平面上。地图投影有多种方法，我国采用的是**高斯-克吕格正形投影**（Gauss-Kruger conformal projection），简称高斯投影。高斯投影的特征是椭球面上微小区域的图形投影到平面上后仍然与原图形相似，即不改变原图形的形状。例如，椭球面上一个三角形投影到平面上后，其三个内角保持不变。

高斯投影是高斯（1777—1855）在 1820—1830 年为解决德国汉诺威地区大地测量投影问题而提出的一种投影方法。1912 年起，德国学者克吕格将高斯投影公式加以整理和扩充并推导了实用计算公式。之后，保加利亚学者赫里斯托夫等对高斯投影作了进一步的更新和扩充。使用高斯投影的国家主要有德国、中国和俄罗斯等。

如图 1-5（a）所示，高斯投影是一种横椭圆柱正形投影。设想用一个横椭圆柱套在参考椭球外面，并与某一子午线相切，称该子午线为**中央子午线**（central meridian）或轴子午线，横椭圆柱的中心轴 CC' 通过参考椭球中心 O 并与地轴 NS 垂直。将中央子午线东西各一定经差范围内的地区投影到横椭圆柱面上，再将该横椭圆柱面沿过南、北极点的母线切开展平，便构成了**高斯平面坐标系**（Gauss plane coordinate system），如图 1-5（b）所示。

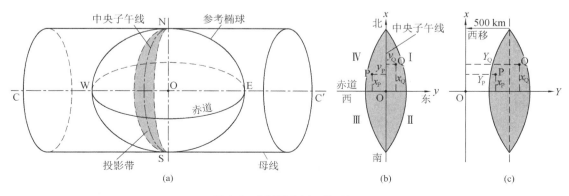

图 1-5　高斯平面坐标系投影图

高斯投影是将地球按经线划分为若干带进行分带投影,带宽用投影带两边缘子午线的经度差表示,常用带宽为6°,3°和1.5°,分别简称为6°带,3°带和1.5°带投影。国际上对6°带和3°带投影的中央子午线经度有统一规定,满足这一规定的投影称为统一6°带投影和统一3°带投影。

① 统一6°带投影

从首子午线起,每隔经度6°划分为一带,如图1-6所示,自西向东将整个地球划分为60个投影带,带号从首子午线开始,用阿拉伯数字表示。

第一个6°带的中央子午线经度为E3°,任意带的中央子午线经度L_0与投影带号N的关系为

$$L_0 = 6N - 3 \tag{1-2}$$

反之,已知地面任一点的经度L,计算该点在统一6°带的投影带号N的公式为

$$N = \mathrm{Int}\left(\frac{L+3}{6} + 0.5\right) \tag{1-3}$$

式中,Int为取整函数。在fx-5800P编程计算器中,按 [FUNCTION] [1] [▼] [2] 键输入取整函数"Int("。

投影后的中央子午线和赤道均为直线并保持相互垂直,以中央子午线为坐标纵轴(x轴),向北为正;以赤道为坐标横轴(y轴),向东为正;中央子午线与赤道的交点为坐标原点O。

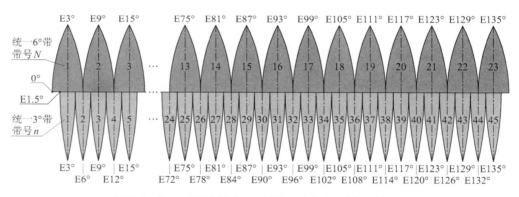

图1-6 统一6°带投影与统一3°带投影高斯平面坐标系的关系

与数学的笛卡儿坐标系比较,在高斯平面坐标系中,为了定向的方便,定义纵轴为x轴,横轴为y轴,x轴与y轴互换了位置,第Ⅰ象限相同,其余象限按顺时针方向编号[图1-5(b)],这样就可以将数学上定义的各类三角函数在高斯平面坐标系中直接应用,不需要做任何变换。

如图1-7所示,我国位于北半球,x坐标恒为正值,y坐标则有正有负,当测点位于中央子午线以东时为正,以西时为负。例如图1-5(b)中的P点位于中央子午线以西,其y坐标为负值。对于6°带高斯平面坐标系,y坐标的最大负值约为−334 km。为了避免y坐标出现负值,我国统一规定将每带的坐标原点西移500 km,即给每个点的y坐标值加上500 km,使之恒为正,如图1-5(c)所示。

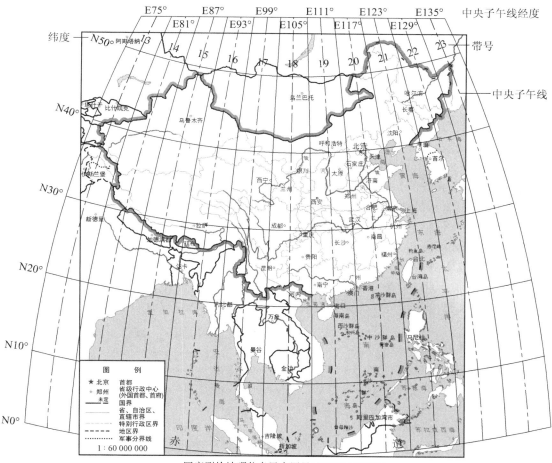

图 1-7 我国统一 6°带投影的分布情况

国家测绘地理信息局审图号:GS(2016)1593号

为了能够根据横坐标值确定某点位于哪一个 6°带内,还应在 y 坐标值前冠以带号,将经过加 500 km 和冠以带号处理后的横坐标用 Y 表示。例如,图 1-5(c)中的 P 点位于 19 号带内,其横坐标为 $y_P = -265\ 214$ m,则有 $Y_P = 19\ 234\ 786$ m。

高斯投影属于正形投影的一种,它保证了球面图形的角度与投影后高斯平面图形的角度不变,但球面上任意两点间的距离经投影后会产生变形,其规律是:除中央子午线没有距离变形以外,其余位置的距离均变长,离中央子午线越远,距离变形越大。

② 统一 3°带投影

统一 3°带投影的中央子午线经度 L_0' 与投影带号 n 的关系为

$$L_0' = 3n \tag{1-4}$$

反之,已知地面任一点的经度 L,计算该点在统一 3°带的投影带号 n 的公式为

$$n = \mathrm{Int}\left(\frac{L}{3} + 0.5\right) \tag{1-5}$$

我国领土所处的概略经度范围为 E73°27′—E135°09′,应用式(1-3)求得统一 6°带投影的带号范围为 13～23,应用式(1-5)求得统一 3°带投影的带号范围为 24～45。可见,在我国领土范围内,统一 6°带与统一 3°带的投影带号不重叠,其关系如图 1-6 所示,其中统一 6°带投影的分布情况如图 1-7 所示。

③ 1.5°带投影

1.5°带投影的中央子午线经度与带号的关系,国际上没有统一的规定,通常是使 1.5°带投影的中央子午线与统一 3°带投影的中央子午线或边缘子午线重合。

④ 任意带投影

《城市测量规范》[2]规定:城市测量应采用该城市统一的平面坐标系,并应符合投影长度变形不应大于 25 mm/km 的规定;当采用地方平面坐标系时,应与国家平面坐标系建立联系。城市测量应采用高斯投影。城市平面坐标系的建立,通常采用过城市中心某点的子午线作为中央子午线进行投影,这样,可以使整个城市范围内的距离投影变形均满足投影长度变形不大于 25 mm/km 的规定。

(2) 全站仪实测平距投影到高斯平面

如图 1-8 所示,在 A 点安置全站仪,B 点安置反光棱镜,使全站仪瞄准 B 点棱镜中心测距,测得斜距为 S,全站仪自动计算并显示平距 D,D 为测站高程面的平距。

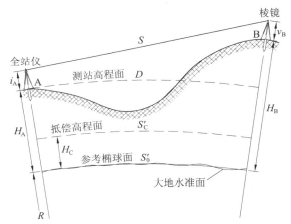

i_A—测站仪器高;v_B—镜站棱镜高;R—地球平均曲率半径,$R = 6\,371$ km;
S—全站仪实测斜距;D—全站仪计算平距;H_A—测站点高程;
H_B—镜站点高程;H_C—抵偿高程面高程;S'_C—抵偿高程面平距;S'_0—参考椭球面平距

图 1-8　全站仪实测距离投影原理

设已知 A 点的高斯平面坐标为 (x_A, y_A),若要使用全站仪测量 B 点的高斯平面坐标,需要先将平距 D 投影为参考椭球面的距离 S'_0,再将 S'_0 投影为高斯平面距离 S_0,使用距离 S_0 与方位角 α_{AB} 计算出的 B 点坐标才是高斯平面坐标。

① 地面实测平距 D 投影到参考椭球面距离 S'_0

称地面实测平距 D 投影到参考椭球面距离 S'_0 为高程归化。由图 1-8 可以列出地面实测平距投影到参考椭球面的方程:

$$\frac{D}{R + H_A} = \frac{S_0'}{R} \tag{1-6}$$

化简式(1-6),得

$$S_0' = R \frac{D}{R + H_A} = \frac{D}{1 + \frac{H_A}{R}} = D\left(1 + \frac{H_A}{R}\right)^{-1} \tag{1-7}$$

式中,$R = 6\ 371$ km,为地球平均曲率半径。

令
$$\varepsilon = \frac{H_A}{R} \tag{1-8}$$

设测站点的高程 $H_A = 1\ 000$ m,代入式(1-8),算得 $\varepsilon = 0.000\ 156\ 961\ 230\ 6$,$\varepsilon$ 是一个远小于 1 的数。略去幂级数展开式的 1 次以上项,得

$$(1 + \varepsilon)^{-1} = 1 - \varepsilon + \varepsilon^2 - \varepsilon^3 + \cdots \approx 1 - \varepsilon \tag{1-9}$$

将式(1-9)代入式(1-7)并顾及式(1-8),得

$$S_0' = D(1 + \varepsilon)^{-1} = D(1 - \varepsilon) = D\left(1 - \frac{H_A}{R}\right) = D - \frac{H_A}{R}D \tag{1-10}$$

由式(1-10)可知,当 $H_A = 0$ 时,$S_0' = D$;当 $H_A > 0$ 时,$S_0' < D$。即地面实测平距高程归化到参考椭球面后,长度变短。

② 参考椭球面距离 S_0' 投影到高斯平面距离 S_0

称参考椭球面距离 S_0' 投影到高斯平面距离 S_0 为投影改化,其计算公式的推导过程比较复杂。设 AB 边长为 S_0,y_A,y_B 分别为 A,B 两点的高斯平面 y 坐标,工程测量常用的距离改化公式为

$$S_0 = \left(1 + \frac{y_m^2}{2R^2} + \frac{\Delta y^2}{24R^2}\right)S_0' = S_0' + \frac{y_m^2}{2R^2}S_0' + \frac{\Delta y^2}{24R^2}S_0' \tag{1-11}$$

式中,$y_m = (y_A + y_B)/2$,$\Delta y = y_B - y_A$,计算 y_m 时,应先减去 500 km。

因 $\frac{y_m^2}{2R^2} + \frac{\Delta y^2}{24R^2} > 0$,所以,改化后的高斯平面距离 S_0 变长,且 y_m 的绝对值越大,距离变形也越大。

③ 抵偿高程面高程 H_C 的确定

全站仪实测的地面平距 D,需要经过高程归化到参考椭球面 S_0' 和投影改化到高斯平面 S_0 才能用于坐标计算,这给全站仪坐标计算带来不便。在高程 $H > 0$ 的测区测量时,高程归化使地面平距变短,而投影改化又使椭球面距离变长。若可以选择一个投影高程面,使投影带内实测平距的高程归化改正数与投影改化改正数绝对值相等,就能使实测平距 D 等于其高斯平面距离 S_0,免除计算距离改正数的烦恼,称这个高程面为**抵偿高程面**(compensate for elevation)。

11

由图 1-8 可以列出地面实测平距 D 高程改化到抵偿高程椭球面距离 S'_C 的方程为

$$\frac{S'_C}{R+H_C}=\frac{D}{R+H_A} \tag{1-12}$$

化简式(1-12),得

$$S'_C=\frac{R+H_C}{R+H_A}D=\frac{D}{\dfrac{R+H_A}{R+H_C}}=\frac{D}{\dfrac{R+H_C-H_C+H_A}{R+H_C}}=\frac{D}{1+\dfrac{H_A-H_C}{R+H_C}} \tag{1-13}$$

化简式(1-13),得

$$S'_C=D\left(1+\frac{H_A-H_C}{R+H_C}\right)^{-1}=D(1+\varepsilon_C)^{-1} \tag{1-14}$$

式中,

$$\varepsilon_C=\frac{H_A-H_C}{R+H_C} \tag{1-15}$$

顾及式(1-9)并略去 1 次以上项,得抵偿高程面的高程归化公式为

$$S'_C=D-\frac{H_A-H_C}{R+H_C}D \tag{1-16}$$

考虑到工程测量中的距离改正数一般不大,综合式(1-16)与式(1-11),得到抵偿高程面高程 H_C 应满足的方程为

$$\frac{H_A-H_C}{R+H_C}=\frac{y_m^2}{2R^2}+\frac{\Delta y^2}{24R^2} \tag{1-17}$$

化简式(1-17),得

$$H_C=\frac{H_A-\dfrac{y_m^2}{2R}+\dfrac{\Delta y^2}{24R}}{1+\dfrac{y_m^2}{2R^2}+\dfrac{\Delta y^2}{24R^2}} \tag{1-18}$$

（3）抵偿高程面高斯投影计算案例

表 1-2 与表 1-3 为按两个投影带高斯平面坐标给出的路线平曲线直曲表,表 1-2 的中央子午线经度 $L_0=\mathrm{E}113°$,投影面高程 $H_0=295$ m,简称高斯平面坐标系①;表 1-3 的中央子午线经度 $L_0=\mathrm{E}113°20'$,投影面高程 $H_0=290$ m,简称高斯平面坐标系②,两个高斯平面坐标系的关系如图 1-9 所示。

表 1-2　　　　武汉至广州铁路客运专线武汉至韶关段左线直曲表（高斯平面坐标系①）

交点号	设计桩号	x/m	y/m	转角 Δ	R/m	L_h/m	H_0/m
QD	ZDK1881+000.2	2 823 612.659	502 938.934				295
JD103	ZDK1886+808.588	2 818 097.607 1	504 761.450 9	$-37°28'40.4''$	9 000	490	L_0

交点号	设计桩号	x/m	y/m	转角 Δ	R/m	L_h/m	H_0/m
JD110	ZDK1895+254.819	2 813 861.063	510 987.075 5	4°20′43.5″	11 000	370	E113°
ZD	ZDK1904+000	2 810 499.901 5	515 200.434 7				

断链1：DK1890+364.121=DK1891+500,断链值=−1 135.879 m
断链2：DK1895+944.17=DK1899+300,断链值=−3 355.83 m

表 1-3　　　　武汉至广州铁路客运专线武汉至韶关段左线直曲表（1954 北京坐标系）

交点号	设计桩号	x/m	y/m	转角 Δ	R/m	L_h/m	H_0/m
QD	ZDK1904+000	2 810 501.605	481 657.899				290
JD93	ZDK1906+097.292	2 809 189.608 8	483 294.144 7	4°38′45.7″	10 000	430	L_0
ZD	ZDK1918+000.269	2 801 015.435 9	491 947.217 7				E113°20′

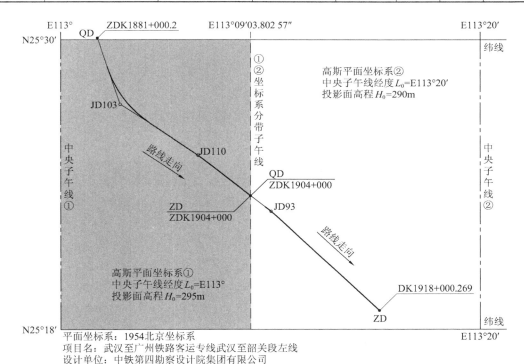

图 1-9　表 1-2 高斯平面坐标系①与表 1-3 高斯平面坐标系②的关系

　　表 1-2 中 ZD 设计桩号为 ZDK1904+000,表 1-3 中 QD 设计桩号也为 ZDK1904+000,这表明,在地面上它们是同一个点,两个高斯平面坐标的差异是两个投影带的中央子午线经度与投影面高程不同所致。

　　① 启动南方 MSMT 手机软件

　　点击手机屏幕 ▒ 图标启动南方 MSMT 手机软件[图 1-10（a）],进入项目名列表界面[图 1-10（b）],图中作者已新建了"测试"项目名,用户可以点击屏幕右下角的新建项目按钮 ▦ ,创建自己的项目名。点击"测试"项目名,在弹出的快捷菜单点击"进入项目菜单"命令[图 1-10（c）],进入 "测试"项目主菜单界面[图 1-10（d）]。

图 1-10　在安卓手机启动南方 MSMT 软件并进入"测试"项目主菜单

② 新建高斯投影换带计算文件

在项目主菜单[图 1-10(d)]，点击 高斯投影 按钮，进入高斯投影文件列表界面[图 1-11(a)]；点击 新建文件 按钮，输入文件名"武广高铁武韶段左线"；点击"计算类型"列表框，在弹出的快捷菜单点击"高斯投影换带计算"[图 1-11(b)]；点击 确定 按钮，返回高斯投影文件列表界面[图 1-11(c)]。

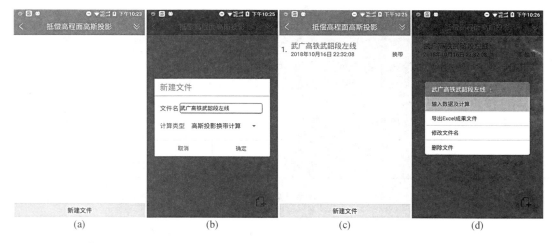

图 1-11　执行高斯投影程序，新建"武广高铁武韶段左线"文件，执行文件的"输入数据及计算"命令

③ 执行高斯投影文件的"输入数据及计算"命令

在"抵偿高程面高斯投影"文件列表界面，点击"武广高铁武韶段左线"文件名，在弹出的快捷菜单点击"输入数据及计算"命令[图 1-11(d)]，进入高斯投影换带计算界面[图 1-12(a)]。

在坐标系列表框选择"1954 北京坐标系"，源坐标系区输入表 1-2 的高斯平面坐标系①投影参数，目标坐标系区输入表 1-3 的高斯平面坐标系②投影参数，两个坐标系的 x 坐标加常数的缺省值为 0 m，y 坐标加常数的缺省值为 500 000 m，保持不变。输入表 1-2 的 ZD 点高斯平面坐标[图 1-12(b)]，点击 计 算 按钮，结果如图 1-12(c)所示，该点在目标坐标系的

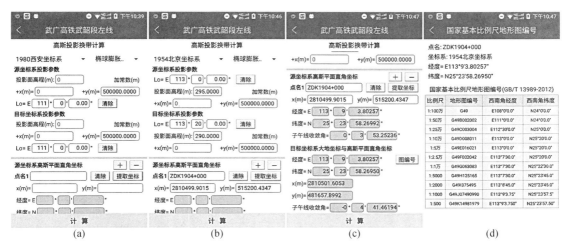

图 1-12 高斯投影换带计算界面

高斯平面坐标与表 1-3 给出的 QD 点坐标值比较列于表 1-4。

点击 图编号 按钮,程序使用"ZDK1904+000"点在目标坐标系的大地经纬度计算其在 11 种国家基本比例尺地形图的编号与图幅西南角经纬度,结果如图 1-12(d)所示,分幅规则参见本书第 9.1 节和文献[6],表 1-4 还列出了程序算出的该点在两个坐标系大地地理坐标值比较结果。

表 1-4   桩号 ZDK1904+000 高斯投影换带计算坐标比较

说明	x/m	y/m	L_0	H_0/m	L	B
计算	2 810 501.605 3	481 657.899 2	113°	295	E113°09′03.80257″	N25°23′58.26992″
图纸	2 810 501.605	481 657.899	113°20′	290	E113°09′03.80257″	N25°23′58.26950″
差值/m	0.000 3	0.000 2	差值		0.000 00″	0.000 42″

程序先使用源坐标系投影参数与 ZD 点的高斯平面坐标反算,求出其在源坐标系的大地经纬度值,再将其大地纬度按椭球膨胀法原理改正为目标坐标系的大地纬度值,最后使用该点源坐标系的大地经度值与目标坐标系的大地纬度值、使用目标坐标系投影参数进行高斯投影正算,求出该点在目标坐标系的高斯平面坐标。

抵偿高程面的高斯投影有**椭球膨胀法**(ellipsoid expanding model)和**椭球变形法**(ellipsoid distortion model)两种,南方 MSMT 软件只能使用前者进行抵偿高程面的高斯投影计算,其原理是抵偿高程面的参考椭球长半轴变为 $a+H_0$,扁率 f 不变。

1.3.2 确定点的高程系

地面点到大地水准面的铅垂距离称为该点的绝对高程或海拔,简称高程(height),通常用 H 加点名作下标表示。如图 1-13 中 A,B 两点的高程表示为 H_A,H_B。

高程系是一维坐标系,它的基准是大地水准面。由于海水面受潮汐、风浪等影响,它的高低时刻在变化。通常在海边设立**验潮站**(tide gauge station),进行长期观测,求得海水面的平均高度作为高程零点,以通过该点的大地水准面为**高程基准面**(height datum),即大地水准面上的高程恒为零。

最早应用平均海水面作为高程起算基准面的是我国元代水利与测量学家郭守敬,其概念的提出比西方早400多年。

我国境内所测定的高程点是以青岛大港一号码头验潮站历年观测的黄海平均海水面为基准面,于1954年在青岛市观象山建立水准原点,通过水准测量的方法将验潮站确定的高程零点引测到水准原点,求出水准原点的高程。

1956年,我国采用青岛大港一号码头验潮站1950—1956年验潮资料计算确定的大地水准面为基准,引测出水准原点的高程为72.289 m,以该大地水准面为高程基准建立的高程系称为"**1956年黄海高程系**"(Huanghai Height System 1956)。

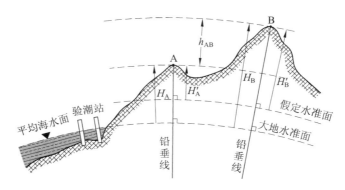

图1-13 高程与高差的定义及其相互关系

20世纪80年代中期,我国又用青岛大港一号码头验潮站1953—1979年验潮资料计算确定的大地水准面为基准,引测出水准原点的高程为72.260 m,以该大地水准面为高程基准建立的高程系称为"**1985国家高程基准**"(National Vertical Datum 1985)。如图1-14所示,在水准原点,"1985国家高程基准"使用的大地水准面比"1956年黄海高程系"使用的大地水准面高出0.029 m。

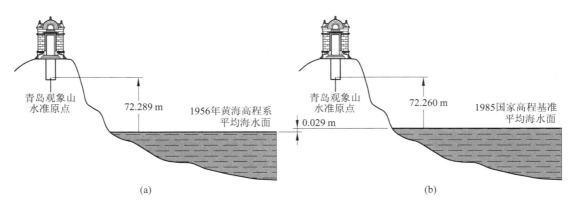

图1-14 水准原点分别至"1956年黄海高程系"平均海水面及"1985国家高程基准"平均海水面的垂直距离

在局部地区,当无法知道绝对高程时,也可假定一个水准面作为高程起算面,地面点到假定水准面的垂直距离,称为假定高程或相对高程,通常用H'加点名作下标表示。如图1-13中A,B两点的相对高程表示为H'_A,H'_B。

地面两点间的绝对高程或相对高程之差称为高差,用 h 加两点点名作下标表示。如 A,B 两点的高差为

$$h_{AB} = H_B - H_A = H'_B - H'_A \qquad (1\text{-}19)$$

1.3.3　地心坐标系

1. WGS‑84 坐标系(World Geodetic System 1984)

WGS-84 坐标系是美国国防局为进行 GPS 导航定位于 1984 年建立的地心坐标系,1985 年投入使用。WGS-84 坐标系的几何意义是:坐标系的原点位于地球质心,z 轴指向 BIH1984.0 定义的协议地球极(CTP)方向,x 轴指向 BIH1984.0 的零度子午面和 CTP 赤道的交点,y 轴根据 x,y,z 符合右手规则确定,如图 1-15 所示。

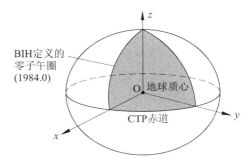

图 1-15　WGS-84 坐标系

2. 2000 国家大地坐标系(China Geodetic Coordinate System 2000)

2000 国家大地坐标系采用广义相对论意义下的尺度,是全球地心坐标系在我国的具体体现,其原点为包括海洋和大气的整个地球的质量中心,z 轴由原点指向历元 2 000.0 的地球参考极的方向,该历元的指向由国际时间局给定的历元为 1 984.0 的初始指向推算,定向的时间演化保证相对于地壳不产生残余的全球旋转,x 轴由原点指向格林尼治参考子午线与地球赤道面(历元 2 000.0)的交点,y 轴与 z 轴、x 轴构成右手正交坐标系。2000 国家大地坐标系于 2008 年 7 月 1 日启用,我国北斗卫星导航定位系统即使用该坐标系。

地心坐标系可以与"1954 北京坐标系"或"1980 西安坐标系"等参心坐标系相互换算,方法之一是:在测区内,利用至少 3 个公共点的两套坐标列出坐标变换方程,采用最小二乘原理解算出 7 个变换参数就可以得到变换方程。7 个变换参数是指 3 个平移参数、3 个旋转参数和 1 个尺度参数,参见文献[2]。

1.4　测量工作概述

1. 测定(location)

如图 1-16(a)所示,测区内有山丘、房屋、河流、小桥和公路等,测绘地形图的方法是先测量出这些地物、地貌特征点的坐标,然后按一定的比例尺、以《1∶500　1∶1 000　1∶2 000 地形图图式》[3] 规定的符号缩小展绘在图纸上。例如,要在图纸上绘出一幢房屋,就需要在这幢房屋附近、与房屋通视且坐标已知的点(如图中的 A 点)安置全站仪,选择另一个坐标已知的点(如图中的 B 点)作为定向方向(也称为后视方向),才能测量出这幢房屋角点的坐标。地物、地貌的特征点又称**碎部点**(detail points),测量碎部点坐标的方法与过程称为**碎部测量**(detail survey)。

由图 1-16(a)可知,在 A 点安置全站仪还可以测绘出西面的河流与小桥,北面的山丘,但山北面的工厂区无法通视。因此还需要在山北面布置一些点,如图中的 C,D,E 点,这些点

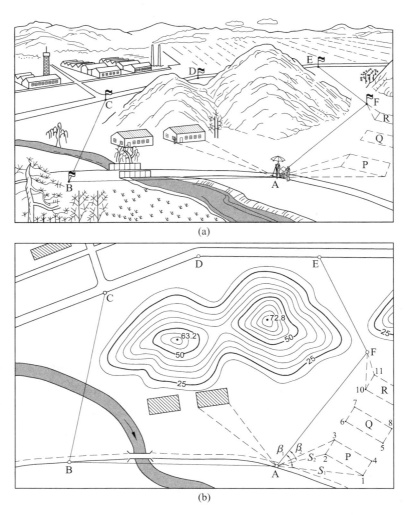

图 1-16 某测区地物地貌透视图与地形图

的坐标应已知。由此可知,要测绘地形图,首先应在测区内均匀布置一些点,通过测量计算出它们的(x,y,H)三维坐标。测量上将这些点称为控制点,测量与计算控制点坐标的方法与过程称为控制测量。

2. 测设(setting-out)

设图 1-16(b)是测绘出来的图 1-16(a)的地形图。根据需要,设计人员已在图纸上设计出了 P,Q,R 三幢建筑物,用极坐标法将它们的位置标定到实地的方法是:在控制点 A 安置全站仪,使用 F 点作为后视点定向,由 A,F 点及 P,Q,R 三幢建筑物轴线点的设计坐标计算出水平夹角 β_1,β_2,…和水平距离 S_1,S_2,…,然后用仪器分别定出水平夹角 β_1,β_2,…所指的方向,并沿这些方向分别测量平距 S_1,S_2,…,即可在实地上定出点 1,2,…,这些点位就是设计建筑物的实地平面位置。

由上述介绍可知,测定与测设都是在控制点上进行的,因此,测量工作的原则之一是"先控制后碎部"。《城市测量规范》[2]规定,测量控制网应由高级向低级分级布设。如全站仪测距导线是按三等、四等、一级、二级、三级和图根的级别布设,三等导线的精度最高,图根导线的精度最低。控制网的等级越高,网点之间的距离就越大,点的密度也越稀,控制的范围就越大;控制网的等级越低,网点之间的距离就越小,点的密度也越密,控制的范围就越小。如三等导线的平均边长为 3 000 m,而三级导线的平均边长只有约 120 m。由此可知,控制测量是先布设能控制大范围的高级网,再逐级布设次级网加密,通常称这种测量控制网的布设原则为"从整体到局部"。因此,测量工作的原则可以归纳为"从整体到局部,先控制后碎部"。

1.5　测量常用计量单位与换算

测量常用的角度、长度、面积等几种法定计量单位的换算关系分别列于表 1-5、表 1-6 和表 1-7。

表 1-5　　　　　角度单位制及换算关系

60 进制	弧度制
1 圆周=360° 1°=60′ 1′=60″	1 圆周=2π 弧度 1 弧度=180°/π=57.295 779 51°=$\rho°$ 　　　　　=3 438′=ρ' 　　　　　=206 265″=ρ''

表 1-6　　　　　长度单位制及换算关系

公制	英制
1 km=1 000 m 1 m=10 dm 　　=100 cm 　　=1 000 mm	1 英里(mile,简写 mi) 1 英尺(foot,简写 ft) 1 英寸(inch,简写 in) 1 km=0.621 4 mi 　　=3 280.8 ft 1 m=3.280 8ft 　　=39.37 in

表 1-7　　　　　　　　　面积单位制及换算关系

公制	市制	英制
1 km²=1×10⁶ m² 1 m²=100 dm² 　　=1×10⁴ cm² 　　=1×10⁶ mm²	1 km²=1 500 亩 1 m²=0.001 5 亩 1 亩=666.666 666 7 m² 　　=0.066 666 67 hm² 　　=0.164 7 英亩	1 km²=247.11 英亩 　　=100 hm² 10 000 m²=1 hm² 1 m²=10.764 ft² 1 cm²=0.155 0 in²

本 章 小 结

(1) 测量的任务有两个:测定和测设,其原理是测量与计算空间点的三维坐标,测量前应先了解所使用的坐标系。测定和测设都应在已知坐标点上安置仪器进行,已知点的坐标通过控制测量的方法获得。

(2) 测量的基准是铅垂线与水准面,平面坐标的基准是参考椭球面,高程的基准是大地水准面。

(3) 高斯投影是横椭圆柱分带正形投影,参考椭球面上的物体投影到横椭圆柱上,其角度保持不变,除中央子午线外,其余距离变长,位于中央子午线西边的 y 坐标为负数。为保证高斯投影的 y 坐标恒为正数,我国规定,将高斯投影的 y 坐标统一加 500 000 m,再在前面冠以 2 位数字的带号,因此,完整的高斯平面坐标的 Y 坐标应有 8 位整数。在同一个测区测量时,通常省略带号,此时的 y 坐标应有 6 位整数。

(4) 统一 6°带高斯投影中央子午线经度 L_0 与带号 N 的关系为:$L_0 = 6N - 3$;已知地面任一点的经度 L,计算该点在统一 6°带的投影带号 N 的公式为

$$N = \text{Int}\left(\frac{L+3}{6} + 0.5\right)$$

我国领土在统一 6°带投影的带号范围为 13~23。

(5) 统一 3°带高斯投影中央子午线经度 L_0' 与带号 n 的关系为:$L_0' = 3n$;已知地面任一点的经度 L,计算该点在统一 3°带的投影带号 n 的公式为

$$n = \text{Int}\left(\frac{L}{3} + 0.5\right)$$

我国领土在统一 3°带投影的带号范围为 24~45。

(6) 我国常用的两个参心坐标系为"1954 北京坐标系"和"1980 西安坐标系";两个高程系为"1956 年黄海高程系"和"1985 国家高程基准";一个地心坐标系为"2000 国家大地坐标系"。

(7) 过地面任意点 P 的铅垂线不一定与地球旋转轴共面,P 点法线一定与参考椭球的旋转轴共面。

(8) 全站仪测量的地面平距 D 高程归化到参考椭球面的距离为 S_0',相较于 D,S_0' 变短;参考椭球面距离 S_0' 投影改化到高斯平面的距离为 S_0,相对于 S_0',S_0 变长。为使地面实测平距 D 基本等于其高斯平面距离 S_0,以方便于全站仪测量的坐标计算,通常使用抵偿高程面高程为 H_C 的高斯投影。

(9) 工程测量中,地面实测平距 D 高程归化到高程为 H_C 的参考椭球面距离 S_C' 后变短,归化公式为

$$S_C' = D - \frac{H_A - H_C}{R + H_C} D$$

高程为 H_C 的参考椭球面距离 S_C' 投影改化到高斯平面距离 S_C 后变长,改化公式为

$$S_C = \left(1 + \frac{y_m^2}{2R^2} S_C' + \frac{\Delta y^2}{24R^2}\right) S_C'$$

思考题与练习题

[1-1] 测量学研究的对象和任务是什么?

[1-2] 熟悉和理解铅垂线、水准面、大地水准面、参考椭球面、法线的概念。

[1-3] 绝对高程和相对高程的基准面是什么?

[1-4] "1956 黄海高程系"使用的平均海水面与"1985 国家高程基准"使用的平均海水面有何关系?

[1-5] 测量使用的高斯平面坐标系与数学上使用的笛卡儿坐标系有何区别?

[1-6] 广东省行政区域所处的概略经度范围是 E109°39′—E117°11′,试分别求其在统

一6°投影带与统一3°投影带中的带号范围。

[1-7] 我国领土内某点 A 在 1954 北京坐标系的高斯平面坐标为:$x_A = 3\ 558\ 139.688$ m,$Y_A = 20\ 692\ 853.447$ m,试用南方 MSMT 手机软件计算 A 点所处的统一6°投影带和统一3°投影带的带号、各自的中央子午线经度。

[1-8] 天文经纬度的基准是大地水准面,大地经纬度的基准是参考椭球面。在大地原点处,大地水准面与参考椭球面相切,其天文经纬度分别等于其大地经纬度。"1954 北京坐标系"的大地原点在哪里?"1980 西安坐标系"的大地原点在哪里?

[1-9] 在 Google Earth 上获取我国新疆喀什市塔县红旗拉普口岸某点的大地地理坐标为 $L = \text{E}75°13'59.03''$,$B = \text{N}37°46'00.37''$,试分别根据表 1-1 所列的四个参考椭球参数,使用南方 MSMT 手机软件计算该点在统一3°带的高斯平面坐标,计算结果填入表 1-8。

表 1-8   新疆喀什市塔县红旗拉普口岸某点的高斯平面坐标

序号	坐标系名称	x/m	y/m	子午线收敛角 γ
1	1954 北京坐标系			
2	1980 西安坐标系			
3	WGS-84 坐标系			
4	2000 国家大地坐标系			

[1-10] 已知我国某点 1980 西安坐标系的高斯平面坐标为 $x = 5\ 347\ 442.551\ 4$ m,$y = 23\ 475\ 729.051\ 1$ m,试用南方 MSMT 手机软件计算该点的大地地理坐标。

[1-11] 试在 Google Earth 上获取北京南站中心点的经纬度,并用南方 MSMT 手机软件计算其在统一3°带的高斯平面坐标(WGS-84 坐标系)。

[1-12] 表 1-9 的高斯投影参数为:中央子午线经度为 $L_0 = \text{E}107°30'$,投影面高程 $H_0 = 925$ m,表 1-10 的高斯投影参数为:中央子午线经度为 $L_0 = \text{E}107°45'$,投影面高程 $H_0 = 975$ m,表 1-9 的 ZD 点与表 1-10 的 QD 点桩号相同,均为 DK34+500,这两点在地面上是同一个点。试用南方 MSMT 手机软件将表 1-9 的 ZD 点高斯平面坐标换带到表 1-10 的投影带,计算结果填入表 1-11。

表 1-9   贵阳至南宁铁路客运专线贵州先期开工段直曲表(2000 国家大地坐标系,$H_0 = 925$ m)

交点号	x/m	y/m	转角 Δ	R/m	L_s/m	设计桩号	L_0	H_0/m
QD	2 929 662.742 0	447 216.999 0				DK0+000	E107°30′	925
JD1	2 929 665.394 0	449 452.3 000	12°06′51.49″	9 005	530	DK2+280.503	断链	
JD2	2 928 728.836 0	453 841.008 0	14°56′49.32″	6 005	670	DK6+760.644	DK0+654.8=	
JD3	2 923 952.108 0	463 218.552 0	37°19′37.35″	6 005	670	DK17+274.994	DK0+700	
JD4	2 920 200.411 0	465 022.477 0	−20°46′3.48″	6 000	670	DK21+291.312		
JD5	2 918 001.075 0	467 335.823 0	8°48′37.28″	10 000	470	DK24+458.078		
JD6	2 915 102.482 9	469 571.013 0	3°11′26.35″	12 000	370	DK28+115.224		
JD7	2 912 606.463 7	471 283.032 5	−22°37′26.41″	7 000	670	DK31+141.762		
ZD	2 910 760.503 9	474 133.203 5				DK34+500		

表 1-10　　　　贵阳至南宁铁路客运专线贵州先期开工段直曲表（2000 国家大地坐标系，H_0= 975 m）

交点号	x/m	y/m	转角 △	R/m	L_s/m	设计桩号	L_0	H_0/m
QD	2 910 857.603 3	449 163.782 2				DK34＋500	E107°45′	975
JD8	2 908 738.467 8	452 421.912 5	22°27′58.72″	8 000	590	DK38＋386.663	断链	
JD9	2 905 358.845 0	454 744.066 0	−19°30′54.13″	8 000	590	DK42＋445.668	DK44＋198.32＝ DK44＋500	
JD10	2 903 315.149 0	457 557.815 0	10°17′15.77″	9 000	530	DK46＋197.725		
JD11	2 897 990.546 4	462 649.752 6	−50°26′24.32″	9 000	530	DK53＋560.594		
ZD	2 898 373.642 9	467 916.192 0				DK58＋285		

表 1-11　　　　　　　桩号 DK34+ 500 高斯投影换带计算坐标比较

说明	x/m	y/m	L_0	H_0/m	L	B
计算			E107°30′	925		
图纸	2 910 857.603 3	449 163.782 2	E107°45′	975		
差值						

[1-13]　测量工作的基本原则是什么？

第2章 水 准 测 量

本 章 导 读

● **基本要求**　熟练掌握 DS3 水准仪测量高差的原理、产生视差的原因与消除方法、四等水准测量的方法、单一闭(附)合水准路线测量的数据处理;掌握水准测量的误差来源及其削减方法、水准仪轴系之间应满足的条件;了解水准仪检验与校正的内容与方法、自动安平水准仪的原理与方法、精密水准仪的读数原理与方法、数字水准仪的原理与方法。

● **重点**　消除视差的方法,水准器格值的几何意义,水准仪的安置与读数方法,南方MSMT 手机软件水准测量与水准平差软件操作方法,单一闭(附)合水准路线测量的数据处理,削减水准测量误差的原理与方法。

● **难点**　消除视差的方法,单一闭(附)合水准路线测量的数据处理。

测定地面点高程的工作,称为**高程测量**(height measurement),它是测量的基本工作之一。高程测量按所使用的仪器和施测方法的不同,分为**水准测量**(leveling)、**三角高程测量**(trigonometric leveling)、**GNSS 拟合高程测量**(GNSS leveling)和气压高程测量(air pressure leveling)。水准测量是精度最高的一种高程测量方法,广泛应用于国家高程控制测量、工程勘测和施工测量中。

2.1 水准测量原理

水准测量是利用**水准仪**(level)提供的**水平视线**(horizontal sight),读取竖立于两个点上水准尺的读数,来测定两点间的高差,再根据已知点的高程计算待定点的高程。

如图 2-1 所示,地面上有 A,B 两点,设 A 点的高程 H_A 为已知。为求 B 点的高程 H_B,在 A,B 两点之间安置水准仪,A,B 两点各竖立一把水准尺,通过水准仪的望远镜读取水平视线分别在 A,B 两点水准尺上截取的读数为 a 和 b,求出 A 点至 B 点的高差为

$$h_{AB} = a - b \tag{2-1}$$

设水准测量的前进方向为 A→B,称 A 点为后视点,其水准尺读数 a 为后视读数;称 B 点为前视点,其水准尺读数 b 为前视读数;两点间的高差="后视读数"-"前视读数"。后视读数大于前视读数时,高差为正,表示 B 点比 A 点高,$h_{AB} > 0$;后视读数小于前视读数时,高差为负,表示 B 点比 A 点低,$h_{AB} < 0$。

当 A,B 两点相距不远且高差不大时,安置一次水准仪,就可以测得 h_{AB}。此时,B 点高程的计算公式为

$$H_B = H_A + h_{AB} \tag{2-2}$$

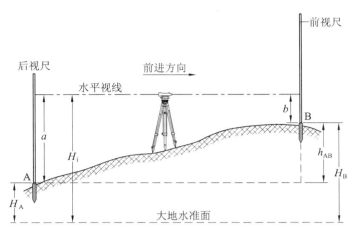

图 2-1　水准测量原理

B 点高程也可用水准仪的**视线高程**(elevation of sight)H_i 计算,即

$$\left.\begin{aligned} H_i &= H_A + a \\ H_B &= H_i - b \end{aligned}\right\} \tag{2-3}$$

当安置一次水准仪要测量出多个前视点 B_1,B_2,$\cdots$,B_n 点的高程时,采用视线高程 H_i 计算这些点的高程就非常方便。设水准仪对竖立在 B_1,B_2,$\cdots$,B_n 点的水准尺读取的读数分别为 b_1,b_2,$\cdots$,b_n,则各点的高程计算公式为

$$\left.\begin{aligned} H_{B_1} &= H_i - b_1 \\ H_{B_2} &= H_i - b_2 \\ &\vdots \\ H_{B_n} &= H_i - b_n \end{aligned}\right\} \tag{2-4}$$

当 A,B 两点相距较远或高差较大且安置一次仪器无法测得其高差时,就需要在两点间增设若干个用于传递高程的临时立尺点,称为**转点**(turning point,缩写为 TP),如图 2-2 中的 TP_1,TP_2,$\cdots$,TP_{n-1} 点,并依次连续设站观测,设测出的各站高差为

$$\left.\begin{aligned} h_{A1} &= h_1 = a_1 - b_1 \\ h_{12} &= h_2 = a_2 - b_2 \\ &\vdots \\ h_{(n-1)B} &= h_n = a_n - b_n \end{aligned}\right\} \tag{2-5}$$

则 A,B 两点间高差的计算公式为

$$h_{AB} = \sum_{i=1}^{n} h_i = \sum_{i=1}^{n} a_i - \sum_{i=1}^{n} b_i \tag{2-6}$$

式(2-6)表明,A,B 两点间的高差等于各测站后视读数之和减去前视读数之和。常用式(2-6)检核高差计算的正确性。

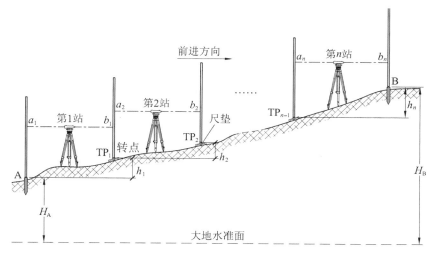

图 2-2 连续设站水准测量原理

2.2 水准测量的仪器与工具

水准测量所用的仪器为水准仪,工具有**水准尺**(leveling staff)和**尺垫**(staff plate)。

1. 微倾式水准仪(title level)

水准仪的作用是提供一条水平视线,能瞄准距水准仪一定距离处的水准尺并读取尺上的读数。通过调整水准仪的微倾螺旋,使管水准气泡居中获得水平视线的水准仪称为微倾式水准仪;通过补偿器获得水平视线读数的水准仪称为**自动安平水准仪**(automatic level)。本节主要介绍微倾式水准仪的结构。

国产微倾式水准仪的型号有:DS05,DS1,DS3,DS10,其中字母 D,S 分别指"大地测量"和"水准仪"汉语拼音的第一个字母,字母后的数字表示仪器每千米往返测高差中数的中误差,以"mm"为单位。DS05,DS1,DS3,DS10 水准仪每千米往返测高差中数的中误差分别为 ±0.5 mm,±1 mm,±3 mm,±10 mm。

通常称 DS05,DS1 为**精密水准仪**(precise level),主要用于国家一、二等水准测量和精密工程测量;称 DS3,DS10 为**普通水准仪**(general level),主要用于国家三、四等水准测量和常规工程建设测量。图 2-3 所示的水准仪为 DS3 普通水准仪,其后的字符"Z"表示为正像望远

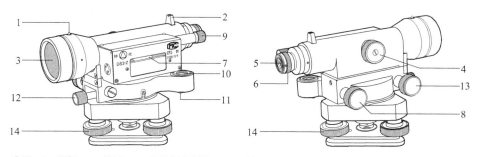

1—准星;2—照门;3—物镜;4—物镜调焦螺旋;5—目镜;6—目镜调焦螺旋;7—管水准器;8—微倾螺旋;
9—管水准气泡观察窗;10—圆水准器;11—圆水准器校正螺丝;12—水平制动螺旋;13—水平微动螺旋;14—脚螺旋

图 2-3 南京光学测绘仪器有限公司生产的钟光 DS3-Z 微倾式水准仪(正像望远镜)

镜,它是工程建设中使用最多的水准仪。

水准仪主要由望远镜、水准器和基座组成。

(1) 望远镜(telescope)

望远镜用来瞄准远处竖立的水准尺并读取水准尺上的读数,要求望远镜能看清水准尺上的分划和注记并有读数指标。根据在目镜端观察到的物体成像情况,望远镜分正像望远镜和倒像望远镜,图 2-4 所示为正像望远镜的结构图,它由物镜、调焦镜、倒像棱镜、十字丝分划板和目镜组成。

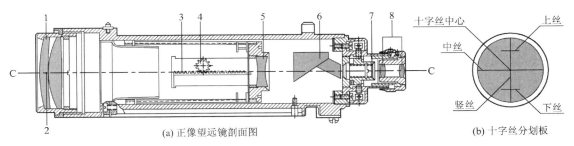

1—物镜组;2—物镜光心;3—齿条;4—调焦齿轮;5—物镜调焦镜;6—倒像棱镜;7—十字丝分划板;8—目镜组

图 2-4　正像望远镜结构

如图 2-5 所示,设远处目标 AB 发出的光线经物镜及物镜调焦镜折射后,在十字丝分划板上成一倒立实像 ab,通过目镜放大成虚像 a′b′,十字丝分划板也同时被放大。

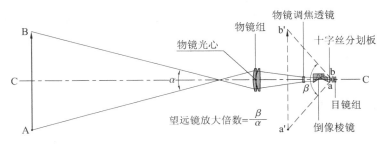

图 2-5　正像望远镜成像原理

观测者通过望远镜观察虚像 a′b′的视角为 β,而直接观察目标 AB 的视角为 α,显然,$\beta > \alpha$。由于视角放大了,观测者就感到远处的目标移近了,目标看得更清楚了,从而提高了瞄准和读数精度。通常定义 $V = \beta/\alpha$ 为望远镜的放大倍数。图 2-3 所示钟光 DS3-Z 水准仪望远镜的放大倍数为 30,物镜有效孔径为 42 mm,视场角为 $1°30'$。

如图 2-4(b)所示,十字丝分划板是在一直径约为 10 mm 的光学玻璃圆片上刻划出三根中丝和一根垂直于中丝的竖丝。中间的长中丝称为中丝,用于读取水准尺分划的读数;上、下两根较短的中丝称为上丝和下丝,上、下丝总称为视距丝,用来测定水准仪至水准尺的距离,称视距丝测量的距离为视距。

十字丝分划板安装在一金属圆环上,用四颗校正螺丝固定在望远镜镜筒上。望远镜物镜光心与十字丝分划板中心的连线称为**望远镜视准轴**(collimation axis of telescope),通常用 CC 表示。望远镜物镜光心的位置是固定的,调整固定十字丝分划板的四颗校正螺丝

[图 2-27(f)]，在较小的范围内移动十字丝分划板可以调整望远镜的视准轴。

物镜与十字丝分划板之间的距离是固定不变的，而望远镜所瞄准的目标有远有近。目标发出的光线通过物镜后，在望远镜内所成实像的位置随着目标的远近而改变，应旋转物镜调焦螺旋使目标像与十字丝分划板平面重合才可以读数。此时，观测者的眼睛在目镜端上下微微移动时，目标像与十字丝没有相对移动，如图 2-6(a)所示。

如果目标像与十字丝分划板平面不重合，观测者的眼睛在目镜端上下微微移动时，目标像与十字丝之间就会产生相对移动，这种现象称为视差，如图 2-6(b)所示。

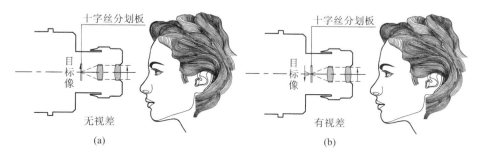

图 2-6　视差

视差会影响读数的正确性，读数前应消除它。消除视差的方法是：将望远镜对准明亮的背景，旋转目镜调焦螺旋，使十字丝十分清晰（简称目镜对光）；将望远镜对准标尺，旋转物镜调焦螺旋使标尺像十分清晰（简称物镜对光）。

（2）水准器（bubble）

水准器用于置平仪器，有管水准器和圆水准器两种。

① 管水准器（bubble tube）

管水准器由玻璃圆管制成，其内壁磨成一定半径 R 的圆弧，如图 2-7(a)所示。将管内注满酒精或乙醚，加热封闭冷却后，管内形成的空隙部分充满了液体的蒸气，称为管水准气泡。因为蒸气的比重小于液体，所以，管水准气泡总是位于内圆弧的最高点。

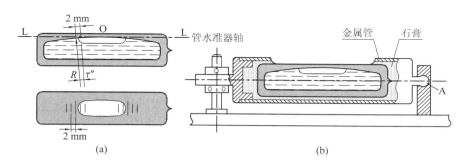

图 2-7　管水准器及其安装结构

管水准器内圆弧中点 O 称为管水准器的零点，过零点作内圆弧的切线 LL 称为**管水准器轴**（bubble tube axis）。当管水准气泡居中时，管水准器轴 LL 处于水平位置。

管水准器一般安装在圆柱形、上面有开口的金属管内，用石膏固定。如图 2-7(b)所示，一端为球形支点 A，另一端用四个校正螺丝将金属管连接在仪器上。用校正针拨动校正螺丝,可以使管水准器相对于支点 A 做升降或左右移动,从而校正管水准器轴平行于望远镜的视准轴。

在管水准器的外表面、对称于零点的左右两侧,刻划有 2 mm 间隔的分划线。定义2 mm 弧长所对的圆心角为管水准器格值 τ'':

$$\tau'' = \frac{2}{R}\rho'' \tag{2-7}$$

式中,$\rho'' = 206\ 265$,为弧秒值,即 1 弧度等于 206 265″;R 为以"mm"为单位的管水准器内圆弧半径。

格值 τ'' 的几何意义为:当水准气泡移动 2 mm 时,管水准器轴倾斜角度 τ''。显然,R 越大,τ'' 越小,管水准器的灵敏度越高,仪器置平的精度也越高,反之置平精度就低。DS3 水准仪管水准器的格值为 20″/2 mm,其内圆弧半径 $R = 20\ 626.5$ mm。

为了提高水准气泡居中的精度,在管水准器的上方安装有一组符合棱镜,如图 2-8 所示。通过这组棱镜,将气泡两端的影像反射到望远镜旁的管水准气泡观察窗内,旋转微倾螺旋,当窗内气泡两端的影像吻合时,表示气泡居中。

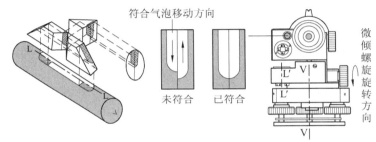

LL—管水准器轴;L′L′—圆水准器轴;VV—竖轴

图 2-8 管水准器与符合棱镜

制造水准仪时,使管水准器轴 LL 平行于望远镜的视准轴 CC。旋转微倾螺旋使管水准气泡居中时,管水准器轴 LL 处于水平位置,从而使望远镜的视准轴 CC 也处于水平位置。

② 圆水准器(circular bubble)

如图 2-9 所示,圆水准器由玻璃圆柱管制成,其顶面内壁为磨成半径 R' 的球面,中央刻划有小圆圈,其圆心 O 为圆水准器的零点,过零点 O 的球面法线为**圆水准器轴**(circular bubble axis)L′L′。当圆水准气泡居中时,圆水准器轴处于竖直位置;当气泡不居中,气泡偏移零点 2 mm 时,轴线所倾斜的角度值,称为圆水准器的格值 τ'。τ' 一般为 8′,其对应的顶面内壁球面半径 $R' = 859.4$ mm。圆水准器的格值 τ' 远大于管水准器的格值 τ'',因此,圆水准器通常用于粗略整平仪器。

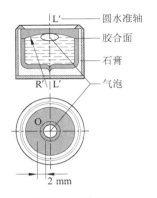

图 2-9 圆水准器

制造水准仪时,使圆水准器轴 L′L′ 平行于仪器竖轴 VV,旋转基座的三个脚螺旋使圆水准气泡居中时,圆水准器轴 L′L′ 处于竖直位置,从而使仪器竖轴 VV 也处于竖直位置,如图 2-8 所示。

（3）基座（tribrach）

基座的作用是支承仪器的上部，用中心螺旋将基座连接到三脚架上。基座由轴座、脚螺旋、底板和三角压板构成。

2. 水准尺和尺垫

普通水准尺一般用优质木材、玻璃钢或铝合金制成，长度为 2～5 m 不等。根据构造可以分为直尺、塔尺和折尺，如图 2-10 所示。其中，直尺又分单面分划和双面分划两种。

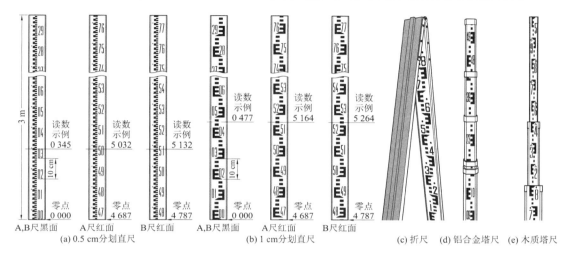

图 2-10　正像注记水准尺及其读数示例

塔尺和折尺常用于图根水准测量，尺面上的最小分划为 1 cm 或 0.5 cm，在每米和每分米处均有注记。

双面水准尺多用于三、四等水准测量，以两把尺为一对使用。尺的两面均有分划，一面为黑白相间，称为黑面尺；另一面为红白相间，称为红面尺。两面的最小分划均为 1 cm，只在分米处有注记。两把尺的黑面均由零开始分划和注记；而红面，一把尺由 4.687 m 开始分划和注记，另一把尺由 4.787 m 开始分划和注记，两把尺红面注记的零点差为 0.1 m。

如图 2-11 所示，尺垫是用生铁铸成的三角形板座，用于转点处放置水准尺。尺垫中央有一凸起的半球，水准尺竖立在半球顶，下有三个尖足便于将其踩入土中，以固稳防动。《国家三、四等水准测量规范》[5] 规定，尺垫的质量应不小于 1 kg。

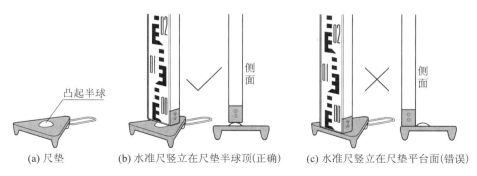

图 2-11　尺垫及水准尺竖立在尺垫上的正确位置

3. 微倾式水准仪的使用

安置水准仪前,首先应按观测者的身高调节好三脚架的高度,为便于整平仪器,还应使三脚架的架头面大致水平,并将三脚架的三个脚尖踩入土中,使脚架稳定;从仪器箱内取出水准仪,放在三脚架的架头面上,立即用中心螺旋旋入仪器基座的螺孔内,以防止仪器从三脚架头摔下来。

用水准仪进行水准测量的操作步骤为粗平→瞄准水准尺→精平→读数。

（1）粗平

旋转脚螺旋使圆水准气泡居中,仪器竖轴大致铅垂,从而使望远镜的视准轴大致水平。旋转脚螺旋方向与圆水准气泡移动方向的规律是:用左手旋转脚螺旋时,左手大拇指移动方向即为水准气泡移动方向;用右手旋转脚螺旋时,右手食指移动方向即为水准气泡移动方向,如图 2-12 所示。初学者一般先练习用一只手操作,熟练后再练习用双手操作。

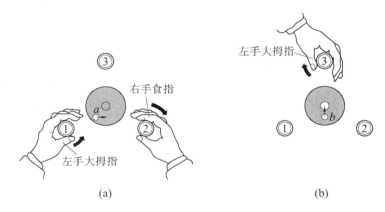

图 2-12　旋转脚螺旋方向与圆水准气泡移动方向的关系

（2）瞄准水准尺

首先进行目镜对光,将望远镜对准明亮的背景,旋转目镜调焦螺旋,使十字丝清晰。再松开制动螺旋,转动望远镜,用望远镜上的准星和照门瞄准水准尺,拧紧制动螺旋。从望远镜中观察目标,旋转物镜调焦螺旋,使目标清晰,再旋转微动螺旋,使竖丝对准水准尺,如图 2-13所示。

（3）精平

先从望远镜侧面观察管水准气泡偏离零点的方向,旋转微倾螺旋,使气泡大致居中,再从目镜左边的符合气泡观察窗中查看两个气泡影像是否吻合,如不吻合,再慢慢旋转微倾螺旋直至完全吻合为止。

（4）读取中丝读数

仪器精平后,应立即用中丝在水准尺上读数。可以从水准尺上读取 4 位数字,其中前两位为米位和分米位,从水准尺注记数字直接读取,后面的厘米位则要数分划数,一个 **E** 表示 0~5 cm,其下面的分划位为 6~9 cm,毫米位需要估读。

图 2-13(a)所示为 0.5 cm 分划直尺读数,其中左图为黑面尺读数,右图为红面尺读数;图 2-13(b)所示为 1 cm 分划直尺读数,其中左图为黑面尺读数,右图为红面尺读数。完成黑面尺读数后,将水准尺以竖向为轴旋转 180°,立即读取红面尺读数,这两个读数之差为

6 382－1 695＝4 687 mm,正好等于该尺红面注记的零点常数,说明读数正确。

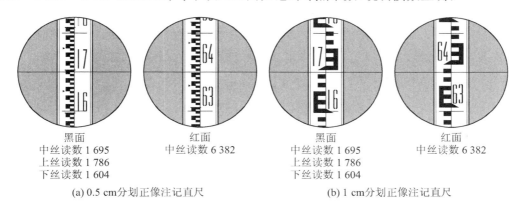

黑面
中丝读数 1 695
上丝读数 1 786
下丝读数 1 604

红面
中丝读数 6 382

黑面
中丝读数 1 695
上丝读数 1 786
下丝读数 1 604

红面
中丝读数 6 382

(a) 0.5 cm分划正像注记直尺　　　　　　　　　(b) 1 cm分划正像注记直尺

图 2-13　正像注记水准尺读数示例

如果该标尺的红黑面读数之差不等于其红面注记的零点常数,《国家三、四等水准测量规范》[5]规定,对于三等水准测量,其限差为±2 mm;对于四等水准测量,其限差为±3 mm。

（5）视距测量原理及读取上、下丝读数计算视距方法

视距测量(stadia measurement)是一种间接测距方法,它利用测量仪器望远镜内十字丝分划板的上、下丝及水准尺,根据光学原理测定两点间水平距离的一种快速测距方法,相对误差约为 1/300。

如图 2-14 所示,在 A 点安置水准仪,B 点竖立水准尺,设望远镜视线水平,瞄准 B 点的水准尺,此时视线与水准尺面垂直。

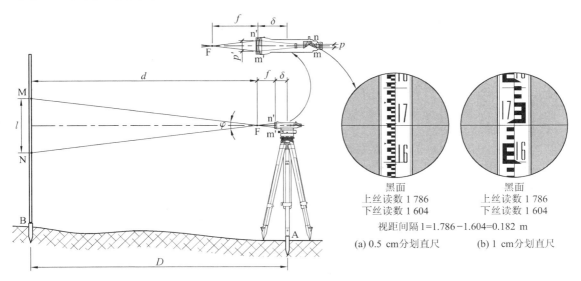

黑面
上丝读数 1 786
下丝读数 1 604

黑面
上丝读数 1 786
下丝读数 1 604

视距间隔 l=1.786－1.604=0.182 m

(a) 0.5 cm分划直尺　　　(b) 1 cm分划直尺

f—望远镜物镜焦距;p—十字丝分划板上、下丝间距;p'—上、下丝视线在物镜出口端间距

图 2-14　水准仪视距测量原理

在图 2-14 中,$p = \overline{\mathrm{nm}}$ 为望远镜上、下丝的间距,$l = \overline{\mathrm{NM}}$ 为标尺**视距间隔**(stadia interval),f 为望远镜物镜的焦距,δ 为物镜中心到仪器中心的距离。

由于望远镜上、下丝间距 p 固定,所以从上、下丝引出去的视线在竖直面内的夹角 φ 也

是固定的,设由上、下丝n,m引出去的视线在物镜出口端的交点为n′,m′,其间距 $p′=\overline{n′m′}$ 也是固定的。在标尺面的交点N,M则随仪器到标尺的距离 D 而变化,在望远镜视场内可以通过读取交点N,M的标尺读数 L_N,L_M,计算出视距间隔 $l=L_M-L_N$。仪器到标尺的距离 D 越大,视距间隔 l 也越大。例如,图2-14所示水准仪为正像望远镜,应从下往上读数,由上、下丝读数计算的视距间隔为 $l=1.786-1.604=0.182$ m。

由于 $\triangle n′m′F$ 与 $\triangle NMF$ 相似,所以有 $\dfrac{d}{l}=\dfrac{f}{p′}$,化简该式,得

$$d=\frac{f}{p′}l \tag{2-8}$$

由图2-14可得A,B两点间的平距 D 为

$$D=d+f+\delta=\frac{f}{p′}l+f+\delta \tag{2-9}$$

如图2-14所示,望远镜的 p 与 $p′$ 是有关联的,设 $k=\dfrac{f}{p′}$,$C=f+\delta$,将它们代入式(2-9),得

$$D=kl+C \tag{2-10}$$

式中,k 为**视距乘常数**(stadia multiplication constant);C 为**视距加常数**(stadia addition constant)。设计制造仪器时,通常使 $k=100$,忽略 C 值,则视准轴水平时的视距计算公式为

$$D=kl=100l \tag{2-11}$$

图2-14所示的视距为 $D=100\times0.182=18.2$ m,图2-3所示钟光DS3-Z水准仪可测量的最短视距为2 m。

2.3 水准点与水准路线

1. 水准点
为统一全国高程系统和满足各种测量的需要,国家各级测绘部门在全国各地埋设并测定了很多高程点,这些点称为**水准点**(benchmark,通常缩写为BM)。

在一、二、三、四等水准测量中,一、二等水准测量为精密水准测量,三、四等水准测量为普通水准测量,采用某等级水准测量方法测出其高程的水准点称为该等级水准点,各等水准点均应埋设永久性标石或标志,水准点的等级应注记在水准点标石或标志面上,如图2-15所示。

《国家三、四等水准测量规范》[5]将水准点标志分为墙角水准标志与混凝土普通水准标石。图2-15(b)所示为墙角水准标志的埋设规格,图2-15(c)所示为三、四等水准标石的埋设规格。水准点在地形图上的表示符号如图2-16所示,图中的"2.0"表示符号圆的直径为2 mm。

2. 水准路线
在水准点之间进行水准测量所经过的路线,称为水准路线。按照已知高程的水准点的分布情况和实际需要,水准路线一般布设为附合水准路线、闭合水准路线或支水准路线,如图2-17所示。

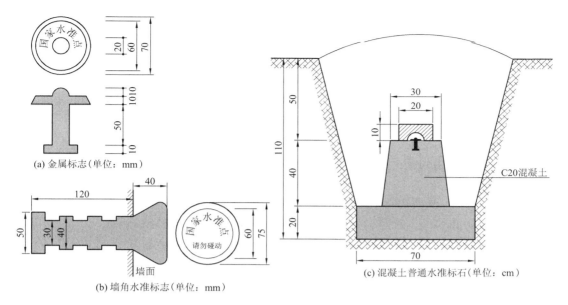

(a) 金属标志(单位：mm)

(b) 墙角水准标志(单位：mm)

(c) 混凝土普通水准标石(单位：cm)

C20混凝土

图 2-15　水准点标志与水准标石

$$2.0 \, \vdots \, \otimes \, \frac{\text{II 京石 5}}{32.804}$$

图 2-16　水准点在地形图上

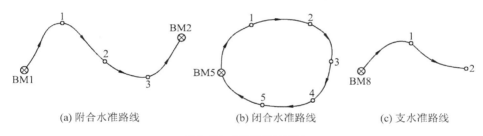

(a) 附合水准路线　　　　　(b) 闭合水准路线　　　　　(c) 支水准路线

图 2-17　水准路线的类型

（1）附合水准路线（annexed leveling line）

如图 2-17（a）所示，附合水准路线是从一个已知高程的水准点 BM1 出发，沿各高程待定点 1，2，3 进行水准测量，最后附合到另一个已知高程的水准点 BM2 上，各站所测高差之和的理论值应等于由已知水准点的高程计算出的高差，即有

$$\sum h_{理论} = H_{BM2} - H_{BM1} \qquad\qquad (2\text{-}12)$$

（2）闭合水准路线（closed leveling line）

如图 2-17（b）所示，闭合水准路线是从一个已知高程的水准点 BM5 出发，沿各高程待定点 1，2，3，4，5 进行水准测量，最后返回到原水准点 BM5 上，各站所测高差之和的理论值应等于零，即有

$$\sum h_{理论} = 0 \qquad\qquad (2\text{-}13)$$

（3）支水准路线（spur leveling line）

如图 2-17（c）所示，支水准路线是从一个已知高程的水准点 BM8 出发，沿各高程待定点

1，2进行水准测量。支水准路线应进行往返观测,理论上,往测高差总和与返测高差总和应大小相等,符号相反,即有

$$\sum h_{往} + \sum h_{返} = 0 \tag{2-14}$$

式(2-12)、式(2-13)、式(2-14)可以分别作为附合水准路线、闭合水准路线和支水准路线观测正确性的检核。

2.4　三、四等水准测量方法

如图2-2所示,从已知高程的水准点A出发,一般应用连续水准测量的方法,才能测算出待定水准点B的高程。在进行连续水准测量时,如果任何一测站的后视读数a或前视读数b有错误,都将影响所测高差的正确性。因此,在每一测站的水准测量中,为了及时发现观测中的错误,通常采用双面尺法观测,以检核每站高差测量中可能发生的错误,称这种检核为测站检核。

2.4.1　三、四等水准测量的技术要求

《国家三、四等水准测量规范》[5]规定,三、四等水准测量的主要技术要求,应符合表2-1中的规定;水准观测的主要技术要求,应符合表2-2中的规定;往返高差不符值、环线闭合差和检测高差之差的限差应符合表2-3中的规定。

表2-1　　　　　　　　　　　　　三、四等水准测量每站视距限差

等级	视线长度		前后视距差/m	每站的前后视距差累积/m	视线高度	数字水准仪重复测量次数	观测顺序
	仪器类型	视距/m					
三等	DS3	≤75	≤2.0	≤5.0	三丝能读数	≥3次	后前前后(BFFB)
四等	DS3	≤100	≤3.0	≤10.0	三丝能读数	≥2次	后后前前(BBFF)

注:"后"的英文单词为Back,用B表示观测后尺;"前"的英文单词为Front,用F表示观测前尺。

表2-2　　　　　　　　　　　　　三、四等水准测量每站高差限差

等级	观测方法	黑红面读数之差/mm	黑红面所测高差之差/mm
三等	中丝读数法	2.0	3.0
四等	中丝读数法	3.0	5.0

表2-3　　　　　三、四等水准测量往返高差不符值、环线闭合差和检测高差之差的限差

等级	测段、路线往返测高差不符值	测段、路线高差不符值	附合路线或环线闭合差		检测已测测段高差的差
			平原	山区	
三等	$\pm 12\sqrt{K}$	$\pm 8\sqrt{K}$	$\pm 12\sqrt{L}$	$\pm 15\sqrt{L}$	$\pm 20\sqrt{R}$
四等	$\pm 20\sqrt{K}$	$\pm 14\sqrt{K}$	$\pm 20\sqrt{L}$	$\pm 25\sqrt{L}$	$\pm 30\sqrt{R}$
图根*	—	—	$\pm 40\sqrt{L}$	$\pm 12\sqrt{n}$	—

注:1. K—路线或测段长度(km);L—附合路线(环线)长度(km);R—检测测段长度(km);n—水准测段测站数,要求$n > 16$站。

2. 山区指高程超过1 000 m或路线中最大高程超过400 m的地区。

3. 图根水准测量的限差取自《城市测量规范》。

2.4.2 三、四等水准的观测方法

三等水准测量采用中丝读数法进行往返观测,四等水准测量采用中丝读数法单程观测,支水准路线应往返观测。各水准测段的测站数均应为偶数,由往测转向返测时,两把标尺应互换位置,并应重新安置仪器。三、四等水准观测应在标尺分划线成像清晰稳定时进行。

1. 三、四等水准观测顺序

在测站上安置水准仪,使前后视距大致相等,使圆水准气泡居中。

(1)后视水准尺黑面,旋转微倾螺旋,使管水准气泡居中,用下、上视距丝读数,记入表2-4中(1),(2)的位置;用中丝读数,记入表2-4中(3)的位置。

表2-4 三、四等水准观测记录手簿

测自 __BM1__ 至 __S13__   2018年4月30日

时刻:始8时26分 天气 __阴__

末8时57分 成像 __清晰__ 观测者 __王贵满__ 记录员 __林培效__

测站编号	后尺 上丝 下丝	前尺 上丝 下丝	方向及尺号	标尺读数		$K+$黑$-$红	高差中数	备注
				黑面	红面			
	后视距	前视距						
	视距差d	$\sum d$						
	(1)	(5)	后尺	(3)	(8)	(10)		
	(2)	(6)	前尺	(4)	(7)	(9)		
	(15)	(16)	后—前	(11)	(12)	(13)	(14)	
	(17)	(18)						
1	1 571	739	后A	1 384	6 171	0		BM1
	1 197	363	前B	551	5 239	−1		TP1
	374	376	后—前	+833	932	+1	+832.5	
	−2	−2						
2	2 121	2 196	后B	1 934	6 621	0		TP1
	1 747	1 821	前A	2 008	6 796	−1		TP2
	374	375	后—前	−74	−175	+1	−74.5	
	−1	−3						
3	1 914	2 055	后A	1 726	6 513	0		TP2
	1 539	1 678	前B	1 866	6 554	−1		TP3
	375	377	后—前	−140	−41	+1	−140.5	
	−2	−5						
4	1 965	2 141	后B	1 832	6 519	0		TP3
	1 700	1 874	前A	2 007	6 793	+1		S13
	265	267	后—前	−175	−274	−1	−174.5	
	−2	−7						

注:表2-4中灰底色背景单元数据为原始观测数据,这些数据的毫米位数据不能修改,厘米位数据如果读错或记录错,可以现场修改,但不能连环修改。

（2）前视水准尺黑面，旋转微倾螺旋，使管水准气泡居中，用中丝读数，记入表2-4中（4）的位置；用下、上视距丝读数，记入表2-4中（5）、（6）的位置。

（3）前视水准尺红面，旋转微倾螺旋，使管水准气泡居中，用中丝读数，记入表2-4中（7）的位置。

（4）后视水准尺红面，旋转微倾螺旋，使管水准气泡居中，用中丝读数，记入表2-4中（8）的位置。

以上观测顺序简称为"后前前后"，英文表示为"BFFB"，四等水准的观测顺序为"后后前前"，英文表示为"BBFF"。

2. 三、四等水准观测的计算与检核

（1）水准尺读数检核

同一水准尺黑面与红面读数差的检核：$(9)=(4)+K-(7)$，$(10)=(3)+K-(8)$。

K 为双面水准尺红面分划与黑面分划的零点差（本例，A尺的 $K=4\ 787$ mm，B尺的 $K=4\ 687$ mm）。由表2-2可知，对于三等水准，（9）、（10）不应大于2 mm；对于四等水准，（9）、（10）不应大于3 mm。

（2）高差计算与检核

按后、前视水准尺红、黑面中丝读数分别计算一站高差：

黑面高差$(11)=(3)-(4)$，红面高差$(12)=(8)-(7)$，红黑面高差之差$(13)=(11)-[(12)\pm0.1]=(10)-(9)$。

由表2-2可知，对于三等水准，（13）不应大于3 mm；对于四等水准，（13）不应大于5 mm。

红黑面高差之差在容许范围以内时，取其平均值作为该站的观测高差：$(14)=[(11)+(12)\pm100]/2$。

（3）视距计算与检核

根据前、后视的下、上丝读数计算前视距$(15)=(1)-(2)$，后视距$(16)=(5)-(6)$。由表2-1可知，对于三等水准，（15）、（16）不应大于75 m；对于四等水准，（15）、（16）不应大于100 m。

计算前、后视距差$(17)=(15)-(16)$。由表2-1可知，对于三等水准，（17）不应大于2 m；对于四等水准，（17）不应大于3 m。

计算前、后视距差累积$(18)=$上站$(18)+$本站(17)。由表2-1可知，对于三等水准，（18）不应大于5 m；对于四等水准，（18）不应大于10 m。

3. 微倾式水准仪预测视距方法

使用圆水准器粗平仪器后，瞄准水准尺，调整微倾螺旋，使下丝对准标尺的一个整分米数或整厘米数，然后数出下丝至上丝间视距间隔的整厘米个数，每厘米代表视距1 m，再估读出小于1 cm的视距间隔毫米数，每毫米代表视距0.1 m，二者相加即得视距值，示例如图2-18所示。

当使用自动安平水准仪观测时，因自动安平水准仪没有微倾螺旋，不便直读视距，只能用读上、下丝的方法计算视距。

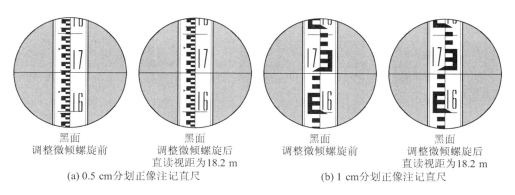

黑面 调整微倾螺旋前	黑面 调整微倾螺旋后 直读视距为18.2 m	黑面 调整微倾螺旋前	黑面 调整微倾螺旋后 直读视距为18.2 m
(a) 0.5 cm分划正像注记直尺		(b) 1 cm分划正像注记直尺	

图 2-18　微倾式水准仪直读视距方法示例

2.4.3　南方 MSMT 手机软件水准测量程序

（1）新建四等水准测量文件

在南方 MSMT 手机软件"测试"项目主菜单[图 2-19(a)]点击 水准测量 按钮,进入图 2-19(b)所示的"水准测量"文件列表界面;点击 **新建文件** 按钮,新建一个光学四等水准测量文件[图 2-19(c)],点击 确定 按钮,返回水准测量文件列表界面[图 2-19(d)]。

图 2-19　在南方 MSMT 软件中新建四等水准测量文件

（2）执行四等水准测量文件的"测量"命令

在水准测量文件列表界面,点击最近新建的光学四等水准测量文件,在弹出的快捷菜单点击"测量"命令,进入图 2-20(b)所示的测量界面。

在后视点一栏输入起点名 BM1,输入表 2-4 第 1 站的 8 个观测数据（灰底色背景单元）,点击 保存搬站 按钮完成第 1 站观测数据的输入,结果如图 2-20(c)所示。

图 2-20(c),(d)为完成第 1、2 站观测数据输入的界面,图 2-20(e)为完成第 3 站观测数据输入的界面,图 2-20(f)为完成第 4 站观测数据输入的界面,此时,前视点栏应输入测段终点名 S13,点击 结束测段 按钮结束测段观测,返回水准测量文件列表界面[图 2-20(g)]。

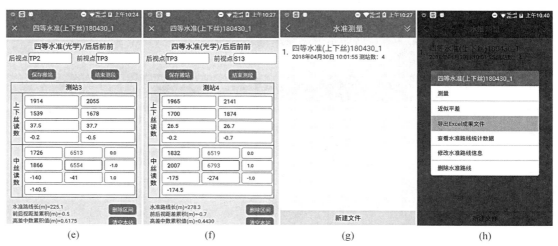

图 2-20　在南方 MSMT 软件中执行新建四等水准测量命令

　　用户可以对该光学四等水准测量文件重复执行"测量"命令,继续完成路线其余测段的水准测量观测数据输入,完成水准路线全部测量任务后,在水准测量文件列表界面,点击该水准测量文件名,在弹出的快捷菜单点击"导出 Excel 成果文件"命令,软件将该文件的水准测量观测数据导出为手机内置 SD 卡"com. southgt. msmt\workspace\四等水准(上下丝)180430_1. xls"。用户可以使用手机安装的 WPS 软件打开"四等水准(上下丝)180430_1. xls"文件查看观测数据,也可以通过微信、QQ、电子邮箱的形式发送该 Excel 成果文件给好友。

　　图 2-21 所示为在 PC 机启动 MS-Excel 打开"四等水准(上下丝)180430_1. xls"文件的内容。

	A	B	C	D	E	F	G	H	I	J	K	L
1	四等水准测量观测手簿(DS3,上下丝)											
2	测自 BM1 至 S13			日期：2018/04/30		开始时间：10:18:40		结束时间：10:26:54			天气：晴	成象：清晰
3	仪器型号：DS3			仪器编号：96076		观测者：王贵满		记录员：林培效				

测站编号	后尺 上丝/下丝 后视距 视距差d	前尺 上丝/下丝 前视距 ∑d	方向及尺号	中丝读数 黑面	中丝读数 红面	K+黑-红	高差中数	高差中数累积值∑h(m) 路线长累积值∑d(m) 及保存时间	水准测段统计数据
1	1571	739	后尺A	1384	6171	0			
	1197	363	前尺A	551	5239	-1		∑h(m)=0.83250	
	37.4	37.6	后-前	833	932		832.5	∑d(m)=75.0	测段起点名：BM1
	-0.2	-0.2						保存时间：2018/04/30/ 10:18	
2	2121	2196	后尺B	1934	6621	0			
	1747	1821	前尺A	2008	6796	-1		∑h(m)=0.75800	
	37.4	37.5	后-前	-74	-175		-74.5	∑d(m)=149.9	
	-0.1	-0.3						保存时间：2018/04/30/ 10:21	
3	1914	2055	后尺A	1726	6513	0			
	1539	1678	前尺B	1866	6554	-1		∑h(m)=0.61750	
	37.5	37.7	后-前	-140	-41	1	-140.5	∑d(m)=225.1	
	-0.2	-0.5						保存时间：2018/04/30/ 10:25	
4	1965	2141	后尺B	1832	6519	0			
	1700	1874	前尺A	2007	6793	1		∑h(m)=0.44300	测段终点名：S13
	26.5	26.7	后-前	-175	-274	-1	-174.5	∑d(m)=278.3	测段高差h(m)=0.4430
	-0.2	-0.7						保存时间：2018/04/30/ 10:26	测段水准路线长L(m)=278.3 测段站数n=4
24	广州南方测绘科技股份有限公司http://www.com.southgt.msmt								
25	技术支持：覃辉二级教授(qh-506@163.com)								

图 2-21　在 PC 机启动 MS-Excel 打开"四等水准（上下丝）180430_1.xls"文件的内容

2.5　单一水准路线近似平差

在每站水准测量中,采用双面尺法进行测站检核还不能保证整条水准路线的观测高差没有错误,例如,用作转点的尺垫在仪器搬站期间被碰动所引起的误差就不能用测站检核检查出来,还需要通过水准路线**闭合差**（closing error）来检验。

水准测量成果整理的内容包括：测量记录与计算的复核,高差闭合差的计算与检核,高差改正数与各点高程的计算。

1. 高差闭合差的计算

高差闭合差一般用 f_h 表示,根据式（2-12）、式（2-13）和式（2-14）可以写出三种水准路线的高差闭合差计算公式：

（1）附合水准路线高差闭合差

$$f_h = \sum h - (H_终 - H_起) \tag{2-15}$$

（2）闭合水准路线高差闭合差

$$f_h = \sum h \tag{2-16}$$

（3）支水准路线高差闭合差

$$f_h = \sum h_往 + \sum h_返 \tag{2-17}$$

受仪器精密度和观测者分辨力的限制及外界环境的影响,观测数据中不可避免地含有一定的误差,高差闭合差 f_h 就是水准测量观测误差的综合反映。当 f_h 在限差范围内时,认为精度合格,成果可用,否则应返工重测,直至符合要求为止。《国家三、四等水准测量规范》[5]规定,三、四等水准测量的高差闭合差应符合表 2-3 的规定。

2. 高差闭合差的分配和待定点高程的计算

当 f_h 的绝对值小于限差 $f_{h限}$ 时,说明观测成果合格,可以进行高差闭合差的分配、高差改正及待定点高程计算。

对于附合或闭合水准路线,一般按与路线长 L_i 或测站数 n_i 成正比的原则,将高差闭合差反号进行分配。即在闭合差为 f_h、路线总长为 L(或测站总数为 n)的一条水准路线上,设某两点间的高差观测值为 h_i、路线长为 L_i(或测站数为 n_i),则这两点间的高差改正数 V_i 的计算公式为

$$V_i = -\frac{L_i}{L} f_h \left(或 V_i = -\frac{n_i}{n} f_h\right) \tag{2-18}$$

改正后的高差为

$$\hat{h_i} = h_i + V_i \tag{2-19}$$

对于支水准路线,采用往测高差减去返测高差后取平均值,作为改正后往测方向的高差,即有

$$\hat{h_i} = \frac{h_往 - h_返}{2} \tag{2-20}$$

[**例 2-1**] 图 2-22 为按四等水准测量的技术要求在平地施测某附合水准路线略图,A,B 为已知高程的水准点,箭头表示水准测量的前进方向,路线上方的数值为测段高差,路线下方的数值为该测段路线长度,试计算待定点 1,2,3 的高程。

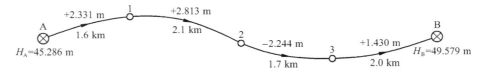

图 2-22 附合水准路线略图

[**解**] 全部计算在表 2-5 中进行,计算步骤说明如下:

(1)高差闭合差的计算与检核

$$\sum h = 2.331 + 2.813 - 2.244 + 1.43 = 4.33 \text{ m}$$

$$f_h = \sum h - (H_B - H_A) = 4.33 - (49.579 - 45.286) = 0.037 \text{ m} = 37 \text{ mm}$$

$$f_{h限} = \pm 20\sqrt{L} = \pm 20\sqrt{7.4} = \pm 54.4 \text{ mm}$$

$|f_h| < |f_{h限}|$,符合表 2-3 的规定,可以分配高差闭合差。

(2)高差改正数和改正后的高差计算

使用式(2-17)计算高差改正数,使用式(2-18)计算改正后的高差,全部计算在表 2-5 中完成。

表 2-5 单一四等水准测量路线近似平差

点名	路线长 L_i/km	观测高差 h_i/m	改正数 V_i/m	改正后高差 $\hat{h}_i$/m	高程 H/m
A					**45.286**
	1.6	+2.331	−0.008	2.323	
1					47.609
	2.1	+2.813	−0.011	2.802	
2					50.411
	1.7	−2.244	−0.008	−2.252	
3					48.159
	2.0	+1.430	−0.010	+1.420	
B					**49.579**
$\sum$	7.4	+4.330	−0.037	+4.293	

（3）高程平差值的计算

1 点平差后的高程为 $H_1 = H_A + \hat{h}_1 = 45.286 + 2.323 = 47.609$ m，其余点的高程计算过程依此类推，作为检核，最后推算出的 B 点高程应该等于其已知高程。

（4）使用南方 MSMT 手机软件近似平差

在南方 MSMT 手机软件"测试"项目主菜单[图 2-23（a）]点击 [水准平差] 按钮，进入图 2-23（b）所示的"水准平差"文件列表界面；点击 新建文件 按钮，新建一个水准平差文件[图 2-23（c）]，点击 确定 按钮，返回水准平差文件列表界面[图 2-23（d）]。

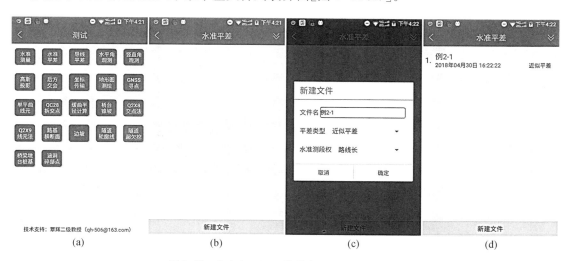

图 2-23 在南方 MSMT 软件中新建水准平差文件

在水准平差文件列表界面，点击最近新建的水准平差文件，在弹出的快捷菜单点击"输入数据及计算"命令[图 2-24（a）]，进入图 2-24（b）所示的界面，观测等级设置为"四等水准"，输入表 2-5 所列 A，B 点已知高程，四个测段路线长度及观测高差，结果如图 2-24（c），（d）所示。

点击 计算 按钮，结果如图 2-24（e）所示，手指向左滑动屏幕，结果如图 2-24（f）所示，它与表 2-5 的计算结果相同。

点击屏幕底部的 **导出Excel平差成果文件** 按钮,软件在手机内置 SD 卡创建"com.south. msmt/ workspace/例 2-1.xls"成果文件[图 2-24(g)];点击"打开"按钮,使用用户手机安装的 WPS 打开该文件的结果如图 2-24(h)所示。也可以在图 2-24(g)所示的界面点击"发送"按钮,使用手机的微信、QQ 或电子邮箱发送"例 2-1.xls"文件给好友;或在图 2-24(h)所示的界面点击工具按钮 器 发送当前文件给好友。

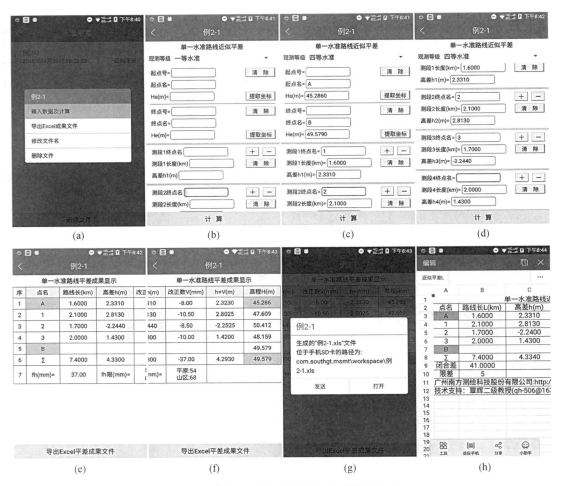

图 2-24　在南方 MSMT 软件中执行水准平差命令

2.6　微倾式水准仪的检验与校正

1. 微倾式水准仪的轴线及其应满足的条件

如图 2-25(a)所示,微倾式水准仪的轴线有**视准轴** CC(collimation axis)、**管水准器轴** LL (bubble tube axis)、**圆水准器轴** L'L'(circular bubble axis)和**竖轴** VV(vertical axis)。为使水准仪能正确工作,水准仪的轴线应满足下列三个条件:

（1）圆水准器轴应平行于竖轴(L'L' // VV)。

（2）十字丝分划板中丝应垂直于竖轴 VV。

（3）管水准器轴应平行于视准轴（LL//CC）。

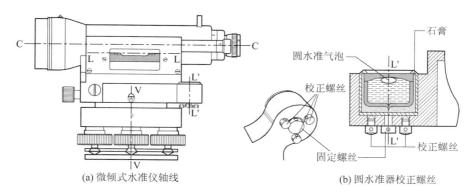

(a) 微倾式水准仪轴线　　　　　　(b) 圆水准器校正螺丝

图 2-25　微倾式水准仪轴线与圆水准器校正螺丝

2. 水准仪的检验与校正

（1）圆水准器轴平行于竖轴的检验与校正

检验： 旋转脚螺旋，使圆水准气泡居中[图 2-26（a）]；将仪器绕竖轴旋转 180°，如果气泡中心偏离圆水准器的零点，则说明 $L'L'$ 不平行于 VV，需要校正[图 2-26（b）]。

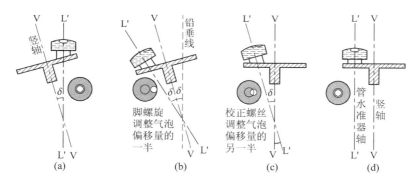

图 2-26　圆水准器轴的检验与校正原理

校正： 旋转脚螺旋使气泡中心向圆水准器的零点移动偏距的一半[图 2-26（c）]，然后使用校正针拨动圆水准器的三个校正螺丝，使气泡中心移动到圆水准器的零点，将仪器再绕竖轴旋转 180°，如果气泡中心与圆水准器的零点重合[图 2-26（d）]，则校正完毕，否则还需要重复前面的校正工作，最后，勿忘拧紧固定螺丝。

（2）十字丝分划板中丝垂直于竖轴的检验与校正

检验： 整平仪器后，用十字丝中丝的一端对准远处一明显标志点 P[图 2-27（a）]，旋紧制动螺旋，旋转水平微动螺旋转动水准仪，如果标志点 P 始终在中丝上移动[图 2-27（b）]，说明中丝垂直于竖轴，否则，需要校正[图 2-27（c）和图 2-27（d）]。

校正： 旋下十字丝分划板护罩[图 2-27（e）]，用螺丝批松开四个压环螺丝[图 2-27（f）]，按中丝倾斜的反方向转动十字丝组件，再进行检验。如果 P 点始终在中丝上移动，表明中丝已经水平，最后用螺丝批拧紧四个压环螺丝。

（3）管水准器轴平行于视准轴的检验与校正

当管水准器轴在竖直面与视准轴不平行时，说明两轴之间存在一个夹角 i。当管水准气

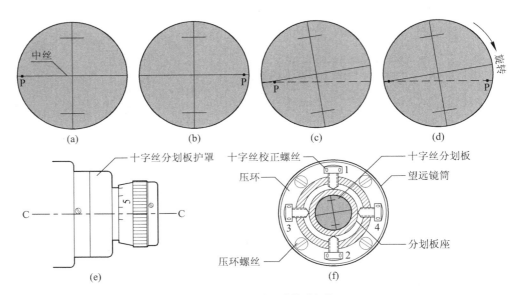

图 2-27　十字丝中丝的检验与校正

泡居中时,管水准器轴水平,视准轴相对于水平线倾斜了 i 角。

　　检验: 如图 2-28 所示,在平坦场地选定相距约 80 m 的 A,B 两点,打木桩或放置尺垫作为标志,并在其上竖立水准尺。将水准仪安置在与 A,B 两点等距离的 C 点,采用双面尺法测出 A,B 两点的高差,两次测得的高差之差不超过 3 mm 时,取其平均值作为最后结果 h_{AB}。由于测站距两把水准尺的平距相等,所以,i 角引起的前、后视尺的读数误差 x(也称视准轴误差)相等,可以在高差计算中抵消,故 h_{AB} 不受 i 角误差的影响。

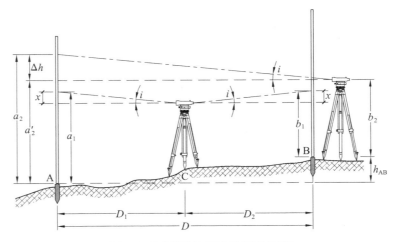

图 2-28　管水准器轴平行于视准轴的检验

　　将水准仪搬到距 B 点 2～3 m 处,安置仪器,测量 A,B 两点的高差,设前、后视尺的读数分别为 a_2,b_2,由此计算出的高差为 $h'_{AB} = a_2 - b_2$,两次设站观测的高差之差为 $\Delta h = h'_{AB} - h_{AB}$,由图 2-28 可以写出 i 角的计算公式为

$$i'' = \frac{\Delta h}{D}\rho'' = \frac{\Delta h}{80}\rho'' \tag{2-21}$$

式中，$\rho''=206\ 265$。《国家三、四等水准测量规范》[5]规定，用于三、四等水准测量的水准仪，其 i 角不应超过 $20''$，否则，需要校正。

校正：由图 2-28 可以求出 A 点水准尺的正确读数为 $a_2'=a_2-\Delta h$。旋转微倾螺旋，使十字丝中丝对准 A 尺的正确读数 a_2'，此时，视准轴已处于水平位置，而管水准气泡必然偏离中心。用校正针拨动管水准器一端的上、下两个校正螺丝(图 2-29)，使气泡的两个影像符合(气泡居中)。注意，这种成对的校正螺丝在校正时应遵循"先松后紧"的规则，例如，要抬高管水准器的一端，必须先松开上校正螺丝，让出一定的空隙，然后再旋出下校正螺丝。

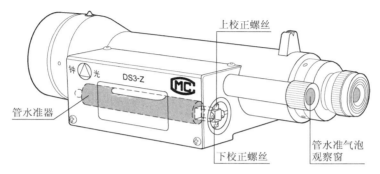

图 2-29 DS3-Z 水准仪管水准器校正原理

《国家三、四等水准测量规范》[5]规定，微倾式水准仪每天上午、下午各检校一次 i 角，作业开始后的 7 个工作日内，若 i 角较为稳定，以后可每隔 15 天检校一次。

2.7 水准测量的误差及其削减方法

水准测量误差来自仪器误差、观测误差和外界环境的影响。

1. 仪器误差

(1) 仪器校正后的残余误差：《国家三、四等水准测量规范》[5]规定，DS3 水准仪的 i 角大于 $20''$ 才需要校正，因此，正常使用情况下，i 角将保持在 $\pm20''$ 以内。由图 2-28 可知，i 角引起的水准尺读数误差 x 与仪器至标尺的距离成正比，只要观测时使前、后视距相等，便可消除或减弱 i 角误差的影响。在水准测量每站观测中，使前、后视距完全相等是不容易做到的，因此，《国家三、四等水准测量规范》[5]规定，对于四等水准测量，每站前、后视距差应小于等于 3 m，前、后视距差累积应小于等于 10 m。

(2) 水准尺误差：由于水准尺分划不准确、尺长变化、尺弯曲等原因而引起的水准尺分划误差会影响水准测量的精度，因此，须检验水准尺每米间隔的平均真长与名义长之差，《国家三、四等水准测量规范》[5]规定，对于区格式木质标尺，不应大于 0.5 mm，否则，应在所测高差中进行每米真长改正。一对水准尺的零点不等差，不应大于 1 mm，可在每个水准测段观测中安排偶数个测站予以消除。

2. 观测误差

(1) 管水准气泡居中误差：水准测量的原理要求视准轴必须水平，视准轴水平是通过管水准气泡居中来实现的。精平仪器时，如果管水准气泡没有精确居中，将造成管水准器轴偏离水平面而产生误差。由于这种误差在前视与后视读数中不相等，所以，在高差计算中不能抵消。

DS3 水准仪管水准器格值为 $\tau''=20''/2$ mm,当视线长为 80 m,气泡偏离居中位置 0.5 格时引起的读数误差为

$$\frac{0.5 \times 20}{206\ 265} \times 80 \times 1\ 000 = 4\ \text{mm}$$

削减管水准气泡居中误差的方法只能是每次读尺前精平操作时,仔细使管水准气泡严格居中。

(2)读数误差:普通水准测量观测中的毫米位数字是依据十字丝中丝在水准尺厘米分划内的位置估读的,在望远镜内看到的中丝宽度相对于厘米分划格宽度的比例决定了估读的精度。读数误差与望远镜的放大倍数和视线长有关。视线越长,读数误差越大。因此,《国家三、四等水准测量规范》[5]规定,使用 DS3 水准仪进行四等水准测量时,视线长应不大于100 m。

(3)水准尺倾斜:读数时,水准尺必须竖直。如果水准尺前后倾斜,在水准仪望远镜的视场中不会察觉,但由此引起的水准尺读数总是偏大,且视线高度越大,误差就越大。在水准尺上安装圆水准器是保证尺子竖直的主要措施。

(4)视差:在望远镜中,水准尺的像没有准确地成在十字丝分划板上,造成眼睛的观察位置不同时,读出的标尺读数也不同,由此产生读数误差。

3. 外界环境的影响

(1)仪器下沉和尺垫下沉:仪器或水准尺安置在软土或植被上时,容易产生下沉。每站使用"后前前后"的观测顺序可以削弱仪器下沉的影响,采用往返观测取观测高差的中数可以削弱尺垫下沉的影响。

(2)大气折光:晴天在日光的照射下,地面温度较高,靠近地面的空气温度也较高,其密度较上层稀。水准仪的水平视线离地面越近,光线的折射也就越大,设置测站时,应尽量提高视线的高度。

(3)温度:当日光直接照射水准仪时,仪器各构件受热不均匀引起仪器的不规则膨胀,从而影响仪器轴线之间的正常关系,使观测产生误差。观测时应注意撑伞遮阳。

2.8 自动安平水准仪

自动安平水准仪(automatic level)的结构特点是没有管水准器和微倾螺旋,视线安平原理如图 2-30 所示。

当视准轴水平时,设在水准尺上的正确读数为 a,因为没有管水准器和微倾螺旋,依据圆水准器将仪器粗平后,视准轴相对于水平面将有微小的倾斜角 α。如果没有补偿器,此时在水准尺上的读数为 a'。当在物镜和目镜之间设置补偿器后,进入十字丝分划板的光线将全部偏转 β 角,使来自正确读数 a 的光线经过补偿器后正好通过十字丝分划板的中丝,从而读出视线水平时的正确读数。

图 2-31 所示为南方测绘 DSZ3 自动安平水准仪,字符"Z"意指正像望远镜。

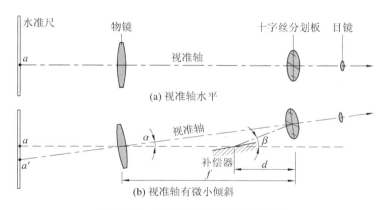

(a) 视准轴水平

(b) 视准轴有微小倾斜

图 2-30   自动安平水准仪视线安平原理

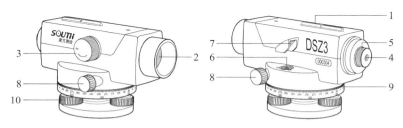

1—粗瞄器；2—物镜；3—物镜调焦螺旋；4—目镜；5—目镜调焦螺旋；6—圆水准器；
7—圆水准器反光镜；8—无限位水平微动螺旋；9—水平度盘；10—脚螺旋

图 2-31   南方测绘 DSZ3 自动安平水准仪

图 2-32 所示为南方测绘 DSZ3 自动安平水准仪的补偿器结构图,仪器采用精密微型轴承悬吊补偿器棱镜组,利用重力原理安平视线。补偿器的工作范围为 $\pm 15'$,视线自动安平精度为 $\pm 0.4''$,每千米往返测高差中数的中误差为 ± 1.5 mm,防水防尘等级为 IP65。

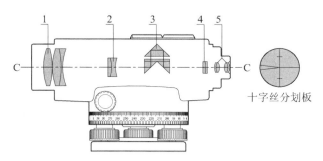

十字丝分划板

1—物镜组；2—物镜调焦透镜；3—补偿器棱镜组；4—十字丝分划板；5—目镜组

图 2-32   南方测绘 DSZ3 自动安平水准仪补偿器结构

2.9   精密水准仪与因瓦水准尺

精密水准仪主要用于国家一、二等水准测量和精密工程测量中,例如,建(构)筑物的沉降观测、大型桥梁工程的施工测量和大型精密设备安装的水平基准测量等。

1. 精密水准仪（precise level）

图 2-33 所示为苏州一光 DS05 自动安平精密水准仪,望远镜物镜孔径为 45 mm,放大倍数为 38,圆水准器格值 $\tau=8'/2$ mm,补偿器的工作范围为 $\pm15'$,视准线安平精度为 $\pm0.3''$,配合因瓦水准尺测量时,每千米往返测高差中数的中误差为 ±0.5 mm。

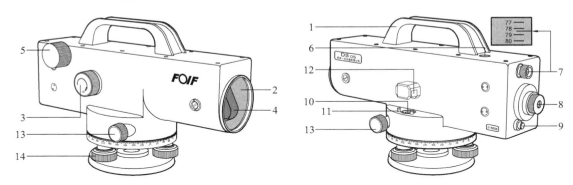

1—手柄;2—物镜;3—物镜调焦螺旋;4—平板玻璃;5—平板玻璃测微螺旋;6—平板玻璃测微器照明窗;
7—平板玻璃测微器读数目镜;8—目镜;9—补偿器检查按钮;10—圆水准器;11—圆水准器校正螺丝;
12—圆水准器反射棱镜;13—无限位水平微动螺旋;14—脚螺旋

图 2-33 苏州一光 DS05 自动安平精密水准仪

与 DS3 普通水准仪比较,精密水准仪的特点是:①望远镜的放大倍数大,分辨率高;②望远镜物镜的有效孔径大,亮度好;③望远镜外表材料采用受温度变化小的因瓦合金钢,以减小环境温度变化的影响;④采用平板玻璃测微器读数,读数误差小;⑤配备因瓦水准尺。

2. 因瓦水准尺（invar leveling staff）

因瓦水准尺是在木质尺身的凹槽内引张一根因瓦合金钢带,其中零点端固定在尺身上,另一端用弹簧以一定的拉力将其引张在尺身上,以使因瓦合金钢带不受尺身伸缩变形的影响。长度分划在因瓦合金钢带上,数字注记在木质尺身上。图 2-34(a)所示为与苏州一光 DS05 自动安平精密水准仪配套的 2 m 因瓦水准尺(也可配套 3 m 因瓦水准尺)。在因瓦合金钢带上刻有两排分划,右边一排分划为基本分划,数字注记从 0 到 200 cm,左边一排分划为辅助分划,数字注记从 301 cm 到 500 cm,基本分划与辅助分划的零点相差一个常数

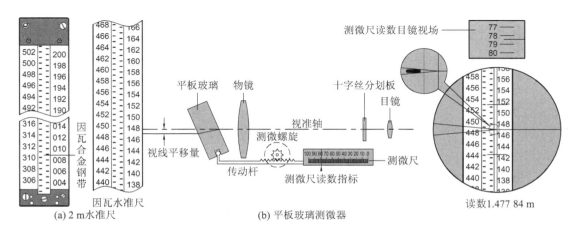

图 2-34 苏州一光 DS05 自动安平精密水准仪的 2 m 因瓦水准尺及平板玻璃测微器

301.55 cm,称为基辅差或尺常数,一对因瓦水准尺的尺常数相同,水准测量作业时,用以检查读数是否存在粗差。

3. 平板玻璃测微器(parallel plate micrometer)

如图 2-34(b)所示,平板玻璃测微器由平板玻璃、传动杆、测微尺和测微螺旋等构件组成。平板玻璃安装在物镜前,它与测微尺之间用设置有齿条的传动杆连接,旋转测微螺旋时,传动杆带动平板玻璃绕其旋转轴作仰俯倾斜。视线经过倾斜的平板玻璃时,水准尺分划影像产生上下平行移动,可以使原来并不对准因瓦水准尺上某一分划的视线能够精确对准某一分划,从而读到一个整分划读数,如图 2-34(b)中的 147 cm 分划,水准尺分划影像的平行移动量则由测微尺记录下来,测微尺的读数通过光路成像在望远镜的测微尺读数目镜视场内。

旋转平板玻璃测微螺旋,可以使水准尺分划影像产生的最大视线平移量为 10 mm,它对应测微尺上 100 个分格,因此,测微尺上 1 个分格等于 0.1 mm,如在测微尺上估读到 0.1 分格,则可以估读到 0.01 mm。将水准尺上的读数加上测微尺上的读数,就等于水准尺的实际读数。例如,图 2-34(b)所示的读数为 147+0.784=147.784 cm=1.477 84 m。

2.10　南方测绘 DL-2003A 精密数字水准仪

数字水准仪(digital level)是在仪器望远镜光路中增加分光棱镜与 CCD 阵列传感器等部件,采用**条码水准尺**(coding level staff)和图像处理系统构成光、机、电及信息存储与处理的一体化水准测量系统。与光学水准仪比较,数字水准仪的特点是:①自动测量视距及读取中丝读数;②快速进行多次测量并自动计算平均值;③自动存储测量数据,使用后处理软件可实现水准测量从外业数据采集到最后成果计算的一体化。

1. 数字水准仪测量原理

图 2-35(a)为南方测绘 DL-2003A 精密数字水准仪的光路图,图 2-35(b)所示为与之配套的 2 m 因瓦条码水准尺。

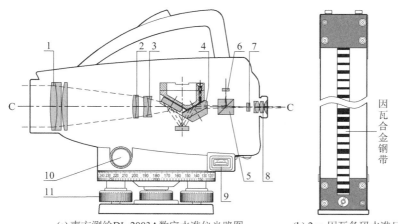

(a) 南方测绘DL-2003A数字水准仪光路图　　(b) 2 m 因瓦条码水准尺

1—物镜前组件;2—调焦胶合镜;3—物镜后组胶合镜;4—磁阻尼补偿器;5—分光棱镜组件;6—CCD 阵列传感器;
7—十字丝分划板组件;8—目镜组件;9—USB 接口;10—无限位水平微动螺旋;11—脚螺旋

图 2-35　南方测绘 DL-2003A 数字水准仪光路图及配套的 2 m 因瓦条码水准尺

用望远镜瞄准水准尺并调焦后,水准尺正面的条码影像入射到分光镜 5 时,分光镜将其分为可见光和红外光两部分,可见光影像成像在十字丝分划板 7 上,供目视观测;红外光影像成像在 CCD 阵列传感器 6 上,传感器将接收到的光图像先转换为模拟信号,再转换为数字信号传送给仪器的处理器,通过与机内事先存储好的水准尺条码本源数字信息进行相关比较,当两信号处于最佳相关位置时,即获得水准尺上的水平视线读数和视距读数并输出到屏幕显示。

2. DL-2003A 数字水准仪的技术参数

DL-2003A 数字水准仪是南方测绘常州瑞德仪器有限公司于 2016 年 1 月推出的新产品,各构件的功能如图 2-36 和图 2-37 所示,仪器面板按键功能如图 2-38 所示,按键功能的详细注释列于表 2-6。

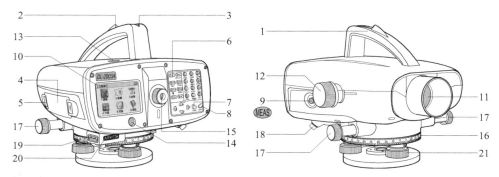

1—提柄;2—准星;3—照门;4—Li-34 锂电池;5—电池盒卡扣按钮;6—电源开关键;7—退出键;8—确定键;9—测量键;10—3.0 英寸 TFTLCD 彩色触摸显示屏;11—物镜;12—物镜调焦螺旋;13—圆水准器照明窗;14—圆水准器观察窗;15—目镜;16—水平度盘;17—无限位水平微动螺旋;18—RS232C 串口;19—FAT32 格式 USB 接口;20—仪器出厂号;21—脚螺旋

图 2-36 DL-2003A 数字水准仪

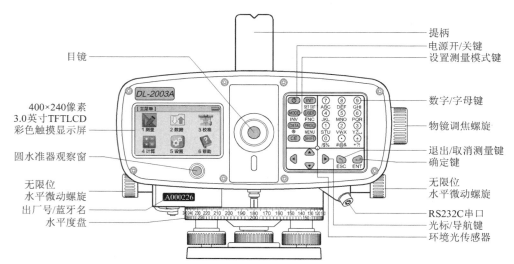

图 2-37 DL-2003A 面板与键功能

DL-2003A 数字水准仪的主要技术参数如下:

(1)望远镜物镜孔径为 40 mm,放大倍数为 32,视场角为 1°20′,圆水准器格值 $\tau=8'/2$ mm,磁阻尼补偿器的工作范围为 $\pm10'$,补偿误差为 $\pm0.2''$。

（2）每千米往返测均值高差观测中误差，使用因瓦条码水准尺为±0.3 mm/km，可用于国家一、二等水准测量；使用玻璃钢条码尺为±1 mm/km；使用木质普通水准尺进行光学水准测量为±2 mm/km。距离测量范围为2～110 m，误差为5 mm/10 m。

（3）中丝读数最小显示可设置为0.001 m，0.000 1 m和0.000 01 m，单次测量时间为3 s。

（4）显示屏为3.0英寸TFTLCD彩色触摸屏，分辨率为400×240像素。

（5）128MB内存，可以存储15万个点的测量数据；内置蓝牙、RS-232C通信接口与USB接口，可以通过蓝牙启动DL-2003A数字水准仪测量，可以将内存作业文件复制到用户U盘（FAT32格式）。

（6）Li-34锂离子电池容量为3 400 mAh/7.4 V，一块满电电池可供连续测量20 h，仪器防水防尘等级为IP56。

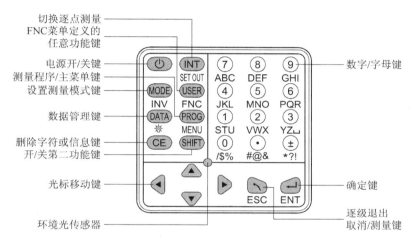

图 2-38　DL-2003A 数字水准仪按键功能

表 2-6　　　　　　　　　　　　　　DL-2003A 数字水准仪按键注释

序号		按键	第二功能键	注　释
1		INT		切换到逐点测量
2		MODE		设置测量模式：单次/单次重复/平均/有限制平均/中间值
3		DATA		主菜单执行"数据"命令
4		CE		删除一个已输入的字符
5		SHIFT		切换输入"数字/字母"，切换至键的第二功能
5	5.1		SHIFT INV = SET OUT	启动放样
	5.2		SHIFT MODE = INV	倒置标尺测量
	5.3		SHIFT USER = FNC	功能菜单
	5.4		SHIFT DATA = ☼	开/关按键背景光
	5.5		SHIFT PROG = MENU	主菜单执行"设置"命令
	5.6		SHIFT ▲	屏幕显示多页时，上翻一页
	5.7		SHIFT ▼	屏幕显示多页时，下翻一页

（续表）

序号	按键	第二功能键	注　　　释
6	(USER)		根据 (FNC) 键定义的任意功能键
7	(PROG)		主菜单执行"测量"命令

3. DL-2003A 数字水准仪的开关机方法

（1）开机：在关机状态，按住 (⏻) 键 1 s，听到一声蜂鸣声后松开按键即可打开仪器电源，并自动进入图 2-39(a)所示的电子气泡界面，参照电子气泡或圆水准器，使用三个脚螺旋粗平仪器后，按 (↰) 键或点击 退出 按钮，返回图 2-39(b)所示的主菜单界面。

图 2-39　DL-2003A 数字水准仪开/关机界面

此外还可以在主菜单按 (SHIFT) (USER) ⑥（电子气泡）键或者按 ⑤（设置）③（电子气泡）键调出电子气泡界面。

主菜单有 6 个命令，其中常用的"测量""数据"和"设置"命令菜单总图如图 2-40 所示，每

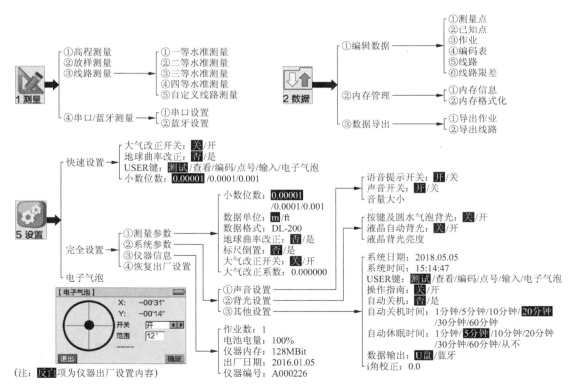

图 2-40　DL-2003A 数字水准仪常用的三个主菜单命令——测量、数据、设置

52

个命令均有三种执行方法:①按 ① ~ ⑥ 键;②按光标键 ◁、▷、▽、△ 移动光标到需要执行命令的按钮再按 ⏎ 键;③手指点击屏幕的相应命令按钮。

(2)关机:在开机状态,按住 ⏻ 键 1 s,听到一声蜂鸣声后松开按键,进入图 2-39(c)所示的提示界面,按 ⏎ 键或点击 确定 按钮关闭仪器电源。

4. 手动记录四等水准测量观测数据的方法

用户可以使用 DL-2003A 数字水准仪的测试命令进行水准测量观测,手动记录观测结果到水准测量手簿。下面以四等水准测量为例介绍仪器操作方法。

(1)设置中丝读数小数位数

在主菜单按 ⑤(设置)① (快速设置)键,进入图 2-41(c)所示的快速设置界面,点击小数位数栏,将其修改为 0.001 m[图 2-41(d)],点击 确定 按钮,在提示对话框[图 2-41(e)]点击 确定 按钮,按 ⤺ 键返回主菜单。

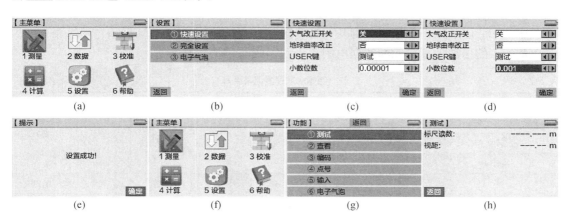

图 2-41 设置中丝读数小数位数为 0.001 m 及执行测试命令

(2)执行测试命令

在主菜单按 SHIFT USER 键(FNC 键),进入图 2-41(g)所示的功能界面,按 ①(测试)键进入图 2-41(h)所示的测试观测界面。

(3)设置重复观测次数

根据表 2-1 的规定,使用数字水准仪测量时,四等水准测量的重复观测次数≥2。

在图 2-41(h)所示的测试观测界面,按 MODE 键进入图 2-42(a)所示的测量模式界面,出厂设置的测量模式为"单次",按 ▷▷ 键切换到"平均"[图 2-42(b)],缺省设置为 3 次,点击 确定 按钮,屏幕显示提示框[2-42(c)],点击 确定 按钮完成测量模式设置并返回图 2-42(d)所示的测试观测界面。

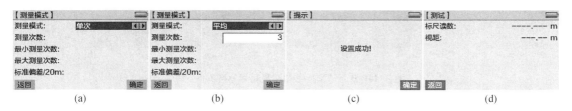

图 2-42 在测试观测界面按 MODE 键设置重复观测次数

（4）观测并手动记录第 1 站观测数据

根据表 2-1 的规定，四等水准测量每站观测顺序为"后后前前"。

① 观测后尺两次：瞄准后视标尺，完成物镜调焦，按 ⓂEAS 键开始第 1 次观测，将观测结果 [图 2-43（a）] 记入表 2-7，按 ⓂEAS 键开始第 2 次观测，将观测结果 [图 2-43（b）] 记入表 2-7。

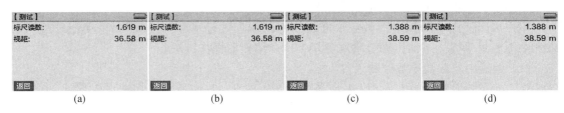

图 2-43　按"后后前前"的顺序观测一站四组数据

② 观测前尺两次：瞄准前视标尺，完成物镜调焦，按 ⓂEAS 键开始第 1 次观测，将观测结果 [图 2-43（c）] 记入表 2-7，按 ⓂEAS 键开始第 2 次观测，将观测结果 [图 2-43（d）] 记入表 2-7。

表 2-7 的全部计算单元的数据由用户手动完成。

表 2-7　　　　　　　　　　　　三、四等水准观测记录手簿

测站编号	后尺	下丝	前尺	下丝	方向及尺号	标尺读数		$K+$黑一红	高差中数	备注
		上丝		上丝		黑面	红面			
	后视距		前视距							
	视距差 d		$\sum d$							
1					后 12	1.619	1.619	0		K25
					前 13	1.388	1.388	0		TP1
	36.58		38.59		后一前	+0.231	+0.231	0	+0.231	
	−2.01		−2.01							

5. 四等水准测量案例

在主菜单界面，按 ①（测量）③（线路测量）键进入图 2-44（c）所示的线路测量界面。

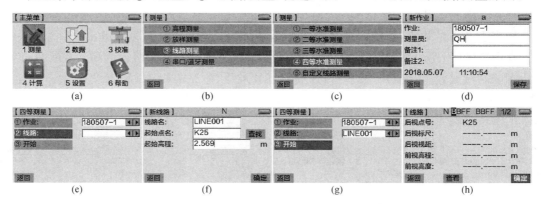

图 2-44　执行"测量/线路测量/四等水准测量"命令

（1）新建作业

按 ④（四等水准测量）键进入图 2-44（d）所示的新作业界面，用数字键输入作业名

"180507-1"，按 ⏎ 键，光标下移至"测量员"栏；按 SHIFT 键切换为字母键，此时屏幕顶部显示"a"，表示当前输入模式为字母模式，输入测量员姓名声母"QH"的方法是：按 ⑥⑥ 键输入大写英文字母 Q，按 ⑨⑨ 键输入字母 H，点击 保存 按钮进入图 2-44(e)所示的界面。

按 ②（线路）键，进入图 2-44(f)所示的界面，缺省设置线路名为"LINE001"，用数字键输入本次测量起点名 K25，起点高程 2.569 m，点击 确定 按钮；按 ③（开始）键[图 2-44(g)]，进入图 2-41(h)所示的四等水准观测界面，仪器发出"照准后视标尺"语音提示。

按 MODE 键可以设置重复观测次数，界面及其操作方法如图 2-42 所示。

（2）观测第 1 站

由表 2-1 可知，四等水准测量每站观测顺序为"后后前前"，英文表示为"BBFF"。

① 第 1 次观测后视标尺：瞄准后视标尺，完成物镜调焦，按 MEAS 键，结果如图 2-45(a)所示，按 ⏎ 键进入图 2-45(b)所示的第 2 次观测后视标尺界面，仪器发出"照准后视标尺"语音提示。

② 第 2 次观测后视标尺：按 MEAS 键，结果如图 2-45(c)所示，按 ⏎ 键进入图 2-45(d)所示的第 1 次观测前视标尺界面，仪器发出"照准前视标尺"语音提示。

③ 第 1 次观测前视标尺读数：瞄准前视标尺，完成物镜调焦，按 MEAS 键，结果如图 2-45(e)所示，按 ⏎ 键进入图 2-45(f)所示的第 2 次观测前视标尺界面，仪器发出"照准前视标尺"语音提示。

④ 第 2 次观测前视标尺：按 MEAS 键，屏幕显示本站观测结果[图 2-45(g)]，按 ⏎ 键进入图 2-45(h)所示的提示界面，按 ⏎ 键保存本站观测数据并进入第 2 站观测界面。

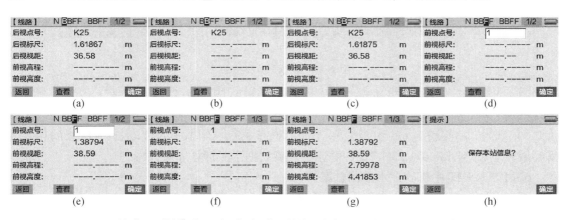

图 2-45　按"后后前前"的观测顺序测量第 1 站的四个读数并保存测量结果到当前作业文件

⑤ 查看本站全部观测数据结果：在图 2-45(g)所示的本站观测结果界面，点击屏幕底部的 查看 按钮，屏幕显示前视点的高程[图 2-46(a)]；点击 返回 按钮返回图 2-46(b)所示的本站测量结果界面，共有 3 页数据，点击屏幕顶部的 1/3 按钮查看第 2 页数据[图 2-46(c)]，点击屏幕顶部的 2/3 按钮查看第 3 页数据[图 2-46(d)]，点击屏幕顶部的 3/3 按钮返回第 1 页数据界面[图 2-46(b)]。

（3）输出线路观测数据到 U 盘

将 FAT32 格式 U 盘插入仪器的 USB 接口（图 2-36 中第 19 号部件），在观测界面多次按 ◁ 键返回主菜单[图 2-47(a)]，按 ②（数据）③（数据导出）②（导出线路）键进入

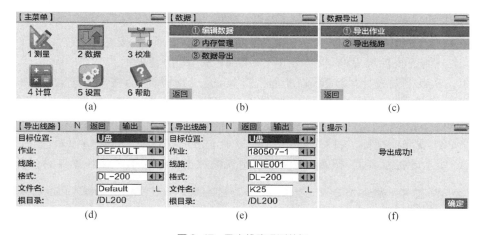

【查看上一前视】			【线路】	N BBF🗵 BBFF 1/3		【线路】	N BBF🗵 BBFF 2/3		【线路】	N BBF🗵 BBFF 3/3	
前视点号：	1		前视点号：	1		备注：	------		高差之差：	-0.00010	m
备注：	------		前视标尺：	1.38792	m	测站高差：	0.23078	m	B1-B2：	-0.00008	m
高程：	2.79977	m	前视距：	38.59	m	累积高差：	0.23078	m	F1-F2：	0.00002	m
高差：	0.23077	m	前视高程：	2.79978	m	累积视距：	75.17	m	测站总数：	1	
标尺读数：	1.38794	m	前视高度：	4.41853	m	累积视距差：	-2.01	m			
返回			返回	查看	确定	返回	查看	确定	返回	查看	确定
(a)			(b)			(c)			(d)		

图 2-46　查看本站全部观测数据

图 2-47(d)所示的导出线路数据界面，选择作业名"180507-1"，选择 LINE001 线路，使用数字键输入导出的文件名"K25"，点击屏幕顶部的 输出 按钮开始输出 LINE001 线路观测数据到 U 盘"\DL200\K25.L"文件。完成数据输出后，屏幕显示提示界面[图 2-44(f)]，点击 确定 按钮完成操作。

图 2-47　导出线路观测数据

图 2-48 所示为使用 Windows 记事本打开 U 盘"\DL200\K25.L"文件的内容，由图可知，LINE001 线路观测了一个闭合水准路线 K25→K10→K11→K25，测站数为 8，闭合差 f_h 为 0.000 03 m，路线长为 629.408 m，三个测段 K25→K10，K10→K11，K11→K25 的高差还需要用户应用"\DL200\K25.L"文件的原始观测数据手工计算才可以得到。

6. 南方 MSMT 手机软件水准测量案例

南方 DL-2003A 数字水准仪内置蓝牙模块，设置水准仪为蓝牙测量模式，完成手机与水准仪的蓝牙配对，执行南方 MSMT 手机软件的水准测量程序，选择数字水准仪，就可以使用手机蓝牙启动 DL-2003A 数字水准仪测量并自动提取测量结果。

（1）设置 DL-2003A 数字水准仪为蓝牙测量模式

在主菜单界面按①（测量）④（串口/蓝牙测量）②（蓝牙设置）键，进入图 2-49(d)所示的协议设置界面，缺省设置"结束标志"为 CRLF，点击 下一步 按钮，缺省设置蓝牙配对密码为"1234"，点击 下一步 按钮，进入图 2-49(f)所示的蓝牙测量界面。

（2）手机与 DL-2003A 数字水准仪蓝牙配对

点击安卓手机"设置"按钮[🌼][图 2-50(a)]，进入图 2-50(b)所示的"设置"界面，点击蓝牙按钮🔵，进入"蓝牙"界面[图 2-50(c)]，向右滑动 🔘 使其显示为 🔵，打开手机蓝牙，手机开始自动搜索附近的蓝牙设备，搜索到的蓝牙设备名显示在"可用设备"栏下，本例南方

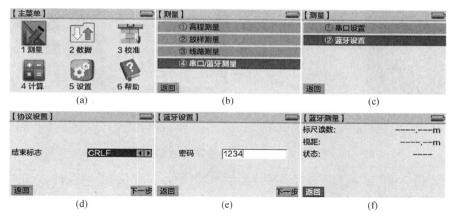

```
K25.L - 记事本
文件(F)  编辑(E)  格式(O)  查看(V)  帮助(H)
B      K25      2.56900m                                              2
G      1.61867m    36.580m                     K25      K25  3B1
G      1.61875m    36.576m                     K25      K25  3B2
I      1.38794m    38.594m                     1        K25  3F1
I      1.38792m    38.588m                     1        K25  3F2
G      1.49042m    37.877m                     1        K25  3B1
G      1.49038m    37.873m                     1        K25  3B2
I      1.47319m    39.092m                     K10      K25  3F1
I      1.47320m    39.091m                     K10      K25  3F2
G      1.37336m    48.856m                     K10      K25  3B1
G      1.37357m    48.863m                     K10      K25  3B2
I      1.54870m    47.642m                     2        K25  3F1
I      1.54857m    47.650m                     2        K25  3F2
G      1.43520m    34.672m                     2        K25  3B1
G      1.43514m    34.678m                     2        K25  3B2
I      1.36915m    34.489m                     K11      K25  3F1
I      1.36916m    34.494m                     K11      K25  3F2
G      1.50629m    45.021m                     K11      K25  3B1
G      1.50621m    45.018m                     K11      K25  3B2
I      1.33346m    44.374m                     3        K25  3F1
I      1.33348m    44.377m                     3        K25  3F2
G      1.65627m    54.957m                     3        K25  3B1
G      1.65669m    54.958m                     3        K25  3B2
I      1.14450m    55.272m                     4        K25  3F1
I      1.14469m    55.271m                     4        K25  3F2
G      1.09170m    38.907m                     4        K25  3B1
G      1.09180m    38.907m                     4        K25  3B2
I      1.74483m    39.424m                     5        K25  3F1
I      1.74487m    39.430m                     5        K25  3F2
G      1.46547m    16.561m                     5        K25  3B1
G      1.46554m    16.563m                     5        K25  3B2
I      1.63591m    17.078m                     K25      K25  3F1
I      1.63588m    17.081m                     K25      K25  3F2
W      0.00003m    629.408m                    K25      K25
                                                    Ln 1, Col 1
```

图 2-48　使用 Windows 记事本打开"K25.L"文件的内容

（a）（b）（c）（d）（e）（f）

图 2-49　设置南方 DL-2003A 数字水准仪为蓝牙测量模式

DL-2003A 数字水准仪的内置蓝牙设备名为 DL-2003A_000226，如图 2-50(c)所示。

点击蓝牙设备名 DL-2003A_A000226 ，用手机数字键输入配对密码"1234"[图 2-50(d)]，点击 确定 按钮完成蓝牙配对，返回图 2-50(e)所示的"蓝牙"界面。点击手机退出键两次，退出手机"设置"界面。

（3）执行南方 MSMT 水准测量程序

点击手机屏幕的■按钮启动南方 MSMT 手机软件[图 2-51(a)]，进入项目列表界面[图 2-51(b)]，点击已创建的"测试"项目名，在弹出的下拉菜单中点击"进入项目主菜单"命令[图 2-51(c)]，进入图 2-51(d)所示的"测试"项目主菜单。

① 新建水准测量文件

点击 ■■ 按钮，进入"水准测量"文件列表界面[图 2-52(a)]，点击 新建文件 按钮，弹出

图 2-50 打开手机蓝牙与 DL-2003A 数字水准仪蓝牙设备配对

图 2-51 启动南方 MSMT 手机软件并进入"测试"项目主菜单

"新建水准测量文件"对话框,缺省设置为"光学水准仪",点击"仪器"列表框,点击"数字水准仪",输入水准路线信息,结果如图 2-52(b)所示;点击 确定 按钮,返回水准测量文件列表界面[图 2-50(c)],系统自动创建以当前日期为文件名尾缀的水准测量文件,本例水准测量文件名为"四等水准(数字)180510_1",其尾缀数字 180510_1 的意义是 2018 年 5 月 10 日的第一个文件。

下面以测量 K25→K10→K11→K25 四等闭合水准路线为例,介绍使用南方 MSMT 手机软件蓝牙启动 DL-2003A 数字水准仪的操作方法。

② 执行测量命令

点击"四等水准(数字)180510_1"文件名,在弹出的快捷菜单点击"测量"命令[图 2-52(d)],进入水准测量观测界面[图 2-52(e)]。点击粉红色 蓝牙读数 按钮进入图 2-52(f)所示的界面,数字水准仪品牌的缺省设置为南方,点击已配对蓝牙设备名 DL-2003A_A000226 ,启动手机与水准仪的蓝牙连接[图 2-52(g)],完成蓝牙连接后的界面如图 2-52(h)所示,此时,粉红色 蓝牙读数 按钮变成浅蓝色 蓝牙读数 按钮,表示该按钮的功能已起作用。四等水准缺省设置的重复观测次数为 2 次,点击 + 按钮修改为 3 次[图 2-52(i)]。

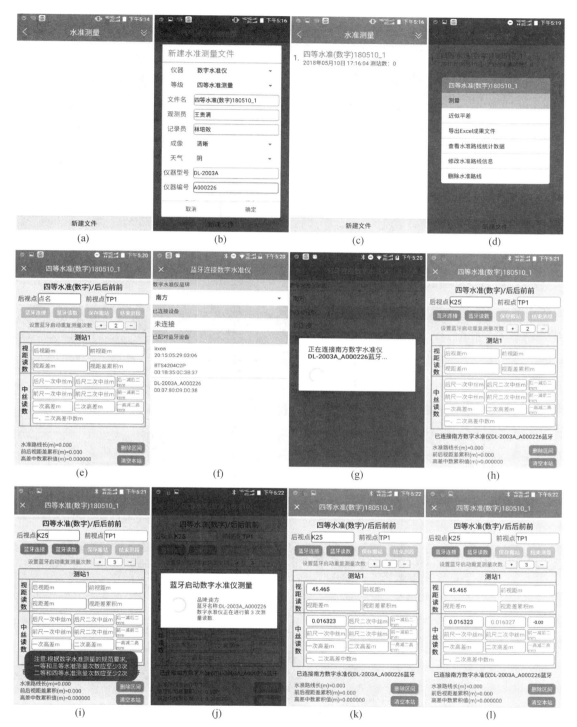

图 2-52 新建数字水准仪四等水准测量文件并执行测量命令

后视尺测量:瞄准后视条码尺,完成目镜对光与物镜对光,点击 `蓝牙读数` 按钮启动水准仪进行第 1 次后视尺测量[图 2-52(j)],结果如图 2-52(k)所示;点击 `蓝牙读数` 按钮启动水准仪测量进行第 2 次后视尺测量,结果如图 2-52(l)所示。

前视尺测量：瞄准前视条码尺，完成物镜对光，点击 蓝牙读数 按钮启动水准仪进行第 1 次前视尺测量，结果如图 2-53(a)所示；点击 蓝牙读数 按钮启动水准仪测量进行第 2 次前视尺测量，

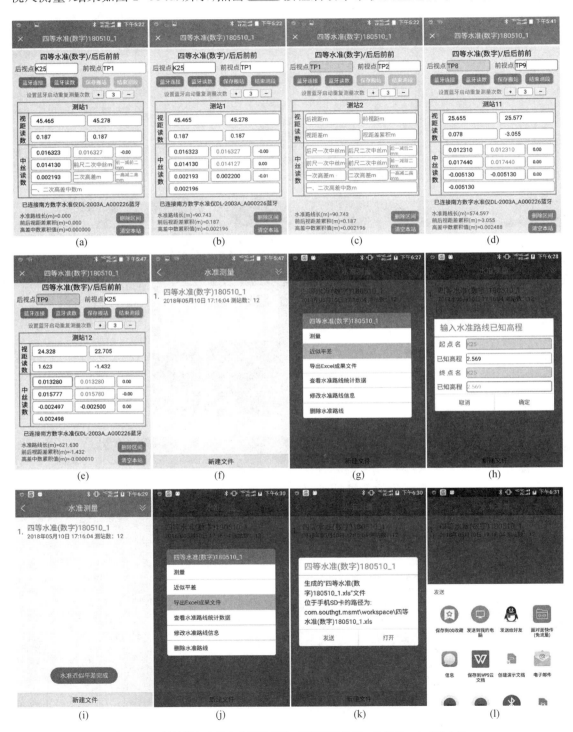

图 2-53　继续进行四等水准测量观测、近似平差计算、导出 Excel 成果文件

结果如图 2-53(b)所示。点击 保存搬站 按钮,进入第 2 站观测界面[图 2-53(c)]。

使用上述相同的方法完成该水准路线剩余各站的观测,图 2-53(d)所示为第 11 站的观测结果,图 2-53(e)所示为第 12 站的观测结果,前视点已闭合到 K25;点击 结束测段 按钮,返回水准测量文件列表界面[图 2-53(f)]。

(4)单一水准路线近似平差计算

单一水准路线近似平差计算的目的是计算该闭合水准路线上 K10 与 K11 点的高程。

在水准测量文件列表界面,点击"四等水准(数字)180510_1"文件名,在弹出的快捷菜单点击"近似平差"命令[图 2-53(g)],在弹出的对话框中输入 K25 点的已知高程,点击 确定 按钮,返回水准测量文件列表界面[图 2-53(i)]。

(5)导出 Excel 成果文件

在水准测量文件列表界面,点击"四等水准(数字)180510_1"文件名,在弹出的快捷菜单点击"导出 Excel 成果文件"命令[图 2-53(j)],系统将该文件的观测数据与近似平差计算结果输出到手机内置 SD 卡的"com.south.msmt/workspace/四等水准(数字)180510_1.xls"文件[图 2-53(k)];点击"发送"按钮,点击"我的电脑"图标 🖥 [图 2-53(l)],将"四等水准(数字)180510_1.xls"文件发送到用户 PC 机(要求用户 PC 机已登录用户的 QQ),结果如图 2-54(b)所示。

(a)   (b)   (c)

图 2-54 启动手机 QQ 发送"四等水准(数字)180510_1.xls"文件到用户 PC 机

在用户 PC 机,鼠标右键单击文件名,在弹出的快捷菜单点击"打开文件夹",启动 Windows 资源管理器,双击"四等水准(数字)180510_1.xls"文件名,启动 PC 机 MS-Excel 软件打开该文件,文件有三个选项卡,图 2-55 为该文件"水准测量观测手簿"选项卡的内容,图 2-56(a)为按路线长近似平差成果,图 2-56(b)为按测站数近似平差成果。

	四等水准测量观测手簿								
测自 K25 至 K25		日期：2018/05/10		开始时间：17:22:48		结束时间：17:47:14		天气：阴	成象：清晰
仪器型号：DL-2003A			仪器编号：A000226		观测者：王贵满		记录员：林培效		

测站编号	后尺后视距视距差d	前尺前视距Σd	方向及尺号	中丝读数一次	中丝读数二次	一次减二次	高差中数	高差中数累积值∑h(m) 路线长累积值∑d(m) 及保存时间	水准测段统计数据
1			后尺A	0.016323	0.016327	-0.00		∑h(m)=0.002196 ∑d(m)=90.743 保存时间：2018/05/10/ 17:22	测段起点名：K25
			前尺B	0.01413	0.014127	0.00			
	45.465	45.278	后-前	0.002193	0.002200	-0.01	0.002196		
	0.187	0.187							
2			后尺B	0.0161	0.0161	0.00		∑h(m)=0.002484 ∑d(m)=152.125 保存时间：2018/05/10/ 17:25	测段中间点名：K10 测段高差h(m)=0.002484 测段水准路线长L(m)=152.125
			前尺A	0.015813	0.015813	0.00			
	30.052	31.33	后-前	0.000287	0.000287	0.00	0.000287		
	-1.278	-1.091							
3			后尺A	0.01522	0.01522	0.00		∑h(m)=0.002898 ∑d(m)=198.682 保存时间：2018/05/10/ 17:27	
			前尺B	0.01481	0.0148	0.01			
	23.276	23.281	后-前	0.000410	0.000420	-0.01	0.000415		
	-0.005	-1.096							
4			后尺B	0.01396	0.01396	0.00		∑h(m)=0.001514 ∑d(m)=245.657 保存时间：2018/05/10/ 17:30	
			前尺A	0.015347	0.015343	0.00			
	23.227	23.748	后-前	-0.001387	-0.001383	-0.00	-0.001385		
	-0.521	-1.617							
5			后尺A	0.01478	0.01478	0.00		∑h(m)=0.001352 ∑d(m)=292.032 保存时间：2018/05/10/ 17:32	
			前尺B	0.014943	0.01494	0.00			
	23.5	22.875	后-前	-0.000163	-0.000160	-0.00	-0.000162		
	0.625	-0.992							
6			后尺B	0.014747	0.01475	-0.00		∑h(m)=0.001386 ∑d(m)=317.966 保存时间：2018/05/10/ 17:34	测段中间点名：K11 测段高差h(m)=-0.001098 测段水准路线长L(m)=165.841
			前尺A	0.014717	0.014713	0.00			
	12.076	13.858	后-前	0.000030	0.000037	-0.01	0.000034		
	-1.782	-2.774							
7			后尺A	0.01477	0.01477	0.00		∑h(m)=0.002014 ∑d(m)=369.552 保存时间：2018/05/10/ 17:35	
			前尺B	0.014143	0.01414	0.00			
	25.886	25.7	后-前	0.000627	0.000630	-0.00	0.000628		
	0.186	-2.588							
8			后尺B	0.014603	0.014603	0.00		∑h(m)=0.003358 ∑d(m)=421.111 保存时间：2018/05/10/ 17:36	
			前尺A	0.013257	0.01326	-0.00			
	25.771	25.788	后-前	0.001346	0.001343	0.00	0.001344		
	-0.017	-2.605							
9			后尺A	0.01563	0.01563	0.00		∑h(m)=0.004228 ∑d(m)=472.090 保存时间：2018/05/10/ 17:38	
			前尺B	0.01476	0.01476	0.00			
	25.302	25.677	后-前	0.000870	0.000870	0.00	0.000870		
	-0.375	-2.980							
10			后尺B	0.01546	0.01546	0.00		∑h(m)=0.007618 ∑d(m)=523.365 保存时间：2018/05/10/ 17:39	
			前尺A	0.01207	0.01207	0.00			
	25.561	25.714	后-前	0.003390	0.003390	0.00	0.003390		
	-0.153	-3.133							
11			后尺A	0.01231	0.01231	0.00		∑h(m)=0.002488 ∑d(m)=574.597 保存时间：2018/05/10/ 17:41	
			前尺B	0.01744	0.01744	0.00			
	25.655	25.577	后-前	-0.005130	-0.005130	0.00	-0.005130		
	0.078	-3.055							
12			后尺B	0.01328	0.01328	0.00		∑h(m)=-0.000010 ∑d(m)=621.630 保存时间：2018/05/10/ 17:47	测段终点名：K25 测段高差h(m)=-0.001396 测段水准路线长L(m)=303.664
			前尺A	0.015777	0.01578	-0.00			
	24.328	22.705	后-前	-0.002497	-0.002500	0.00	-0.002498		
	1.623	-1.432							

广州南方测绘科技股份有限公司 http://www.com.southgt.com.msmt
技术支持：覃辉二级教授(qh-506@163.com)
◄ ◄ ► ►◄ \水准测量观测手簿 / 近似平差L / 近似平差n /

图 2-55 "四等水准（数字）180510_1.xls"文件"水准测量观测手簿"选项卡的内容

(a)

	单一水准路线近似平差计算(按路线长L平差)				
点名	路线长L(km)	高差h(m)	改正数V(mm)	h+V(m)	高程H(m)
K25	0.1521	0.0025	0.0024	0.00	2.569
K10	0.1658	-0.0011	0.0027	-0.00	2.571
K11	0.3037	-0.0014	0.0049	-0.00	2.570
K25					2.569
∑	0.6216	-0.0000	0.0100		2.569
闭合差	-0.0100				
限差	平原:15.7687				

广州南方测绘科技股份有限公司 http://www.com.southgt.msmt
技术支持：覃辉二级教授(qh-506@163.com)
◄ ◄ ► ►◄ \水准测量观测手簿 / 近似平差L / 近似平差n /

(b)

	单一水准路线近似平差计算(按测站数n平差)				
点名	测站数n	高差h(m)	改正数V(mm)	h+V(m)	高程H(m)
K25	2	0.0025	0.0017	0.00	2.569
K10	4	-0.0011	0.0033	-0.00	2.571
K11	6	-0.0014	0.0050	-0.00	2.570
K25					2.569
∑	12	-0.0000	0.0100		2.569
闭合	-0.0100				

广州南方测绘科技股份有限公司 http://www.com.southgt.msm
技术支持：覃辉二级教授(qh-506@163.com)
◄ ◄ ► ►◄ \水准测量观测手簿 / 近似平差L / 近似平差n /

图 2-56 "四等水准（数字）180510_1.xls"文件"近似平差 L"与"近似平差 n"选项卡的内容

本章小结

（1）水准测量是通过水准仪视准轴在后视、前视水准尺上截取的读数之差获取高差，使用圆水准器与脚螺旋使仪器粗平后，微倾式水准仪是通过旋转微倾螺旋使管水准气泡居中，从而使望远镜视准轴精平，自动安平水准仪是通过补偿器获取望远镜视准轴水平时的读数。

（2）水准器格值 τ 的几何意义是：水准器内圆弧 2 mm 弧长所对应的圆心角。τ 值大，则安平的精度低；τ 值小，则安平的精度高。DS3 水准仪圆水准器的 $\tau=8'$，管水准器的 $\tau=20''$。

（3）三等水准测量每站观测顺序为"后前前后"，四等水准测量每站观测顺序为"后后前前"。

（4）水准路线的布设方式有三种：附合水准路线、闭合水准路线和支水准路线，水准测量限差有测站观测限差与路线闭合差限差。当水准路线闭合差 $f_h \leqslant f_{h限}$ 时，近似平差计算测段高差 h_i 的改正数 V_i 与平差值 $\hat{h_i}$ 的公式为

$$V_i = -\frac{L_i}{L} f_h \text{ 或 } V_i = -\frac{n_i}{n} f_h, \quad \hat{h_i} = h_i + V_i$$

再利用已知点高程与 $\hat{h_i}$ 推算各未知点的高程。

（5）称望远镜视准轴 CC 与管水准器轴 LL 在竖直面的夹角为 i 角，《国家三、四等水准测量规范》规定，$i \leqslant 20''$ 时可以不校正。为削弱 i 角误差的影响，观测中要求每站的前后视距之差、水准路线的前后视距差累积不超过一定的限值。

（6）水准测段的测站数为偶数时，可以消除一对标尺零点差的影响；每站观测采用"后前前后"的观测顺序可以减小仪器下沉的影响；取往返观测高差中数可以减小尺垫下沉的影响。

（7）光学精密水准仪使用平板玻璃测微器可以直读水准尺 0.1 mm 位的读数，配套的水准标尺为引张在木质尺身上的因瓦合金钢带尺，以减小环境温度对标尺长度的影响。

（8）数字水准仪是将条码水准尺影像成像在仪器的 CCD 面板上，通过与仪器内置的本源数字信息进行相关比较，获取条码尺的水平视线及视距读数并输出到屏幕显示，实现了读数与记录的自动化。

（9）南方 MSMT 手机软件的水准测量程序，使用文件方式管理水准路线观测数据与近似平差成果。选择光学水准仪测量时需要手动输入每站观测数据，使用数字水准仪测量时，完成手机与数字水准仪蓝牙连接后，可以点击 蓝牙读数 按钮启动数字水准仪测量并自动提取仪器读数。完成单一闭（附）合水准路线观测后，可以对水准测量文件执行"近似平差"命令与"导出 Excel 成果文件"命令，在手机内置 SD 卡创建 xls 格式文件，并通过移动互联网发送给好友，实现移动互联网信息化测量。

思考题与练习题

[2-1]　阐述水准仪视准轴 CC、管水准器轴 LL、圆水准器轴 L'L' 的定义和水准器格值 τ 的几何意义。水准仪的圆水准器与管水准器各有何作用？

[2-2]　水准仪各轴线间应满足什么条件？

[2-3]　什么是视差？产生视差的原因是什么？如何消除视差？

[2-4]　每站水准测量观测时,为何要求前后视距相等？

[2-5]　水准测量时,在哪些立尺点需要放置尺垫？哪些立尺点不能放置尺垫？

[2-6]　什么是高差？什么是视线高程？前视读数、后视读数与高差、视线高程各有何关系？

[2-7]　与普通水准仪比较,精密水准仪有何特点？

[2-8]　表2-8所列为某四等附合水准路线观测结果,试计算I10,I14,I15,I18四点高程的近似平差值。

表2-8　　　　　　　　　　　　　四等水准测量近似平差计算

点名	路线长 L_i/km	观测高差 h_i/m	改正数 V_i/m	改正后高差 $\hat{h}_i$/m	高程 H/m
龙王桥					35.599
	1.92	+44.859			
I10					
	1.54	−25.785			
I14					
	0.57	−2.671			
I15					
	1.12	−9.245			
I18					
	3.22	−3.200			
I5					39.608
$\sum$					
辅助计算	$H_{15} - H_{龙王桥} =$ $f_h =$ $f_{h限} =$ 每千米高差改正数 $= \dfrac{-f_h}{路线总长}$				

[2-9]　在相距100 m的A,B两点的中点安置水准仪,测得高差$h_{AB}=+0.306$ m,仪器搬站到B点附近安置,读得A尺的读数$a_2=1.792$ m,B尺读数$b_2=1.467$ m。试计算该水准仪的i角。

[2-10]　南方DL-2003A数字水准仪 (MODE) 键的功能是什么？在什么界面下按 (MODE) 键才有效？

第 3 章　全站仪角度测量

本 章 导 读

● **基本要求**　掌握角度测量原理、南方 NTS-326LNB 系列全站仪角度模式的操作方法、对中整平方法、水平角测回法与方向观测法;掌握南方 MSMT 手机软件水平角与竖直角观测程序的使用方法;掌握水平角测量的误差来源与削减方法、全站仪轴系之间应满足的条件,了解全站仪检验与校正的内容与方法、双轴补偿器的原理。

● **重点**　激光对中法及垂球对中法安置全站仪的方法与技巧,测回法观测水平角的方法及记录、计算要求,竖直角中丝法观测的记录、计算要求,双盘位观测水平角与竖直角能消除的误差内容。

● **难点**　消除视差的方法,全站仪的两种安置方法,水平角与竖直角观测瞄准觇点的方法。

测量地面点连线的水平夹角及视线方向与水平面的竖直角,称为**角度测量**(angular observation),它是测量的基本工作之一,角度测量所使用的仪器是**经纬仪**(theodolite)和**全站仪**(total station),水平角测量用于求算点的平面位置,竖直角测量用于测定高差或将倾斜距离化算为水平距离。

测量地面点连线的距离称为**距离测量**(distance measurement),是确定地面点位的基本测量工作之一。距离测量方法有钢尺量距、视距测量、电磁波测距和 GNSS 测量等,全站仪的测距原理为电磁波测距,GNSS 测距方法将在第 7 章介绍。

3.1　角度测量原理

全站仪问世之前,测量角度的仪器是**光学经纬仪**(optical theodolite),全站仪的测角原理与经纬仪相同。

1. 经纬仪水平角测量原理

地面一点到两个目标点连线在水平面上投影的夹角称为**水平角**(horizontal angle),它也是过两条方向线的铅垂面所夹的二面角。如图 3-1 所示,设 A,B,C 点为地面上的任意三点,将三点沿铅垂线方向投影到水平面得到 A′,B′,C′三点,则直线 B′A′与直线 B′C′的夹角 β 即为地面上 BA 与 BC 两条方向线间的水平角。

为了测量水平角,应在 B 点上方水平安置一个有刻度的圆盘,称为**水平盘**(horizontal circle),水平盘中心应位于

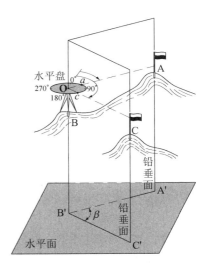

图 3-1　经纬仪水平角测量原理

过 B 点的铅垂线上。另外,经纬仪还应有一个能瞄准远方目标的望远镜,望远镜可以在水平面和竖直面内旋转,以便于分别瞄准高低不同的目标 A 和 C,设瞄准目标 A 和 C 后在水平盘上的读数分别为 a 和 c,则水平角 β 为

$$\beta = c - a \tag{3-1}$$

2. 经纬仪竖直角测量原理

在同一竖直面内,视线与水平线的夹角称为**竖直角**(vertical angle)。视线位于水平线上方时称为仰角,角值为正;视线位于水平线下方时称为俯角,角值为负,如图 3-2 所示。

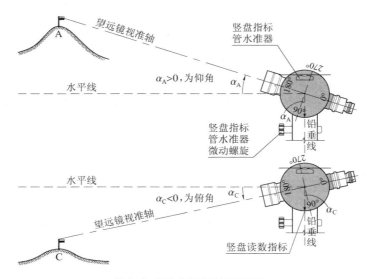

图 3-2 经纬仪竖直角测量原理

为了测量竖直角,经纬仪应在竖直面内安置一个圆盘,称为**竖盘**(vertical circle)。竖直角也是两个方向在竖盘上的读数之差,与水平角不同的是,其中有一个为水平方向。水平方向的读数可以通过竖盘指标管水准器或补偿器来确定。设计经纬仪时,一般使视线水平时的竖盘读数为 90°(盘左)或 270°(盘右),这样,测量竖直角时,只要瞄准目标,读出竖盘读数并减去仪器视线水平时的竖盘读数就可以计算出视线方向的竖直角。

3.2 全站仪电子测角原理

全站仪电子测角是利用光电转换原理和微处理器自动测量度盘的读数,并将测量结果输出到仪器屏幕显示,方法有动态测量和静态测量两种。动态测量主要用于高精度的角度测量中,但结构复杂、成本高、可靠性低,现在已很少采用。目前常用的是静态测量方法,包括增量式测量和绝对式测量。

1. 增量式测量

增量式又分光栅式、容栅式和磁栅式等。在精度和可靠高性上首推光栅增量式,是 20 世纪 90 年代国外和目前国内常用的电子测角方法。光栅增量测角系统由一对光栅度盘组成,

66

分为主光栅和指示光栅。在主光栅度盘上均匀刻划 16 200 条线划,相邻两条线划的圆心角为 $360° \times 3\,600''/16\,200 = 80''$,指示光栅由游标窗口和零位线条组成。主光栅度盘和指示光栅度盘分别安装在全站仪的竖轴或横轴的定子轴和转子轴上,两盘必须保持同心和平行,度盘间隙为 0.02～0.03 mm。在平行光的照射下,主光栅和游标窗口相对运动时产生两路明暗变化的周期信号,两路信号的相位差为 90°。根据两路信号的相位关系、电平变化,把模拟信号变为数字信号后,进行加减计数,反映出全站仪竖轴或横轴转动角度的粗略变化(每步 80''),这两路信号经过 CPU 采样后,进行反三角函数计算,细分出以秒为单位的角度变化,再和计数值衔接,得到准确的角度值。

增量式测角方法的缺点是:①主光栅度盘和指示光栅度盘的间隙太小,容易蹭盘,不适合在恶劣环境下使用;②测量过程中,若计数脉冲丢失,80'' 或 80'' 的倍数误差将传递下去,零位误差也会传递下去。

2. 绝对式测量

绝对式测量方法是目前国外知名厂家普遍采用的电子测角方法,是图像识别技术在电子测角方面的应用成果。如图 3-3 所示,在玻璃度盘上均匀刻划 n 条圆心角相等、宽度不等的线条,因一个圆周的圆心角为 $360° \times 3\,600'' = 1\,296\,000''$,则度盘任意两条相邻线条所夹的圆心角为 $\delta'' = 1\,296\,000''/n$。线条宽度 b 是按一定规律变化的,设度盘绝对零点的线条宽度为 b_0,第一条线的宽度为 b_1,第二条线的宽度为 b_2,以此类推,最后一条线的宽度为 b_n,线条宽度的变化规律预先存入全站仪主板存储器中。

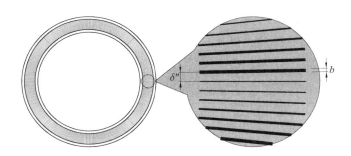

图 3-3　绝对编码度盘均匀刻划 n 条不同宽度的线条

如图 3-4 所示,测量时用平行光照射玻璃度盘,线条影像投射到度盘另一侧的 CCD 像元上,CPU 读入 CCD 像元的一帧信号,经计算处理求得:①线条在 CCD 像元投影影像的间距 l;②读数指标(一般用 CCD 像元的中心作为读数指标)到第 i 条线条的距离 x;③一组关于线条宽度 b 的序列,将这些宽度序列和预先存入全站仪主板存储器的已知宽度序列比较,便

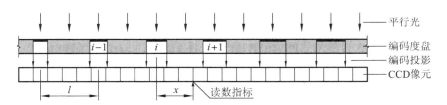

图 3-4　平行光照射绝对编码度盘解算度盘读数的原理

可求出 CCD 像元读数指标位于第 i 条线条和第 $i+1$ 条线条之间,则全站仪当前视准轴方向以秒为单位的度盘读数为

$$L''=\delta''\left(i+\frac{x}{l}\right) \tag{3-2}$$

与增量式测量比较,绝对式测量的优点是:①只用一块度盘,且编码度盘和 CCD 像元器件的物理距离为毫米量级,结构简单,环境适应性强;②没有零位,开机时无须在竖直面方向转动望远镜进行初始化;③即便某一点出现了误差,也不影响其他点的测量;④测角电路可以断续工作,节省电量。缺点是电路复杂,制造成本略高。

3.3 全站仪的望远镜与补偿器

南方 NTS-362LNB 系列全站仪是南方测绘 2018 年 1 月推出的新款全站仪。

1. 三同轴望远镜

图 3-5 为南方 NTS-362LNB 系列全站仪的望远镜光路图,由图可知,全站仪望远镜的视准轴、激光发射光轴、回光接收光轴三轴同轴,测量时使望远镜瞄准棱镜中心,就能同时测定目标点的水平角、竖直角和斜距。

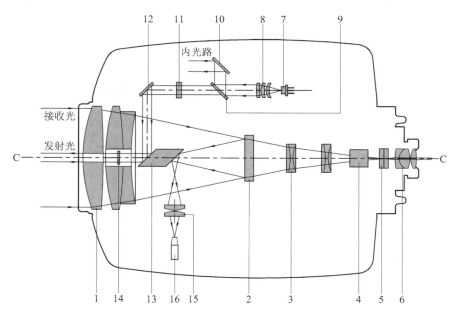

1—物镜组;2—分光平镜;3—物镜调焦镜组;4—水平移轴棱镜;5—十字丝分划板;
6—目镜组;7—激光发射管;8—准直透镜组;9—内光路反射片;10—反射片;
11—激光扩束镜;12—外光路反射片;13—圆柱反光镜;14—大物镜补偿器;
15—接收透镜组;16—光电转换器

图 3-5 南方 NTS-362LNB 系列全站仪望远镜光路图

2. 按键

全站仪测量是通过操作面板按键选择命令进行的,面板按键分硬键和软键两种。每个

硬键有一个固定功能,或兼有第二、第三功能;软键 (F1) 、(F2) 、(F3) 、(F4) 用于执行机载软件的菜单命令,软键的功能通过屏幕最下一行对应位置的字符提示,在不同模式下或执行不同命令时,软键的功能也不相同。

南方 NTS-362LNB 系列全站仪的内存容量为 4 MB 闪存,可以存储 3.7 万个点的测量数据和坐标数据,关机或更换电池,内存数据不会丢失。仪器设有一个 RS-232C 串行通信接口,1 个 USB 接口,一个 SD 卡插槽,内置蓝牙模块(仅限于 NTS-362LNB 机型)。使用 USB 数据线或蓝牙模块可以与 PC 机和南方 MSMT 手机软件实现双向数据传输。

3. 电子补偿器

仪器未精确整平致使竖轴倾斜引起的角度误差不能通过盘左、盘右观测取平均抵消,为了消除竖轴倾斜误差对角度观测的影响,全站仪设有电子补偿器。打开电子补偿器时,系统将竖轴倾斜量分解成视准轴方向(X 轴)和横轴方向(Y 轴)两个分量进行倾斜补偿,简称双轴补偿。

图 3-6 为南方 NTS-362LNB 系列全站仪使用的双轴补偿器原理图。点光源经过准直透镜后的平行光射入棱镜进入液体,在液体上部和空气接触的界面反射,再经过透镜成像于面阵图像传感器(CCD 或 CMOS)。当仪器竖轴在望远镜视准轴 X 方向倾斜时,点光源影像沿 X 轴方向移动;当仪器在横轴方向倾斜时,点光源影像沿 Y 轴方向移动。测量出点光源影像在 X 轴和 Y 轴方向的移动距离,即可计算出竖轴在 X 轴和 Y 轴方向的倾斜角。

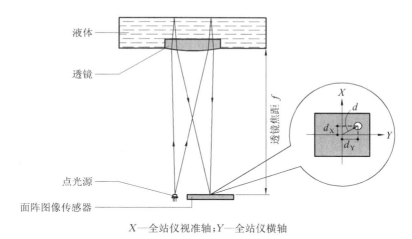

X—全站仪视准轴;Y—全站仪横轴

图 3-6　南方测绘北京三鼎光电仪器有限公司液体反射式双轴电子补偿器原理

如图 3-6 所示,设点光源影像偏移面阵图像传感器中心的距离为 d,偏距 d 在 X 轴方向的分量为 d_X,在 Y 轴方向的分量为 d_Y,则仪器竖轴在 X 轴方向的倾角 δ_X、在 Y 轴方向的倾角 δ_Y 的计算公式为

$$\left.\begin{aligned}\delta_X &\approx 2n\arctan\frac{d_X}{f}\\ \delta_Y &\approx 2n\arctan\frac{d_Y}{f}\end{aligned}\right\}\tag{3-3}$$

式中，n 为补偿器液体的折射率；f 为透镜的焦距。

若液体腔的面积足够大，与空气界面形成镜面反射，当倾斜角 δ 不是很大时，传感器的线性度很好，是目前精度较高的双轴倾斜补偿器。南方 NTS-362LNB 系列全站仪反射式双轴补偿器的补偿范围理论上可以达到 $\pm 27'$，补偿精度为 $\pm 2''$。

3.4　全站仪的结构与安置

图 3-7 为南方 NTS-362R6LNB 蓝牙免棱镜测距全站仪部件图，主要技术参数如下：

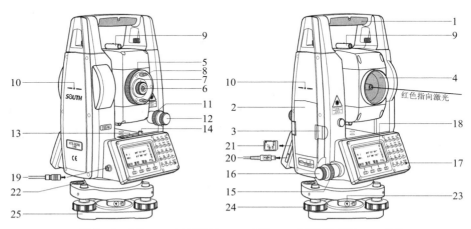

1—提把；2—电池；3—电池锁紧钮；4—物镜；5—物镜调焦螺旋；6—目镜；
7—目镜调焦螺旋；8—望远镜把手；9—光学瞄准器；10—仪器高量取标志；11—望远镜制动螺旋；
12—望远镜微动螺旋；13—照准部管水准器；14—管水准器校正螺丝；15—水平制动螺旋；16—水平微动螺旋；
17—电源开关键；18—屏幕；19—RS-232C 通信接口；20—USB 通信接口；21—SD 卡插槽；22—圆水准器；
23—基座锁定钮；24—脚螺旋；25—底板

图 3-7　南方 NTS-362R6LNB 蓝牙免棱镜测距全站仪

（1）望远镜：正像，物镜孔径为 45 mm，放大倍率为 30，视场角为 $1°30'$，最短对光距离为 1.4 m。

（2）度盘：绝对式测角度盘，度盘直径 79 mm，测距光波为波长 0.65～0.69 μm 的红色可见激光。

（3）补偿器及测角精度：双轴补偿，一测回方向观测中数中误差为 $\pm 2''$。

（4）测距：最大测程为 5 km（单块棱镜），测距误差为 2 mm＋2 ppm；免棱镜测程为 300 m，反射片测程为 600 m，测距误差为 3 mm＋2 ppm。

（5）内存：4 MB 闪存，最多可以存储 3.7 万个点的数据。

（6）通信接口：一个 RS-232C 接口，一个迷你 USB 接口，一个 SD 卡插口，内置蓝牙模块。

（7）电池：LB-01 可充电锂电池（7.4 V/3 100 mAh），一块满电电池可供连续测距 8 h。

1. 全站仪的结构

为便于理解全站仪的水平角测量原理，一般将全站仪分解为基座、水平盘和照准部三大构件，如图 3-8 所示。

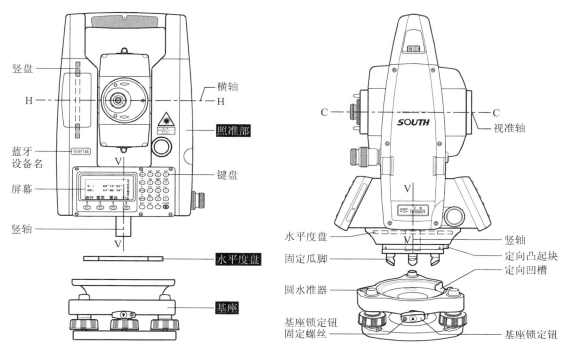

图 3-8　全站仪的结构

（1）基座（tribrach）

基座上设置有三个脚螺旋，一个圆水准器用于粗平仪器。水平盘旋转轴套在竖轴套外围。

（2）水平盘（horizontal circle）

绝对式测量的水平盘为圆环形编码玻璃盘片，盘片上均匀刻划了 360 条圆心角相等、宽度不等的线条，如图 3-3 所示。

（3）照准部（alidade）

照准部是指水平盘之上，能绕竖轴旋转的全部部件的总称，包括竖轴、U 形支架、望远镜、横轴、竖盘、管水准器、补偿器、水平制微动螺旋、望远镜制微动螺旋、屏幕与键盘等。

照准部的旋转轴称为竖轴，竖轴插入基座内的竖轴轴套中旋转；照准部绕竖轴 VV 在水平方向的转动，由水平制动、水平微动螺旋控制；望远镜绕横轴 HH 的纵向转动，由望远镜制动及其微动螺旋控制；照准部管水准器用于精确整平仪器。

水平角测量需要转动照准部和望远镜依次瞄准不同方向的目标并读取水平盘的读数，在一测回观测过程中，水平盘是固定不动的。

全站仪属于光、机、电精密测量仪器，水平盘与竖轴被密封在照准部与固定瓜脚构件内部，固定瓜脚以上部分与三脚基座通过基座的三个瓜脚孔连接，用一字批松开基座锁定钮的固定螺丝，逆时针旋转基座锁定钮 180°，即可向上拔出仪器，用以更换棱镜。

2. 全站仪的屏幕与键盘

屏幕用于显示测量结果和机载软件菜单，键盘用于执行全站仪的各种功能。图 3-9 所示为南方 NTS-362LNB 蓝牙系列全站仪的操作面板，各按键的功能列于表 3-1，屏幕状态栏图标的意义列于表 3-2。

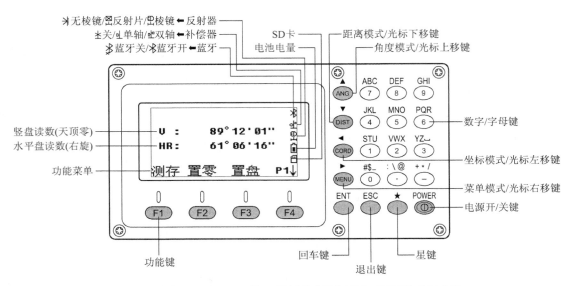

图 3-9　南方 NTS-362LNB 蓝牙系列全站仪操作面板、显示屏与按键功能

表 3-1　　　　　　　　　　南方 NTS-362LNB 蓝牙系列全站仪键盘功能

按　键	键　名	功　能
ANG	角度模式键	进入角度模式
DIST	距离模式键	进入距离模式
CORD	坐标模式键	进入坐标模式
MENU	菜单模式键	进入菜单模式
ENT	回车键	在输入值之后按此键
ESC	退出键	返回上级菜单
★	星键模式键	进入星键模式
⏻	电源开关键	打开或关闭电源
0~9 · —	数字键	输入数字或其上面注记的字母、小数点、符号
◄ ► ▲ ▼	光标键	输入数字/字母时用于移动光标
F1～F4	功能键	键功能提示显示于屏幕底部
同时按住 F1 ⏻ 键开机	—	升级机载软件（预先将升级文件复制到 SD 卡）

表 3-2　　　　南方 NTS-362LNB 蓝牙系列全站仪屏幕右侧状态栏图标的意义及其设置方法

图标	意　义	按　键
凸	双轴补偿	★ F2 F2
凵	单轴补偿	★ F2 F1

图标	意　义	按　键
⏚	关闭补偿	★ F2 F3
∦	蓝牙关	MENU ⑤（系统设置）⑤（蓝牙）①（关）
∦	蓝牙开	MENU ⑤（系统设置）⑤（蓝牙）②（开）
⋇	无棱镜	★ 按 ▶ 循环切换目标模式/R 系列
⊞	棱镜	★ 按 ▶ 循环切换目标模式/ R 系列
⊠	反射片	★ 按 ▶ 循环切换目标模式/ R 系列
🔋	电池电量	电量充足
🔋	电池电量	刚出现该图标时,电池可继续使用 4h 左右
🔋	电池电量	电量已不多,应尽快结束操作,更换电池并充电
🔋	电池电量	从闪烁到缺电自动关机可持续使用几分钟,应更换电池并充电
💾	SD 卡	SD 卡已插入仪器的 SD 卡插槽

3. 棱镜

南方 NTS-362LNB 蓝牙系列全站仪专用棱镜与对中杆如图 3-10 所示,其中微型棱镜常用于工程放样。

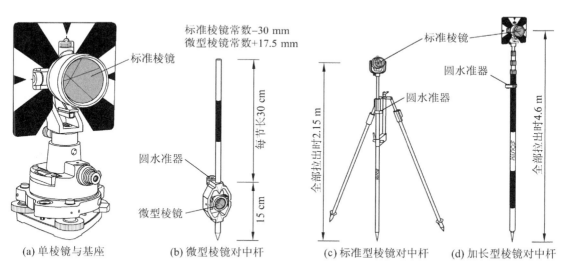

(a) 单棱镜与基座　　(b) 微型棱镜对中杆　　(c) 标准型棱镜对中杆　　(d) 加长型棱镜对中杆

图 3-10　单棱镜与基座、棱镜对中杆及棱镜常数

4. 开关机操作

按住 ⏻ 键 1 s 开机,出厂设置为进入角度模式界面[图 3-11(a)],按 ESC 键切换屏幕,显示仪器信息数据界面[图 3-11(b)],再按 ESC 键返回角度模式界面;按 MENU F4 ③（硬件信息）键显示仪器硬件信息[图 3-11(c)]。在开机状态,按住 ⏻ 键 4 s 关机。

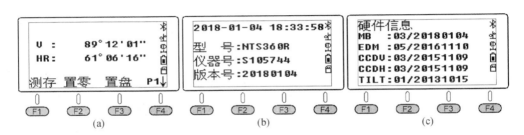

图 3-11 角度模式、仪器型号、仪器硬件信息界面

5. 全站仪的安置

水准仪的安置内容只有整平一项,而全站仪的安置内容有对中和整平两项,目的是使仪器竖轴位于过测站点的铅垂线上,竖盘位于铅垂面内,水平盘和横轴处于水平位置。对中方式分激光对中和垂球对中,整平分粗平和精平。NTS-362LNB 蓝牙系列全站仪标配激光对中器,取消了光学对中器。

全站仪安置的操作步骤是:调整好三脚架腿,使其长度和脚架高度适合观测者,张开三脚架腿,将其安置在测站上,使三脚架头平面大致水平。从仪器箱中取出全站仪放置在三脚架头上,使仪器基座中心基本对齐三脚架头的中心,旋紧连接螺旋后,即可进行对中整平操作。

(1)垂球对中法安置全站仪

将垂球悬挂于连接螺旋中心的挂钩上,调整垂球线长度使垂球尖略高于测站点。

① 粗对中与概略整平:平移三脚架(应注意保持三脚架头平面基本水平),使垂球尖大致对准测站点标志,将三脚架的脚尖踩入土中。

② 精对中:稍微旋松连接螺旋,双手扶住仪器基座,在架头平面移动仪器,使垂球尖准确对准测站点标志后,再旋紧连接螺旋。垂球对中的误差应小于 3 mm。

③ 粗平:如图 3-12(a)所示,旋转 1 号、2 号脚螺旋使圆水准气泡向 1 号、2 号脚螺旋连线方向移动,使气泡中心和圆水准器中心的连线与 3 号脚螺旋中心向 1 号、2 号脚螺旋连线的垂线相平行[图 3-12(b)],旋转 3 号脚螺旋使圆水准气泡居中,结果如图 3-12(c)所示。

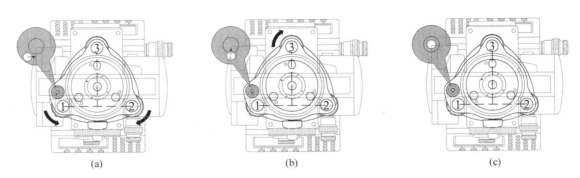

图 3-12 旋转脚螺旋的方向与圆水准气泡运动方向的关系

④ 精平:转动照准部,使照准部管水准器轴与任意两个脚螺旋的连线平行,图 3-13(a)所示为与 1 号、2 号脚螺旋的连线平行,旋转 1 号、2 号脚螺旋,使照准部管水准气泡居中;转动

照准部 90°,使管水准器轴垂直于 1 号、2 号脚螺旋的连线[图 3-13(c)];旋转 3 号脚螺旋使管水准气泡居中,结果如图 3-13(d)所示。精平仪器时,不会破坏之前已完成的垂球对中关系。

转动照准部,在相互垂直的两个方向检查照准部管水准气泡的居中情况,如果仍然居中,则完成安置,否则应重复上述精平操作。

注:南方 NTS-362LNB 蓝牙系列全站仪基座圆水准器的格值为 $\tau' = 8'/2$ mm,用于粗略整平仪器;照准部管水准器的格值为 $\tau'' = 30''/2$ mm,用于精确整平仪器,两个水准器的格值相差 $8' \times 60''/30'' = 16$ 倍。虽然粗平仪器与精平仪器都是使用脚螺旋操作,但精平仪器时,脚螺旋的旋转量很少,此时,圆水准气泡的移动量也很少。如果仪器已校正过,照准部管水准气泡在两个相互垂直方向居中后,圆水准气泡也应该居中,否则,应重新校正仪器。

(2) 激光对中法安置全站仪

① 粗对中:双手握紧三脚架,眼睛观察地面的下激光点,移动三脚架使下激光点基本对准测站点的标志(应注意保持三脚架头平面基本水平),将三脚架的脚尖踩入土中。

② 精对中:旋转脚螺旋使下激光点准确对准测站点标志,误差应小于 1 mm。

③ 粗平:伸缩脚架腿,使圆水准气泡居中。

④ 精平:转动照准部,旋转脚螺旋,使管水准气泡在相互垂直的两个方向居中(图3-13),精平操作会略微破坏之前已完成的对中关系。

⑤ 再次精对中:旋松连接螺旋,眼睛观察下激光点,平移仪器基座(注意,不要有旋转运动),使下激光点准确对准测站点标志,拧紧连接螺旋。转动照准部,在相互垂直的两个方向检查照准部管水准气泡的居中情况。如果仍然居中,则完成安置,否则应从上述精平开始重复操作。

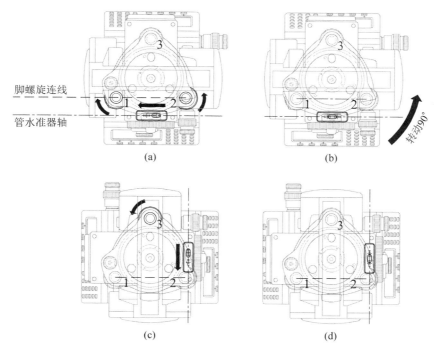

图 3-13 在相互垂直的两个方向居中管水准器气泡

6. 星键菜单

按 ★ 键开启星键菜单[图 3-14(a)]，使用光标键 ▶ 、 ◀ 、 ▲ 、 ▼ 与功能键 F1 、
F2 、 F3 、 F4 设置星键菜单，按 ESC 键可关闭星键菜单。

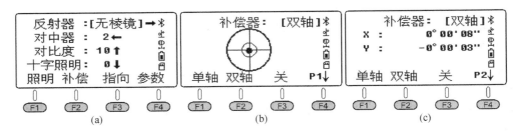

(a)　　　　　　　　　　　(b)　　　　　　　　　　　(c)

图 3-14　星键菜单

（1）光标键设置内容

① 反射器：出厂设置为"无棱镜"，多次按 ▶ 键，可以使反射器在棱镜→无棱镜→反射片→棱镜之间循环切换。

② 对中器：出厂设置为 2，多次按 ◀ 键，可以使下激光点的光强在数字 2→1→0→4→3→2 之间循环切换，0 为关闭激光对中器。

③ 屏幕对比度：出厂设置为 10，多次按 ▲ 键，可以使屏幕对比度在数字 10→11→…→16→00→01→02…→09→10 之间循环切换。

④ 十字丝照明：出厂设置为 0，多次按 ▼ 键，可以使十字丝照明光强在数字 0→1→2→3→4→0 之间循环切换，0 为关闭十字丝照明。

（2）功能键设置内容

① 照明：出厂设置为开，按 F1 键，使屏幕背光与键盘背景灯在打开与关闭之间切换。

② 补偿：出厂设置为双轴补偿，按 F2 键进入补偿器第 1 页界面[图 3-14(b)]，可以参照屏幕显示的电子气泡整平仪器。打开补偿器时，仪器自动将竖轴倾斜量分解成视准轴方向（X 轴）和横轴方向（Y 轴）两个分量进行倾斜补偿（图 3-15），简称双轴补偿。

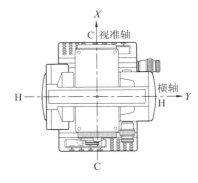

图 3-15　视准轴与横轴的相互关系

按 F1 （单轴）键设置单轴补偿，按 F2 （双轴）键设置双轴补偿，按 F3 （关）键关闭补偿器。

按 F4 （P1↓）键翻页到补偿器第 2 页界面[图 3-14(c)]，屏幕显示仪器当前的竖轴倾斜量在视准轴方向（X 轴）和横轴方向（Y 轴）两个分量。按 ESC 键返回星键菜单。

③ 指向：出厂设置为关闭红色指向激光，按 F3 键，可以使指向激光在打开与关闭之间切换。

在星键菜单[图 3-14(a)]按 F4 （参数）键，可设置测距的气象改正，具体参见本书 4.2 节。

3.5　角度模式

按 ① 键开机，仪器出厂设置为进入角度模式；当前模式为距离模式或坐标模式时，按

ANG 键进入角度模式。如图 3-16 所示,角度模式有三页功能菜单,按 F4 键翻页。

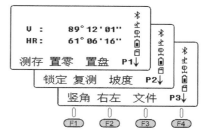

图 3-16 角度模式三页功能菜单

1. 角度模式 P1 页功能菜单

(1) F1 (测存)

将水平盘与竖盘读数存入内存中的当前测量文件,如果用户要改变当前文件或新建一个文件作为当前文件,应先执行 P3 页功能菜单的"文件"命令。

(2) F2 (置零)

配置水平盘读数为 $0°00'00''$,按 F2 (置零) F4 (是)键,结果如图 3-17(c)所示。

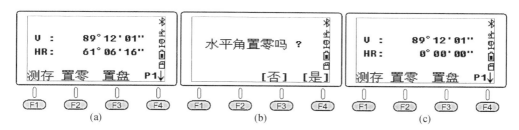

图 3-17 执行"置零"命令,设置水平盘读数为 $0°00'00''$

(3) F3 (置盘)

设置水平盘读数为用户输入值,按 ⊙ 键分隔度值与分值以及分值与秒值。例如,设置水平盘读数为 $0°00'30''$ 的方法是:按 F3 (置盘) ⓪ ⊙ ⓪ ⊙ ③ ⓪ ENT 键,结果如图 3-18(d)所示。

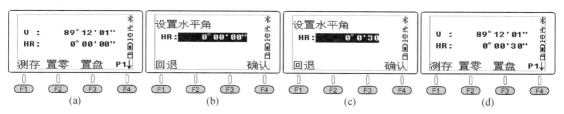

图 3-18 执行"置盘"命令,设置水平盘读数为 $0°00'30''$

2. 角度模式 P2 页功能菜单

(1) F1 (锁定)

"锁定"命令是模拟复测经纬仪的测角方式,与方向经纬仪不同,复测经纬仪没有水平盘配置旋钮。锁定水平盘读数为当前值,旋转仪器照准部时,水平盘读数不变,"锁定"命令是配置水平盘读数的另一种方式。

例如,执行"锁定"命令配置某个觇点的水平盘读数为 $90°00'35''$ 的方法是:转动照准部,当水平盘读数接近 $90°00'35''$ 时,旋紧水平制动螺旋,旋转水平微动螺旋,使水平盘读数为 $90°00'35''$,结果如图 3-19(a)所示,按 F1 (锁定)键,进入图 3-19(b)所示的界面。松开水平制动螺旋,瞄准该觇点,此时水平盘读数不会变化,按 F4 (是)键完成操作,结果如图 3-19(c)所示。配置水平盘读数,常用"置盘"命令,"锁定"命令较少使用。

(2) F2 (复测)

"复测"命令是模拟复测经纬仪单盘位(一般为盘左)的累积测角方式,该命令要求将水

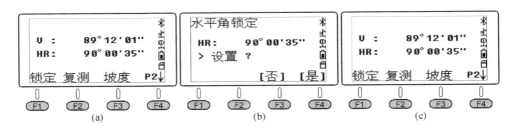

图 3-19 执行"锁定"命令操作过程

平盘设置为右旋角 HR(等价于水平盘为顺时针注记)。该命令也很少使用。

（3）F3（坡度）

重复按 F3（坡度）键可使竖盘读数 V 在天顶距与坡度之间切换。

如图 3-20(a)所示，南方 NTS-362LNB 蓝牙系列全站仪竖盘读数 V 的出厂设置为"天顶零"，设盘左竖盘读数为 $L=75°00'00''$，则望远镜视准轴方向的盘左竖角为 $\alpha_L=90°-L=90°-75°00'00''=15°00'00''$，坡度为 $i=100×\tan 15°00'00''=26.794\,9\%≈26.79\%$，与屏幕显示的结果相同[图 3-21(b)]。

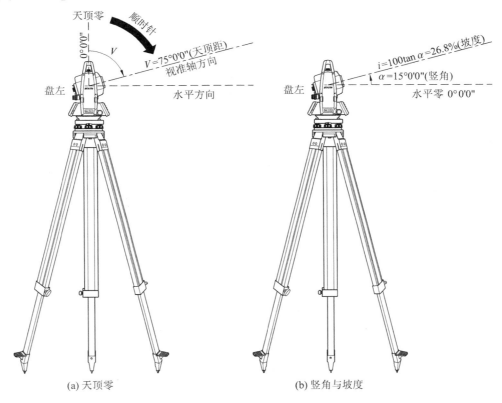

(a) 天顶零   (b) 竖角与坡度

图 3-20 重复执行"坡度"命令，使竖盘读数在天顶距与坡度之间切换

3. 角度模式 P3 页功能菜单

（1）F1（竖角）

如图 3-20(b)所示，竖直角定义为水平方向与全站仪望远镜视准轴方向之间的夹角，仰角为正数角，俯角为负数角。重复按 F3（竖角）键可使竖盘读数在天顶距与竖直角之间切

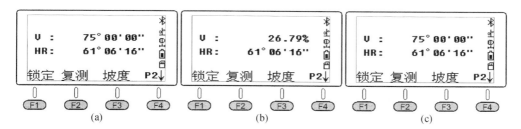

图 3-21 重复执行"坡度"命令，竖盘读数在天顶距与坡度之间切换

换，如图 3-22 所示。

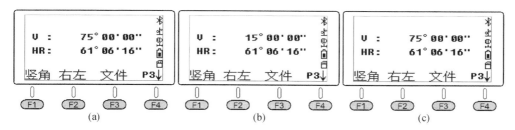

图 3-22 重复执行"竖角"命令，使竖盘读数在天顶距与竖直角之间切换

NTS-362LNB 蓝牙系列全站仪竖盘读数 V 的出厂设置为"天顶零"，设盘左竖盘读数为 L，则望远镜视准轴方向的盘左竖直角为 $\alpha_L = 90° - L$，将图 3-22(a)所示的盘左竖盘读数代入，得竖直角 $\alpha_L = 90° - 75°00'00'' = 15°00'00''$，与图 3-20(b)注记的结果相等。

（2）$\boxed{F2}$（右左）

重复按 $\boxed{F2}$（右左）键使水平盘读数在右旋角 HR（等价于水平盘顺时针注记）与左旋角 HL（等价于水平盘逆时针注记）之间切换。同一个方向的 HR 读数＋HL 读数＝360°，即有 HL 读数＝360°－HR 读数，如图 3-23 所示。

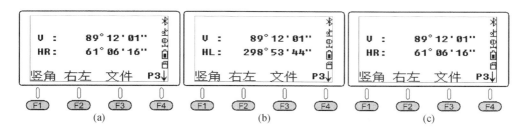

图 3-23 重复执行"右左"命令，使水平盘读数在右旋角 HR 与左旋角 HL 之间切换

（3）$\boxed{F3}$（文件）

$\boxed{F3}$（文件）键可改变当前文件、新建文件、文件重命名、删除文件、导出文件、导入坐标数据到当前文件。角度模式的"文件"命令与坐标模式的"文件"命令功能相同，详细操作参见本书 4.5 节。

3.6 水平角测量方法

水平角测量方法主要有测回法和方向观测法。

1. 测回法（method of observation set）

如图 3-24 所示，要测量 ∠APB 的水平角 β_1 与 ∠BPC 的水平角 β_2，在 P 点安置好全站仪后，一测回观测的步骤如下：

（1）盘左（竖盘在望远镜左侧，也称正镜）瞄准 A 点觇标，在角度模式 P1 页功能菜单，按 F3（置盘）⓪·⓪·③⓪ ENT 键，设置水平盘读数为 0°00′30″，检查瞄准情况后，将屏幕显示的水平盘读数 HR 的值如 0°00′29″，填入表 3-3 第 3 列的觇点 A 栏。

称觇点 A 的方向为零方向。设水平盘顺时针注记，选取零方向时，一般应使另两个观测方向的水平盘读数大于零方向的水平盘读数，即 B,C 点应位于 A 点的右边。

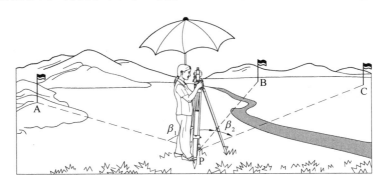

图 3-24 测回法观测水平角

表 3-3 测回法水平角观测手簿

测站点：　P　　仪器：NTS-362R6LNB　观测员：王贵满　　记录员：李飞

测回数	觇点	盘左 (° ′ ″)	盘右 (° ′ ″)	2C (″)	平均值 (° ′ ″)	归零值 (° ′ ″)	各测回平均值 (° ′ ″)
(1)	(2)	(3)	(4)	(5)	(6)	(7)	(8)
1	A	0 00 29	180 00 32	−3	0 00 30	0 00 00	0 00 00
	B	66 55 45	246 55 46	−1	66 55 46	66 55 16	66 55 13
	C	144 44 50	324 44 51	−1	144 44 50	144 44 20	141 44 20
2	A	90 00 28	270 00 28	0	90 00 28	0 00 00	
	B	156 55 37	336 55 39	−2	155 55 38	66 55 10	
	C	234 44 47	54 44 48	−1	234 44 48	144 44 20	

（2）顺时针转动照准部，瞄准觇点 B，读取水平盘读数如 66°55′45″，填入表 3-3 第 3 列的觇点 B 栏。

（3）顺时针转动照准部，瞄准觇点 C，读取水平盘读数如 144°44′50″，填入表 3-3 第 3 列的觇点 C 栏。

（4）纵转望远镜为盘右位置（竖盘在望远镜右侧，也称倒镜），逆时针转动照准部，瞄准觇点 C，读取水平盘读数如 324°44′51″，填入表 3-3 第 4 列的觇点 C 栏。

（5）逆时针转动照准部，瞄准觇点 B，读取水平盘读数如 246°55′46″，填入表 3-3 第 4 列的觇点 B 栏。

（6）逆时针转动照准部，瞄准觇点 A，读取水平盘读数如 180°00′32″，填入表 3-3 第 4 列的觇点 A 栏。

（7）计算 $2C$ 值（又称两倍瞄准差）。

理论上，相同方向的盘左观测值 L 与盘右观测值 R 应相差 $180°$，如果不是，其差值称为 $2C$，计算公式为

$$2C = L - (R \pm 180°) \tag{3-4}$$

式中，$R \geqslant 180°$ 时，"$\pm$" 取 "$-$"；$R < 180°$ 时，"$\pm$" 取 "$+$"，下同。计算结果填入表 3-3 第 5 列。

① 计算觇点 C 的 $2C$ 值：$144°44'50'' - 324°44'51'' + 180° = -1''$，填入表 3-3 第 5 列的觇点 C 栏。

② 计算觇点 B 的 $2C$ 值：$66°55'45'' - 246°55'46'' + 180° = -1''$，填入表 3-3 第 5 列的觇点 B 栏。

③ 计算觇点 A 的 $2C$ 值：$0°00'29'' - 180°00'32'' + 180° = -3''$，填入表 3-3 第 5 列的觇点 A 栏。

（8）计算方向观测值的平均值。

$$方向观测平均值 = \frac{1}{2}(L + R \pm 180°) \tag{3-5}$$

① 计算觇点 C 两个盘位方向观测值的平均值：

$(144°44'50'' + 324°44'51'' - 180°)/2 = 144°44'50.5'' \approx 144°44'50''$，填入表 3-3 第 6 列的觇点 C 栏。

② 计算觇点 B 两个盘位方向观测值的平均值：

$(66°55'45'' + 246°55'46'' - 180°)/2 = 66°55'45.5'' \approx 66°55'46''$，填入表 3-3 第 6 列的觇点 B 栏。

③ 计算觇点 A 两个盘位方向观测值的平均值：

$(0°00'29'' + 180°00'32'' - 180°)/2 = 0°00'30.5'' \approx 0°00'30''$，填入表 3-3 第 6 列的觇点 A 栏。

两个盘位方向观测值的平均值，计算结果取位到 $1''$。设平均值的尾数两位为 $p.5''$（$p = 0 \sim 9$，为平距值秒数的个位数字），一般遵循奇进偶不进的取整原则，也即，p 为奇数时，$p.5'' = p + 1''$；p 为偶数时，$p.5'' = p''$。

例如，觇点 C 两个盘位方向观测值的平均值计算结果的秒位数值为：$50.5''$，因个位数 0 为偶数，则小数位的 $0.5''$ 不进位，结果为 $50''$。觇点 B 两个盘位方向观测值的平均值计算结果的秒位数值为：$45.5''$，因个位数 5 为奇数，则小数位的 $0.5''$ 进位，结果为 $46''$。

（9）计算归零后的方向值（归零值）。

① 计算觇点 A 归零后的方向值为 $0°00'30'' - 0°00'30'' = 0°00'00''$，填入表 3-3 第 7 列的觇点 A 栏。

② 计算觇点 B 归零后的方向值为 $66°55'46'' - 0°00'30'' = 66°55'16''$，填入表 3-3 第 7 列的觇点 B 栏。

③ 计算觇点 C 归零后的方向值为 $144°44'50'' - 0°00'30'' = 144°44'20''$，填入表 3-3 第 7 列的觇点 C 栏。

如图 3-24 所示，应用第一测回的观测数据，计算两个水平夹角的结果如下：

$$\angle APB = \beta_1 = 66°55'13'' - 0°00'00'' = 66°55'13''$$
$$\angle BPC = \beta_2 = 144°44'20'' - 66°55'16'' = 77°49'04''$$

多测回观测时,为了减小水平盘分划误差的影响,各测回间应根据测回数 n,以 $180°/n$ 为增量配置各测回零方向的水平盘读数。

表 3-3 所列为本例两测回观测结果,第二测回观测时,A 方向的水平盘读数应配置为 $180°/2 = 90°$ 左右,取两测回归零后方向观测值的平均值(简称归零值)作为最后结果,填入表 3-3 第 8 列。

2. 方向观测法(method of direction observation)

当方向观测数≥3 时,一般采用方向观测法。与测回法比较,方向观测法的唯一区别是:每个盘位的零方向需要观测两次,简称半测回归零。

以观测四个觇点 A,B,C,D 为例,盘左顺时针转动照准部的观测顺序为 A→B→C→D→A,盘右逆时针转动照准部的观测顺序为 A→D→C→B→A。因零方向觇点需要观测两次,为了减小半测回归零差,一般应在观测的觇点中,选择一个标志十分清晰的觇点作为零方向。以 A 点为零方向的一测回观测操作步骤如下:

(1)上半测回

盘左瞄准觇点 A,配置水平盘读数为 0°左右,检查瞄准情况后读取水平盘读数并记录。松开制动螺旋,顺时针转动照准部,依次瞄准觇点 B,C,D 观测,其观测顺序是 A→B→C→D→A,最后返回到零方向觇点 A 的操作称为上半测回归零,两次观测零方向觇点 A 的读数之差称为上半测回归零差 Δ_L。

(2)下半测回:纵转望远镜,盘右瞄准觇点 A,读数并记录。松开制动螺旋,逆时针转动照准部,依次瞄准 D,C,B,A 觇点观测,其观测顺序是 A→D→C→B→A,最后返回到零方向觇点 A 的操作称为下半测回归零,两次观测零方向觇点 A 的读数之差称为下半测回归零差 Δ_R。至此,完成一测回观测操作。如需观测 n 测回,各测回零方向应以 $180°/n$ 为增量配置水平盘读数。

(3)计算步骤

① 计算 $2C$ 值。应用式(3-4)计算,结果填入表 3-4 第 5 列的相应栏内。

表 3-4　　　　　　　　　　　方向观测法水平角观测手簿

测站点:　P　　仪器:NTS-362R6LNB　观测员:　林培效　记录员:　李飞

测回数	觇点	盘左	盘右	2C	平均值	归零值	各测回平均值
		(° ′ ″)	(° ′ ″)	(″)	(° ′ ″)	(° ′ ″)	(° ′ ″)
1	2	3	4	5	6	7	8
1		$\Delta_L = +3$	$\Delta_R = +1$		(0 00 37)		
	A	0 00 36	180 00 37	−1	0 00 36	0 00 00	
	B	25 37 55	205 37 58	−3	25 37 57	25 37 20	
	C	66 55 49	246 55 51	−2	66 55 50	66 55 13	
	D	144 44 46	324 44 58	−12	144 44 52	144 44 15	
	A	0 00 39	180 00 36	+3	0 00 38		

（续表）

测回数	觇点	盘左	盘右	2C	平均值	归零值	各测回平均值
		(° ′ ″)	(° ′ ″)	(″)	(° ′ ″)	(° ′ ″)	(° ′ ″)
2		$\Delta_L=+1$	$\Delta_R=-2$		(90 00 28)		
	A	90 00 28	270 00 26	+2	90 00 27	0 00 00	0 00 00
	B	115 37 43	295 37 46	−3	115 37 44	25 37 16	25 37 18
	C	156 55 36	336 55 44	−8	156 55 40	66 55 12	66 55 12
	D	234 44 37	54 44 44	−7	234 44 40	144 44 12	144 44 14
	A	90 00 29	270 00 28	+1	90 00 28		

② 计算方向观测的平均值。应用式(3-5)计算,结果填入表 3-4 第 6 列的相应栏内。

③ 计算归零后的方向观测值。先计算零方向两次观测值的平均值(表 3-4 第 6 列括号内的数值),再将各方向值的平均值均减去括号内的零方向值的平均值,结果填入表 3-4 第 7 列的相应栏内。

④ 计算各测回归零后方向值的平均值。取各测回同一方向归零后方向值的平均值,计算结果填入表 3-4 第 8 列的相应栏内。

⑤ 计算各觇点间的水平夹角。根据表 3-4 第 8 列各测回归零后方向值的平均值,可以计算出任意两个方向间的水平夹角。

（4）方向观测法的限差

《城市测量规范》[2]规定,各等级导线测量,方向观测法的各项限差应符合表 3-5 中的规定。

表 3-5　　　　　　　　　　方向观测法的各项限差

仪器型号	半测回归零差	一测回内 2C 较差	同一方向值各测回较差
1″全站仪	6″	9″	6″
2″全站仪	8″	13″	9″
5″全站仪	18″	—	24″

注:当照准觇点方向的竖直角不在±3°范围内时,该方向 2C 较差可按同一观测时间段内的相邻测回进行比较,但应在观测手簿中注明。

3. 使用南方 MSMT 手机软件测量水平角

执行南方 MSMT 手机软件"测试"项目主菜单的"水平角观测"程序,用户可以选择"测回法"或"方向观测法"测量水平角。完成手机与全站仪蓝牙连接后,点击观测界面的 蓝牙读数 按钮,程序自动提取全站仪的水平盘读数,并填入对应栏内,自动完成表格计算。完成观测后,可以将观测的 Excel 成果文件通过移动互联网发送给好友。

（1）手机与南方 NTS-362R6LNB 全站仪蓝牙配对

南方 NTS-362R6LNB 全站仪出厂设置为自动打开内置蓝牙模块。在角度模式[图 3-25 (a)]、距离模式或坐标模式界面,按 ⑩ ⑤（系统设置）⑤（蓝牙）进入蓝牙界面[图 3-25 (c)],按①（关）可关闭仪器内置蓝牙,按②（开）打开仪器内置蓝牙。完成蓝牙设置后,按

ESC ESC 键返回角度、距离或坐标模式界面。

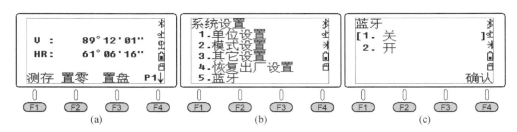

图 3-25　全站仪蓝牙设置界面

　　点击安卓手机设置按钮【✿】[图 3-26(a)]，进入设置界面[图 3-26(b)]，点击蓝牙按钮
✦，进入蓝牙界面[图 3-26(c)]；向右滑动 ⬤ 使其显示为 ⬤，打开手机蓝牙并开始搜索附
近的蓝牙设备，搜索到的蓝牙设备名显示在"可用设备"栏下。本例南方 NTS-362R6LNB 全
站仪的内置蓝牙设备名为 S105744[图 3-26(c)]，它是全站仪的出厂编号，印刷在全站仪盘左
位置 U 形支架的左侧。

　　点击蓝牙设备名 S105744，输入配对密码"0000"[图 3-26(d)]，点击"确定"按钮完成蓝
牙配对，返回蓝牙界面[图 3-26(e)]。点击手机退出键两次，退出手机"设置"界面。

　　点击手机屏幕 ▨ 图标启动"MSMT"手机软件，进入项目列表界面；点击"测试"项目名，
在弹出的快捷菜单点击"进入项目主菜单"命令，进入该项目主菜单[图 3-27(a)]。

图 3-26　手机蓝牙设置及与南方 NTS-362R6LNB 全站仪蓝牙设备配对

（2）新建测回法水平角观测文件

　　在"测试"项目主菜单[图 3-27(a)]，点击 竖直角观测 按钮，进入水平角观测文件列表界面
[图 3-27(b)]；点击 新建文件 按钮，弹出"新建水平角观测文件"对话框，其中，文件名由系统
自动生成，命名规则为"测站点名＋测量方法＋日期_序号"。

　　观测方法的缺省设置为"测回法"，缺省设置的觇点数 2，点击"觇点数"右侧的 + 按钮，设
置 3 个觇点，输入其余观测信息，点击 确定 按钮，返回水平角观测文件列表界面[图 3-27(d)]。

（3）执行测量命令

　　点击"P 测回法 180519_1"水平角观测文件，在弹出的快捷菜单点击"测量"命令[图 3-28

图 3-27　新建测回法水平角观测文件

（a）]，进入测回法水平角第 1 测回观测界面[图 3-28（b）]；点击 编辑觇点名 按钮，在弹出的"编辑觇点名"对话框中输入 3 个觇点名[图 3-28（c）]，点击"确定"按钮返回观测界面[图 3-28（d）]。

　　① 手机连接全站仪蓝牙

　　点击 蓝牙读数 按钮[图 3-28（d）]，进入蓝牙连接全站仪界面[图 3-28（e）]，全站仪品牌缺省设置为"南方 NTS-360/380/391"；点击 S105744 蓝牙设备名，启动手机连接 S105744 全站仪内置蓝牙[图 3-28（f）]，完成连接后进入蓝牙测试界面[图 3-28（g）]，图 3-28（h）所示为点击 测角 按钮后通过蓝牙提取全站仪水平盘与竖盘读数的结果。

　　点击屏幕标题栏左侧的 ❮ 按钮返回观测界面[图 3-29（a）]，此时粉红色 蓝牙读数 按钮变成了蓝色 蓝牙读数 按钮，表示手机已与全站仪蓝牙连接。

　　② 第 1 测回

　　瞄准觇点 A，配置全站仪水平盘读数为 0°00′30″。点击 蓝牙读数 按钮，通过蓝牙提取觇点 A 的水平盘读数[图 3-29（b）]；点击 下一步 按钮，光标下移至觇点 B 栏；顺时针转动照准部，瞄准觇点 B，点击 蓝牙读数 按钮；点击 下一步 按钮，光标下移至觇点 C 栏；顺时针转动照准部，瞄准觇点 C，点击 蓝牙读数 按钮；点击 下一步 按钮，结束盘左观测，光标右移至觇点 C 盘右栏。图 3-29（d）所示为逆时针转动照准部，按 C→B→A 的顺序完成盘右观测的结果。

　　点击 完 成 按钮，结束第 1 测回观测，屏幕显示本测回归零平均值[图 3-29（e）]，点击屏幕标题栏左侧的 ❮ 按钮返回测回法第 1 测回水平角观测界面。

　　③ 第 2 测回

　　点击 + 按钮新建第 2 测回观测[图 3-30（a）]，图 3-30（b）所示为盘左完成 3 个觇点的观测结果，图 3-30（c）所示为盘右完成 3 个觇点的观测结果。点击 完 成 按钮，结束第 2 测回观测，屏幕显示第 1、第 2 测回归零平均值[图 3-30（d）]。点击手机退出键两次，返回水平角观测文件列表界面。

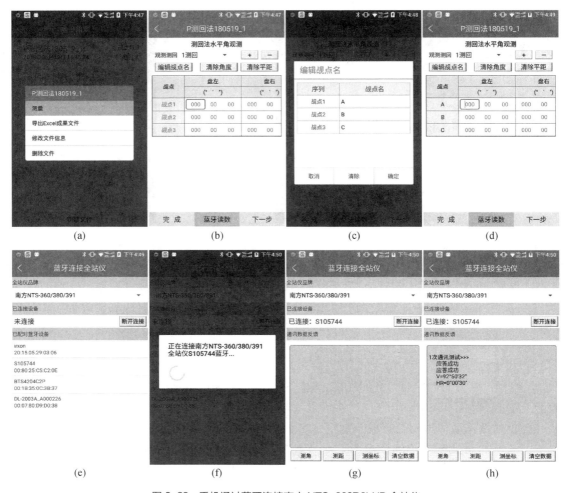

图 3-28　手机通过蓝牙连接南方 NTS-362R6LNB 全站仪

图 3-29　通过蓝牙启动南方 NTS-362R6LNB 全站仪观测 3 个觇点的水平方向值（第 1 测回）

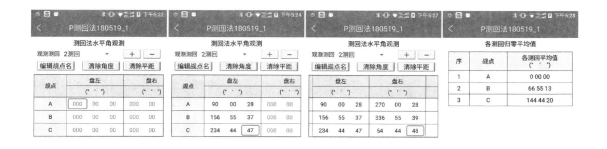

(a)　　　　　　　　(b)　　　　　　　　(c)　　　　　　　　(d)

图 3-30　通过蓝牙启动南方 NTS-362R6LNB 全站仪观测 3 个觇点的水平方向值（第 2 测回）

注：完成测回法方向值观测后，如果需要，可以继续观测觇点 A，B，C 的水平距离，方法是：瞄准觇点 A 的棱镜中心，点击 蓝牙读数 按钮，启动全站仪测距，系统自动提取仪器测得平距到观测界面的"水平距离"栏，测量的平距值只记录，不参与表格计算。

（4）导出水平角观测文件的 Excel 成果文件

在图 3-30(d)所示的界面，点击 导出Excel成果文件 按钮，系统在手机内置 SD 卡工作路径下创建"P 测回法 180519_1.xls"文件［图 3-31(a)］；点击"发送"按钮，点击 🔘 按钮，启动 QQ 发送成果文件到用户 PC 机。

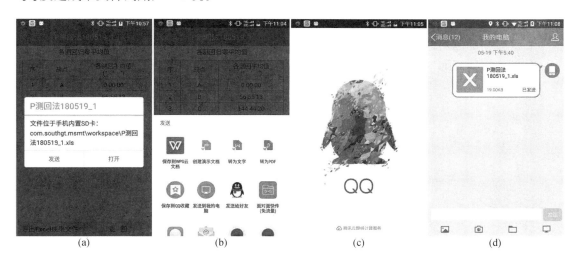

(a)　　　　　　　　(b)　　　　　　　　(c)　　　　　　　　(d)

图 3-31　对水平角观测文件执行"导出 Excel 成果文件"命令

图 3-32 所示为用户在 PC 机启动 MS-Excel 打开该成果文件的内容。

4. 水平角观测的注意事项

（1）仪器高度应与观测者的身高相适应；三脚架应踩实，仪器与脚架连接应牢固，操作仪器时，不应用手扶三脚架；转动照准部和望远镜之前，应先松开制动螺旋，操作各螺旋时，用力应轻。

	A	B	C	D	E	F	G	H	I
1					测回法水平角观测手簿				
2	测站点名：K5　观测员：王贵满　记录员：林培效　观测日期：2018年05月19日								
3	全站仪型号：南方NTS-362R6LNB　出厂编号：S105744　天气：晴　成像：清晰								
4	测回数	觇点	盘左	盘右	水平距离	2C	平均值	归零值	各测回平均值
5			(° ′ ″)	(° ′ ″)	(m)	(″)	(° ′ ″)	(° ′ ″)	(° ′ ″)
6	1测回	A	0 00 29	180 00 32		-3	0 00 31	0 00 00	
7		B	66 55 45	246 55 46		-1	66 55 46	66 55 15	
8		C	144 44 50	324 44 51		-1	144 44 50	144 44 20	
9	2测回	A	90 00 28	270 00 28		+0	90 00 00	0 00 00	0 00 00
10		B	156 55 37	336 55 39		-2	156 55 38	66 55 10	66 55 13
11		C	234 44 47	54 44 48		-1	234 44 47	144 44 19	144 44 20
12	广州南方测绘科技股份有限公司:http://www.com.southgt.msmt								
13	技术支持：覃辉二级教授(qh-506@163.com)								

图 3-32　在 PC 机启动 MS-Excel 打开"P 测回法 180519_1.xls"文件的内容

（2）精确对中，特别是对短边测角，对中要求应更严格。

（3）水平角观测采用方向观测法时，应选择一个距离适中、通视良好、成像清晰的观测方向作为零方向。

（4）当观测觇点的高低相差较大时，更应注意整平仪器。

（5）觇点标志应竖直，尽可能用十字丝中心瞄准标杆底部。

（6）记录应清楚，应当场计算，发现错误，立即重测。

（7）一测回水平角观测过程中，不得再调整照准部管水准气泡；气泡偏离管水准气泡中心超过 2 格时，应重新整平与对中仪器，重新观测。

3.7　竖直角测量方法

1. 竖直角的应用

如图 3-33 所示，竖直角 α 主要用于将测量的斜距 S 化算为水平距离 D 或计算三角高差 h。

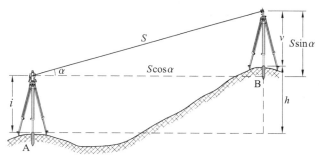

图 3-33　竖直角的应用

（1）倾斜距离化算为水平距离

测得 A，B 两点间的斜距 S 及竖直角 α，其水平距离 D 的计算公式为

$$D = S \cos \alpha \qquad (3-6)$$

（2）三角高程计算

当用水准测量方法测定 A，B 两点间的高差 h 有困难时，可以应用图 3-33 中测得的斜

距 S、竖直角 α、仪器高 i、标杆高 v，根据式(3-7)计算 h：

$$h = S \sin \alpha + i - v \qquad (3-7)$$

当已知 A 点的高程 H_A 时，B 点高程 H_B 的计算公式为

$$H_B = H_A + h = H_A + S \sin \alpha + i - v \qquad (3-8)$$

上述测量高程的方法称为三角高程测量。2005 年 5 月，我国测绘工作者测得世界最高峰——珠穆朗玛峰峰顶岩石面的海拔高程为 8 844.43 m，使用的就是三角高程测量方法。

2. 竖盘与望远镜的连接关系

全站仪竖直角测量原理源于经纬仪。如图 3-34 所示，经纬仪的竖盘固定在望远镜横轴一端并与望远镜连接在一起，竖盘可以随望远镜一起绕横轴转动，竖盘面垂直于横轴。**竖盘读数指标**(vertical index)与**竖盘指标管水准器**(vertical index bubble tube)连接在一起，旋转竖盘指标管水准器微动螺旋将带动竖盘指标管水准器和竖盘读数指标一起做微小的转动。竖盘指标管水准气泡居中时，竖盘读数指标线位于过竖盘圆心的铅垂线上。

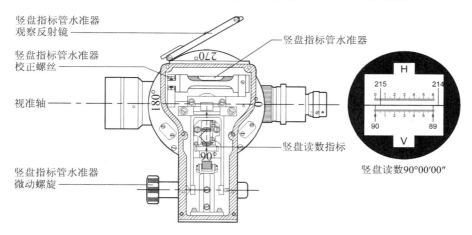

图 3-34 光学经纬仪竖盘的构造

竖盘按顺时针注记为 $0° \sim 360°$。竖盘读数指标的正确位置是：望远镜位于盘左位置、视准轴水平、竖盘指标管水准气泡居中时，竖盘读数应为 $90°$。

3. 竖直角的计算原理

望远镜位于盘左位置，视准轴水平、竖盘指标管水准气泡居中时，竖盘读数为 $90°$[图 3-35(a)]；望远镜抬高 α 角瞄准觇点 P、竖盘指标管水准气泡居中时，竖盘读数为 L[图 3-35(b)]，则盘左观测觇点 P 的竖直角为

$$\alpha_L = 90° - L \qquad (3-9)$$

纵转望远镜于盘右位置，视准轴水平、竖盘指标管水准气泡居中时，竖盘读数为 $270°$[图 3-35(c)]；望远镜抬高 α 角瞄准觇点 P、竖盘指标管水准气泡居中时，竖盘读数为 R[图 3-35(d)]，则盘右观测觇点 P 的竖直角为

$$\alpha_R = R - 270° \qquad (3-10)$$

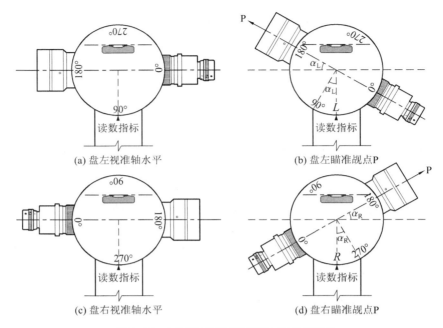

图 3-35 光学经纬仪竖直角测量及其计算原理

4. 竖盘指标差(vertical collimation error)

当望远镜视准轴水平,竖盘指标管水准气泡居中,竖盘读数为 90°(盘左)或 270°(盘右)的情形称为竖盘指标管水准器与竖盘读数指标关系正确,竖直角计算公式(3-9)与式(3-10)是在这个前提下推导出来的。

当竖盘指标管水准器与竖盘读数指标关系不正确时,望远镜视准轴水平时的竖盘读数,相对于正确值,有一个小的角度偏差 x,称 x 为竖盘指标差。如图 3-36(a)中,盘左读数与90°之间偏差 x;图 3-36(b)中,盘右读数与 270°之间偏差 x。

竖盘指标差 x 正负值的定义:盘左位置,视准轴水平,竖盘指标管水准气泡居中,读数指标偏向望远镜物镜端时,指标差 x 为正数[图 3-36(a)],否则为负数。

如图 3-36(b)和图 3-36(d)所示,设觇点 P 的竖直角的正确值为 α,则考虑竖盘指标差 x时的竖直角计算公式为

$$\alpha = 90° + x - L = 90° - L + x = \alpha_L + x \tag{3-11}$$

$$\alpha = R - (270° + x) = R - 270° - x = \alpha_R - x \tag{3-12}$$

式(3-11)减式(3-12),化简后得

$$x = \frac{1}{2}(\alpha_R - \alpha_L) = \frac{1}{2}(L + R - 360°) \tag{3-13}$$

取盘左、盘右所测竖直角的平均值

$$\alpha = \frac{1}{2}(\alpha_L + x + \alpha_R - x) = \frac{1}{2}(\alpha_L + \alpha_R) \tag{3-14}$$

可见,取盘左、盘右所测竖直角的平均值可以消除竖盘指标差 x 的影响。

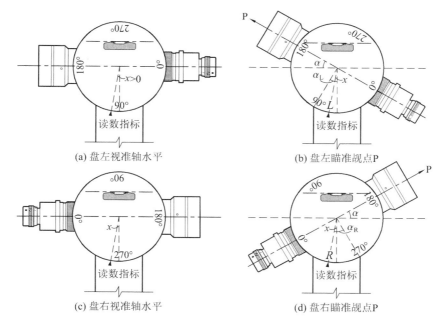

(a) 盘左视准轴水平　　　　　　　(b) 盘左瞄准觇点 P

(c) 盘右视准轴水平　　　　　　　(d) 盘右瞄准觇点 P

图 3-36　光学经纬仪竖盘指标差计算原理

全站仪无竖盘指标管水准器,竖盘读数指标被固定在仪器机身且与竖轴平行的位置,只有当竖轴铅垂时,竖盘读数指标的位置才正确。如果竖轴不铅垂,竖盘读数指标的位置就不正确,此时,由全站仪补偿器可以得到竖轴偏离铅垂线的偏角 δ,系统算出竖轴偏角 δ 在望远镜视准轴方向的分量 δ_X 与在横轴方向的分量 δ_Y,再用 δ_X 改正竖盘读数,用 δ_Y 改正水平盘读数。因此,竖直角观测时,应至少打开全站仪的单轴补偿器。

5. 竖直角观测

竖直角观测有中丝法与三丝法两种,本书只介绍中丝法。中丝法是用十字丝分划板的中丝瞄准觇点的特定位置(如棱镜中心或标杆顶部)来读取竖盘读数。具体操作步骤如下:

(1) 在测站点上安置全站仪,用小钢尺量出仪器高 i。仪器高是测站点标志顶部到全站仪横轴中心的垂直距离。全站仪 U 形支架两侧均设置有量取仪器高的标志,如图 3-7 中部件 10 所示。

(2) 盘左瞄准觇点,使十字丝中丝切于觇点的某一位置,读取竖盘读数 L。

(3) 盘右瞄准觇点,使十字丝中丝切于觇点同一位置,读取竖盘读数 R。

两个测回的竖直角观测记录计算示例列于表 3-6。因竖盘与望远镜连接在一起,因此,用户不能配置竖盘读数。

由图 3-1 可知,水平角观测与仪器高 i 无关。由图 3-33 可知,竖直角与仪器高 i、觇标高 v 有关,因此,竖直角观测前,应养成先量取仪器高与各觇点的觇标高并记入手簿的习惯。

使用 fx-5800P 计算器计算竖直角不一定比心算快,心算竖直角的技巧是:先用式(3-13)算出觇点的竖盘指标差 x,再应用式(3-11)或式(3-12)计算竖直角。觇点盘右竖盘读数 $R>270°$ 时,应用式(3-12)计算觇点的竖直角 α;觇点盘左竖盘读数 $L>90°$ 时,应用式(3-11)计算觇点的竖直角 α。

表 3-6   **竖直角观测手簿**

测站点：___P___   仪器:NTS-362R6LNB   仪器高:___1.555___   观测员:___王贵满___   记录员:___李飞___

测回数	觇点	盘左	盘右	指标差	竖直角	各测回平均值	觇高
		(° ′ ″)	(° ′ ″)	(″)	(° ′ ″)	(° ′ ″)	(m)
2	3	4	5	6	7	8	9
1	A	92 53 15	267 07 10	+12	−2 53 03		1.72
	B	82 57 33	277 02 46	+10	7 02 36		1.58
	C	78 00 44	281 59 44	+14	11 59 30		1.65
2	A	92 53 13	267 07 08	+10	−2 53 03	−2 53 03	
	B	82 57 39	277 02 47	+13	7 02 34	7 02 35	
	C	78 00 42	281 59 38	+10	11 59 28	11 59 29	

例如，觇点 A 的竖盘指标差 $x = +12''$，盘左读数 $L = 92°53'15'' > 90°$，应用式(3-11)计算觇点 A 的竖直角为:$\alpha = 90° - L + x = 90° - 92°53'15'' + 12'' = -2°53'15'' + 12'' = -2°53'02''$。

觇点 B 的竖盘指标差 $x = +10''$，盘右读数 $R = 277°02'47'' > 270°$，应用式(3-12)计算觇点 B 的竖直角为:$\alpha = R - 270° - x = 277°02'46'' - 270° - 10'' = 7°02'46'' - 10'' = 7°02'36''$。

6. 使用南方 MSMT 手机软件测量竖直角

在测站点 P 安置 NTS-362R6LNB 全站仪，观测表 3-7 所列 A，B，C 三个觇点竖直角的方法如下。

（1）新建竖直角观测文件

启动南方 MSMT 手机软件，在"测试"项目主菜单点击 竖直角观测 按钮[图 3-37(a)]，进入竖直角观测文件列表界面[图 3-37(b)]。点击 新建文件 按钮，弹出"新建竖直角观测文件"对话框，其中，文件名由系统自动生成，命名规则为"测站点名＋竖直角＋日期_序号"。

图 3-37 新建竖直角观测文件

竖直角观测缺省设置的觇点数为 2，点击"觇点数"右侧的 + 按钮，设置 3 个觇点，输入其余观测信息，点击 确定 按钮，返回竖直角观测文件列表界面[图 3-37(d)]。

（2）执行测量命令

点击"P竖直角 180520_1"观测文件,在弹出的快捷菜单点击"测量"命令[图 3-38(a)],
进入竖直角第 1 测回观测界面[图 3-38(b)];点击 编辑觇点名 按钮,在弹出的编辑觇点名对话
框中输入 3 个觇点名及其觇标高[图 3-38(c)],点击 确定 按钮,返回观测界面[图 3-38(d)]。

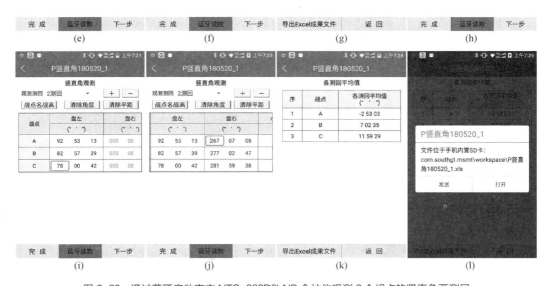

图 3-38　通过蓝牙启动南方 NTS-362R6LNB 全站仪观测 3 个觇点的竖直角两测回

① 第 1 测回

盘左竖直角观测顺序为 A→B→C。瞄准觇点 A 点,点击 `蓝牙读数` 按钮,通过蓝牙提取觇点 A 的竖盘读数,点击 `下一步` 按钮,光标下移至觇点 B 栏;瞄准觇点 B,点击 `蓝牙读数` 按钮,点击 `下一步` 按钮,光标下移至觇点 C 栏;瞄准觇点 C,点击 `蓝牙读数` 按钮,结果如图3-38(e)所示。

盘右竖直角观测顺序为 C→B→A,结果如图 3-38(f)所示。点击 `完成` 按钮,结束第 1 测回观测,屏幕显示第 1 测回竖直角计算结果[图 3-38(g)]。点击屏幕标题栏左侧的 `<` 按钮返回第 1 测回竖直角观测界面。

② 第 2 测回

点击 `+` 按钮新建第 2 测回竖直角观测任务[图 3-38(h)],图 3-38(i)为完成盘左 3 个觇点的观测结果,图 3-38(j)为完成盘右 3 个觇点的观测结果。点击 `完成` 按钮,结束第 2 测回观测,屏幕显示第 1、第 2 测回竖直角平均值,结果如图 3-38(k)所示。点击手机退出键两次返回竖直角观测文件列表界面。

(3) 导出竖直角观测文件的 Excel 成果文件

在竖直角观测文件列表界面点击"P 竖直角 180520_1"文件名,在弹出的快捷菜单点击"导出 Excel 成果文件"命令[图 3-38(l)],系统在手机内置 SD 卡工作路径下创建"P 竖直角 180520_1.xls"文件。图 3-39 所示为用户在 PC 机启动 MS-Excel 打开该成果文件的内容。

	A	B	C	D	E	F	G	H	I
1	竖直角观测手簿								
2	测站点名:P 仪器高:1.555m 观测员:王贵满 记录员:李飞 观测日期:2018年05月20日								
3	全站仪型号:南方NTS-362R6LNB 出厂编号:S105744 天气:晴 成像:清晰								
4	测回数	觇点	盘左	盘右	水平距离	觇高	指标差	竖直角	各测回平均值
5			(° ' ")	(° ' ")	(m)	(m)	(")	(° ' ")	(° ' ")
6	1测回	A	92 53 15	267 07 10		1.72	+12	-2 53 02	
7		B	82 57 33	277 02 46		1.58	+9	7 02 37	
8		C	78 00 44	281 59 44		1.65	+14	11 59 30	
9	2测回	A	92 53 13	267 07 08			+10	-2 53 03	-2 53 03
10		B	82 57 39	277 02 47			+13	7 02 34	7 02 35
11		C	78 00 42	281 59 38			+10	11 59 28	11 59 29
12	广州南方测绘科技股份有限公司:http://www.com.southgt.msmt								
13	技术支持:覃辉二级教授(qh-506@163.com)								

图 3-39 在 PC 机启动 MS-Excel 打开"P 竖直角 180520_1.xls"文件的内容

3.8 全站仪的检验和物理校正

1. 全站仪的轴线及其应满足的关系

如图 3-40 所示,全站仪的主要轴线有**视准轴** CC(collimation axis)、**横轴** HH(horizontal axis)、**管水准器轴** LL(bubble tube axis)和**竖轴** VV(vertical axis)。为使全站仪正确工作,其轴线应满足下列关系:

(1) 管水准器轴应垂直于竖轴(LL⊥VV);

(2) 十字丝竖丝应垂直于横轴(竖丝⊥HH);

(3) 视准轴应垂直于横轴(CC⊥HH);

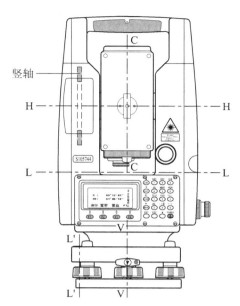

竖轴

CC—望远镜视准轴；HH—横轴；LL—照准部管水准器轴；L′L′—基座圆水准器轴；VV—竖轴

图 3-40　全站仪的主要轴线

（4）横轴应垂直于竖轴（HH⊥VV）；

（5）竖盘指标差 x 应等于零；

（6）下对中激光与竖轴重合。

2. 全站仪的检验与校正

（1）LL⊥VV 的检验与校正

检验：旋转脚螺旋，使圆水准气泡居中，粗平仪器。转动照准部使管水准器轴平行于1，2号脚螺旋，旋转 1，2 号脚螺旋使管水准气泡居中［图 3-41（a）］。然后将照准部旋转 180°，如果气泡仍然居中，说明 LL⊥VV，否则需要校正［图 3-41（b）］。

校正：用校正针拨动管水准器一端的校正螺丝，使气泡向中央移动偏移量的一半［图 3-41（c）］，另一半通过旋转 1 号、2 号脚螺旋完成［图 3-41（d）］。该项校正需要反复进行几次，直至气泡偏离值在一格内为止。

（2）十字丝竖丝⊥HH 的检验与校正

检验：用十字丝中心精确瞄准远处一清晰目标 P，旋转水平微动螺旋，如 P 点左右移动的轨迹偏离十字丝中丝［图 3-42（a）］，则需要校正。

校正：卸下目镜端的十字丝分划板护罩，松开 3 个压环螺丝［图 3-42（b）］，缓慢转动十字丝组，直到照准部水平微动时，P 点始终在中丝上移动为止，最后旋紧 3 个压环螺丝。

（3）CC⊥HH 的检验与校正

视准轴不垂直于横轴时，其偏离垂直位置的角值 C 称为视准轴误差或照准差。由式（3-4）可知，同一方向观测的 2 倍照准差 $2C$ 的计算公式为 $2C = L - (R \pm 180°)$，则有

$$C = \frac{1}{2}[L - (R \pm 180°)] \qquad (3-15)$$

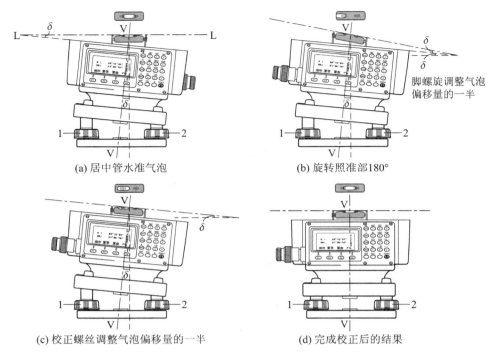

(a) 居中管水准气泡　　　　　　　　(b) 旋转照准部180°

(c) 校正螺丝调整气泡偏移量的一半　　　　(d) 完成校正后的结果

图 3-41　照准部管水准器的检验与校正原理

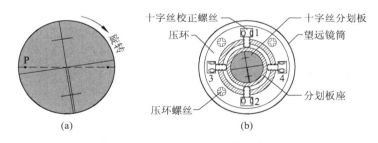

图 3-42　十字丝竖丝⊥HH 的检验与校正

虽然取同一觇点双盘位方向观测值的平均值可以消除同一方向观测的照准差 C，但 C 值过大将不便于方向观测的手动计算，所以，当 $C>60''$ 时应校正。

检验：如图 3-43 所示，在一平坦场地上，选择相距约 100 m 的 A，B 两点，在 A，B 点连线的中点 P 安置全站仪，在 A 点设置一个与仪器高度相等的标志，在 B 点与仪器高相等的位置横置一把毫米分划直尺，使其垂直于视线 PB。盘左瞄准 A 点标志，固定照准部，纵转望远镜，在 B 尺上读取读数 B_1[图 3-43(a)]；盘右瞄准 A 点，固定照准部，纵转望远镜，在 B 尺上读取读数 B_2[图 3-43(b)]，如果 $B_1=B_2$，说明视准轴垂直于横轴，否则需要校正。

校正：由 B_2 点向 B_1 点量取 $\overline{B_1B_2}/4$ 的长度定出 B_3 点，此时直线 PB_3 便垂直于横轴 HH，松开压环螺丝，用校正针拨动十字丝环的左右一对校正螺丝 3，4[图 3-42(b)]，先松其中一个校正螺丝，后紧另一个校正螺丝，使十字丝中心与 B_3 点重合。完成校正后，应重复上述的检验操作，直至满足 $C\leqslant60''$ 为止。

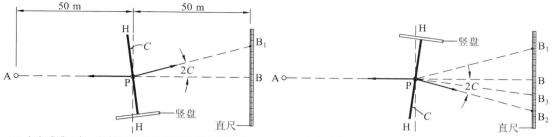

(a) 盘左瞄准A点，纵转望远镜在横置直尺上读数为B_1 (b) 盘右瞄准A点，纵转望远镜在横置直尺上读数为B_2

图 3-43 CC⊥HH 的检验与校正

（4）HH⊥VV 的检验与校正

横轴不垂直于竖直时，其偏离正确位置的角值 i 称为横轴误差。$i>20''$时，必须校正。

检验： 如图 3-44 所示，在一建筑物的高墙面固定一个清晰的照准标志 P，在距离墙面 20～30 m 处安置全站仪。盘左瞄准 P 点，固定照准部，使望远镜视准轴水平（竖盘读数为 90°），在墙面上定出一点 P_1；纵转望远镜，盘右瞄准 P 点，固定照准部，使望远镜视准轴水平（竖盘读数为 270°），在墙面上定出一点 P_2。由此得出横轴误差 i 的计算公式为

$$i = \frac{\overline{P_1 P_2}}{2D} \cot\alpha\rho'' \tag{3-16}$$

式中，α 为 P 点的竖直角，通过观测 P 点竖直角一测回获得；D 为测站至 P 点的平距。算出的 $i>20''$时，必须校正。

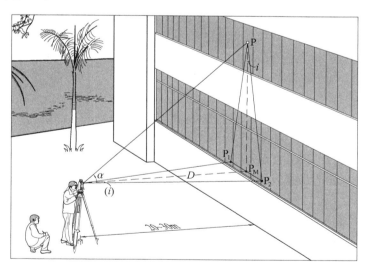

图 3-44 HH⊥VV 的检验与校正

校正： 打开仪器 U 形支架一侧的护盖，调整偏心轴承环，抬高或降低横轴的一端使$i=0$。该项校正应在无尘的室内环境中使用专用的平行光管进行操作，当用户不具备条件时，一般交由测绘仪器店的专业维修人员校正。

（5）竖盘指标差 $x=0$ 的检验与校正

由式(3-14)可知，取觇点双盘位所测竖直角的平均值，可以消除竖盘指标差 x 的影响。

但当 x 较大时,将给竖直角的手动计算带来不便,所以,当 $|x|>1'$ 时,必须校正。

检验: 安置好全站仪,确认已打开全站仪的补偿器,用盘左、盘右观测某个清晰目标的竖直角一测回,应用式(3-13)计算出竖盘指标差 x。

全站仪是应用补偿器测得的竖轴偏角 δ 在视准轴方向的分量 δ_X 来改正竖盘读数,通过上述检验,测得的竖盘指标差 x 较大时,用户无法通过物理校正的方法使 $x=0$,只能通过电子校正的方法使 $x=0$,详细参见 3.9 节的内容。

(6)下对中激光与竖轴重合的检验与校正

检验: 在地面上放置一张白纸,在白纸上画一个十字形的标志 P,以 P 点为对中标志安置好全站仪,按 ★ ◀ ◀ 键设置下对中激光强度为 3 或 4。将照准部旋转 180°,当下对中激光点 P′ 偏离了 P 点时,说明下对中激光与竖轴不重合,需要校正。

校正: 用直尺在白纸上定出 P 与 P′ 点的中点 O,转动 U 形支架底部的四个下对中激光校正螺丝,使对中器分划板的中心对准 O 点。

3.9 全站仪的电子校正

与光学经纬仪不同,全站仪是光、机、电一体的精密测量仪器,3.8 节中介绍的物理校正方法,除了管水准器轴应垂直于竖轴(LL⊥VV)检验与校正用户可以做,其余轴线关系的校正,用户自己都做不了。

本节介绍南方 NTS-360LN 系列全站仪系统自带的检验与校正命令,它是将检验求得的轴线误差存入仪器主板缓存中,供仪器以后自动改正水平盘与竖盘读数。

在角度、距离或坐标模式,按 MENU F4 键进入"菜单 2/2"界面[图 3-45(a)],按 ① (校正)键进入"校正"菜单[图 3-45(b)],有竖盘指标差、视准轴误差、横轴误差、误差显示四个命令,其中,误差显示命令显示前三个命令的测量结果。执行前三个命令之前,应先执行误差显示命令,将前三个命令的测量结果清零。

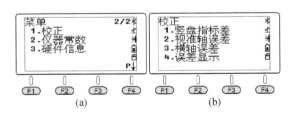

图 3-45 "菜单 2/2"下"校正"菜单

在执行下列命令前,假设已打开全站仪的双轴补偿器,并在测站安置好全站仪,水平盘读数已设置为右旋角,竖盘读数设置为天顶零。

1. 误差显示

在校正菜单[图 3-46(a)]按 ④ (误差显示)键,示例结果如图 3-46(b)所示。

VADJ_T 与 HADJ_T 是电子补偿器安装时产生的补偿器误差。按 F3 (关)键可关闭视准轴误差与横轴误差改正[图 3-47(a)],再按 F4 (开)键可打开视准轴误差与横轴误差改正[图 3-47(b)];按 F1 (置零) F4 (是)键可将最近一次测量的竖盘指标差、视准轴误差、横轴误差清零[图 3-47(d)]。

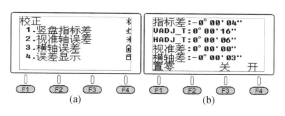

图 3-46 执行"误差显示"结果示例

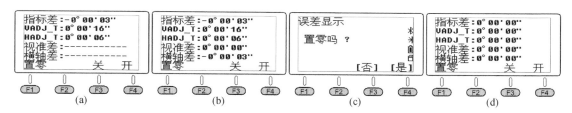

图 3-47 在"误差显示"界面执行"关""开""置零"结果示例

2. 横轴误差

通过观测一个竖直角值为±10°~±45°的清晰觇点一测回,计算全站仪横轴误差并存入仪器主板缓存中,用以自动改正水平盘读数。

在校正菜单[图 3-48(a)]下,盘左瞄准一个竖直角为±10°~±45°的清晰觇点,按③(横轴误差)键,示例结果如图 3-48(b)所示,按 F4 (确认)键 10 次:第 1 次按 F4 (确认)键的结果如图 3-48(c)所示,第 9 次按 F4 (确认)键的结果如图 3-48(d)所示,第 10 次按 F4 (确认)键的结果如图 3-48(e)所示。

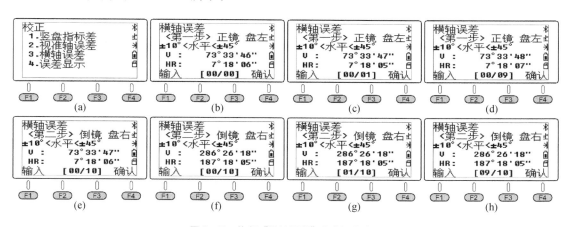

图 3-48 执行"横轴误差"命令操作步骤

盘右瞄准同一个觇点,界面如图 3-48(f)所示,按 F4 (确认)键 10 次:第 1 次按 F4 (确认)键的结果如图 3-48(g)所示,第 9 次按 F4 (确认)键的结果如图 3-48(h)所示,第 10 次按 F4 (确认)键完成命令操作并返回校正菜单[图 3-48(a)]。

3. 视准轴误差

通过观测一个清晰觇点的水平方向值一测回,计算仪器视准轴误差并存入仪器主板缓存中,用以自动改正仪器水平盘读数。

在校正菜单[图 3-49(a)]下,盘左瞄准一个清晰觇点,按②(视准轴误差)键,示例结果如图 3-49(b)所示,按 (F4)(确认)键;盘右瞄准同一个觇点,示例结果如图 3-49(c)所示,按 (F4)(确认)键,返回校正菜单[图 3-49(a)]。

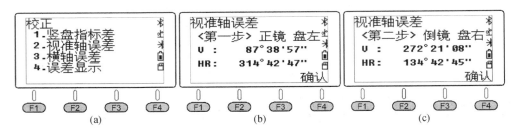

图 3-49 执行"视准轴误差"命令操作步骤

设盘左水平盘读数为 L,盘右观测同一觇点的水平盘读数为 R,则图 3-49 所示所测视准轴误差 C 的计算结果为

$$C = [L - (R \pm 180°)]/2 = [314°42'47'' - (134°42'45'' + 180°)]/2 = 1'' \qquad (3-17)$$

4. 竖盘指标差

通过观测一个清晰觇点的竖直角一测回,计算竖盘指标差并存入仪器主板缓存中,用以自动改正竖盘读数。

在校正菜单[图 3-50(a)]下,盘左瞄准一个清晰觇点,按 ①(竖盘指标差)键,示例结果如图 3-50(b)所示,按 (F4)(确认)键;盘右瞄准同一个觇点,示例结果如图 3-50(c)所示,按 (F4)(确认)键,屏幕显示仪器计算的竖盘指标差,结果如图 3-50(d)所示,按 (F4)(是)键返回校正菜单[图 3-50(a)]。

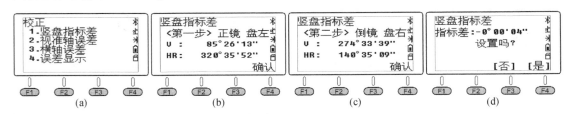

图 3-50 执行"竖盘指标差"命令操作步骤

设盘左竖盘读数为 L,盘右观测同一觇点的竖盘读数为 R,则图 3-50 所示所测竖盘指标差 x 的计算结果为

$$x = (L + R - 360°)/2 = (85°26'13'' + 274°33'39'' - 360°)/2 = -4'' \qquad (3-18)$$

执行完横轴误差、视准轴误差、竖盘指标差命令后,在校正菜单[图 3-51(a)]下,按 ④(误差显示)键,结果如图 3-51(b)所示。

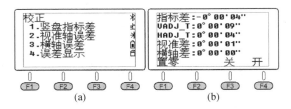

图 3-51 执行完横轴误差、视准轴误差和竖盘指标差后的误差显示结果

100

注:如果仪器经历了运输或其他振动,应按上述顺序和相应步骤执行校正菜单下的三个命令校正仪器。

3.10 水平角测量的误差分析

水平角测量误差可以分为仪器误差、对中与目标偏心误差、观测误差和外界环境影响等四类。

1. 仪器误差

仪器误差主要指仪器校正不完善而产生的误差,主要有视准轴误差、横轴误差和竖轴误差,讨论其中任一项误差时,均假设其他误差为零。

(1) 视准轴误差

视准轴 CC 不垂直于横轴 HH 的偏差 C 称为视准轴误差,此时,视准轴 CC 绕横轴 HH 旋转一周将扫出两个圆锥面。如图 3-52 所示,盘左瞄准觇点 P,水平盘读数为 L[图 3-52 (a)],水平盘为顺时针注记时的正确读数应为 $L'=L+C$。纵转望远镜[图 3-52(b)],转动照准部,盘右瞄准觇点 P,水平盘读数为 R[图 3-52(c)],正确读数应为 $R'=R-C$;盘左、盘右方向观测值取平均为

$$\bar{L}=L'+(R'\pm180°)=L+C+R-C\pm180°=L+R\pm180° \tag{3-19}$$

式(3-19)说明,取双盘位方向观测值的平均值可以消除视准轴误差 C 的影响。

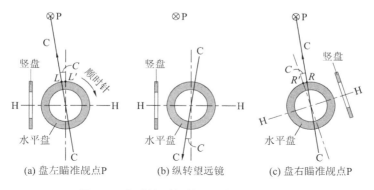

(a) 盘左瞄准觇点P　　(b) 纵转望远镜　　(c) 盘右瞄准觇点P

图 3-52　视准轴误差对水平方向观测值的影响

(2) 横轴误差

横轴 HH 不垂直于竖轴 VV 的偏差 i 称为横轴误差,当竖轴 VV 铅垂时,横轴 HH 与水平面的夹角为 i。假设 CC 已垂直于 HH,此时,CC 绕 HH 旋转一周将扫出一个与铅垂面成 i 角的倾斜平面。

如图 3-53 所示,当 CC 水平时,盘左瞄准觇点 P_1',然后将望远镜抬高竖直角 α,此时,当 $i=0$ 时,瞄准的是觇点 P',视线扫过的平面为一铅垂面;当 $i\neq0$ 时,瞄准的是觇点 P,视线扫过的平面为与铅垂面成 i 角的倾斜平面。设 i 角对水平方向观测值的影响为(i),考虑

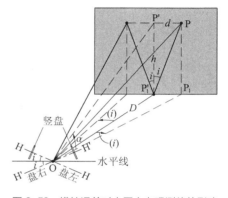

图 3-53　横轴误差对水平方向观测值的影响

101

到 i 和 (i) 均比较小，由图 3-53 可以列出下列等式：

$$\left.\begin{aligned}
h &= D \tan \alpha \\
d &= h \frac{i''}{\rho''} = D \tan \alpha \frac{i''}{\rho''} \\
(i)'' &= \frac{d}{D} \rho'' = \frac{D \tan \alpha \dfrac{i''}{\rho''}}{D} \rho'' = i'' \tan \alpha
\end{aligned}\right\} \tag{3-20}$$

由式(3-20)可知，当视线水平时，$\alpha = 0$，$(i)'' = 0$，此时，水平方向观测值不受 i 角的影响。盘右观测瞄准觇点 P_1'，将望远镜抬高竖直角 α，视线扫过的平面是一个与铅垂面成反向 i 角的倾斜平面，它对水平方向的影响与盘左时的情形大小相等，符号相反，因此，盘左、盘右观测取平均可以消除横轴误差 i 的影响。

（3）竖轴误差

竖轴 VV 不垂直于管水准器轴 LL 的偏差 δ 称为竖轴误差，当 LL 水平时，VV 偏离铅垂线 δ 角，造成 HH 也偏离水平面 δ 角。因为照准部是绕倾斜的竖轴 VV 旋转，无论是盘左还是盘右观测，竖轴 VV 的倾斜方向都一样，致使横轴 HH 的倾斜方向也相同，所以，竖轴误差不能用双盘位观测取平均的方法消除。为此，观测前应严格校正仪器，观测时保持照准部管水准气泡居中，如果观测过程中气泡偏离，其偏离量不得超过一格，否则应重新进行对中整平操作。

（4）照准部偏心误差和度盘分划不均匀误差

照准部偏心误差是指照准部旋转中心与水平盘分划中心不重合而产生的测角误差，盘左、盘右观测取平均可以消除此项误差的影响。水平盘分划不均匀误差是指度盘最小分划间隔不相等而产生的测角误差，各测回零方向根据测回数 n，以 $180°/n$ 为增量配置水平盘读数可以削弱此项误差的影响。

2. 对中误差与目标偏心误差

（1）对中误差

如图 3-54(a)所示，设 B 点为测站点，实际对中时对到了 B′ 点，偏距为 e，设 e 与后视方向 A 点的水平夹角为 θ，B 点的正确水平角为 β，实际观测的水平角为 β'，则对中误差对水平角观测的影响为

$$\delta = \delta_1 + \delta_2 = \beta - \beta' \tag{3-21}$$

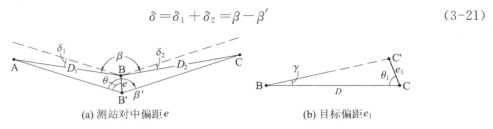

(a) 测站对中偏距 e (b) 目标偏距 e_1

图 3-54   对中误差 e 和目标偏心误差 e_1 对水平角观测的影响

考虑到 δ_1 和 δ_2 很小，则有

$$\delta_1'' = \frac{\rho''}{D_1} e \sin \theta \tag{3-22}$$

$$\delta''_2 = \frac{\rho''}{D_2} e\, \sin(\beta' - \theta) \tag{3-23}$$

$$\delta'' = \delta''_1 + \delta''_2 = \rho'' e \left[\frac{\sin \theta}{D_1} + \frac{\sin(\beta' - \theta)}{D_2} \right] \tag{3-24}$$

当 $\beta = 180°$，$\theta = 90°$时，δ 取得最大值：

$$\delta''_{\max} = \rho'' e \left(\frac{1}{D_1} + \frac{1}{D_2} \right) \tag{3-25}$$

设 $e = 3$ mm，$D_1 = D_2 = 100$ m，则求得 $\delta'' = 12.4''$。可见对中误差对水平角观测的影响是较大的，且边长越短，影响越大。

（2）目标偏心误差

目标偏心误差是指照准点上所竖立的标志（如棱镜、标杆等）与地面点的标志中心不在同一铅垂线上所引起的水平方向观测误差，其对水平方向观测的影响如图 3-54（b）所示。

设 B 点为测站点，C 点为目标标志中心，C′点为实际瞄准的目标位置，D 为两点间的距离，e_1 为目标的偏心距，θ_1 为 e_1 与观测方向的水平夹角，则目标偏心误差对水平方向观测的影响为

$$\gamma'' = \frac{e_1 \sin \theta_1}{D} \rho'' \tag{3-26}$$

由式（3-26）可知，当 $\theta_1 = 90°$时，γ''取得最大值，即当目标偏心距 e_1 与瞄准方向垂直时，对水平方向观测的影响最大。

为了减小目标偏心对水平方向观测的影响，照准标志的标杆应竖直，水平角观测时，应尽量瞄准标杆的底部。

3. 观测误差

全站仪的观测误差主要是瞄准误差。

人眼可以分辨的两个点的最小视角约为 $60''$，当使用放大倍数为 V 的望远镜观测时，最小分辨视角 m_V 可以减小 V 倍，即 $m_V = \pm 60''/V$。南方 NTS-362LNB 系列全站仪 $V = 30$，则有 $m_V = \pm 2''$。

4. 外界环境的影响

外界环境的影响主要是指松软的土壤和风力影响仪器的稳定，日晒和环境温度的变化引起管水准气泡的运动和视准轴的变化，太阳照射地面产生热辐射引起大气层密度变化带来目标影像的跳动，大气透明度低时目标成像不清晰，视线太靠近建（构）筑物时引起的旁折光，等等，这些因素都会给水平角观测带来误差。通过选择有利的观测时间，布设测量点位时，注意采取避开松软的土壤和建（构）筑物等措施来削弱外界环境对水平角观测的影响。

本 章 小 结

（1）全站仪由照准部、水平度盘和基座组成。圆水准器位于基座上，用于粗平仪器，管水准器位于照准部，用于精平仪器。转动照准部时，水平度盘不动；竖盘与望远镜连接在一起，

转动望远镜时,竖盘随望远镜一起转动。

（2）水平角测量要求水平盘水平、水平盘分划中心与测站点位于同一铅垂线上,因此,全站仪安置的内容有整平和对中两项。

（3）水平角观测方法主要有测回法与方向观测法,两种方法的唯一区别是:前者上、下半测回观测时不需要归零,后者上、下半测回观测时需要归零,有归零差的要求。

（4）使用南方 MSMT 手机软件的水平角与竖直角测量程序,可以通过蓝牙提取全站仪的水平盘或竖盘读数并自动计算,导出的 Excel 成果文件可以通过移动互联网发送给好友。

（5）双盘位观测取平均可以消除视准轴误差 C、横轴误差 i 和水平度盘偏心误差的影响,各测回观测按照 $180°/n$ 变换水平度盘可以削弱水平度盘分划不均匀误差的影响。

（6）双盘位观测取平均不能消除竖轴误差 δ 的影响,因此,观测前应严格校正仪器,观测时保持照准部管水准气泡居中,如果观测过程中气泡偏离中心,其偏离量不得超过一格,否则应重新进行对中整平操作。

（7）对中误差和目标偏心误差对水平角的影响与观测方向的边长有关,边长越短,影响越大。

思考题与练习题

[3-1]　什么是水平角? 用全站仪瞄准同一竖直面上高度不同的点,其水平盘读数是否相同? 为什么?

[3-2]　什么是竖直角? 观测竖直角时,为什么只瞄准一个觇点即可测得竖直角值?

[3-3]　全站仪的安置为什么包括对中和整平?

[3-4]　全站仪主要由哪几个部分组成? 各有何作用?

[3-5]　用全站仪测量水平角时,为什么要用盘左、盘右进行观测?

[3-6]　全站仪单盘位观测觇点时,屏幕显示的竖盘读数 V 是否消除了竖盘指标差 x 的影响?

[3-7]　全站仪的补偿器有何作用? 只打开单轴补偿时有何作用?

[3-8]　水平角测量为何不需要量仪器高? 竖直角测量为何需要同时量取仪器高与觇标高?

[3-9]　整理表 3-7 所列的测回法水平角观测手簿。

表 3-7　　　　　　　　　　　　测回法水平角观测手簿

测站点:　P　　仪器:NTS-362R6LNB　观测员:　王贵满　　记录员:　林培效

测回数	觇点	盘左	盘右	2C	平均值	归零值	各测回平均值
		(° ′ ″)	(° ′ ″)	(″)	(° ′ ″)	(° ′ ″)	(° ′ ″)
1	A	0 00 29	180 00 32				
	B	66 55 45	246 55 46				
	C	144 44 50	324 44 51				

测回数	觇点	盘左	盘右	2C	平均值	归零值	各测回平均值
		(° ′ ″)	(° ′ ″)	(″)	(° ′ ″)	(° ′ ″)	(° ′ ″)
2	A	90 00 28	270 00 28				
	B	156 55 37	336 55 39				
	C	234 44 47	54 44 48				

[3-10] 整理表 3-8 所列的方向观测法水平角观测手簿。

表 3-8　　　　　　　　　　　　　　　　　方向观测法水平角观测手簿

测站点：__P__　仪器：NTS-362R6LNB　观测员：__王贵满__　记录员：__林培效__

测站	测回数	觇点	盘左	盘右	2C	平均值	归零值	各测回平均值
			(° ′ ″)	(° ′ ″)	(″)	(° ′ ″)	(° ′ ″)	(° ′ ″)
P	1		$\Delta_L=$	$\Delta_R=$				
		A	0 00 36	180 00 37				
		B	25 37 55	205 37 58				
		C	66 55 49	246 55 51				
		D	144 44 46	324 44 58				
		A	0 00 39	180 00 36				
P	2		$\Delta_L=+1$	$\Delta_R=-2$				
		A	90 00 28	270 00 26				
		B	115 37 43	295 37 46				
		C	156 55 36	336 55 44				
		D	234 44 37	54 44 44				
		A	90 00 29	270 00 28				

[3-11] 整理表 3-9 所列的竖直角观测手簿。

表 3-9　　　　　　　　　　　　　　　　　　竖直角观测手簿

测站点：__P__　仪器：NTS-362R6LNB　　仪器高：__1.46 m__　观测员：__王贵满__　记录员：__李飞__

测回数	觇点	盘左	盘右	指标差	竖直角	各测回平均值	觇高
		(° ′ ″)	(° ′ ″)	(″)	(° ′ ″)	(° ′ ″)	(m)
1	A	92 53 15	267 07 10				
	B	82 57 33	277 02 46				
	C	78 00 44	281 59 44				

[3-12] 已知 A 点高程 $H_A=56.38$ m,现用三角高程测量方法进行直反觇观测,观测数据列于表 3-10,已知 AP 的平距为 2 338.379 m,试计算 P 点的高程。

表 3-10 三角高程测量计算

测站	目标	竖直角/(° ′ ″)	仪器高/m	觇标高/m
A	P	1 11 10	1.47	5.21
P	A	−1 02 23	2.17	5.10

[3-13] 全站仪有哪些主要轴线？它们之间应满足哪些条件？

[3-14] 盘左、盘右观测可以消除水平角观测的哪些误差？是否可以消除竖轴 VV 倾斜引起的水平角测量误差？

[3-15] 由对中误差引起的水平角观测误差与哪些因素有关？

第 4 章 全站仪距离和坐标测量

本 章 导 读

● **基本要求** 掌握相位式光电测距原理,掌握直线三北方向及其相互关系,掌握由直线端点的平面坐标反算其平距和坐标方位角的两种方法、方位角推算及坐标计算的原理与方法,掌握全站仪坐标放样的操作方法、数据采集的操作方法。

● **重点** 相位式光电测距原理,光电测距的气象改正,由直线端点坐标反算方位角的原理。

● **难点** 相位式测距仪精粗测尺测距的组合原理,直线端点坐标反算方位角的原理。

测量地面点连线的距离称为**距离测量**(distance measurement),是确定地面点位的基本测量工作之一。距离测量方法有钢尺量距、视距测量、电磁波测距和 GNSS 测量等,全站仪的测距原理为电磁波测距,GNSS 测距方法将在第 8 章介绍。

4.1 相位式光电测距原理

电磁波测距(electro-magnetic distance measuring,简称 EDM)是用电磁波(光波或微波)作为载波传输测距信号来测量两点间距离的一种方法,全站仪的测距载波为光波,也称光电测距。

1. 光电测距原理

如图 4-1 所示,全站仪是通过测量光波在待测距离 D 上往返传播所需要的时间 t_{2D},根据式(4-1)来计算待测距离 D:

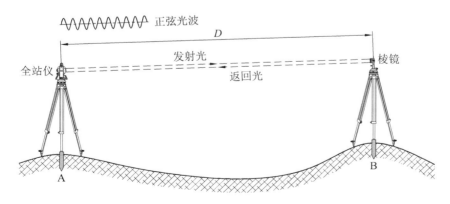

图 4-1 全站仪光电测距原理

$$D = \frac{1}{2} c t_{2D} \qquad (4\text{-}1)$$

式中，$c = \dfrac{c_0}{n}$ 为光在大气中的传播速度；$c_0 = 299\ 792\ 457.4\ \text{m/s}$，为光在真空中的传播速度；$n \geqslant 1$，为大气折射率，$n$ 是光波长 λ、大气温度 t 和气压 P 的函数，即

$$n = f(\lambda,\ t,\ P) \qquad (4\text{-}2)$$

由于 $n \geqslant 1$，所以 $c \leqslant c_0$，即光在大气中的传播速度要小于其在真空中的传播速度。

南方 NTS-362LNB 系列全站仪的光波长 $\lambda = 0.65 \sim 0.69\ \mu\text{m}$，为固定常数。由式（4-2）可知，影响光速的大气折射率 n 只随大气温度 t 及气压 P 而变化，这就要求在光电测距作业中，应实时测定现场的大气温度和气压，并对所测距离施加气象改正。

根据测量光波在待测距离 D 上往返一次传播时间 t_{2D} 方法的不同，全站仪的测距模块（也称测距头）可分为**脉冲式**（pulse）和**相位式**（phase）两种。本节只介绍相位式光电测距原理。

相位式测距头是将发射光波的光强调制成正弦波，通过测量正弦光波在待测距离上往返传播的相位移来解算距离。图 4-2 是将返程的正弦波以 B 点棱镜中心为对称点展开后的光强图形。

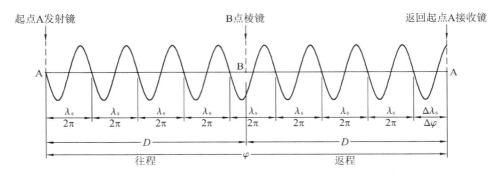

图 4-2　相位式测距原理

正弦光波振荡一个周期的相位移为 2π，设发射的正弦光波经过 $2D$ 距离后的相位移为 φ，如图 4-2 所示，φ 可以分解为 N 个 2π 整数周期和不足一个整数周期的相位移 $\Delta\varphi$，即

$$\varphi = 2\pi N + \Delta\varphi \qquad (4\text{-}3)$$

正弦光波振荡频率 f 的物理意义是 1 s 振荡的次数，则正弦光波经过 t_{2D} s 后振荡的相位移应为

$$\varphi = 2\pi f t_{2D} \qquad (4\text{-}4)$$

由式（4-3）和式（4-4）可以解出 t_{2D}：

$$t_{2D} = \frac{2\pi N + \Delta\varphi}{2\pi f} = \frac{1}{f}\left(N + \frac{\Delta\varphi}{2\pi}\right) = \frac{1}{f}(N + \Delta N) \qquad (4\text{-}5)$$

式中，$\Delta N = \dfrac{\Delta\varphi}{2\pi}$，$0 < \Delta N < 1$。将式（4-5）代入式（4-1），得

$$D = \frac{c}{2f}(N + \Delta N) = \frac{\lambda_s}{2}(N + \Delta N) \qquad (4\text{-}6)$$

式中，$\lambda_s = c/f$ 为正弦波的波长，$\lambda_s/2$ 为正弦波的半波长，又称测距头的测尺。

取 $c \approx 3 \times 10^8$ m/s，则不同的调制频率 f 对应的测尺长列于表 4-1 中。

表 4-1   南方 NTS-360LNB 系列全站仪测距头测尺与调制频率的关系

测尺类型	精测尺	粗测尺 1	粗测尺 2	粗测尺 3	粗测尺 4
调制频率 f	150 MHz	15 MHz	1.5 MHz	0.15 MHz	0.015 MHz
测尺长 $\lambda_s/2$	1 m	10 m	100 m	1 000 m	10 000 m

由表 4-1 可知，f 与 $\lambda_s/2$ 的关系是：调制频率越大，测尺长度越短。

如果能够测出正弦光波在待测距离上往返传播的整周期相位移数 N 和不足一个周期的小数 ΔN，就可以根据光电测距方程式(4-6)计算出待测距离 D。

在相位式测距头中有一个电子部件，称为相位计，它能将测距头发射镜发射的正弦波与接收镜接收到的已传播了 $2D$ 距离后的正弦波进行相位比较，测出不足一个周期的小数 ΔN，所测相误差一般小于 1/1 000。相位计测不出整周数 N，这就使相位式测距头的光电测距方程式(4-6)产生多值解，只有当待测距离小于测尺长度时(此时，$N=0$)才能确定距离值。通过在相位式测距头中设置多个测尺，使用各测尺分别测距，然后组合测距结果来解决距离的多值解问题。

在测距头的多个测尺中，称长度最短的测尺为精测尺，其余为粗测尺。例如，某台测程为 1 km 的相位式测距头设置有 10 m 和 1 000 m 两把测尺，由表 4-1 查出其对应的光强调制频率为 15 MHz 和 0.15 MHz。假设某段距离为 586.486 m，则有下列两种距离组合：

(1) 用 1 000 m 的粗测尺测量的距离为 $(\lambda_s/2)_{粗} \times \Delta N_{粗} = 1\,000 \times 0.587\,1 = 587.1$ m。

(2) 用 10 m 的精测尺测量的距离为 $(\lambda_s/2)_{精} \times \Delta N_{精} = 10 \times 0.648\,6 = 6.486$ m。

精粗测尺测距结果的组合方法为

       587.1   粗测尺测距结果

         6.486   精测尺测距结果

     586.486 m   组合结果

精粗测尺测距结果组合由测距头的微处理器自动完成，并输送到显示窗显示，无须用户干预。

2. 相位式测距的误差分析

将 $c = c_0/n$ 代入式(4-6)，得

$$D = \frac{c_0}{2fn}(N + \Delta N) + K \qquad (4\text{-}7)$$

式中，K 为全站仪的加常数，它是将全站仪安置在标准基线长度上进行比测，经回归统计计算求得。

由式(4-7)可知，待测距离 D 的误差来自 c_0，f，n，ΔN 和 K 的测定误差。利用第 5 章

的误差理论,将 D 对 c_0, f, n, ΔN 和 K 求全微分,然后应用误差传播定律求得 D 的方差 m_D^2:

$$m_D^2 = \left(\frac{m_{c_0}^2}{c_0^2} + \frac{m_n^2}{n^2} + \frac{m_f^2}{f^2} \right) D^2 + \frac{\lambda_{s精}^2}{4} m_{\Delta N}^2 + m_K^2 \qquad (4\text{-}8)$$

在式(4-8)中,c_0, f, n 的误差与待测距离成正比,称为比例误差;ΔN 和 K 的误差与待测距离无关,称为固定误差。通常将式(4-8)简写为

$$m_D^2 = A^2 + B^2 D^2 \qquad (4\text{-}9)$$

式中,A 为固定误差;B 为比例误差。

或者写成常用的经验公式:

$$m_D = \pm(a + bD) \qquad (4\text{-}10)$$

式中,a 为固定误差;b 为比例误差。

例如,南方 NTS-362LN 全站仪,使用棱镜测距时的标称精度为 $\pm(2\ \text{mm} + 2\ \text{ppm})$ 即为式(4-10)的形式。其中,$1\ \text{ppm} = 1\ \text{mm}/1\ \text{km} = 1 \times 10^{-6}$,即测量 1 km 的距离有 1 mm 的比例误差。

下面对式(4-8)中各项误差的来源及削弱方法进行简要分析。

(1)真空光速测定误差 m_{c_0}

真空光速测定误差 $m_{c_0} = \pm 1.2\ \text{m/s}$,其相对误差为

$$\frac{m_{c_0}}{c_0} = \frac{1.2}{299\ 792\ 458} \approx 4 \times 10^{-9} = 0.004\ \text{ppm} \qquad (4\text{-}11)$$

也就是说,真空光速测定误差对测距的影响为 1 km 产生 0.004 mm 的比例误差,可以忽略不计。

(2)精测尺调制频率误差 m_f

目前,国内外厂商生产的全站仪的精测尺调制频率的相对误差 m_f/f 一般为 $(1 \sim 5) \times 10^{-6} = (1 \sim 5)\ \text{ppm}$,对测距的影响是 1 km 产生 $(1 \sim 5)$ mm 的比例误差。但仪器在使用中,由于电子元器件的老化和外部环境温度的变化,都会使设计频率发生漂移,这就需要通过对全站仪进行检定,以求出比例改正数,对所测距离进行改正。也可以应用高精度野外便携式频率计,在测距的同时测定仪器的精测尺调制频率对所测距离进行实时改正。

(3)气象参数误差 m_n

大气折射率主要是关于大气温度 t 和大气压力 P 的函数。由全站仪的气象改正公式(4-15)可以算出:在标准气象参考点($P_0 = 1\ 013\ \text{hPa}$, $t_0 = 20\ ℃$),大气温度测量误差为 1 ℃或者大气压力测量误差为 3.64 mmbar 时,都将产生 1 ppm 的比例误差。严格地说,计算大气折射率 n 所用的气象参数 t, P 应该是测距光波沿线的积分平均值,由于实践中难以测到,所以,精密测距要求同时测定测站和镜站的 t, P 并取其平均值来代替其积分值,由此引起的折射率误差称为气象代表性误差。实验表明,选择阴天或有微风的天气测距时,气象代表性误差较小。

（4）测相误差 $m_{\Delta N}$

测相误差包括自动数字测相系统的误差、测距信号在大气传输中的信噪比误差等（信噪比为接收到的测距信号强度与大气中杂散光强度之比）。前者取决于测距仪的性能与精度，后者与测距时的自然环境有关，例如大气的能见度、干扰因素的强弱、视线离地面及障碍物的远近。

（5）仪器对中误差

光电测距测量的是全站仪中心至棱镜中心的斜距，因此，仪器对中误差包括全站仪的对中误差和棱镜的对中误差。用经过校准的光学或激光对中器对中，此项误差一般不大于 2 mm。

3. 距离测量的相对误差

水平角定义为两个方向的水平盘读数之差，理论上，水平角的观测误差与水平角的大小无关。而距离则不同，由式（4-8）可知，使用相位式测距头测距的误差分为比例误差与固定误差两部分，其中的比例误差是与所测距离成正比的。如果用一台全站仪测量边长 a 的距离为 $D_a = 1\,000$ m，用另一台全站仪测量边长 b 的距离为 $D_b = 500$ m，两条边长的测距误差均为 $m_D = 5$ mm，虽然绝对误差都是 5 mm，但显然不能认为这两条边长的测量精度是相同的。为此，定义边长的相对误差如下：

$$K = \frac{m_D}{D} = \frac{1}{D/m_D} \tag{4-12}$$

一般将 K 化为分子为 1 的分式，相对误差的分母越大，说明测距的精度越高，由此得上述边长 a 的相对误差为

$$K_a = \frac{m_D}{D_a} = \frac{0.005}{1\,000} = \frac{1}{200\,000} \tag{4-13}$$

边长 b 的相对误差为

$$K_b = \frac{m_D}{D_b} = \frac{0.005}{500} = \frac{1}{100\,000} \tag{4-14}$$

显然，边长 a 的测量精度要高于边长 b 的测量精度。

4.2 距离模式

1. 星键菜单

（1）设置测距参数

测距前，应先设置全站仪的气象改正参数。按 ★ 键开启星键菜单[图 4-3(a)]，按 F4（参数）键进入测距参数设置界面[图 4-3(b)]。

输入当前实测的大气温度与大气压力值，系统自动计算气象改正值，并用该改正值对今后所测距离进行气象改正。

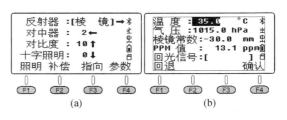

图 4-3 星键菜单参数设置界面

NTS-362LNB 系列全站仪的参考气象点：气温 $t=20$ ℃，气压 $P=1\,013$ hPa。

NTS-362LNB 系列全站仪气象改正值 PPM 的计算公式为

$$PPM=278.44-\frac{0.294\,922P}{1+0.003\,661t} \tag{4-15}$$

式中，气温 t 的单位为℃；气压 P 的单位为 hPa；气象改正值 PPM 的单位为 mm/km，即 1×10^{-6}，或称百万分之一。因为 1 km$=1\times10^{6}$ mm，使用式(4-15)计算的气象改正值是 1 km 距离的比例改正数，单位为"mm"。

设全站仪所测某条边长的斜距值为 S(km)，则该距离的气象改正值为 $\Delta S=S\times PPM$(mm)。

将上述参考气象点的 $t=20$ ℃，$P=1\,013$ hPa 代入式(4-15)，得

$$PPM=278.44-\frac{0.294\,922\times1\,013}{1+0.003\,661\times20}=0.066\,5\text{ ppm}\approx0 \tag{4-16}$$

按 ② ⓪ ⒠ⓝⓣ 键输入参考气象点的大气温度值，按 ① ⓪ ① ③ ⒠ⓝⓣ 键输入参考气象点的大气压力值，仪器自动计算的 $PPM=0$ ppm[图 4-4(a)]，与式(4-16)的计算结果相符。

设当前大气温度为 $t=32.1$ ℃，气压为 $P=1\,011.6$ hPa，代入式(4-15)，得

$$PPM=278.44-\frac{0.294\,922\times1\,011.6}{1+0.003\,661\times32.1}=11.470\,637\,09\text{ ppm}\approx11.5\text{ ppm} \tag{4-17}$$

按 ③ ② ·① ⒠ⓝⓣ 键输入大气温度值，按 ① ⓪ ① ① ·⑥ ⒠ⓝⓣ 键输入大气压力值，仪器自动计算的 $PPM=11.5$ ppm[图 4-4(b)]，与式(4-17)的计算结果相符。

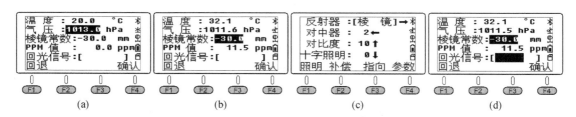

图 4-4 输入大气温度和压力，仪器自动计算气象改正值

（2）回光信号

回光信号是光电瞄准棱镜中心的指示。仪器出厂前，望远镜的视准轴、测距发射光轴与接收光轴三同轴误差严格校准在厂家规定的范围内，仪器在使用或运输过程中如果经历了较严重的振动，可能会出现三轴不同轴误差较大的情形。此时，当望远镜精确瞄准棱镜中心时，发射光轴并未瞄准棱镜中心，可以使用光电瞄准法使发射光轴精确瞄准棱镜中心，方法是：按 ★ ▶ ▶ 键设置反射器为"棱镜"[图 4-4(c)]，按 F4（参数）键，使用望远镜瞄准棱镜中心，此时，"回光信号"栏的横条宽度显示了反射测距信号的强度[图 4-4(d)]，旋转水平微动螺旋或望远镜微动螺旋，当回光信号强度达到最大时，表示发射光轴已精确瞄准了棱镜中心。

注：也可以使用光电瞄准法检验仪器的三同轴误差，如全站仪三同轴误差较大，应及时将仪器送经销商检校。`

2. 距离模式功能菜单

当前模式为角度模式或坐标模式时，按 DIST 键进入距离模式，如图 4-5 所示，距离模式有两页功能菜单，按 F4 键翻页。

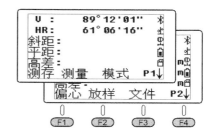

图 4-5　距离模式两页功能菜单

（1）P1 页功能菜单

① F1 （测存）

启动全站仪测距，并将当前视准轴方向的水平盘读数、竖盘读数与斜距值存入当前测量文件。与角度模式类似，执行"测存"命令之前，应先设置当前文件用于执行"测存"命令存储测点的测量数据与坐标数据。

② F2 （测量）

启动全站仪测距，但不存储测量结果到当前文件。

③ F3 （模式）

仪器出厂设置的测距模式为"单次测距"，连续按 F3 （模式）键可使测距模式在"重复测距""3 次测距""跟踪测距""单次测距"之间循环切换，每按 F3 （模式）键一次，自动按切换后的模式测距，测距模式切换界面如图 4-6 所示。

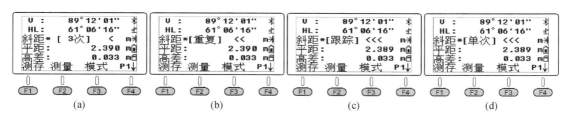

(a)　　　　　　　(b)　　　　　　　(c)　　　　　　　(d)

图 4-6　测距模式切换界面

（2）P2 页功能菜单

① F1 （偏心）

按 F1 （偏心）键，进入图 4-7（b）所示的偏心测量菜单。偏心测量常用于测量不便于安置棱镜的碎部点三维坐标，但因南方 NTS-362R6LNB 全站仪具有 600 m 免棱镜测距功能，所以，在工程实践中，偏心测量命令用得很少，本节只简要介绍"偏心"命令操作流程。

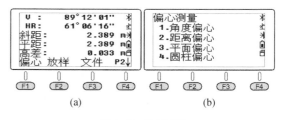

(a)　　　　　　　　　(b)

图 4-7　偏心测量

角度偏心：如图 4-8（a）所示，在 A 点安置仪器，当目标点 P 不便于安置棱镜时，可以在 P 点附近的 P′点安置棱镜，要求水平距离 $\overline{AP} = \overline{AP'} = r$。执行角度偏心命令，先瞄准 P′点棱镜中心测距，再瞄准目标点 P，程序计算出 P 点的三维坐标。

距离偏心：如图 4-8（b）所示，当待测点 P 不便于安置棱镜时，可以在 P 点附近的 P′点安置棱镜，执行距离偏心命令，输入 P 点相对于 P′点的左右与前后偏距（左右偏距，右偏为正；前后偏距，后偏为正），再执行测量命令，程序计算出 P 点的三维坐标。

平面偏心：如图 4-8（c）所示，因 P 点位于平面的边缘，用免棱镜测距无法测量出 P 点的三维坐标。执行平面偏心命令,先测量平面上不在同一直线上的任意三点 P_1,P_2,P_3,以确定平面方程,然后瞄准 P 点,程序计算出 P 点在该平面上的三维坐标。

圆柱偏心:用于测量圆柱体圆心点的三维坐标。如图 4-8(d)所示,设 P 点为圆柱的圆心,P_1 点为直线 AP 与圆弧的交点,P_2,P_3 点分别为圆柱直径的左、右端点。执行圆柱偏心命令,先对 P_1 点测距,再分别瞄准 P_2,P_3 点,程序计算出圆柱体圆心 P 点的三维坐标。

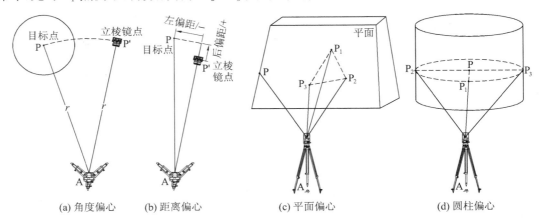

(a) 角度偏心　　　(b) 距离偏心　　　(c) 平面偏心　　　(d) 圆柱偏心

图 4-8　偏心测量原理

② **F2**（放样）

在距离模式 P2 页功能菜单,按 **F2**（放样）键,进入图 4-9(b)所示的界面,放样包括平距、高差和斜距放样。以放样平距为例,按 **F1**（平距）**⑧ ⊙ ⑧** 键输入放样平距 8.8 m,按 **F4**（确认）键,转动照准部,使水平盘读数为设计坐标方位角值[图 4-9(d)中为331°39′09″];测站指挥镜站,在望远镜视准轴方向安置棱镜,瞄准棱镜中心;按 **F4** 键翻页到 P1 页功能菜单,按 **F2**（测量）键,示例结果如图 4-9(e)所示。

屏幕显示的"dHD:-0.746 m"表示实测平距-放样平距=-0.746 m,说明棱镜需沿望远镜视准轴、离开仪器方向移动 0.746 m;完成棱镜移动后,再次瞄准棱镜中心,按 **F2**（测量）键,结果如图 4-9(f)所示。

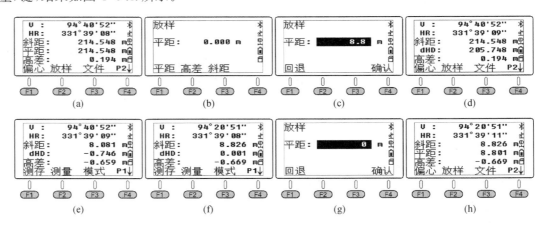

图 4-9　"放样"命令中放样平距的操作界面

执行放样命令,输入放样平距后,屏幕显示内容,原来的"平距"栏[图 4-9(a)]被"dHD"

栏代替[图 4-9(d)]，若要恢复"平距"栏显示内容，需要执行"放样/平距"命令，输入放样平距为 0，操作方法如图 4-9(g)和图 4-9(h)所示。放样高差的示例详见第 11 章图 11-8。

4.3 直线定向

确定地面直线与标准北方向之间的水平夹角称为**直线定向**（line orientation）。

1. 标准北方向分类——三北方向

（1）真北方向（true meridian north direction）

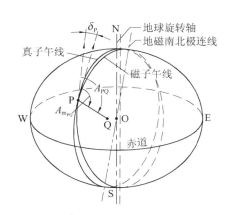

图 4-10 A_{PQ} 与 $A_{m_{PQ}}$ 关系图

如图 4-10 所示，过地表 P 点的天文子午面与地球表面的交线称为 P 点的真子午线，真子午线在 P 点的切线北方向称为 P 点的真北方向。可以用天文测量法或陀螺仪测定地表 P 点的真北方向。

（2）磁北方向（magnetic meridian north direction）

在地表 P 点，磁针自由静止时北端所指方向为磁北方向，磁北方向可用罗盘仪测定。

（3）坐标北方向（coordinate axis north direction）

称高斯平面直角坐标系 $+x$ 轴方向为坐标北方向，各点的坐标北方向相互平行。

测量上，称真北方向、磁北方向和坐标北方向为三北方向，在中、小比例尺地形图的图框外应绘有本幅图的三北方向关系图，详见第 9 章图 9-2。

2. 表示直线方向的方法

测量中，常用方位角表示直线的方向，其定义如下：由标准北方向起，顺时针到直线的水平夹角。方位角的取值范围为 0°～360°。利用上述介绍的三北方向，可以对地表任意直线 PQ 定义下列三个方位角。

（1）由 P 点的真北方向起，顺时针到直线 PQ 的水平夹角，称为 PQ 的**真方位角**（true meridian azimuth），用 A_{PQ} 表示。

（2）由 P 点的磁北方向起，顺时针到直线 PQ 的水平夹角，称为 PQ 的**磁方位角**（magnetic meridian azimuth），用 $A_{m_{PQ}}$ 表示。

（3）由 P 点的坐标北方向起，顺时针到直线 PQ 的水平夹角，称为 PQ 的**坐标方位角**（grid bearing），用 α_{PQ} 表示。

3. 三种方位角的关系

讨论直线 PQ 三种方位角的关系实际上就是讨论 P 点三北方向的关系。

（1）A_{PQ} 与 $A_{m_{PQ}}$ 的关系

由于地球的南北极与地磁的南北极不重合，地表 P 点的真北方向与磁北方向也不重合，二者间的水平夹角称为**磁偏角**（magnetic declination），用 δ_P 表示，其正负定义为：以真北方向为基准，磁北方向偏东时，$\delta_P > 0$；磁北方向偏西时，$\delta_P < 0$。图 4-10 中的 $\delta_P > 0$，由图可得

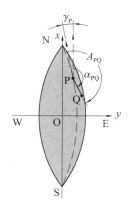

图 4-11 A_{PQ} 与 α_{PQ} 关系图

115

$$A_{PQ} = A_{m_{PQ}} + \delta_P \tag{4-18}$$

我国磁偏角 δ_P 的范围为 $-10° \sim +6°$。

（2）A_{PQ} 与 α_{PQ} 的关系

如图 4-11 所示，在高斯平面直角坐标系中，P 点的真子午线是收敛于地球南北两极的曲线。所以，只要 P 点不在赤道上，其真北方向与坐标北方向就不重合，二者间的水平夹角称为**子午线收敛角**（mapping angle），用 γ_P 表示，其正负定义为：以真北方向为基准，坐标北方向偏东时，$\gamma_P > 0$；坐标北方向偏西时，$\gamma_P < 0$。或者说：P 点位于中央子午线以东时，$\gamma_P > 0$；P 点位于中央子午线以西时，$\gamma_P < 0$；P 点位于中央子午线或赤道时，$\gamma_P = 0$。图 4-11 中的 $\gamma_P > 0$，由图可得

$$A_{PQ} = \alpha_{PQ} + \gamma_P \tag{4-19}$$

子午线收敛角 γ_P 可以按下列近似公式计算：

$$\gamma_P = (L_P - L_0)\sin B_P \tag{4-20}$$

式中，L_0 为 P 点所在高斯投影带中央子午线的经度；L_P，B_P 分别为 P 点的大地经度和纬度。γ_P 的精确值可以使用南方 MSMT 手机软件的高斯投影程序计算。

在"测试"项目主菜单[图 4-12(a)]，点击 高斯投影 按钮，进入高斯投影文件列表界面[图 4-12(b)]。点击 新建文件 按钮，在弹出的"新建文件"对话框中输入文件名"作者所在地子午线收敛角"；计算类型使用缺省设置的"高斯投影正算"[图 4-12(c)]；点击 确定 按钮，返回"抵偿高程面高斯投影"文件列表界面[图 4-12(d)]。

在高斯投影文件列表界面，点击新建的文件名，在弹出的快捷菜单点击"输入数据及计算"命令[图 4-12(e)]，进入高斯投影正算界面，点击"自定义"列表框，点击"统一 3 度带"[图 4-12(f)]，点击 GNSS 按钮启动手机 GNSS 接收卫星信号[图 4-12(g)]，点击 计 算 按钮，结果如图 4-12(h)所示。

作者所在地测点位于统一 3° 带的 38 号带，其中央子午线经度为 E114°，程序算出的子午线收敛角为 $-0°14'37.628\,74''$。

（3）α_{PQ} 与 $A_{m_{PQ}}$ 的关系

由式（4-19）和式（4-20），得

$$\alpha_{PQ} = A_{m_{PQ}} + \delta_P - \gamma_P \tag{4-21}$$

4. 用罗盘仪测定磁方位角

（1）罗盘仪的构造

如图 4-13 所示，**罗盘仪**（compass）是测量直线磁方位角的仪器。罗盘仪构造简单，使用方便，但精度不高，受外界环境影响较大，如钢结构建筑和高压电线都会影响其测量精度。罗盘仪的主要部件有磁针、度盘、望远镜和基座。

① 磁针：磁针 11 用人造磁铁制成，磁针在度盘中心的顶针上可自由转动。为了减轻顶针的磨损，不用时，应旋转磁针固定螺丝 12，升高磁针固定杆 14，将磁针顶置在玻璃盖上。

② 水平盘：用钢或铝制成的圆环，随望远镜一起转动，每隔 10° 有一注记，按逆时针方向从 0° 注记到 360°，最小分划为 1°。水平盘内装有两个相互垂直的管水准器 13，用手摆动度盘使两个管水准气泡居中。

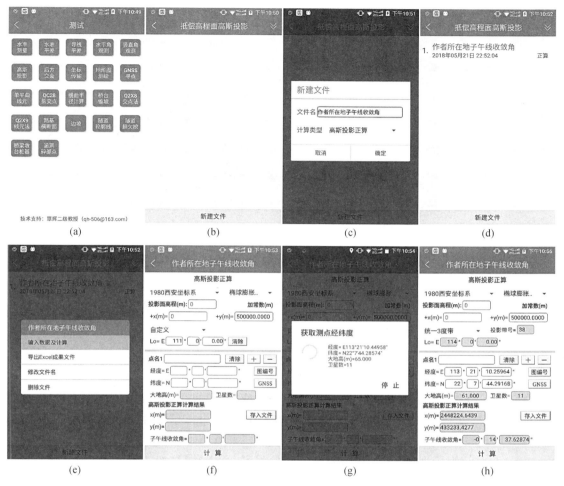

图 4-12　使用南方 MSMT 手机软件的高斯投影程序计算作者所在地子午线收敛角示例

③ 望远镜:有物镜调焦螺旋 4、目镜调焦螺旋 5 和十字丝分划板等,望远镜的视准轴与水平盘的 0°分划线共面。

④ 基座:采用球臼结构,松开接头螺旋 17,可摆动度盘,使两个管水准气泡居中,水平盘处于水平位置,然后拧紧接头螺旋。

（2）用罗盘仪测定直线磁方位角的方法

如图 4-13 所示,欲测量直线 PQ 的磁方位角,将罗盘仪安置在直线起点 P,挂上垂球对中后,松开球臼接头螺旋,用手向前、后、左或右方向摆动水平盘,使两个管水准气泡居中,拧紧球臼接头螺旋,使仪器处于对中与整平状态。松开磁针固定螺丝 12,使磁针在顶针上可以自由转动,转动罗盘,用望远镜瞄准 Q 点标志,待磁针静止后,按磁针北端所指的度盘分划值读数,即为 PQ 边的磁方位角值。

使用罗盘仪时,应避开高压电线和避免铁质物体接近仪器,测量结束后,应旋紧固定螺丝将磁针固定在玻璃盖上。

5. 用手机的电子罗盘测定磁方位角

智能手机都自带**电子罗盘**（e-compass）,电子罗盘使用霍尔器件来实现测量功能。

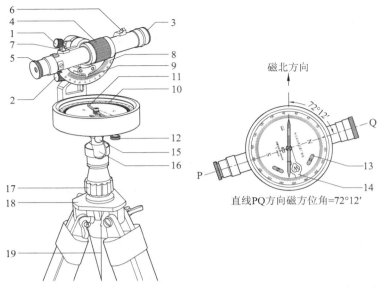

1—望远镜制动螺旋；2—望远镜微动螺旋；3—物镜；4—物镜调焦螺旋；5—目镜调焦螺旋；6—准星；
7—照门；8—竖直度盘；9—竖盘读数指标；10—水平度盘；11—磁针；12—磁针固定螺旋；13—管水准器；
14—磁针固定杆；15—水平制动螺旋；16—球臼接头；17—接头螺丝；18—三脚架头；19—垂球线

图 4-13　罗盘仪结构图

当恒定的电流通过一段导体时，其侧面电压会随磁感应强度线性变化。通过测量导体的侧面电压，可以测出磁感应强度的大小。假定地球磁场与地面平行，如果在手机的平面与垂直方向上放两个霍尔器件，就可以感知地球磁场在这两个霍尔器件上的磁感应强度分量，从而获得地球磁场的方向。

图 4-14(a)为华为 P9 手机自带的电子罗盘程序，点击 █ 按钮启动电子罗盘，将手机置平并指向 PQ 直线方向，屏幕显示该直线的磁方位角[图 4-14(b)]。图 4-14(c)为 vivo X9 手机自带的电子罗盘程序，点击 █ 按钮启动电子罗盘，将手机置平并指向 PQ 直线方向，屏幕显示 PQ 直线的磁方位角[图 4-14(d)]。

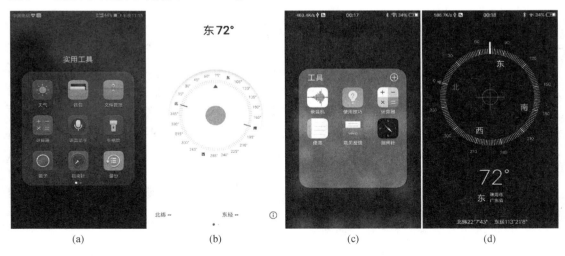

(a)　　　　　　(b)　　　　　　(c)　　　　　　(d)

图 4-14　分别使用华为 P9 手机与 vivo X9 手机的电子罗盘测量直线的磁方位角示例

4.4 平面坐标计算原理

虽然直线有三种方位角——真方位角、磁方位角和坐标方位角,但在施工测量中,使用最多的是坐标方位角。

1. 由直线端点坐标反算坐标方位角的原理

(1) 使用勾股定理和反正切函数计算

如图 4-15(a)所示,设 A 点的平面坐标为(x_A, y_A),B 点的平面坐标为(x_B, y_B),则直线 AB 由 A→B 方向的坐标增量定义为

$$\left.\begin{array}{l} \Delta x_{AB} = x_B - x_A \\ \Delta y_{AB} = y_B - y_A \end{array}\right\} \tag{4-22}$$

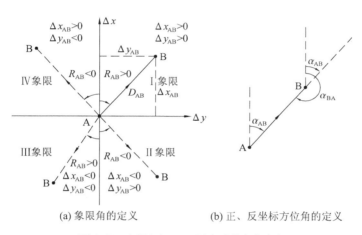

(a) 象限角的定义   (b) 正、反坐标方位角的定义

图 4-15　象限角与正、反坐标方位角的定义

使用勾股定理计算 AB 的平距公式为

$$D_{AB} = \sqrt{\Delta x_{AB}^2 + \Delta y_{AB}^2} \tag{4-23}$$

直线 AB 方向的坐标方位角定义为坐标北($+x$ 轴)方向顺时针到直线 AB 方向的水平夹角,取值范围为 0°~360°。如图 4-15(a)所示,过直线起点 A 分别作平行于高斯平面坐标系 x 轴和 y 轴的平行线,建立图示的 $\Delta x A \Delta y$ 增量坐标系,由 Δx_{AB},Δy_{AB} 计算**象限角**(quadrant angles)R_{AB}的公式为

$$R_{AB} = \arctan \frac{\Delta y_{AB}}{\Delta x_{AB}} \tag{4-24}$$

根据三角函数的性质可知,由式(4-24)计算的象限角 R_{AB} 定义为直线 AB 与$+\Delta x$ 轴方向或$-\Delta x$ 轴方向的锐角,其取值范围为 0°~90°或$-90°$~0°。将象限角 R_{AB} 转换为坐标方位角 α_{AB} 时,需要根据 Δx_{AB} 与 Δy_{AB} 的正负,参照图 4-15 来判断,规则列于表 4-2。

象限	坐标增量	坐标方位角公式
I	$\Delta x_{AB} > 0,\ \Delta y_{AB} > 0$	$\alpha_{AB} = R_{AB}$
II	$\Delta x_{AB} < 0,\ \Delta y_{AB} > 0$	$\alpha_{AB} = R_{AB} + 180°$
III	$\Delta x_{AB} < 0,\ \Delta y_{AB} < 0$	$\alpha_{AB} = R_{AB} + 180°$
IV	$\Delta x_{AB} > 0,\ \Delta y_{AB} < 0$	$\alpha_{AB} = R_{AB} + 360°$

如图 4-15(a)所示,称 α_{BA} 为 α_{AB} 的反坐标方位角,二者之间的关系为

$$\alpha_{BA} = \alpha_{AB} \pm 180° \tag{4-25}$$

式中的"±",当 $\alpha_{AB} < 180°$ 时,取"+",当 $\alpha_{AB} \geqslant 180°$ 时,取"−",从而保证 α_{BA} 的值在 $0° \sim 360°$ 范围内。

[例 4-1]   已知 A 点的高斯平面坐标为(2 547 228.568,491 337.337),B 点的高斯平面坐标为(2 547 188.043,491 377.21),试计算 A,B 两点的平距 D_{AB},坐标方位角 α_{AB} 及其反坐标方位角 α_{BA}。

[解] $\Delta x_{AB} = 2\ 547\ 188.043 - 2\ 547\ 228.568 = -40.525\ \text{m}$

$\Delta y_{AB} = 491\ 377.210 - 491\ 337.337 = 39.873\ \text{m}$

平距为 $D_{AB} = \sqrt{\Delta x_{AB}^2 + \Delta y_{AB}^2} = 56.852\ \text{m}$

象限角为 $R_{AB} = \arctan \dfrac{\Delta y_{AB}}{\Delta x_{AB}} = -44.535\ 361\ 21° = -44°32'07.3''$

因为 $\Delta x_{AB} < 0$,$\Delta y_{AB} > 0$,由表 4-2 查得,AB 边方向位于增量坐标系的第 II 象限,坐标方位角为 $\alpha_{AB} = R_{AB} + 180° = 135°27'52.7''$,$\alpha_{AB}$ 的反坐标方位角为 $\alpha_{BA} = \alpha_{AB} + 180° = 315°27'52.7''$。

(2) 使用 fx-5800P 编程计算器复数计算

复数(complex number)有直角坐标、极坐标和指数三种表示方法:

$$z = x + yi = r\angle\theta = re^{\theta i},\text{要求 } r > 0 \tag{4-26}$$

式中,x 为复数的**实部**(real part);y 为复数的**虚部**(imaginary part);$i^2 = -1$。在 fx-5800P 中,按 $\boxed{i}$ 键输入 i;r 为复数的**模**(absolute value);θ 为复数的**辐角**(argument),按 $\boxed{\text{SHIFT}}\ \boxed{\angle}$ 键输入 $\angle$。

在图 4-16 所示的高斯平面直角坐标系中,设任意点 P 的坐标为 (x,y),复数表示为 $z = x + yi$,则复数 z 的模 r 为原点 $O \rightarrow P$ 点直线的平距,辐角 θ 为原点 $O \rightarrow P$ 点直线与实数轴+x 轴的水平夹角,辐角 θ 的取值范围为 $-180° \sim +180°$。

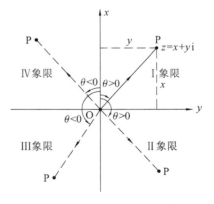

图 4-16   高斯平面直角坐标系辐角定义

利用直角坐标与极坐标的关系,有 $x = r\cos\theta$,$y = r\sin\theta$,复数 z 又可以表示为

$$z = r\angle\theta = r\cos\theta + r\sin\theta i = x + yi \tag{4-27}$$

在 fx-5800P 中,如果将一个复数存入字母变量 **B**,则 **RePB(B)** 为提取复数变量 **B** 的实部,**ImP(B)** 为提取复数变量 **B** 的虚部,**Abs(B)** 为计算复数变量 **B** 的模,**Arg(B)** 为计算复数变量 **B** 的辐角。

按 ⒡⃝ ②键调出复数函数菜单[图 4-17(b)],按 ④键输入 **RePB(** ,按 ⑤键输入 **ImP(** ,按 ①键输入 **Abs(** ,按 ②键输入 **Arg(** 。

(a)　　　　　　　　　　(b)

图 4-17　复数函数菜单

如图 4-16 所示,设 OP 直线的坐标方位角为 α,则 OP 直线的辐角 θ 与其坐标方位角的关系如下:$\theta \geqslant 0$ 时,$\alpha = \theta$;$\theta < 0$ 时,$\alpha = 360° + \theta$。

例如,用 fx-5800P 的复数功能计算[例 4-1]的平距 D_{AB} 与坐标方位角 α_{AB} 的方法如下:

按 ⒨⃝ ①键进入 **COMP** 模式,按 ⒮⃝ ⒮⃝ ③键设置角度单位为 **Deg**。

按 **2547228.568** ＋ **491337.337** ⓘ ⒮⃝ ⒮⃝ Ⓐ 键输入 A 点坐标复数到 **A** 变量[图 4-18(a)];按 **2547188.043** ＋ **491377.21** ⓘ ⒮⃝ ⒮⃝ Ⓑ 键输入 B 点坐标复数到 **B** 变量[图 4-18(b)];按 ⒡⃝②①⒜⃝ Ⓑ － ⒜⃝ Ⓐ ⒠⃝ 键计算直线 AB 的平距,按 ⒡⃝②②⒜⃝ Ⓑ － ⒜⃝ Ⓐ)⒠⃝ 键计算直线 AB 的辐角,结果如图 4-18(c)所示。

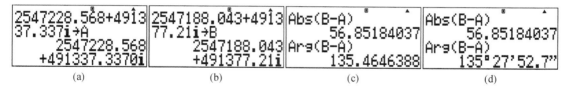

(a)　　　　　　(b)　　　　　　(c)　　　　　　(d)

图 4-18　计算复数的模与辐角示例

因算出的辐角为正数,故就等于方位角,按 ⒟⃝ 键将辐角变换为六十进制角度显示,结果如图 4-18(d)所示。

2. 导线边坐标方位角的推算及其坐标计算原理

将相邻控制点连成直线而构成的折线称为**导线**(traverse),控制点称为**导线点**(traverse point)。**导线测量**(traverse survey)是依次测定导线边的水平距离和两相邻导线边的水平夹角,再根据起算数据,推算各边的坐标方位角,最后求出导线点的平面坐标。

(1)导线边坐标方位角的推算

如图 4-19(a)所示,已知 AB 边的坐标方位角 α_{AB},将全站仪安置在 B 点,已测得图中的水平角 β_L 与平距 D,需要计算 C 点的平面坐标。

先根据已知坐标方位角 α_{AB},计算 BC 边的坐标方位角 α_{BC}。如图 4-19(a)所示,导线边的坐标方位角推算方向为 A→B→C,β_L 位于方位角推算方向的左侧,简称左角,β_R 位于方位角推算方向的右侧,简称右角,二者的关系为

$$\beta_L + \beta_R = 360° \tag{4-28}$$

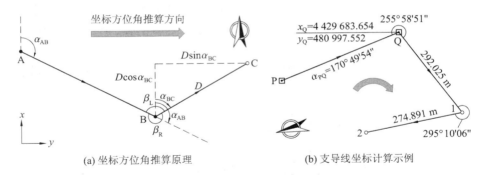

(a) 坐标方位角推算原理   (b) 支导线坐标计算示例

图 4-19 导线边坐标方位角推算原理与支导线坐标计算示例

水平角观测时,在 B 点安置全站仪,设置水平盘为右旋角(等价于水平盘顺时针注记)。以后视点 A 为零方向时,测量的水平角∠ABC 为左角 β_L;以前视点 C 为零方向时,测量的水平角∠CBA 为右角 β_R。由图 4-19(a)可以列出下列角度方程:

$$\beta_L + \alpha_{AB} - \alpha_{BC} = 180° \tag{4-29}$$

化简式(4-29),得

$$\alpha_{BC} = \alpha_{AB} + \beta_L - 180° \tag{4-30}$$

由式(4-28),得

$$\beta_L = 360° - \beta_R \tag{4-31}$$

将式(4-31)代入式(4-30),得

$$\alpha_{BC} = \alpha_{AB} - \beta_R + 180° \tag{4-32}$$

考虑到 α_{BC} 的取值范围为 0°～360°,综合式(4-30)和式(4-32),得

$$\left.\begin{array}{l} \alpha_{BC} = \alpha_{AB} + \beta_L \pm 180° \\ \alpha_{BC} = \alpha_{AB} - \beta_R \pm 180° \end{array}\right\} \tag{4-33}$$

式中的"±",$\alpha_{AB} + \beta_L < 180°$ 或 $\alpha_{AB} - \beta_R < 180°$ 时,取"+", $\alpha_{AB} + \beta_L \geqslant 180°$ 或 $\alpha_{AB} - \beta_R \geqslant 180°$ 时,取"-",以保证计算结果满足 $0° \leqslant \alpha_{BC} < 360°$。

(2) 导线点坐标计算原理

如图 4-19(a)所示,设 B 点的坐标为(x_B,y_B),则 C 点坐标的实数计算公式为

$$\left.\begin{array}{l} x_C = x_B + D\cos\alpha_{BC} \\ y_C = y_B + D\sin\alpha_{BC} \end{array}\right\} \tag{4-34}$$

复数的计算公式为

$$z_C = z_B + D\angle\alpha_{BC} \tag{4-35}$$

[例 4-2] 试计算图 4-19(b)所示支导线点 1,2 的平面坐标,已知数据与观测数据如图中注记。

[解] ① 推算导线边的坐标方位角

图中观测的两个角均为左角，应用式(4-33)第一式分别计算 Q→1 边与 1→2 边的坐标方位角：

$$\alpha_{Q1} = 170°49'54'' + 255°58'51'' - 180° = 246°48'45''$$

$$\alpha_{12} = 246°48'45'' + 295°10'06'' - 180° = 361°58'51'' - 360° = 1°58'51''$$

按式(4-33)第一式计算 1→2 边的坐标方位角时，因计算结果 $\alpha_{12} = 361°58'51'' > 360°$，所以，还应再减 360° 才是 1→2 边的坐标方位角。

② 计算导线点的坐标

应用式(4-34)的实数公式计算点 1 坐标：

$$x_1 = x_Q + D_{Q1} \cos \alpha_{Q1} = 4\ 429\ 683.654 + 292.025 \times \cos 246°48'45'' = 4\ 429\ 568.672 \text{ m}$$

$$y_1 = y_Q + D_{Q1} \sin \alpha_{Q1} = 480\ 997.552 + 292.025 \times \sin 246°48'45'' = 480\ 729.116 \text{ m}$$

计算点 2 坐标：

$$x_2 = x_1 + D_{12} \cos \alpha_{12} = 4\ 429\ 568.672 + 274.891 \times \cos 1°58'51'' = 4\ 429\ 843.398 \text{ m}$$

$$y_2 = y_1 + D_{12} \sin \alpha_{12} = 480\ 729.116 + 274.891 \times \sin 1°58'51'' = 480\ 738.618 \text{ m}$$

应用式(4-35)的复数公式，使用 fx-5800P 的复数功能计算点 1，2 坐标的操作方法为：将已知点 Q 的坐标复数存入 Q 变量[图 4-20(a)]，计算点 1 坐标复数[图 4-20(b)]，计算点 2 坐标复数[图 4-20(c)]。

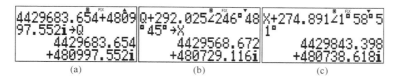

图 4-20　使用 fx-5800P 的复数功能计算 1，2 点的坐标

如无特别说明，在以后的各章节中，将坐标方位角简称为方位角。

4.5　坐标模式

当前模式为角度模式或距离模式时，按 ⓒⓞⓡⓓ 键进入坐标模式，如图 4-21 所示。坐标模式有三页功能菜单，按 Ｆ4 键翻页。

全站仪显示的 N 坐标（简称北坐标）为高斯平面坐标的 x 坐标，E 坐标（简称东坐标）为高斯平面坐标的 y 坐标，Z 坐标为高程 H。

应先设置测站点坐标与后视点坐标，完成测站定向后，测量的碎部点坐标才是正确的，这就需要从仪器内存调用已知点的坐标。NTS-362LNB 系列全站仪内存设置

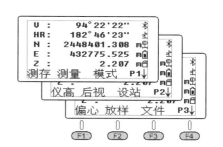

图 4-21　坐标模式三页功能菜单

了固定文件名为 FIX.LIB 的已知坐标文件，最多允许输入 200 个控制点的三维坐标。

1. 导入控制点坐标到仪器内存已知坐标文件

用户可以将测区内的控制点坐标，按南方 CASS 坐标格式"点名，编码，E，N，Z"，在 MS-

Excel 表中输入测区全部控制点的三维坐标,将其另存为扩展名为 csv 的逗号分隔文件并复制到 SD 卡。

将 SD 卡插入全站仪的 SD 卡插槽,执行"菜单/存储管理/文件维护/已知坐标/导入"命令,从 SD 卡导入扩展名为 csv 的已知坐标文件到仪器内存的已知坐标文件 FIX.LIB,供用户在坐标模式、数据采集或放样命令下设置测站与后视定向时调用。

图 4-22(a)所示为在 MS-Excel 表中输入 6 个一级导线点的三维坐标,编码字符"1J"表示为一级,NTS-362LNB 系列全站仪最多可以接收并显示 21 位字符的编码。

将该文件另存为"6con.csv"文件。称扩展名为 csv 的文件为逗号分隔文件,它是文本格式文件,在 Windows 资源管理器中双击该文件,系统自动启动 MS-Excel 打开该文件。用户也可以使用 Windows 记事本打开,文件内容如图 4-22(b)所示。

图 4-22　在 MS-Excel 表中输入 6 个一级导线点的三维坐标并另存为 6con.csv 文件

注:南方 NTS-362LNB 系列全站仪可以导入扩展名分别为 txt,dat,csv 的文本格式坐标文件,其中,扩展名为 dat 的坐标文件为在南方 CASS 中采集的坐标文件。

将"6con.csv"文件复制到 SD 卡,插入 SD 卡到仪器 SD 卡插槽,按 ⬛ 键进入"菜单 1/2"界面[图 4-23(a)],按 ③(存储管理)①(文件维护)④(已知坐标)键进入图 4-23(d)所示的界面,仪器固定用"FIX.LIB"文件存储用户导入的已知坐标数据,文件名右侧的数字"[000]"表示该文件当前存储的已知坐标点个数为 0。

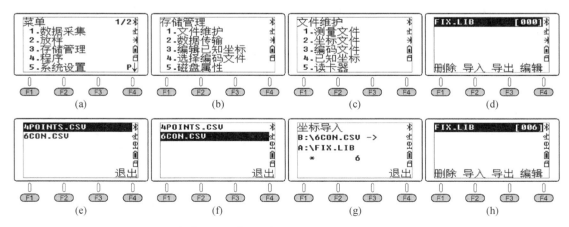

图 4-23　将"6con.csv"已知点文件坐标导入仪器内存已知坐标文件

按 F2(导入)键,屏幕显示 SD 卡根目录下扩展名为 dat,txt,csv 的文件列表,移动光标到"6CON.CSV"文件按 ⬛ 键,开始导入该文件中 6 个控制点的坐标数据到仪器内存已知坐标文件 FIX.LIB,完成导入后的界面如图 4-23(h)所示,FIX.LIB 文件名右侧的数字 "[006]"表示该文件存储的已知点坐标数为 6,按 ⓔⓢⓒ 键 4 次退出菜单模式。

　　注:①系统默认 SD 卡的盘符为"B:",仪器内存的盘符为"A:";②从 SD 卡导入的坐标文件中,不能有重名点;②可以在菜单模式重复执行"存储管理/文件维护/已知坐标/导入"命令导入另一个坐标文件的数据到 FIX.LIB 文件,系统自动与仪器内存 FIX.LIB 文件已有控制点名比较,如果有重名点,系统自动用新导入坐标文件的重名点坐标覆盖已有的控制点坐标,且不会给出任何提示。

2. 坐标模式功能菜单

　　用户可以在坐标模式下测量测点坐标或放样设计点的坐标。坐标测量与放样之前,应先创建用于存储测点或放样点坐标的文件,设置测站点与后视定向,输入仪器高和目标高。因此,坐标模式各功能菜单命令无法按 P1,P2,P3 页功能菜单的顺序介绍。

　　下面以放样图 4-24 所示建筑物四个角点设计坐标为例,说明在坐标模式下执行"放样"命令的操作步骤。其中,控制点 K1,K2,K3 的已知坐标如图 4-24 所示,已导入仪器内存的已知坐标文件。设仪器已安置在 K3 点,以 K2 点为后视点,需要放样点 1,2,3,4 的设计点位的平面位置到实地。

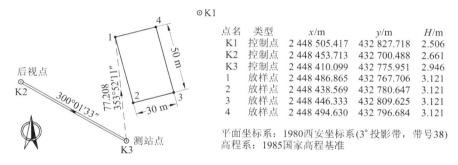

点名	类型	x/m	y/m	H/m
K1	控制点	2 448 505.417	432 827.718	2.506
K2	控制点	2 448 453.713	432 700.488	2.661
K3	控制点	2 448 410.099	432 775.951	2.946
1	放样点	2 448 486.865	432 767.706	3.121
2	放样点	2 448 438.569	432 780.647	3.121
3	放样点	2 448 446.333	432 809.625	3.121
4	放样点	2 448 494.630	432 796.684	3.121

平面坐标系:1980西安坐标系(3°投影带,带号38)
高程系:1985国家高程基准

图 4-24　放样建筑物四个角点设计坐标示意图

　　在 PC 机启动 MS-Excel 输入四个放样点的设计坐标(图 4-25),将其另存为 4points.csv 文件,并复制到 SD 卡根目录,将 SD 卡插入仪器 SD 卡插槽。

	A	B	C	D	E
1	1	FYD	432767.706	2448486.865	3.121
2	2	FYD	432780.647	2448438.569	3.121
3	3	FYD	432809.625	2448446.333	3.121
4	4	FYD	432796.684	2448494.63	3.121

Ⅰ◀ ◀ ▶ ▶Ⅰ\4points/

图 4-25　在 MS-Excel 按南方 CASS 坐标格式输入四个放样点的设计坐标

　　(1) Ⓕ3 (文件)/P3 页功能菜单

　　① 在全站仪内存新建坐标文件。在坐标模式 P3 页功能菜单[图 4-26(a)],按 Ⓕ3 (文件) Ⓕ2 (调用) Ⓕ1 (新建)键进入新建文件界面[图 4-26(c)],缺省设置的文件名为"当前日期_序号"[图 4-26(d)],按 Ⓕ4 (确认)键返回内存坐标文件列表界面[图 4-26(f)]。

　　注:执行新建文件命令,系统自动在仪器内存创建文件名相同、扩展名分别为 SMD 和 SCD 的两个文件,扩展名 SMD 的意义为 South Measure Data(南方测量数据),扩展名 SCD

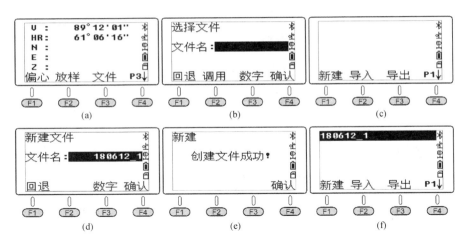

图 4-26　新建坐标文件

的意义为 South Coordinate Data(南方坐标数据)。前者用于存储测点的水平盘、竖盘、斜距等测量数据,后者用于存储测点的三维坐标。

② 从 SD 卡导入"4points.csv"文件的数据到全站仪当前坐标文件:在图 4-26(f)所示的界面,按 F2 (导入)键,屏幕显示 SD 卡根目录文件列表[图 4-27(a)],光标到"4POINTS.CSV"文件名,按 ENT 键,开始坐标数据导入[图 4-27(b)],完成导入后返回坐标模式 P3 页功能菜单[图 4-27(c)]。

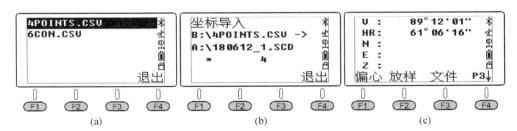

图 4-27　从 SD 卡根目录导入"4points.csv"文件的放样点坐标数据到仪器当前坐标文件

(2) F3 (设站)/P2 页功能菜单

设置测站点坐标与后视定向。在坐标模式 P2 页功能菜单,按 F3 (设站)键,屏幕显示最近一次设置的测站坐标[图 4-28(b)],按 F2 (调用)键,进入点名列表界面[图 4-28(c)]。点名列表界面先显示已知坐标文件 FIX.LIB 中的点名,点名右侧字符为"[已知]",再显示当前坐标文件的点名,点名右侧字符为"[坐标]"。移动光标到已知点 K3 按 ENT 键,屏幕显示 K3 点的已知坐标[图 4-28(d)],按 F4 (确认)键;输入测站仪器高 1.42[图 4-28(e)],按 F4 (确认)键;进入"设置后视点"界面[图 4-28(f)]。

屏幕显示最近一次设置的后视点名[图 4-28(g)];按 F2 (调用)键,进入点名列表界面,移动光标到已知点 K2[图 4-28(h)],按 F4 (确认)键;屏幕显示 K2 点的已知坐标[图 4-28(i)],按 F4 (确认)键;屏幕显示的水平盘读数"HR:300°01′33″"为系统使用测站点 K3 与后视点 K2 两点坐标反算出的 K3→K2 边的方位角[图 4-28(j)]。

转动照准部,使望远镜瞄准 K2 点竖立的棱镜中心,按 F4 (是)键设置水平盘读数为测

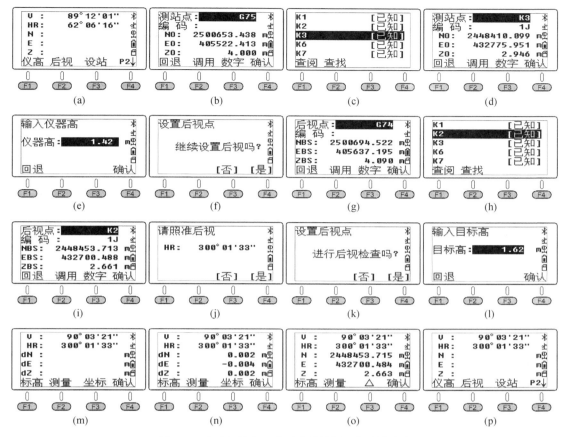

图 4-28　在坐标模式 P2 页功能菜单执行"设站"命令

站点 K3→后视点 K2 的方位角,并进入图 4-28(k)所示的提示界面。如要检查后视点的坐标,按 F4 (是)键,输入后视点棱镜高 1.62[图 4-28(l)],按 F4 (确认)键;进入图 4-28(m)所示的测量界面。确认望远镜已瞄准后视点棱镜中心后,按 F2 (测量)键,屏幕显示 K3 点实测坐标与 K3 点已知坐标的差值[图 4-28(n)]。

按 F3 (坐标)键切换屏幕,显示后视点的实测三维坐标结果[图 4-28(o)],按 F4 (确认)键返回坐标模式 P2 页功能菜单[图 4-28(p)]。

(3) F2 (后视)/P2 页功能菜单

应用后视点坐标或后视方位角单独设置后视方向的水平盘读数。

在坐标模式 P2 页功能菜单,按 F2 (后视)键进入"设置后视点"界面[图 4-29(a)],有以下两种设置后视方向的方法。

① 按①(坐标定后视)键,进入后视点坐标界面[图 4-29(b)],按 F2 (调用)键从已知坐标文件和当前坐标文件点名列表调用点的坐标,完成后视定向,操作方法与执行"设站"命令相同。

② 按②(角度定后视)键进入输入方位角界面[图 4-29(c)],按③⓪⓪·①·③③ F4 (确认)键输入后视方位角 300°01′33″,进入图 4-29(e)所示的界面;转动照准部,使望远镜瞄准 K2 点目标,按 F4 (是)键,设置水平盘读数为测站点 K3→后视点 K2 的方位角,并

127

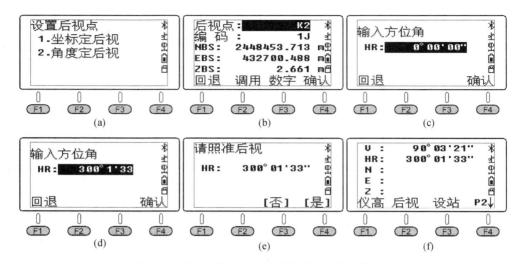

图 4-29　在坐标模式 P2 页功能菜单执行"后视"命令

返回坐标模式 P2 页功能菜单[图 4-29(f)]。

（4）F1（仪高）/P2 页功能菜单

查看或设置仪器高和目标高。

在坐标模式 P2 页功能菜单[图 4-30(a)]，按 F1（仪高）键，进入图 4-30(b)所示的界面，可以查看或编辑最近一次设置的仪器高和目标高，完成操作后按 F4（确认）键，返回坐标模式 P2 页功能菜单[图 4-30(a)]。

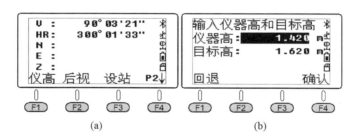

图 4-30　在坐标模式 P2 页功能菜单执行"仪高"命令

（5）F2（放样）/P3 页功能菜单

在坐标模式 P3 页功能菜单[图 4-31(a)]，按 F2（放样）键，进入"放样 1/2"菜单[图 4-31(b)]，有两页菜单，按 F4 键循环翻页。

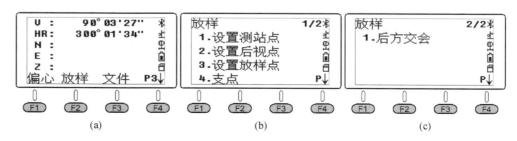

图 4-31　在坐标模式 P3 页功能菜单执行"放样"命令两页二级菜单

在"放样 1/2"菜单[图 4-32(a)],按①(设置测站点)键的功能与坐标模式 P2 页功能菜单的"设站"命令完全相同,按②(设置后视点)键的功能与坐标模式 P2 页功能菜单的"后视"命令完全相同,此处不再重复介绍。下面介绍执行"设置放样点"命令放样图 4-24 所示 1 号点的方法。

在"放样 1/2"菜单[图 4-32(a)],按③(设置放样点)键,进入图 4-32(b)所示的界面;按 **F2**(调用)键,进入当前坐标文件点名列表界面,光标自动位于 1 号点[图 4-32(c)];按 **ENT** 键,屏幕显示 1 号点的设计坐标[图 4-32(d)];按 **F4**(确认)键,输入目标高[图 4-32(e)];按 **F4**(确认)键,屏幕显示测站 K3 点→1 号点的方位角 HR 与放样平距 HD 的值[图 4-32(f)];按 **F3**(指挥)键,屏幕显示当前水平盘读数与设计方位角差值[图 4-32(g)],根据屏幕提示的照准部旋转方向,使屏幕第 2 行的角差值等于 0°00′00″[图 4-32(h)],指挥棱镜移动到望远镜视准轴方向,安置棱镜对中杆,上仰或下俯望远镜瞄准棱镜中心(注意,不能左右旋转照准部),按 **F1**(测量)键,示例结果如图 4-32(i)所示。

指挥棱镜向离开仪器方向移动约 13 m,再次安置棱镜对中杆,使望远镜瞄准棱镜中心,按 **F1**(测量)键,示例结果如图 4-32(j)所示,此时,需要移动的距离已小于 1 m。

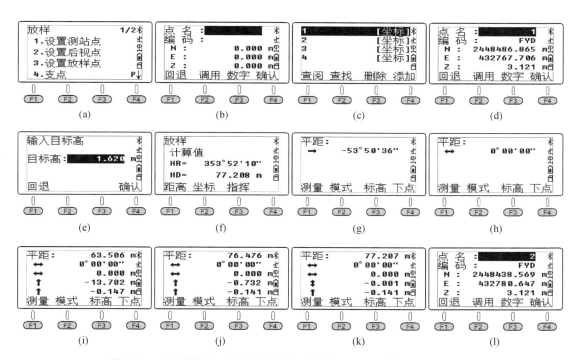

图 4-32 在坐标模式 P3 页功能菜单执行"放样/设置放样点"命令放样 1 号点

如图 4-33 所示,设当前棱镜点为 1′,为了将棱镜准确移动到设计位置,可以指挥司镜员在当前棱镜点 1′后大约 1 m 的位置,确定一个定向点 1″,用钢卷尺从 1′拉至 1″,将棱镜移动到屏幕显示的 0.732 m 位置并安置棱镜。望远镜再次瞄准棱镜中心,按 **F1**(测量)键,示例结果如图 4-32(k)所示,此时,棱镜的平面位置即为 1 号点的设计位置,在实地做好标记完成 1 号点的放样,按 **F4**(下点)键调用 2 号点的放样坐标[图 4-32(l)]。

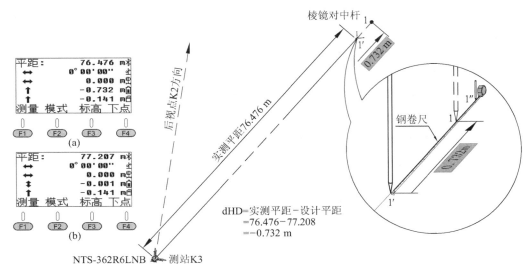

图 4-33 实测平距减设计平距差与棱镜对中杆移动方向之间的关系

(6) F1 (测存)/P1 页功能菜单

为了在 MS-Excel 比较已放样的 1~4 号点的坐标与其设计坐标的差异,可以在坐标模式 P1 页功能菜单执行"测存"命令,实测已放样的 1~4 号点坐标并存入仪器当前坐标文件,将当前文件导出到 SD 卡,在 PC 机用 MS-Excel 打开 SD 卡的 csv 格式坐标文件,在 MS-Excel 比较已放样点位实测坐标与设计坐标的差异,以此检核放样的正确性。

望远镜瞄准安置在已放样 1 号点的棱镜中心,在坐标模式 P1 页功能菜单,按 F1 (测存)键,结果如图 4-34(a)所示,按 F4 (是)键,输入点名"1"[图 4-34(b)],按 F4 (记录) F4 (是)键,存入 1 号点的实测坐标到当前文件。同理测存 2,3,4 号点坐标,结果如图 4-34(c)—(h)所示。

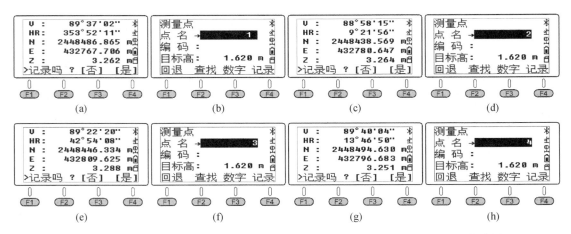

图 4-34 在坐标模式 P1 页功能菜单执行"测存"命令测量并存储已放样 1~4 号点的实测坐标

① 查看当前文件点名列表:在坐标模式 P3 页功能菜单,按 F2 (放样) ③ (设置放样点) F2 (调用)键,进入图 4-35(c)所示的点名列表界面,由图可知,前 4 行的 1~4 号点为仪器当前坐标文件原有的放样点,右侧注记字符为"[坐标]",后 4 行的 1~4 号点为完成放样

后，用户执行"测存"命令实测的 1～4 号点的坐标，右侧注记字符为"[测点]"。

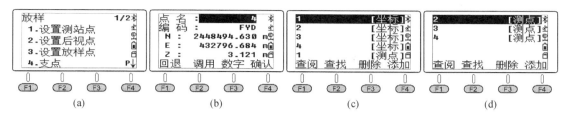

(a)　　　　　　　(b)　　　　　　　(c)　　　　　　　(d)

图 4-35　在坐标模式 P3 页功能菜单执行"放样/设置放样点/调用"命令查看当前文件坐标点名

② 导出当前文件到 SD 卡：在坐标模式 P3 页功能菜单，按 F3（文件）F2（调用）F3（导出）键[图 4-36(c)]，将当前文件"180612_1"导出到 SD 卡根目录的五个文件，其中，扩展名为 dat 和 csv 的两个文件均为南方 CASS 展点坐标文件，扩展名为 txt 的两个文件分别为南方 NTS-300 系列和南方 NTS-600 系列全站仪的测量文件格式，扩展名为 dxf 的文件为图形交换文件。

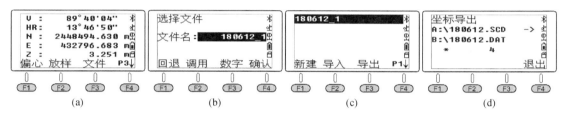

(a)　　　　　　　(b)　　　　　　　(c)　　　　　　　(d)

图 4-36　在坐标模式 P3 页功能菜单执行"文件/调用/导出"命令导出当前文件数据到 SD 卡

用户可以启动 AutoCAD 打开 180612_1.dxf 文件。扩展名 dxf 的英文全称是 Drawing Exchange Format，中文词意是图形交换格式，它是美国 Autodesk 公司开发的用于 AutoCAD 与其他绘图软件进行图形数据交换的矢量数据文件格式，又分 ASCII 码和二进制码两种格式，南方 NTS-360LNB 蓝牙系列全站仪导出到 SD 卡的 dxf 文件是 ASCII 码格式，用户可以使用任意版本的 AutoCAD 软件打开该文件。

图 4-37(a) 所示为用 MS-Excel 打开"180612_1.csv"文件的界面，可以将其另存为"180612_1.xls"文件；图 4-37(b) 所示为用 Windows 记事本打开"180612_1.dat"文件的界面。

在 MS-Excel 比较实测放样点坐标与设计值的差异结果如图 4-38 所示。

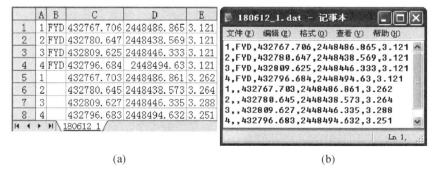

(a)　　　　　　　　　　(b)

图 4-37　导出 180612_1 文件的 csv 和 dat 两种坐标文件的内容

	A	B	C	D	E	F	G	H	I	J	K
1			设计放样点坐标			实测放样点坐标			坐标差		
2	点名	编码	y/m	x/m	H/m	y/m	x/m	H/m	△y/m	△x/m	△H/m
3	1	FYD	432767.706	2448486.865	3.121	432767.703	2448486.861	3.262	0.003	0.004	-0.141
4	2	FYD	432780.647	2448438.569	3.121	432780.645	2448438.573	3.264	0.002	-0.004	-0.143
5	3	FYD	432809.625	2448446.333	3.121	432809.627	2448446.335	3.288	-0.002	-0.002	-0.167
6	4	FYD	432796.684	2448494.63	3.121	432796.683	2448494.632	3.251	0.001	-0.002	-0.13

图 4-38 在 MS-Excel 编辑导出的 180612_1.csv 文件,比较实测放样点坐标与设计值的差异结果

4.6 菜单模式总图

按 🔘 键进入图 4-39 所示的菜单模式,有 2 页共 8 个一级菜单命令,按 (F4) 键循环翻页。

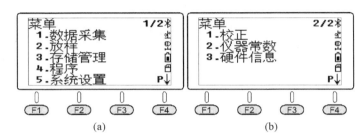

图 4-39 菜单模式两页一级菜单界面

菜单模式的命令结构总图如图 4-40 所示,它最多有四级菜单,其中"校正"命令[图 4-39 (b)]的内容参见本书 3.9 节。

1. 仪器常数

在"菜单 2/2"界面[图 4-41(a)],按 ② (仪器常数)键,屏幕显示测距加常数与乘常数值[图 4-41(b)],仪器出厂前已将这两个常数值校正为 0,请用户不要随意修改。如要修改,必须在测距基线上经过比对测量,并使用回归计算求出仪器的测距加常数与乘常数值才能重新输入。按 🔘 键返回"菜单 2/2"界面[图 4-41(a)]。

2. 硬件信息

在"菜单 2/2"界面[图 4-41(a)],按 ③ (硬件信息)键,屏幕显示仪器的硬件信息[图 4-41(c)],含义如下:

(1) MB:03/20180112:03 号主板,主板软件更新日期为 2018 年 1 月 12 日。

(2) EDM:05/20161110:05 号测距头,测距头软件更新日期为 2016 年 11 月 10 日。

(3) CCDV:19/20160629:19 号竖盘,竖盘软件更新日期为 2016 年 6 月 29 日。

(4) CCDH:19/20160629:19 号水平盘,水平盘软件更新日期为 2016 年 6 月 29 日。

(5) TILT:04/20161110:04 号补偿器,补偿器软件更新日期为 2016 年 11 月 10 日。

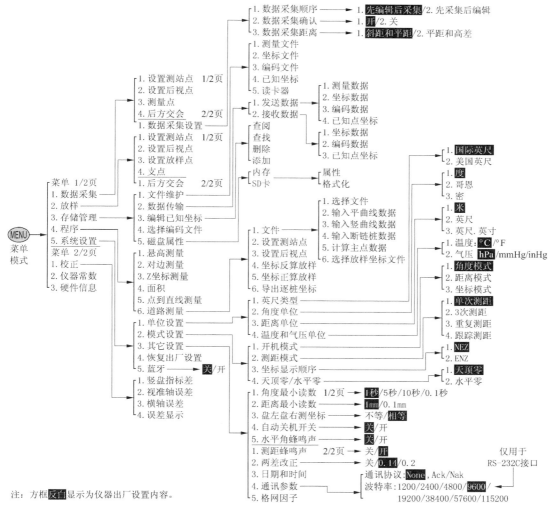

图 4-40　菜单模式命令结构总图

（注：方框反白显示为仪器出厂设置内容。）

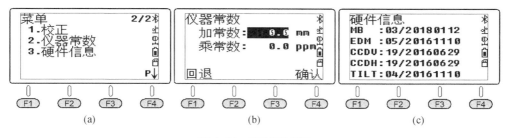

图 4-41　仪器常数界面

4.7 数据采集

"菜单1/2"界面数据采集命令的功能是测量碎部点的三维坐标并存入当前文件的坐标文件,观测数据存入当前文件的测量文件。

1. 新建文件

在"菜单1/2"界面[图4-42(a)],按 ⑩ ① (数据采集)键,进入选择文件界面[图4-42(b)],屏幕显示最近一次设置的当前文件名;按 F2 (调用) F1 (新建)键,系统使用当前日期数字加序号创建一个新文件[图4-42(d)];按 F4 (确认) ⑩ 键,进入调用文件界面[图4-42(f)],屏幕显示最近一次设置的调用文件名;按 F2 (调用)键,移动光标到新创建的文件名[图4-42(g)];按 ⑩ 键,设置新创建的文件为调用文件,进入"数据采集1/2"菜单[图4-42(h)]。其中的"设置测站点"命令的功能和操作方法与坐标模式P2页功能菜单的"设站"命令完全相同,如图4-28所示;"设置后视点"命令的功能和操作方法与坐标模式P2页功能菜单的"后视"命令完全相同,如图4-28所示。

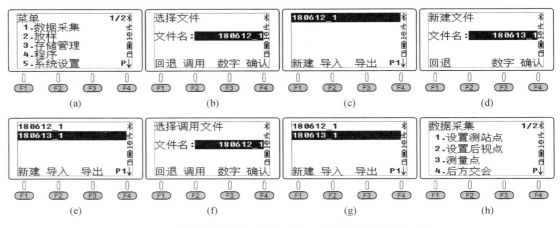

图4-42 执行"菜单/数据采集"命令,设置当前文件与调用文件

(1) 在选择文件界面[图4-42(b)]设置当前文件,它用于存储数据采集测量的测点坐标;在选择调用文件界面[图4-42(f)]设置调用文件,它用于设置测站与后视点时调用已知点坐标。两个文件可以设置为同一个文件,也可以设置为不同的文件。由于NTS-362R6LNB全站仪内存新增已知坐标文件FIX.LIB,可以存储测区最多200个控制点的坐标,所以,建议将当前文件与调用文件设置为同一个文件。

(2) 在选择文件界面[图4-42(b)]与调用文件界面[图4-42(f)],也可以用数字键直接输入新建文件名按 ⑩ 键,系统在新建文件的同时设置为当前文件与调用文件。

(3) 在"数据采集1/2"菜单[图4-42(h)],按①(设置测站点)键或按②(设置后视点)键,需要调用点的坐标时,可以从已知坐标文件、当前文件、调用文件等三个文件中调用点的坐标。

(4) 在"数据采集1/2"菜单[图4-42(h)],按③(测量点)键,观测测点的测量数据并存入扩展名为SMD的测量文件,测点的坐标数据存入扩展名为SCD的坐标文件。

数据采集有图 4-43 所示的两页菜单,按 **F4** 键翻页。

2. 数据采集设置

在"数据采集 2/2"界面[图 4-43(b)],按①(数据采集设置)键,进入"数据采集设置"菜单[图 4-44(a)]。

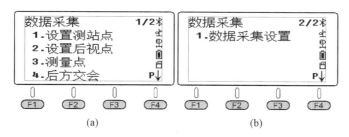

图 4-43　数据采集两页菜单

(1) 数据采集顺序

在数据采集设置菜单[图 4-44(a)],按①(数据采集顺序)键,进入"数据采集顺序"界面[图 4-44(b)],出厂设置为"先编辑后采集"。

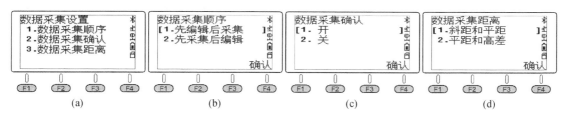

图 4-44　执行"数据采集设置"命令菜单

① 先编辑后采集:先设置测点点名、编码、目标高,再执行"测量点"命令采集测点的数据。

② 先采集后编辑:执行"测量点"命令采集完测点的数据后,再编辑点名、编码、目标高。

(2) 数据采集确认

在数据采集设置菜单[图 4-44(a)],按②(数据采集确认)键,进入"数据采集确认"界面[图 4-44(c)],出厂设置为"开"。

① 开:执行"测量点"命令采集完测点的数据后,提示是否存储测点数据到当前文件。

② 关:执行"测量点"命令采集完测点的数据后,自动存储测点数据到当前文件,无须用户确认。

(3) 数据采集距离

在数据采集设置菜单[图 4-44(a)],按③(数据采集距离)键,进入"数据采集距离"界面[图 4-44(d)],出厂设置为"斜距和平距"。

① 斜距和平距:测点数据的显示顺序为斜距和平距。

② 平距和高差:测点数据的显示顺序为平距和高差。

3. 设置测站点与后视点

操作方法与坐标模式下的"设置测站点""设置后视点"命令相同。

4. 测量点

用最近一次设置的测站点与后视方向测量碎部点的三维坐标,并存入当前文件,其中测点边角观测数据存入当前测量文件(SMD),测点三维坐标存入当前坐标文件(SCD)。

在"数据采集 1/2"菜单[图 4-45(a)],按 ③(测量点)键,进入"测量点"界面[图 4-45(b)];按 F1(输入)键,分别输入点名、编码、目标高,按 F4(确认)键;望远镜瞄准碎部点棱镜中心,按 F3(测量)F3(坐标)键开始测距,示例结果如图 4-45(e)所示。按 F4(是)键存储观测数据与碎部点坐标到当前文件,返回"测量点"界面[图 4-45(f)],此时,点名序号自动加 1 为 2;按 F4(同前)F4(是)键完成测量及存储 2~4 号碎部点坐标操作,依此类推。

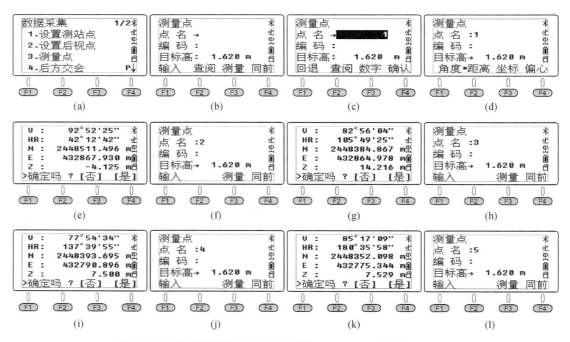

图 4-45　执行"数据采集"命令,观测并记录 1~4 号碎部点的三维坐标

5. 导出当前文件数据到 SD 卡的五个文件

在"菜单 1/2"界面[图 4-46(a)],按 ①(数据采集)键,进入"选择文件"界面[图 4-46(b)];按 F2(调用)键,进入文件列表界面[图 4-46(c)],光标自动位于当前文件行;按 F3(导出)键,将当前文件"180613_1"数据导出到 SD 卡下的五个文件:

(1) 180613_1_600.txt　南方 NTS-600 全站仪测量文件

(2) 180613_1_300.txt　南方 NTS-300 全站仪测量文件

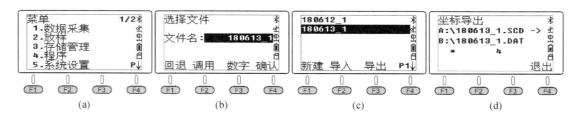

图 4-46　执行"导出"命令,导出 180613_1 文件数据到 SD 卡

（3）180613_1.dat 南方 CASS 格式坐标文件

（4）180613_1.csv 南方 CASS 格式坐标文件

（5）180613_1.dxf 图形交换文件

图 4-47(a)所示为用 Windows 记事本打开导出的测量文件"180613_1_600.txt"的内容，图 4-47(b)所示为用 Windows 记事本打开导出的坐标文件"180613_1.dat"的内容，"180613_1.dxf"文件为图形交换文件，用户可以用 AutoCAD 打开该文件并另存为 dwg 格式图形文件。

"菜单 1/2"界面[图 4-46(a)]的"放样"命令，与坐标模式 P3 页功能菜单[图 4-31(a)]的"放样"命令功能和操作方法均相同，不再重复介绍。

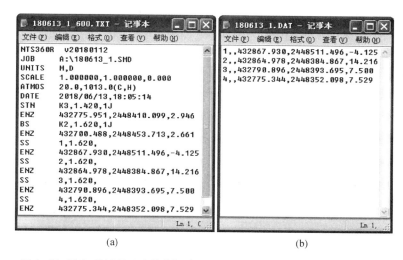

(a)　　　　　　　　　　　　(b)

图 4-47　导出 180613_1 文件数据到 SD 卡的 txt 测量文件与 dat 坐标文件内容

4.8　存储管理

1. 文件维护

在"存储管理"菜单[图 4-48(a)]，按①（文件维护）键，进入"文件维护"菜单[图 4-48(b)]。

（1）读卡器

在"文件维护"菜单[图 4-48(b)]，按⑤（读卡器）键，进入读卡器界面[图 4-48(c)]。使

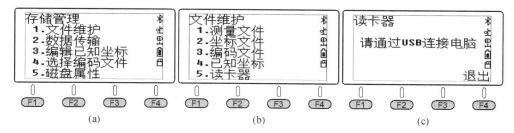

(a)　　　　　　　　　　(b)　　　　　　　　　　(c)

图 4-48　在"存储管理"菜单执行"文件维护/读卡器"命令

用仪器标配 USB 数据线连接 PC 机的一个 USB 接口,另一端连接 NTS-362LNB 蓝牙系列全站仪的迷你 USB 接口,在 PC 机启动 Windows 资源管理器,此时,插入仪器 SD 卡插槽的 SD 卡将变成 PC 机的一个盘符,用户可以通过 Windows 资源管理器编辑 SD 卡的文件。按 F4 (退出)键返回"文件维护"菜单[图 4-48(b)]。

(2)测量文件

在"文件维护"菜单[图 4-49(a)],按 ① (测量文件)键进入文件列表界面[图 4-49(b)],光标自动位于当前文件行,有两页功能菜单,按 F4 键翻页[图 4-49(c)]。按 ENT 键,屏幕显示光标文件的点名列表界面,移动光标到 1 号测点[图 4-49(d)],按 F1 (查阅)键,屏幕显示 1 号测点的坐标数据[图 4-49(e)],按 F4 键翻页显示该测点的测量数据[图 4-49(f)],图中的水平盘读数 HR 实际上是测站→1 号测点的方位角;按 ▼ 键显示 2 号测点的测量数据[图 4-49(g)],按 F4 键翻页显示该测点的坐标数据[图 4-49(h)]。

① 新建:按 F1 (新建)键,系统在内存创建扩展名分别为 SMD 与 SCD 的两个文件,前者用于存储测量数据,后者用于存储坐标数据。

② 导入:按 F2 (导入)键,从 SD 卡导入一个坐标文件数据到仪器当前文件的坐标文件(扩展名为 SCD)。

③ 导出:按 F3 (导出)键,将仪器当前文件数据导出为 SD 卡下的五个文件。

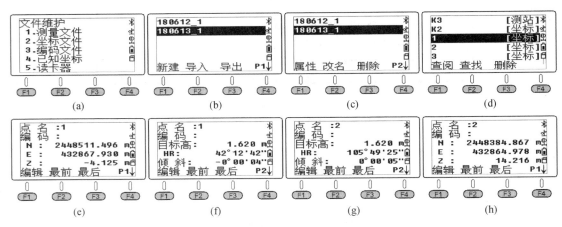

图 4-49 在"文件维护"菜单执行"测量文件"命令并查阅坐标文件

④ 属性:在 P2 页功能菜单[图 4-50(a)],按 F1 (属性)键,屏幕显示光标行文件的属性,图 4-50(b)为测量文件的属性,按 F4 键翻页显示坐标文件的属性[图 4-50(c)]。

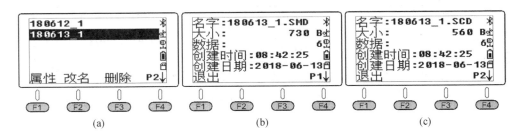

图 4-50 查阅测量文件属性

⑤ 改名：在 P2 页功能菜单[图 4-50(a)]，按 (F2)(改名)键，可修改光标行文件名。

⑥ 删除：在 P2 页功能菜单[图 4-50(a)]，按 (F3)(删除) (F4)(确认)键，可删除光标行文件，注意，是同时删除了测量文件 SMD 和坐标文件 SCD。

（3）坐标文件

在"文件维护"菜单[图 4-49(a)]，按②(坐标文件)键进入文件列表界面[图 4-49(b)]，"坐标文件"命令的界面及其功能与前述"测量文件"命令界面及其功能完全相同。

（4）编码文件

使用全站仪采集地形图碎部点坐标前，可以先在 Windows 记事本编写一个文本格式的编码文件，输入测区内常用地物名称的汉语拼音为编码，每个编码占一行，最多允许 10 位字符，存储为扩展名为 txt 的文本格式编码文件并复制到 SD 卡，示例如图 4-51(a)所示。

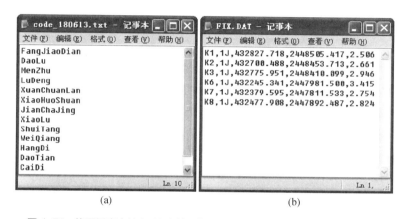

图 4-51　使用记事本输入 13 个编码与导出到 SD 卡的已知坐标文件 FIX.dat

在"文件维护"菜单[图 4-52(a)]，按③(编码文件)键进入图 4-52(b)所示的界面；按 (F1)(新建)键，输入编码文件名"CODE1"[图 4-52(c)]，按 (ENT) 键，返回图 4-52(d)所示的界面；按 (F2)(导入)键，进入 SD 卡根目录文件列表界面，移动光标到编码文件 code_180613.txt[图 4-52(e)]，按 (ENT) 键，开始从 SD 卡的编码文件 code_180613.txt 导入数据到仪器内存

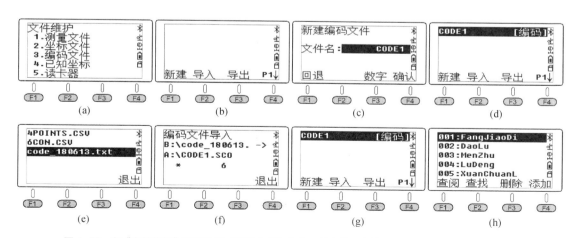

图 4-52　在"文件维护"菜单执行"编码文件"命令，新建编码文件并从 SD 卡导入编码文件数据

编码文件 CODE1,完成导入后,返回图 4-52(g)所示的界面;按 ⒺⓃⓉ 键进入编码列表界面[图 4-52(h)]。

在图 4-52 中,005 号编码字符为 XuanChuanLan(宣传栏),有 12 位字符,导入仪器内存编码文件 CODE1 后为 XuanChuanL,只剩 10 位字符[图 4-52(h)]。

在编码列表界面[图 4-52(h)],按 Ⓕ⒈ (查阅) Ⓕ⒈ (编辑)键可编辑当前光标行的编码字符;按 Ⓕ⒊ (删除) Ⓕ⒋ (确认)键可删除光标行的编码;按 Ⓕ⒋ (添加)键可在当前编码文件末尾添加新输入的编码字符。

在"数据采集 1/2"菜单[图 4-45(a)],按 ③ (测量点)键进入测量点界面[图 4-53(a)],图中显示的碎部点号为 5,假设为路灯(LuDeng);移动光标到编码行,按 Ⓕ⒉ (调用)键[图 4-53(b)],按 ⒺⓃⓉ 键,移动光标到"004:LuDeng"编码行[图 4-53(c)],按 ⒺⓃⓉ 键,此时编码"LuDeng"已赋值给 5 号碎部点的编码位[图 4-53(d)]。

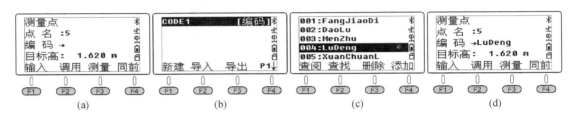

图 4-53 在"数据采集 1/2"菜单执行"测量点"命令,从编码文件调用编码赋给 5 号碎部点编码位

（5）已知坐标

南方 NTS-362LNB 系列全站仪在仪器内存中新增了一个文件名固定为 FIX.LIB 的已知坐标文件,最多可以存储 200 个控制点的坐标数据,且不允许有重名点。

从 SD 卡扩展名分别为 txt,csv,dat 的南方 CASS 格式文本坐标文件导入控制点坐标到仪器内存已知坐标文件 FIX.LIB 的方法如图 4-23 所示。导出已知坐标文件 FIX.LIB 的数据到 SD 卡的方法如图 4-54 所示。

在"文件维护"菜单[图 4-54(a)],按 ④ (已知坐标)键,进入图 4-54 所示的界面;按 Ⓕ⒊ (导出)键,将已知坐标文件 FIX.LIB 的数据导出到 SD 卡的 FIX.dat 与 FIX.dxf 文件。

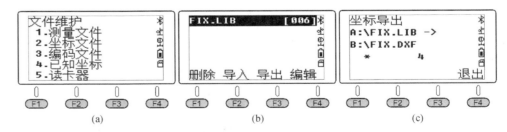

图 4-54 执行"文件维护/已知坐标/导出"命令,导出已知坐标文件到 SD 卡

用 Windows 记事本打开 FIX.dat 文件的界面如图 4-51(b)所示,它是南方 CASS 展点坐标格式文件,每行坐标的格式为"点名,编码,y,x,H"。

图 4-55 为用 AutoCAD 打开图形交换文件 FIX.dxf 的界面,它实际上是已知坐标文件 6 个一级导线点的展点图,点位右侧注记字符内容为"点名/编码"。为便于读者看图,作者已执行 AutoCAD 的"zoom/e"命令缩放全图,执行"ddptype"命令设置点样式为"×",将注记文

字的高度修改为 20(原图注记文字高度为 1)。读者可以执行 AutoCAD 下拉菜单"文件/另存为"命令,将其保存为 dwg 格式图形文件。

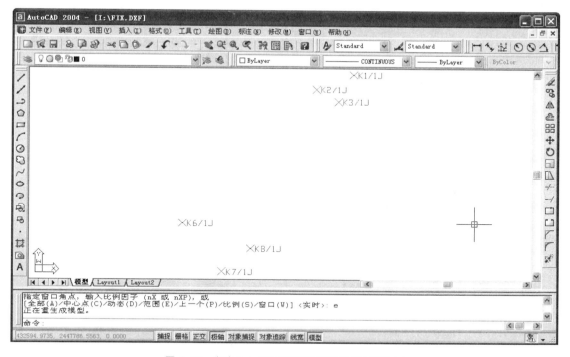

图 4-55　启动 AutoCAD 打开图形交换文件 FIX.dxf

2. 数据传输

由于执行"文件维护"命令,可以从 SD 卡导入文件数据到仪器内存的坐标文件,也可以将内存文件的数据导出到 SD 卡的五个文件,因此,执行"数据传输"命令的作用已显得不太重要。

南方 NTS-362LNB 系列全站仪内置蓝牙,仪器的蓝牙通信参数出厂已固定为:波特率 9 600bps,8bit,无校验,停止位 1,用户不能修改。配套的通信软件"NTS360-N 系列.exe"也只支持蓝牙传输,通信参数被厂家固定为与 NTS-362LNB 系列全站仪相同,用户不能修改。

现在的笔记本电脑基本都标配蓝牙,没有配置蓝牙的台式 PC 机,用户可以网购一个 USB 蓝牙适配器插入 PC 机的 USB 接口,完成 PC 机与 NTS-362LNB 系列全站仪蓝牙配对后(配对密码为 0000),即可执行"数据传输"命令。下面以上传图 4-22 所示的 6con.csv 控制点坐标文件数据到仪器内存已知坐标文件 FIX.LIB 为例,简要介绍数据传输命令的操作方法。

(1) 通信软件与全站仪的蓝牙连接

通信软件"NTS360-N 系列.exe"为绿色软件,无须安装,将该文件复制到 PC 机桌面,双击桌面图标启动[图 4-56(a)]。鼠标左键单击(以下简称"单击")状态栏的连接仪器按钮 ,完成连接后弹出提示对话框[图 4-56(b)],单击 [　确定　] 按钮关闭提示对话框。图 4-56(b)右下角的"COM6"为通信软件与全站仪蓝牙连接的串口号,由通信软件自动设置。

(2) 传输控制点坐标文件数据到全站仪内存已知坐标文件

单击状态栏的打开按钮 ,在弹出的"打开"对话框选择 6con.csv 文件,单击 [打开(O)] 按

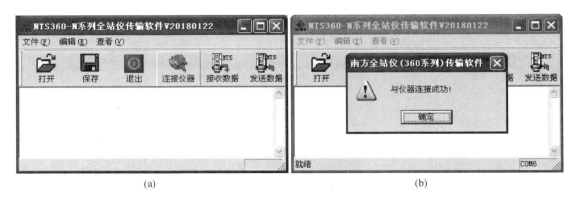

(a)   (b)

图 4-56 启动 PC 机通信软件与南方 NTS-362LNB 全站仪蓝牙连接

钮,结果如图 4-57(a)所示。单击状态栏的发送数据按钮 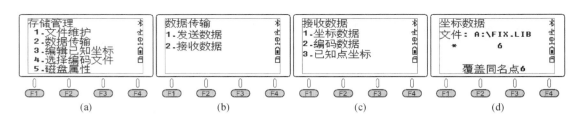,弹出提示对话框[图 4-57(b)],
应先让全站仪处于接收状态。

(a)   (b)

图 4-57 从 PC 机发送数据至全站仪

按 (MENU) ③(存储管理)键,进入存储管理菜单[图 4-58(a)],按 ②(数据传输)②(接收
数据)③(已知点坐标)键启动全站仪蓝牙接收坐标数据[图 4-58(d)]。

图 4-58 执行"数据传输/接收数据/已知点坐标"命令,接收 PC 机通过蓝牙发送的控制点坐标文件数据

在 PC 机单击 [确定] 按钮[图 4-57(b)],启动通信软件发送 6 个一级导线点的坐标数
据。因之前已从 SD 卡导入了 6con.csv 文件的坐标数据到仪器内存已知坐标文件 FIX.LIB,
所以,本次执行数据传输命令发送的 6 个一级导线点的坐标数据将自动覆盖仪器内存已知坐
标文件 FIX.LIB 中的重名点坐标数据[图 4-58(d)],通信软件弹出"通讯结束!"提示框
(图 4-59),单击 [确定] 按钮关闭提示框。

图 4-59 通信软件完成坐标数据发送后的提示框

如果是全站仪发送指定文件的坐标数据,应先单击通信软件状态栏的接收数据按钮 [图标],再在全站仪"菜单 1/2"界面执行"存储管理/数据传输/发送数据/坐标数据/调用"命令,选择需要发送的坐标文件,操作方法与上述过程类似,本节不再重复介绍。

读者也可以使用南方 MSMT 手机软件的坐标传输程序,在坐标传输文件的坐标列表与 NTS-362LNB 系列全站仪之间,通过蓝牙互传坐标数据,操作方法参见第 11 章图 11-15—图 11-17。

4.9　程序

在"菜单 1/2"界面[图 4-60(a)],按 ④(程序)键,进入图 4-60(b)所示的程序菜单,本节只介绍"对边测量"和"点到直线测量"两个命令的操作方法。

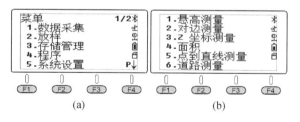

图 4-60　数据采集菜单

1. 对边测量

对边测量可以测量或计算任意两点的水平距离、高差、斜距及方位角,点的坐标可以从已知坐标文件及当前坐标文件点名列表调用、手动输入或实测获得。

在"程序"菜单[图 4-61(a)],按 ②(对边测量)键,进入"选择坐标数据文件"界面[图 4-61(b)],按 [F4](确认)键选择当前文件,进入"对边测量"菜单[图 4-61(c)],有"对边-1 (A-B　A-C)"和"对边-2(A-B　B-C)"两个命令。

如图 4-62(a)所示,"对边-1(A-B　A-C)"命令用于测量起始点 A 分别至任意目标点 B,C,…方向的平距、高差、斜距及其方位角。如图 4-62(b)所示,"对边-2(A-B　B-C)"命令用于测量相邻目标点之间的平距、高差、斜距及其方位角。

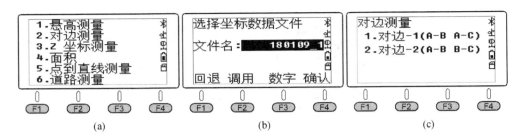

(a)　　　　　　　　　　(b)　　　　　　　　　　(c)

图 4-61　在"程序"菜单执行"对边测量"命令菜单

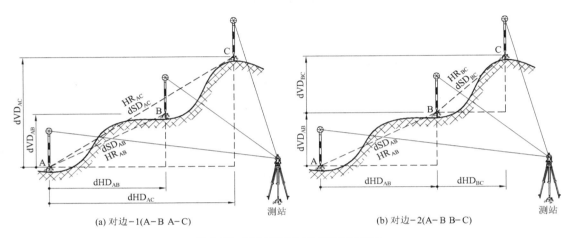

(a) 对边-1(A-B A-C)　　　　　　　　　(b) 对边-2(A-B B-C)

图 4-62　两个对边测量命令的测量原理

（1）对边-1(A-B　A-C)

① 分别对 A，B，C，…点测距计算对边测量数据

在"对边测量"菜单[图 4-63(a)]，按①键进入〈第一步〉界面[图 4-63(b)]；按 **F2**（标高）键，输入棱镜高[图 4-63(c)]，按 **F4**（确认）键；瞄准 A 点棱镜中心，按 **F1**（测量）键，进入〈第二步〉界面[图 4-63(e)]；瞄准 B 点棱镜中心，按 **F1**（测量）键，屏幕显示 A→B 点的斜距 dSD、平距 dHD、高差 dVD 及方位角 HR 的值[图 4-63(f)]。

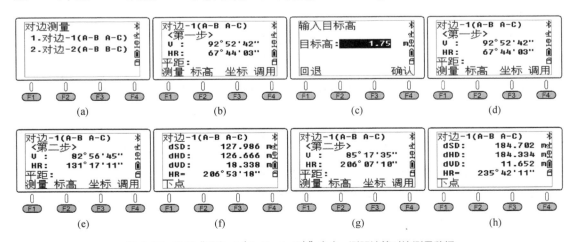

(a)　　　　　(b)　　　　　(c)　　　　　(d)

(e)　　　　　(f)　　　　　(g)　　　　　(h)

图 4-63　执行"对边-1（A-B　A-C）"命令，测距计算对边测量数据

按 (F1)（下点）键,重复显示〈第二步〉界面,瞄准 C 点棱镜中心[图 4-63(g)],按 (F1)（测量）键,屏幕显示 A→C 点的斜距 dSD、平距 dHD、高差 dVD 及方位角 HR 的值[图 4-63(h)]。按 (F1)（下点）键,重复显示〈第二步〉界面,可以继续瞄准 D 点棱镜中心并按 (F1)（测量）键,按 (ESC) 键则返回"对边测量"菜单[图 4-63(a)]。

② 分别调用 A,B,C,…点坐标计算对边数据

设图 4-22 所示坐标文件"6con.csv"的 6 个一级导线点的坐标已导入 NTS-362LNB 蓝牙系列全站仪内存已知坐标文件 FIX.LIB,图 4-64 为 K1,K2,K3 三个控制点的展点图,图中注记的三条边长平距及其方位角是用这三个控制点的坐标反算求出。

下面执行"对边-1(A-B A-C)"命令,从已知坐标文件分别调用 K1,K2,K3 点的坐标作为 A,B,C 点的坐标计算对边数据。

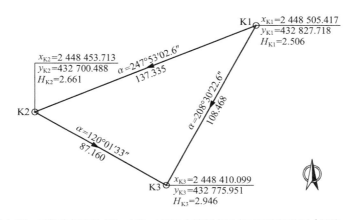

图 4-64 已知坐标文件 K1,K2,K3 三个控制点展点图及边长数据（单位：m）

在"对边测量"菜单[图 4-65(a)],按 ① 键进入〈第一步〉界面[图 4-65(b)];按 (F4)（调用）键,进入已知坐标与当前坐标文件点名列表界面,光标位于第一个已知点 K1 行[图 4-65(c)],按 (ENT) 键,屏幕显示 K1 点坐标[图 4-65(d)],按 (F4)（是）键进入〈第二步〉界面[图 4-65(e)];按 (F4)（调用）键,移动光标到已知点 K2 行[图 4-65(f)],按 (ENT) 键,屏幕显示 K2 点坐标[图 4-65(g)];按 (F4)（是）键,屏幕显示 K1→K2 点的斜距 dSD、平距 dHD、高差 dVD 及其方位角 HR 的值[图 4-65(h)],其中,平距 dHD 及方位角 HR 的值与图 4-64 注记的 K1→K2 点的平距及方位角值相符。

按 (F1)（下点）键,重复显示〈第二步〉界面[图 4-65(i)],按 (F4)（调用）键,移动光标到已知点 K3 行[图 4-65(j)],按 (ENT) 键屏幕显示 K3 点坐标[图 4-65(k)],按 (F4)（是）键,屏幕显示 K1→K3 点的斜距 dSD、平距 dHD、高差 dVD 及其方位角 HR 的值[图 4-65(l)],其中,平距 dHD 及方位角 HR 的值与图 4-64 注记的 K1→K3 点的平距及方位角值相符。

(2) 对边-2(A-B B-C)

① 分别对 A,B,C,…点测距计算对边测量数据

在"对边测量"菜单[图 4-66(a)],按 ② 键进入〈第一步〉界面,瞄准 A 点棱镜中心[图 4-66(b)],按 (F1)（测量）键测距,进入〈第二步〉界面[图 4-66(c)];瞄准 B 点棱镜中心,按 (F1)（测量）键测距,屏幕显示 A→B 点的斜距 dSD、平距 dHD、高差 dVD 及其方位角 HR 的值[图 4-66(d)]。

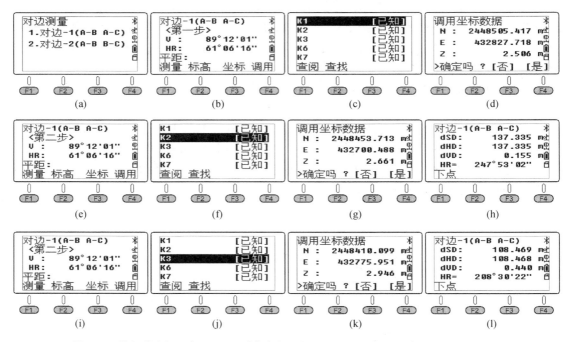

图 4-65 执行"对边-1（A-B A-C）"命令，分别调用 K1，K2，K3 点坐标计算对边数据

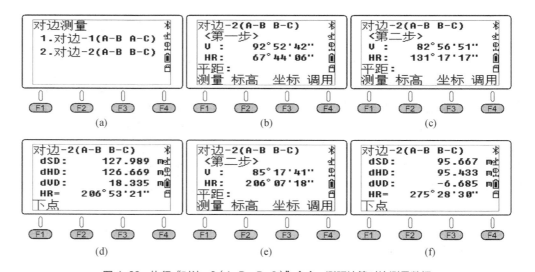

图 4-66 执行"对边-2（A-B B-C）"命令，测距计算对边测量数据

按 F1 （下点）键，重复显示〈第二步〉界面［图 4-66(e)］，瞄准 C 点棱镜中心，按 F1 （测量）键测距，屏幕显示 B→C 点的斜距 dSD、平距 dHD、高差 dVD 及其方位角 HR 的值［图 4-66(f)］。按 F1 （下点）键，重复显示〈第二步〉界面，可以继续瞄准 D 点棱镜中心并按 F1（测量）键，按 ESC 键则返回"对边测量"菜单［图 4-66(a)］。

② 分别调用 A，B，C，…点坐标计算对边数据

在"对边测量"菜单［图 4-67(a)］，按 ② 键进入〈第一步〉界面［图 4-67(b)］；按 F4 （调

用)键,进入已知坐标与当前坐标文件点名列表界面,光标自动位于第一个已知点 K1 行[图 4-67(c)],按 ENT 键,屏幕显示 K1 点坐标[图 4-67(d)],按 F4 (是)键进入〈第二步〉界面[图 4-67(e)];按 F4 (调用)键,移动光标到已知点 K2 行[图 4-67(f)],按 ENT 键,屏幕显示 K2 点坐标[图 4-67(g)],按 F4 (是)键,屏幕显示 K1→K2 点的斜距 dSD、平距 dHD、高差 dVD 及其方位角 HR 的值[图 4-67(h)],其中,平距 dHD 及方位角 HR 的值与图 4-64 注记的 K1→K2 点的平距及方位角值相符。

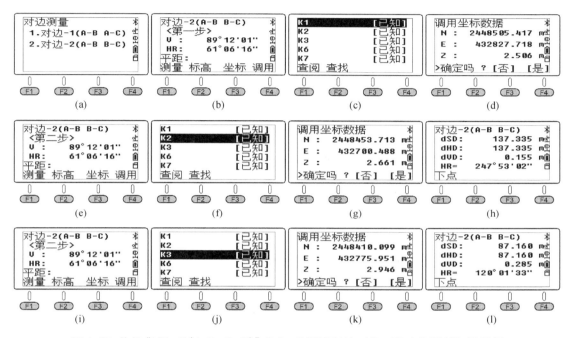

图 4-67　执行"对边-2(A-B　B-C)"命令,分别调用 K1, K2, K3 点坐标计算对边数据

按 F1 (下点)键,重复显示〈第二步〉界面[图 4-67(i)],按 F4 (调用)键,移动光标到已知点 K3 行[图 4-67(j)],按 ENT 键,屏幕显示 K3 点坐标[图 4-67(k)],按 F4 (是)键,屏幕显示 K2→K3 点的斜距 dSD、平距 dHD、高差 dVD 及其方位角 HR 的值[图 4-67(l)],其中,平距 dHD 及方位角 HR 的值与图 4-64 注记的 K2→K3 点的平距及方位角值相符。

2. 点到直线测量

如图 4-68 所示,点到直线测量的原理是:先对地面任意两点 P_1 和 P_2 测距,建立以 P_1 为原点,P_1→P_2 方向为 N 轴的独立坐标系,仪器计算出测站点 A 在独立坐标系的平面坐标 N_A、E_A;再观测另一点 P,计算出 P 点在独立坐标系中的三维坐标 N_P,E_P,Z_P。由图 4-68 的几何关系可知,E_A 和 E_P 分别为测站 A 和测点 P 至直线 P_1→P_2 的垂直距离。

实际测量时,在任意点 A 安置仪器,在"程序"菜单[图 4-69(a)],按 ⑤ (点到直线测量)键,进入"选择坐标数据文件"界面[图 4-69(b)],按 F4 (确认)键选择当前文件,进入"点到直线测量第 1 点"界面[图 4-69(c)];按 F2 (标高)键,输入仪器高与棱镜高[图 4-69(d)],按 F4 (确认)键返回"点到直线测量第 1 点"界面[图 4-69(e)]。瞄准 P_1 点棱镜中心,按 F1 (测量)键,进入"点到直线测量第 2 点"界面[图 4-69(f)];瞄准 P_2 点棱镜中心[图 4-69(g)],按 F1 (测量)键,屏幕显示 P_1→P_2 点的斜距 dSD、平距 dHD、高差 dVD 值[图 4-69(h)]。

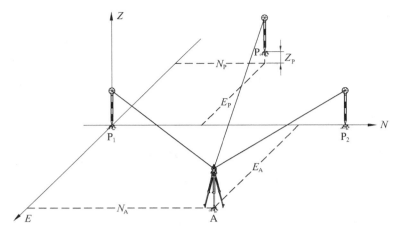

图 4-68　点到直线测量的原理

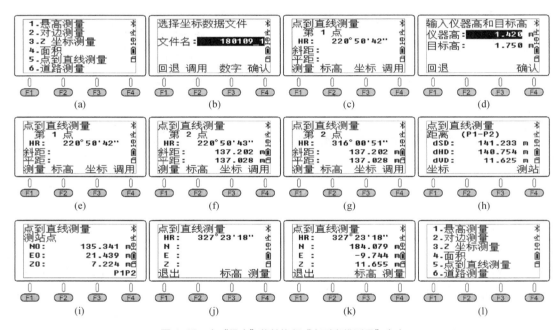

图 4-69　在"程序"菜单执行"点到直线测量"命令

　　按 (F4)（测站）键,屏幕显示测站点 A 在独立坐标系的坐标[图 4-69(i)],"E0:21.439 m"表示测站点 A 位于直线 $P_1 \rightarrow P_2$ 的右侧,垂直距离为 21.439 m。按 (F4)（P1P2）键返回图 4-69(h)所示的界面,按 (F1)（坐标）键,进入测量任意点坐标界面,瞄准 P 点棱镜中心,按 (F4)（测量）键,屏幕显示 P 点在独立坐标系的坐标[图 4-69(k)],"E0:-9.744 m"表示测站点 P 位于直线 $P_1 \rightarrow P_2$ 的左侧,垂直距离为 9.744 m。按 (F1)（退出）或 (ESC) 键返回程序菜单[4-69(l)]。

本 章 小 结

　　(1) 相位式光电测距是通过测量正弦光波在待测距离上往返传播的相位差解算距离。光波在大气中的传播速度与测距时的大气温度和气压有关,因此,精密测距时,必须实时测量大气温度和气压,并对所测距离施加气象改正。

（2）南方 NTS-362LNB 系列全站仪在距离模式下测距,按 (DIST) 键进入距离模式。在距离模式 P1 页功能菜单,按 (F3)（模式）键可以使测距模式在重复、跟踪、单次、3 次平均之间切换。在距离模式 P2 页功能菜单,按 (F2)（放样）键可以放样平距、高差或斜距。

（3）标准北方向有三种:真北方向、磁北方向和坐标北方向,简称三北方向。地面一点的真北方向与磁北方向的水平夹角称为磁偏角 δ,真北方向与坐标北方向的水平夹角称为子午线收敛角 γ。

（4）标准北方向顺时针旋转到直线方向的水平角称为方位角,取值范围为 $0° \sim 360°$。地面任意直线 PQ 的方位角有三种:真方位角 A_{PQ}、磁方位角 $A_{m_{PQ}}$ 和坐标方位角 α_{PQ},三者的相互关系如下: $A_{PQ} = A_{m_{PQ}} + \delta_P$, $A_{PQ} = \alpha_{PQ} + \gamma_P$, $\alpha_{PQ} = A_{m_{PQ}} + \delta_P - \gamma_P$。

（5）可以使用天文测量法或陀螺仪测量直线的真方位角,用罗盘仪或手机电子罗盘测量直线的磁方位角,用全站仪测量直线与已知坐标方位角边的水平角推算其坐标方位角。

（6）由任意直线 AB 端点的平面坐标反算其边长 D_{AB} 及其坐标方位角 α_{AB} 的方法有两种:①用 $\arctan \dfrac{\Delta y_{AB}}{\Delta x_{AB}}$ 函数算出象限角 R_{AB}（$-90° \sim +90°$）,再根据 Δx_{AB} 与 Δy_{AB} 的正负判断 R_{AB} 的象限,按表 4-2 的关系处理后才能得到边长的坐标方位角 α_{AB};② 用 fx-5800P 的辐角函数 $\text{Arg}(\Delta x_{AB} + \Delta y_{AB}\text{i})$ 算出辐角 θ_{AB}（$-180° \sim +180°$）,$\theta_{AB} \geqslant 0$ 时,$\alpha_{AB} = \theta_{AB}$;$\theta_{AB} < 0$ 时,$\alpha_{AB} = \theta_{AB} + 360°$。

（7）设由 A, B, C 三点组成的两条导线边,已知 A→B 边的坐标方位角为 α_{AB},全站仪安置在 B 点,设置观测的平距为 D,观测的两个水平夹角分别为 β_L（左角）和 β_R（右角）,且有 $\beta_L + \beta_R = 360°$,则 A→B 边坐标方位角 α_{BC} 的计算公式为

$$\left.\begin{array}{l} \alpha_{BC} = \alpha_{AB} + \beta_L \pm 180° \\ \alpha_{BC} = \alpha_{AB} - \beta_R \pm 180° \end{array}\right\}$$

C 点坐标的实数计算公式为

$$\left.\begin{array}{l} x_C = x_B + D\cos \alpha_{BC} \\ y_C = y_B + D\sin \alpha_{BC} \end{array}\right\}$$

复数计算公式为

$$z_C = z_B + D\angle\alpha_{BC}$$

（8）南方 NTS-362LNB 系列全站仪可以在坐标模式下测量测点的三维坐标,按 (CORD) 键进入坐标模式。坐标测量前,应先在 P2 页功能菜单执行"设站"命令,设置测站点坐标与后视定向,后视定向是将后视方向的水平盘读数配置为后视边长的坐标方位角。

（9）在坐标模式下测量并存储碎部点坐标的方法是:在 P3 页功能菜单执行"文件"命令,新建或设置当前文件,在 P1 页功能菜单执行"测存"命令。它与菜单模式下执行"数据采集"命令的功能完全相同。在 P3 页功能菜单执行"文件/调用/导出"命令,可以将当前文件数据导出为五个文件到 SD 卡,其中扩展名为 dxf 的文件为图形交换格式的展点文件,可以用 AutoCAD 直接打开并另存为 dwg 格式图形文件。

（10）在坐标模式下放样设计点位坐标的方法是：在 P3 页功能菜单执行"文件"命令，从 SD 卡导入放样坐标文件到仪器内存当前文件，在 P3 页功能菜单执行"放样"命令。它与菜单模式下执行"放样"命令的功能完全相同。

（11）按 ⬛ 键进入菜单模式。NTS-362LNB 系列全站仪内存新增已知坐标文件 FIX. LIB，最多可以存储 200 个控制点的已知坐标。在菜单模式下执行"存储管理/文件维护/已知坐标/导入"命令，可以从 SD 卡导入扩展名分别为 txt，csv，dat 的文本格式坐标文件到已知坐标文件 FIX.LIB。执行"存储管理/数据传输/接收数据/已知点坐标"命令，可以通过蓝牙接收 PC 机通信软件"NTS360-N 系列.exe"发送的测区控制点坐标。

（12）可以应用南方 MSMT 手机软件的坐标传输程序，在手机与 NTS-362LNB 系列全站仪之间通过蓝牙互传坐标数据。

思考题与练习题

[4-1]　说明相位式测距的原理，为何相位式光电测距仪要设置精、粗测尺？

[4-2]　南方 NTS-362LNB 系列全站仪气象改正值 PPM 的计算公式为式（4-15），标准气象参考点的大气压力为 $P_0 = 1\,013$ hPa，大气温度为 $t_0 = 20$ ℃，设在标准气象参考点，大气压力测量误差为 m_P，大气温度测量误差为 m_t。试分别计算：m_P 为多少时，气象改正值 PPM 会产生 ±1 ppm 的比例误差？m_t 为多少时，气象改正值 PPM 会产生 ±1 ppm 的比例误差？

[4-3]　标准北方向有哪几种？它们之间有何关系？

[4-4]　已知 A，B，C 三点的坐标列于表 4-3，试计算边长 AB，AC 的水平距离 D 与坐标方位角 α，计算结果填入表 4-3 中。

表 4-3　　　　　　　　　　　　由已知坐标计算边长及方位角

点名	x/m	y/m	边长 AB	边长 AC
A	2 544 967.766	423 390.405	$D_{AB}=$	$D_{AC}=$
B	2 544 955.270	423 410.231	$\alpha_{AB}=$	$\alpha_{AC}=$
C	2 545 022.862	423 367.244		

[4-5]　如图 4-70 所示，已知 G1，G2 点的坐标，观测了图中两个水平角，试计算边长 G2→P1、P1→P2 边长的坐标方位角，计算取位到 1″。

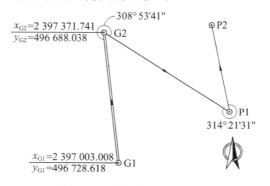

图 4-70　支导线水平角观测略图

150

［4-6］ 南方 NTS-362R6LNB 全站仪坐标模式下执行"设站"命令的作用是什么？

［4-7］ 南方 NTS-362R6LNB 全站仪打通了坐标模式下"放样"命令与菜单模式下"放样"命令，两种模式下"放样"命令的功能是完全相同的，试说明"放样"命令的原理。

［4-8］ 图 4-71 为江门中心血站主楼(图 11-12)基础平面图的局部详图，执行"放样"命令，每测设一个设计点位，都应对照设计图纸，用长度为 2～5 m 的小钢尺丈量当前点位与其相邻点位的平距，以检查当前点位的正确性。例如，放样完 20 号与 21 号管桩中心点后，应用小钢尺丈量 20 号与 21 号点的平距，并与设计值 1.8 m 比较。如果设计图纸标注的当前点位与相邻点位的平距值超过小钢尺的长度时，例如，16N 与 17N 两个轴线控制桩的设计距离为 8 m，放样完这两个点后，应如何使用全站仪来测量其距离值？

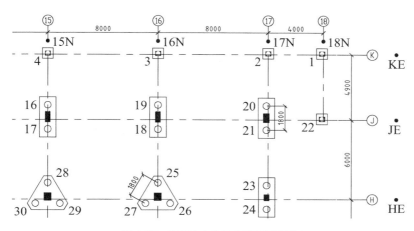

图 4-71 江门中心血站主楼局部详图

［4-9］ 南方 NTS-362LNB 系列全站仪导入、导出仪器内存坐标文件有几种方式？ 坐标格式是什么？

第 5 章　测量误差的基本知识

本 章 导 读

● **基本要求**　理解测量误差的来源、偶然误差与系统误差的特性、削弱偶然误差的方法、消除或削弱系统误差的方法；掌握观测量精度指标——中误差、相对误差、极限误差的计算方法；掌握单位权中误差与权的定义及其计算方法；掌握加权平均值及其中误差的定义和计算方法。

● **重点**　偶然误差的特性，中误差的定义及其计算方法；误差传播定律的应用；等精度独立观测的中误差及其计算，算术平均值中误差的计算；不等精度独立观测的单位权中误差的定义及其计算，加权平均值中误差的计算。

● **难点**　非线性函数的误差传播定律及其应用；权的定义及其应用。

5.1　测量误差概述

测量生产实践表明，只要使用仪器对某个量进行观测，就会产生**误差**（error）。具体表现为：在同等条件下（相同的外界环境下，同一个人使用同一台仪器）对某个量 l 进行多次重复观测，得到的一系列观测值 l_1，l_2，$\cdots$，l_n 一般互不相等。设观测量的真值为 $\tilde{l}$，则观测量 l_i 的误差 Δ_i 定义为

$$\Delta_i = l_i - \tilde{l} \tag{5-1}$$

根据前面章节的分析可知，产生测量误差的原因主要有：仪器误差、观测误差和外界环境的影响。根据表现形式的不同，通常将误差分为偶然误差 Δ_a 和系统误差 Δ_s。

1. 偶然误差（accident error）

偶然误差的符号和大小呈偶然性，单个偶然误差没有规律，大量的偶然误差具有统计规律。偶然误差又称真误差。三等、四等水准测量时，在厘米分划的水准标尺上估读毫米位，估读的毫米数有时偏大，有时偏小；使用全站仪测量水平角时，大气折光使望远镜中目标的成像不稳定，引起瞄准目标有时偏左，有时偏右，这些都是偶然误差。通过多次观测取平均值可以削弱偶然误差的影响，但不能完全消除偶然误差的影响。

2. 系统误差（system error）

系统误差的符号和大小保持不变，或按照一定的规律变化。例如，若使用没有检验的名义长度为 30 m 而实际长度为 30.005 m 的钢尺量距，每丈量一整尺段距离就量短了 0.005 m，即产生 -0.005 m 的量距误差。显然，各整尺段的量距误差大小都是 0.005 m，符号都是负，不能抵消，具有累积性。

由于系统误差对观测值的影响具有一定的规律性,如能找到规律,就可以通过对观测值施加改正来消除或削弱系统误差的影响。

综上所述,误差可以表示为

$$\Delta = \Delta_a + \Delta_s \tag{5-2}$$

测量仪器在使用前应进行检验和校正,操作时应严格按规范的要求进行,布设平面和高程控制网测量控制点的坐标时,应有一定的多余观测量。一般认为,当严格按规范要求进行测量时,系统误差可以被消除或削弱到很小,此时可以认为 $\Delta_s \approx 0$,故有 $\Delta \approx \Delta_a$。以后凡提到误差,除特别说明,通常认为只包含偶然误差或者说真误差。

5.2 偶然误差的特性

单个偶然误差没有规律,只有大量的偶然误差才有统计规律,要分析偶然误差的统计规律,需要得到一系列的偶然误差值 Δ_i。根据式(5-1),应对某个真值 $\tilde{l}$ 已知的量进行多次重复观测才可以得到一系列偶然误差 Δ_i 的准确值。在大部分情况下,观测量的真值 $\tilde{l}$ 是不知道的,这就为得到 Δ_i 的准确值进而分析其统计规律带来了困难。但是,在某些情况下,观测量函数的真值是已知的。例如,将一个三角形内角和闭合差的观测值定义为

$$\omega_i = (\beta_1 + \beta_2 + \beta_3)_i - 180° \tag{5-3}$$

则它的真值为 $\tilde{\omega}_i = 0$,根据真误差的定义可以求得 ω_i 的真误差为

$$\Delta_i = \omega_i - \tilde{\omega}_i = \omega_i \tag{5-4}$$

式(5-4)表明,任一三角形闭合差的真误差就等于闭合差本身。

某测区,设在相同条件下共观测了 358 个三角形的全部内角,将计算出的 358 个三角形闭合差划分为正误差和负误差,分别对正、负误差按照绝对值由小到大排列,以误差区间 $d\Delta = \pm 3''$ 统计误差个数 k,并计算其相对个数 $k/n (n=358)$,称 k/n 为频率,结果列于表 5-1。

表 5-1　　　　　　　　　　　　　　　三角形闭合差的统计结果

误差区间 $d\Delta/''$	负误差		正误差		绝对误差	
	k	k/n	k	k/n	k	k/n
0~3	45	0.126	46	0.128	91	0.254
3~6	40	0.112	41	0.115	81	0.226
6~9	33	0.092	33	0.092	66	0.184
9~12	23	0.064	21	0.059	44	0.123
12~15	17	0.047	16	0.045	33	0.092
15~18	13	0.036	13	0.036	26	0.073
18~21	6	0.017	5	0.014	11	0.031
21~24	4	0.011	2	0.006	6	0.017
24 以上	0	0	0	0	0	0
$\sum$	181	0.505	177	0.495	358	1.000

为了更直观地表示偶然误差的分布情况,以 Δ 为横坐标,以 $y=\dfrac{k/n}{d\Delta}$ 为纵坐标作表 5-1 的直方图,结果如图 5-1 所示。图中任一长条矩形的面积为 $y d\Delta=\dfrac{k}{n d\Delta}d\Delta=\dfrac{k}{n}$,即为频率。

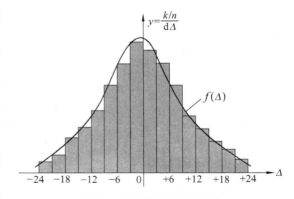

图 5-1 偶然误差频率直方图

由图 5-1 可以总结出偶然误差的四个统计规律如下:

(1) 偶然误差有界,或者说在一定条件下的有限次观测中,偶然误差的绝对值不会超过一定的限值。

(2) 绝对值较小的误差出现的频率较大,绝对值较大的误差出现的频率较小。

(3) 绝对值相等的正、负误差出现的频率大致相等。

(4) 当观测次数 $n\to\infty$ 时,偶然误差的平均值趋近于零,即有

$$\lim_{n\to\infty}\frac{[\Delta]}{n}=0 \tag{5-5}$$

式中,$[\Delta]=\Delta_1+\Delta_2+\cdots+\Delta_n=\displaystyle\sum_{i=1}^{n}\Delta_i$。 在测量中,常用 [ ] 表示括号中数值的代数和。

当误差的个数 $n\to\infty$,误差区间 $d\Delta\to 0$ 时,图 5-1 中,连接各小长条矩形顶点的折线将变成一条光滑的曲线。在概率论中,称该曲线为正态分布曲线,曲线的函数式为

$$y=f(\Delta)=\frac{1}{\sqrt{2\pi}\sigma}e^{-\frac{\Delta^2}{2\sigma^2}} \tag{5-6}$$

称式(5-6)为正态分布概率密度函数,它是德国数学家高斯于 1794 年研究误差规律时发现的。

偶然误差的上述四个统计特性也可以根据式(5-6)表示如下:

(1) $\Delta\to\infty$,$f(\Delta)\to 0$;

(2) 如 $|\Delta_1|>|\Delta_2|$,则有 $f(\Delta_1)<f(\Delta_2)$;

(3) $f(-\Delta)=f(\Delta)$,即 $f(\Delta)$ 关于 y 轴对称;

(4) $E(\Delta)=0$。

在概率论中,称 Δ 为随机变量。当 Δ 为连续型随机变量时,可以证明

$$E(\Delta)=\int_{-\infty}^{+\infty}\Delta\frac{1}{\sqrt{2\pi}\sigma}e^{-\frac{\Delta^2}{2\sigma^2}}d\Delta=0 \tag{5-7}$$

$$Var(\Delta)=E[\Delta-E(\Delta)]^2=E(\Delta^2)=\int_{-\infty}^{+\infty}\Delta^2\frac{1}{\sqrt{2\pi}\sigma}e^{-\frac{\Delta^2}{2\sigma^2}}d\Delta=\sigma^2 \tag{5-8}$$

式中，$E(\Delta)$为随机变量Δ的**数学期望**（expectation），$Var(\Delta)$为**方差**（variance），σ为**标准差**（standard deviation）。读者可以使用数学计算软件 Mathematica 证明它，请参见课程网站文件"\Mathematica4公式推证"下的文件。当Δ为离散型随机变量时，式(5-7)和式(5-8)变成

$$E(\Delta) = \lim_{n \to \infty} \frac{[\Delta]}{n} = 0 \qquad (5-9)$$

$$Var(\Delta) = E(\Delta^2) = \lim_{n \to \infty} \frac{[\Delta\Delta]}{n} = \sigma^2 \qquad (5-10)$$

5.3 评定真误差精度的指标

1. 标准差与中误差（mean square error）

设对某真值$\tilde{l}$进行了n次等精度独立观测，观测值为l_1，l_2，$\cdots$，l_n，各观测值的真误差为Δ_1，Δ_2，$\cdots$，Δ_n（$\Delta_i = l_i - \tilde{l}$），由式(5-10)求得该组观测值的标准差为

$$\sigma = \pm \lim_{n \to \infty} \sqrt{\frac{[\Delta\Delta]}{n}} \qquad (5-11)$$

测量生产中，观测次数n总是有限的，因此，根据式(5-11)只能求出标准差的估计值$\hat{\sigma}$，通常称$\hat{\sigma}$为中误差，用m表示，即有

$$\hat{\sigma} = m = \pm \sqrt{\frac{[\Delta\Delta]}{n}} \qquad (5-12)$$

[**例 5-1**]　某段距离使用因瓦基线尺丈量的长度为 49.984 m，因丈量的精度较高，可以视为真值。现使用 50 m 钢尺丈量该距离 6 次，观测值列于表 5-2。试求该钢尺一次丈量 50 m 的中误差。

表 5-2　　　　　　　　　　　　用观测值真误差 Δ 计算一次丈量中误差

观测次序	观测值/m	Δ/mm	$\Delta\Delta$/mm²	计　算
1	49.988	+4	16	
2	49.975	−9	81	$m = \pm \sqrt{\dfrac{[\Delta\Delta]}{n}}$
3	49.981	−3	9	
4	49.978	−6	36	$= \pm \sqrt{\dfrac{151}{6}}$
5	49.987	+3	9	
6	49.984	0	0	$= \pm 5.02$ mm
Σ			151	

使用 MS-Excel 计算的结果参见课程网站文件"\Excel\表 5-2.xls"。

因为是等精度独立观测,所以,6 次距离观测值的中误差都是±5.02 mm。

2. 相对误差(relative error)

相对误差是专为距离测量定义的精度指标,因为单纯用距离丈量中误差还不能反映距离丈量精度的高低。例如,在[例 5-1]中,用 50 m 钢尺丈量一段约 50 m 的距离,其测量中误差为±5.02 mm,如果使用全站仪测量 100 m 的距离,其测量中误差仍然等于±5.02 mm,显然不能认为这两段不同长度的距离丈量精度相等,这就需要引入相对误差。相对误差的定义为

$$K = \frac{|m_D|}{D} = \frac{1}{\dfrac{D}{|m_D|}} \tag{5-13}$$

相对误差是一个无量纲的数,在计算距离的相对误差时,应注意将分子和分母的长度单位统一。通常习惯于将相对误差的分子化为 1、分母为一个较大的数来表示。分母值越大,相对误差越小,距离测量的精度就越高。依据式(5-13)可以求得上述两段距离的相对误差分别为

$$K_1 = \frac{0.005\ 02}{49.982} \approx \frac{1}{9\ 956},\quad K_2 = \frac{0.005\ 02}{100} \approx \frac{1}{19\ 920}$$

结果表明,用相对误差衡量二者的测距精度时,后者的精度比前者的高。在距离测量中,常用同一段距离往返测量结果的相对误差来检核距离测量的内部符合精度,计算公式为

$$\frac{|D_{往} - D_{返}|}{D_{平均}} = \frac{|\Delta D|}{D_{平均}} = \frac{1}{\dfrac{D_{平均}}{|\Delta D|}} \tag{5-14}$$

3. 极限误差(limit error)

极限误差是通过概率论中某一事件发生的概率来定义的。设 ξ 为任一正实数,则事件 $|\Delta| < \xi\sigma$ 发生的概率为

$$P(|\Delta| < \xi\sigma) = \int_{-\xi\sigma}^{+\xi\sigma} \frac{1}{\sqrt{2\pi}\sigma} \mathrm{e}^{-\frac{\Delta^2}{2\sigma^2}} \mathrm{d}\Delta \tag{5-15}$$

令 $\Delta' = \dfrac{\Delta}{\sigma}$,则式(5-15)变成

$$P(|\Delta'| < \xi) = \int_{-\xi}^{+\xi} \frac{1}{\sqrt{2\pi}} \mathrm{e}^{-\frac{\Delta'^2}{2}} \mathrm{d}\Delta' \tag{5-16}$$

因此,事件 $|\Delta| > \xi\sigma$ 发生的概率为 $1 - P(|\Delta'| < \xi)$。

下面的 fx-5800P 程序 P5-3 能自动计算 $1 - P(|\Delta'| < \xi)$ 的值。

程序名:P5-3,占用内存 154 字节。

Lbl 0 : Norm 1 ↵   设置数值显示格式

"a, π ⇒ END="? A : A = π ⇒ Goto E ↵   输入积分下限值,输入 π 结束程序

"b="? **B** ↵　　　　　　　　　　输入积分上限值

1−∫(1÷√(2π)e^(−X²÷2),A,B)→Q ↵　　　计算标准正态分布函数的数值积分

Cls:"a=":Locate 3,1,A:"b=":Locate 3,2,B ↵　　重复显示积分下、上限值

"1−P(%)=":Locate 8,3,100Q ◢　　　　　显示计算结果

Goto 0:Lbl E:"P5-3 ≑ END"

执行程序 P5-3,分别计算 ξ 等于 1,2,3 的积分值如下:

屏幕提示	按键	说　　明
a,π ≑ END=?	−1 (EXE)	积分下限值 1
b=?	1 (EXE)	积分上限值 1
a=−1		重复显示积分下限值
b=1		重复显示积分上限值
1−P(%)=31.731050	(EXE)	显示积分 $1-P(|\Delta'|<1)$ 的值
a,π ≑ END=?	−2 (EXE)	积分下限值 2
b=?	2 (EXE)	积分上限值 2
a=−2		重复显示积分下限值
b=2		重复显示积分上限值
1−P(%)=4.5500263	(EXE)	显示积分 $1-P(|\Delta'|<2)$ 的值
a,π ≑ END=?	−3 (EXE)	积分下限值 3
b=?	3 (EXE)	积分上限值 3
a=−3		重复显示积分下限值
b=3		重复显示积分上限值
1−P(%)=0.2699796	(EXE)	显示积分 $1-P(|\Delta'|<3)$ 的值
a,π ≑ END=?	(SHIFT) (π) (EXE)	积分下限输入 π 结束程序
P5-3 ≑ END		程序执行结束显示

　　上述计算结果表明,真误差绝对值大于 σ 的占 31.731%;真误差绝对值大于 2σ 的占 4.55%,即 100 个真误差中,只有 4.55 个真误差的绝对值可能超过 2σ;真误差绝对值大于 3σ 的仅仅占 0.27%,即 1 000 个真误差中,只有 2.7 个真误差的绝对值可能超过 3σ。后两者都属于小概率事件,根据概率原理,小概率事件在小样本中是不会发生的,即当观测次数 n 有限时,绝对值大于 2σ 或 3σ 的真误差实际上是不可能出现的。因此,测量规范常以 2σ 或 3σ 作为真误差的允许值,该允许值称为极限误差,简称为限差,即 $|\Delta_容|=2\sigma \approx 2m$ 或 $|\Delta_容|=3\sigma \approx 3m$。

　　当某观测值误差的绝对值大于上述限差时,则认为它含有系统误差,应剔除该观测值。

5.4　误差传播定律及其应用

　　测量中,有些未知量不能直接观测测定,需要用直接观测量的函数计算求出。例如,水准仪某站观测的高差 h 为

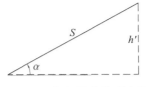

图 5-2　三角高程测量初算高差

$$h = a - b \tag{5-17}$$

式中的后视读数 a 与前视读数 b 均为直接观测量，h 与 a，b 的函数关系为线性关系。

在图 5-2 中，三角高程测量的初算高差 h' 为

$$h' = S \sin \alpha \tag{5-18}$$

式中的斜距 S 与竖直角 α 也是直接观测量，h' 与 S，α 的函数关系为非线性关系。

直接观测量的误差导致它们的函数也存在误差，函数的误差是由直接观测量的误差传播过来的。

1. 线性函数的误差传播定律及其应用

一般地，设有线性函数

$$Z = f_1 X_1 + f_2 X_2 + \cdots + f_n X_n \tag{5-19}$$

式中，f_1，f_2，$\cdots$，f_n 为系数，X_1，X_2，$\cdots$，X_n 为独立观测量，观测中误差分别为 m_1，m_2，$\cdots$，m_n，则函数 Z 的中误差为

$$m_Z = \pm \sqrt{f_1^2 m_1^2 + f_2^2 m_2^2 + \cdots + f_n^2 m_n^2} \tag{5-20}$$

（1）等精度独立观测量算术平均值的中误差

设对某未知量等精度独立观测了 n 次，观测值为 l_1，l_2，$\cdots$，l_n，其**算术平均值**（arithmetic average）为

$$\bar{l} = \frac{l_1 + l_2 + \cdots + l_n}{n} = \frac{[l]}{n} = \frac{1}{n} l_1 + \frac{1}{n} l_2 + \cdots + \frac{1}{n} l_n \tag{5-21}$$

设每个观测值的中误差为 m，根据式（5-20），得算术平均值的中误差为

$$m_{\bar{l}} = \pm \sqrt{\frac{1}{n^2} m^2 + \frac{1}{n^2} m^2 + \cdots + \frac{1}{n^2} m^2} = \pm \sqrt{\frac{n}{n^2} m^2} = \frac{m}{\sqrt{n}} \tag{5-22}$$

由式（5-22）可知，n 次等精度独立观测量算术平均值的中误差为一次观测中误差的 $\dfrac{1}{\sqrt{n}}$，当 $n \to \infty$ 时，有 $\dfrac{m}{\sqrt{n}} \to 0$。

在[例 5-1]中，计算出每次丈量距离中误差为 $m = \pm 5.02$ mm，根据式（5-22）求得 6 次丈量距离平均值的中误差为 $m_{\bar{l}} = \dfrac{\pm 5.02}{\sqrt{6}} = \pm 2.05$ mm，平均值的相对误差为 $K_{\bar{l}} = \dfrac{0.002\,05}{49.982} = \dfrac{1}{24\,381}$。

（2）水准测量路线高差的中误差

某条水准路线，等精度独立观测了 n 站高差 h_1，h_2，$\cdots$，h_n，路线高差之和为

$$h = h_1 + h_2 + \cdots + h_n \tag{5-23}$$

设每站高差观测值的中误差为 $m_{站}$，则 h 的中误差为

$$m_h = \pm\sqrt{m_1^2 + m_2^2 + \cdots + m_n^2} = \sqrt{n}\, m_{站} \tag{5-24}$$

式(5-24)一般用来计算山路水准路线的高差中误差。在平坦地区进行水准测量时，每站后视尺至前视尺的距离(也称每站距离)L_s(km)基本相等，设水准路线总长为 L(km)，则有 $n = \dfrac{L}{L_s}$，将其代入式(5-24)，得

$$m_h = \sqrt{\frac{L}{L_s}}\, m_{站} = \sqrt{L}\ \frac{m_{站}}{\sqrt{L_s}} = \sqrt{L}\, m_{km} \tag{5-25}$$

式中，$m_{km} = \dfrac{m_{站}}{\sqrt{L_s}}$，称为每千米水准测量的高差观测中误差。

2. 非线性函数的误差传播定律及其应用

一般地，设有非线性函数

$$Z = F(X_1, X_2, \cdots, X_n) \tag{5-26}$$

式中，$X_1, X_2, \cdots, X_n$ 为独立观测量，观测中误差分别为 $m_1, m_2, \cdots, m_n$，对式(5-26)求全微分，得

$$\mathrm{d}Z = \frac{\partial F}{\partial X_1}\mathrm{d}X_1 + \frac{\partial F}{\partial X_2}\mathrm{d}X_2 + \cdots + \frac{\partial F}{\partial X_n}\mathrm{d}X_n \tag{5-27}$$

令 $f_1 = \dfrac{\partial F}{\partial X_1}$，$f_2 = \dfrac{\partial F}{\partial X_2}$，$\cdots$，$f_n = \dfrac{\partial F}{\partial X_n}$，其值可以将 $X_1, X_2, \cdots, X_n$ 的观测值代入求得，则有

$$\mathrm{d}Z = f_1 \mathrm{d}X_1 + f_2 \mathrm{d}X_2 + \cdots + f_n \mathrm{d}X_n \tag{5-28}$$

则函数 Z 的中误差为

$$m_Z = \pm\sqrt{f_1^2 m_1^2 + f_2^2 m_2^2 + \cdots + f_n^2 m_n^2} \tag{5-29}$$

[**例 5-2**] 如图 5-2 所示，测量的斜边长为 $S = 163.563$ m，中误差为 $m_S = \pm 0.006$ m；测量的竖直角为 $\alpha = 32°15'26''$，中误差为 $m_\alpha = \pm 6''$，设边长与角度为独立观测量，试求初算高差 h' 的中误差 $m_{h'}$。

[**解**] 由图 5-2 可以列出计算 h' 的函数关系式为 $h' = S \sin\alpha$，对其取全微分得

$$\begin{aligned}
\mathrm{d}h' &= \frac{\partial h'}{\partial S}\mathrm{d}S + \frac{\partial h'}{\partial \alpha}\frac{\mathrm{d}\alpha''}{\rho''}\\
&= \sin\alpha\,\mathrm{d}S + S\cos\alpha\,\frac{\mathrm{d}\alpha''}{\rho''}\\
&= S\sin\alpha\,\frac{\mathrm{d}S}{S} + S\sin\alpha\,\frac{\cos\alpha}{\sin\alpha}\frac{\mathrm{d}\alpha''}{\rho''}\\
&= \frac{h'}{S}\mathrm{d}S + \frac{h'\cot\alpha}{\rho''}\mathrm{d}\alpha''\\
&= f_1\mathrm{d}S + f_2\mathrm{d}\alpha''
\end{aligned}$$

式中，$f_1 = \dfrac{h'}{S}$，$f_2 = \dfrac{h'\cot\alpha}{\rho''}$ 为系数，将观测值代入求得；$\rho'' = 206\,265$ 为弧秒值，将角度的微分量 $\mathrm{d}\alpha''$ 除以 ρ''，是为了将 $\mathrm{d}\alpha''$ 的单位从"""化算为弧度。

应用误差传播率，得 $m_{h'} = \sqrt{f_1^2 m_S^2 + f_2^2 m_\alpha^2}$，将观测值代入，得

$$h' = S\sin\alpha = 163.563 \times \sin 32°15'26'' = 87.297 \text{ m}$$

$$f_1 = \frac{h'}{S} = \frac{87.297}{163.563} = 0.533\,721$$

$$f_2 = \frac{h'\cot\alpha}{\rho''} = \frac{87.297 \times \cot 32°15'26''}{206\,265} = 0.000\,671$$

$$m_{h'} = \pm\sqrt{0.533\,7^2 \times 0.006^2 + 0.000\,671^2 \times 6^2} = \pm 0.005\,142 \text{ m}$$

可以使用 fx-5800P 计算器的数值微分功能编程自动计算函数的中误差，在计算器中输入下列程序 P5-4。

程序名：P5-4，占用内存 224 字节。

Fix 5：**Lbl 0** ↵ 　　　　　　　　　　设置固定小数显示格式位数

"S，0 ⇒ END="？ S：S=0 ⇒ Goto E ↵ 　输入斜边观测值，输入 0 结束程序

"mS="？ B ↵ 　　　　　　　　　　　输入斜边中误差

"α="？ D："mα(Sec)="？ C ↵ 　　　输入竖直角及其中误差

Rad：D°⇒A：Cls ↵ 　　　　　　　变换十进制角度为弧度/清除屏幕

Ssin(A)⇒H："h="：Locate 4，1，H ↵ 　计算与显示初算高差 h' 的值

d/dX(Xsin(A)，S)⇒I："f1="：Locate 4，2，I ↵ 　计算与显示系数 f_1 的值

d/dX(Ssin(X)，A)÷206265⇒J：Locate 4，3，J ↵ 　计算与显示系数 f_2 的值

$\sqrt{\,}$ (I²B²+J²C²)⇒M："mh="：Locate 4，4，M ◢ 　计算与显示 $m_{h'}$ 的值

Goto 0：**Lbl E**："P5-4 ⇒ END"

执行程序 P5-4，屏幕提示与用户操作过程如下：

屏幕提示	按　键	说　明
S，0 ⇒ END=？	**163.563** [EXE]	输入斜距
mS=？	**0.006** [EXE]	输入斜距中误差
α=？	**32** […] **15** […] **26** […] [EXE]	输入竖直角
mα(Sec)=？	**6** [EXE]	输入竖直角中误差
h=87.29703		显示初算高差的值
f1=0.53372		显示系数 f_1 的值
f2=0.00067		显示系数 f_2 的值
mh=0.00514	[EXE]	显示初算高差的中误差
S，0 ⇒ END=？	**0** [EXE]	输入 0 结束程序
P5-4 ⇒ END		程序结束显示

由于微分函数中有三角函数，因此，程序中应用 **Rad** 语句将角度制设置为弧度制。

5.5 等精度独立观测量的最可靠值与精度评定

设对某未知量等精度独立观测了 n 次，观测值为 l_1，l_2，$\cdots$，l_n，其算术平均值为

$$\bar{l} = \frac{l_1 + l_2 + \cdots + l_n}{n} = \frac{[l]}{n} \tag{5-30}$$

真误差为 Δ_1，Δ_2，$\cdots$，Δ_n，其中

$$\Delta_i = l_i - \tilde{l} \quad (i = 1, 2, \cdots, n) \tag{5-31}$$

式中，$\tilde{l}$ 为观测量的真值。取式(5-31)的和并除以观测次数 n，得

$$\frac{[\Delta]}{n} = \frac{[l]}{n} - \tilde{l} = \bar{l} - \tilde{l} \tag{5-32}$$

顾及式(5-9)，对式(5-32)取极限 $\lim\limits_{n \to \infty} \dfrac{[\Delta]}{n} = \lim\limits_{n \to \infty} \bar{l} - \tilde{l} = 0$，由此得

$$\lim_{n \to \infty} \bar{l} = \tilde{l} \tag{5-33}$$

式(5-33)说明，当观测次数 n 趋于无穷大时，算术平均值就趋于未知量的真值 $\tilde{l}$。所以，当 n 有限时，通常取算术平均值作为未知量的最可靠值。

当观测量的真值 $\tilde{l}$ 已知时，每个观测量的真误差 $\Delta_i = l_i - \tilde{l}$ 可以求出，应用式(5-12)可以算出一次观测的中误差 m。但在大部分情况下，观测量的真值 $\tilde{l}$ 是不知道的，致使真误差 Δ_i 也求不出，所以也求不出中误差 m。但由于算术平均值 $\bar{l}$ 是真值 $\tilde{l}$ 的最可靠值，所以，应该可以用 $\bar{l}$ 代替 $\tilde{l}$ 计算中误差 m，下面推导计算公式。

定义观测量 l_i 的改正数 V_i(也称残差)为

$$V_i = \bar{l} - l_i \tag{5-34}$$

对 V_i 求和，得

$$[V] = n\bar{l} - [l] = 0 \tag{5-35}$$

顾及 l_i 的真误差 $\Delta_i = l_i - \tilde{l}$，将其与式(5-34)相加，得

$$V_i + \Delta_i = \bar{l} - \tilde{l} = \delta \tag{5-36}$$

式中，δ 为常数，由此求得

$$\Delta_i = \delta - V_i \tag{5-37}$$

对式(5-37)取平方，得

$$\Delta_i^2 = \delta^2 - 2\delta V_i + V_i^2 \tag{5-38}$$

对式(5-38)求和并顾及式(5-35)，得

$$[\Delta\Delta] = n\delta^2 - 2\delta[V] + [VV] = n\delta^2 + [VV] \tag{5-39}$$

将式(5-39)除以 n 并取极限,得

$$\lim_{n \to \infty} \frac{[\Delta\Delta]}{n} = \lim_{n \to \infty} \delta^2 + \lim_{n \to \infty} \frac{[VV]}{n} \quad (5-40)$$

下面化简 $\lim_{n \to \infty} \delta^2$。由式(5-36),得

$$
\begin{aligned}
\delta &= \bar{l} - \tilde{l} \\
&= \frac{l_1 + l_2 + \cdots + l_n}{n} - \tilde{l} \\
&= \frac{l_1 - \tilde{l}}{n} + \frac{l_2 - \tilde{l}}{n} + \cdots + \frac{l_n - \tilde{l}}{n} \\
&= \frac{\Delta_1}{n} + \frac{\Delta_2}{n} + \cdots + \frac{\Delta_n}{n} = \frac{1}{n}(\Delta_1 + \Delta_2 + \cdots + \Delta_n)
\end{aligned}
\quad (5-41)
$$

故有

$$
\begin{aligned}
\delta^2 &= \frac{1}{n^2}(\Delta_1^2 + \Delta_2^2 + \cdots + \Delta_n^2 + 2\Delta_1\Delta_2 + 2\Delta_1\Delta_3 + \cdots + 2\Delta_{n-1}\Delta_n) \\
&= \frac{[\Delta\Delta]}{n^2} + \frac{2}{n^2}(\Delta_1\Delta_2 + \Delta_1\Delta_3 + \cdots + \Delta_{n-1}\Delta_n)
\end{aligned}
\quad (5-42)
$$

取极限

$$\lim_{n \to \infty} \delta^2 = \lim_{n \to \infty} \frac{[\Delta\Delta]}{n^2} + \lim_{n \to \infty} \frac{2}{n^2}(\Delta_1\Delta_2 + \Delta_1\Delta_3 + \cdots + \Delta_{n-1}\Delta_n) \quad (5-43)$$

因为观测值 l_1,l_2,$\cdots$,l_n 相互独立,所以观测值两两之间的协方差应等于零,即有

$$\lim_{n \to \infty} \frac{2}{n^2}(\Delta_1\Delta_2 + \Delta_1\Delta_3 + \cdots + \Delta_{n-1}\Delta_n) = 0 \quad (5-44)$$

将式(5-44)代入式(5-43),得

$$\lim_{n \to \infty} \delta^2 = \lim_{n \to \infty} \frac{[\Delta\Delta]}{n^2} \quad (5-45)$$

再将式(5-45)代入式(5-40),得

$$
\begin{aligned}
\lim_{n \to \infty} \frac{[\Delta\Delta]}{n} &= \lim_{n \to \infty} \delta^2 + \lim_{n \to \infty} \frac{[VV]}{n} \\
&= \lim_{n \to \infty} \frac{[\Delta\Delta]}{n^2} + \lim_{n \to \infty} \frac{[VV]}{n}
\end{aligned}
\quad (5-46)
$$

化简式(5-46),得

$$\lim_{n \to \infty} \frac{[\Delta\Delta]}{n} = \lim_{n \to \infty} \frac{[VV]}{n-1} = \sigma^2 \quad (5-47)$$

162

当观测次数 n 有限时,有

$$m = \pm \sqrt{\frac{[VV]}{n-1}} \qquad\qquad (5\text{-}48)$$

式(5-48)即为等精度独立观测时,利用观测值改正数 V_i 计算一次观测中误差的公式,也称**白塞尔公式**(Bessel formula)。

[**例 5-3**] 在[例 5-1]中,假设距离的真值未知,试用白塞尔公式计算该 50 m 钢尺一次丈量的中误差。

[**解**] 容易求出 6 次距离丈量的算术平均值 $\bar{l} = 49.982\ 2$ m,其余计算在表 5-3 中进行。

表 5-3   用观测值改正数 V 计算一次丈量中误差

观测次序	观测值/m	V/mm	VV/mm²	计 算
1	49.988	−5.8	33.64	
2	49.975	7.2	51.84	$m = \pm \sqrt{\dfrac{[VV]}{n-1}}$
3	49.981	1.2	1.44	
4	49.978	4.2	17.64	$= \pm \sqrt{\dfrac{130.84}{5}}$
5	49.987	−4.8	23.04	
6	49.984	−1.8	3.24	$= \pm 5.12$ mm
$\sum$			130.84	

使用 MS-Excel 计算的结果参见课程网站文件"\Excel\表 5-3.xls"。

使用 fx-5800P 的单变量统计 **SD** 模式计算算术平均值 $\bar{l}$ 与中误差 m 的操作步骤如下:

按 (MODE) 3 键进入 **SD** 模式,移动光标到 **X** 串列的第一单元,按 **49.988** [EXE] **49.975** [EXE] **49.981** [EXE] **49.978** [EXE] **49.987** [EXE] **49.984** [EXE] 键输入 6 个距离丈量值,**FREQ** 串列的值自动变成 1,结果如图 5-3(a)、(b)所示。

按 (FUNCTION) 6 (**RESULT**)键进行单变量统计计算,多次按 ⊙ 键向下翻页查看,结果如图 5-3(d)—(f)所示。由图可知,6 次丈量的平均值为 $\bar{x} = 49.982$ m,一次量距的中误差为 x σn-1 $= 5.12$ mm。

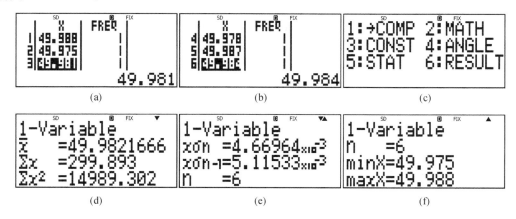

图 5-3 在 fx-5800P 的 SD 模式下计算表 5-3 单变量统计的操作界面

表 5-2 使用式(5-12)计算出的钢尺每次丈量中误差 $m=\pm 5.02$ mm,而表 5-3 使用式 (5-48)计算出的钢尺每次丈量中误差 $m=\pm 5.12$ mm,二者并不相等,这是因为观测次数 $n=6$ 较小所致。

5.6 不等精度独立观测量的最可靠值与精度评定

1. 权（weight）

设观测量 l_i 的中误差为 m_i,其权 W_i 定义为

$$W_i = \frac{m_0^2}{m_i^2} \tag{5-49}$$

式中,m_0^2 为任意正实数。由式(5-49)可知,观测量 l_i 的权 W_i 与其方差 m_i^2 成反比,l_i 的方差 m_i^2 越大,其权就越小,精度越低;反之,l_i 的方差 m_i^2 越小,其权就越大,精度越高。

如果令 $W_i=1$,则有 $m_0^2=m_i^2$,即 m_0^2 为权等于 1 的观测量的方差,故称 m_0^2 为**单位权方差** (unit weight variance),而 m_0 就称为**单位权中误差**(unit weight mean square error)。

2. 加权平均值及其中误差

对某量进行不等精度独立观测,观测值为 l_1,l_2,$\cdots$,l_n,观测中误差分别为 m_1,m_2,$\cdots$,m_n,权分别为 W_1,W_2,$\cdots$,W_n,则观测值的**加权平均值**(weighted average)定义为

$$\bar{l}_w = \frac{W_1 l_1 + W_2 l_2 + \cdots + W_n l_n}{W_1 + W_2 + \cdots + W_n} = \frac{[Wl]}{[W]} \tag{5-50}$$

将式(5-50)写为

$$\bar{l}_w = \frac{W_1}{[W]} l_1 + \frac{W_2}{[W]} l_2 + \cdots + \frac{W_n}{[W]} l_n \tag{5-51}$$

应用误差传播定律,得

$$m_{\bar{l}_w}^2 = \frac{W_1^2}{[W]^2} m_1^2 + \frac{W_2^2}{[W]^2} m_2^2 + \cdots + \frac{W_n^2}{[W]^2} m_n^2 \tag{5-52}$$

因 $W_i^2 m_i^2 = \left(\frac{m_0^2}{m_i^2} \right)^2 m_i^2 = \frac{m_0^4}{m_i^4} m_i^2 = \frac{m_0^2}{m_i^2} m_0^2 = W_i m_0^2$ $(i=1,2,\cdots,n)$,将其代入式(5-52),得

$$m_{\bar{l}_w}^2 = \frac{W_1}{[W]^2} m_0^2 + \frac{W_2}{[W]^2} m_0^2 + \cdots + \frac{W_n}{[W]^2} m_0^2$$
$$= \frac{[W]}{[W]^2} m_0^2 = \frac{m_0^2}{[W]} \tag{5-53}$$

等式两边开根号,得

$$m_{\bar{l}_w} = \pm \frac{m_0}{\sqrt{[W]}} \tag{5-54}$$

下一节将证明：不等精度独立观测量的加权平均值的中误差最小。

[例 5-4]　如图 5-4 所示，1，2，3 点为已知高等级水准点，其高程值的误差很小，可以忽略不计。为求 P 点的高程，使用 DS3 水准仪独立观测了三段水准路线的高差，每段高差的观测值及其测站数标于图中，试求 P 点高程的最可靠值及其中误差。

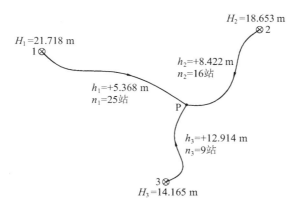

图 5-4　某水准路线图

[解]　因为都是使用 DS3 水准仪观测，可以认为每站高差观测中误差 $m_{站}$ 相等。

由式(5-24)求得高差观测值 h_1，h_2，h_3 的中误差分别为 $m_1 = \sqrt{n_1}\, m_{站}$，$m_2 = \sqrt{n_2}\, m_{站}$，$m_3 = \sqrt{n_3}\, m_{站}$。

取 $m_0 = m_{站}$，则 h_1，h_2，h_3 的权分别为 $W_1 = \dfrac{1}{n_1}$，$W_2 = \dfrac{1}{n_2}$，$W_3 = \dfrac{1}{n_3}$。

由 1，2，3 点的高程值和三个高差观测值 h_1，h_2，h_3 可以分别算出 P 点的高程值为

$$
\left.
\begin{aligned}
H_{P1} &= H_1 + h_1 = 21.718 + 5.368 = 27.086 \text{ m} \\
H_{P2} &= H_2 + h_2 = 18.653 + 8.422 = 27.075 \text{ m} \\
H_{P3} &= H_3 + h_3 = 14.165 + 12.914 = 27.079 \text{ m}
\end{aligned}
\right\}
\tag{5-55}
$$

因为三个已知水准点的高程误差很小，可以忽略不计，所以，三个高差观测值的中误差 m_1，m_2，m_3 就等于使用该高差观测值算出的 P 点高程值 H_{P1}，H_{P2}，H_{P3} 的中误差。

P 点高程的加权平均值为

$$
\bar{H}_{PW} = \frac{\dfrac{1}{n_1} H_{P1} + \dfrac{1}{n_2} H_{P2} + \dfrac{1}{n_3} H_{P3}}{\dfrac{1}{n_1} + \dfrac{1}{n_2} + \dfrac{1}{n_3}} = \frac{\dfrac{27.086}{25} + \dfrac{27.075}{16} + \dfrac{27.079}{9}}{\dfrac{1}{25} + \dfrac{1}{16} + \dfrac{1}{9}} = 27.079\ 1 \text{ m} \tag{5-56}
$$

P 点高程加权平均值的中误差为

$$
m_{\bar{H}_{PW}} = \pm \frac{m_{站}}{\sqrt{\dfrac{1}{n_1} + \dfrac{1}{n_2} + \dfrac{1}{n_3}}} = \pm \frac{m_{站}}{\sqrt{\dfrac{1}{25} + \dfrac{1}{16} + \dfrac{1}{9}}} = \pm 2.164 m_{站} \tag{5-57}
$$

下面验证 P 点高程算术平均值的中误差 $m_{\bar{H}_P} > m_{\bar{H}_{PW}}$。

P 点高程的算术平均值为

$$\bar{H}_P = \frac{H_{P1} + H_{P2} + H_{P3}}{3} = 27.080 \text{ m} \tag{5-58}$$

根据误差传播定律,求得 P 点高程算术平均值的中误差为

$$m_{\bar{H}_P} = \pm\sqrt{\frac{1}{9}m_1^2 + \frac{1}{9}m_2^2 + \frac{1}{9}m_3^2} = \pm\frac{1}{3}\sqrt{m_1^2 + m_2^2 + m_3^2}$$

$$= \pm\frac{1}{3}m_{\text{站}}\sqrt{n_1 + n_2 + n_3} = \pm\frac{\sqrt{50}}{3}m_{\text{站}} = \pm 2.357 m_{\text{站}} \tag{5-59}$$

比较式(5-57)与式(5-59)的结果可知,对于不等精度独立观测,加权平均值比算术平均值更合理。

3. 单位权中误差的计算

由式(5-57)可知,求出的 P 点高程加权平均值的中误差为单位权中误差($m_0 = m_{\text{站}}$)的函数,由于 $m_{\text{站}}$ 未知,仍然求不出 $m_{\bar{H}_{PW}}$。下面推导单位权中误差 m_0 的计算公式。

一般地,对权分别为 W_1,W_2,$\cdots$,W_n 的不等精度独立观测量 l_1,l_2,$\cdots$,l_n,构造虚拟观测量 l_1',l_2',$\cdots$,l_n',其中

$$l_i' = \sqrt{W_i} l_i, \; i = 1, 2, \cdots, n \tag{5-60}$$

应用误差传播定律,求得虚拟观测量 l_i' 的中误差为

$$m_{l_i'}^2 = W_i m_i^2 = \frac{m_0^2}{m_i^2}m_i^2 = m_0^2 \tag{5-61}$$

式(5-61)表明,虚拟观测量 l_1',l_2',$\cdots$,l_n' 是等精度独立观测量,每个观测量的中误差相等,根据式(5-48)的白塞尔公式,得

$$m_0 = \pm\sqrt{\frac{[V'V']}{n-1}} \tag{5-62}$$

对式(5-60)取微分,并令微分量等于改正数,得 $V_i' = \sqrt{W_i}V_i$,将其代入式(5-62),得

$$m_0 = \pm\sqrt{\frac{[WVV]}{n-1}} \tag{5-63}$$

将式(5-63)代入式(5-54),得加权平均值的中误差为

$$m_{\bar{l}_W} = \pm\sqrt{\frac{[WVV]}{[W](n-1)}} \tag{5-64}$$

[例 5-4]的单位权中误差($m_0 = m_{\text{站}}$)的计算在表 5-4 中进行。

表 5-4 计算不等精度独立观测量的单位权中误差

序号	H_P/m	V/mm	W	WVV/mm^2	
1	27.086	-6.9	0.04	1.904 4	$m_{站}=\pm\sqrt{\dfrac{[WVV]}{n-1}}$
2	27.075	$+4.1$	0.062 5	1.050 6	$=\pm\sqrt{\dfrac{2.956\ 1}{2}}$
3	27.079	$+0.1$	0.111 1	0.001 1	$=\pm1.22\ mm$
Σ				2.956 1	

下面证明,加权平均值的方差为未知量估计的最小方差。

一般地,设对某未知量 l 进行 n 次不等精度独立观测,观测值为 l_1, l_2, $\cdots$, l_n,权为 W_1,W_2, $\cdots$, W_n,设未知量的最可靠值为 x,则各观测量的改正数为

$$V_i=x-l_i, \quad i=1,\ 2,\ \cdots,\ n \tag{5-65}$$

测量上称式(5-65)为观测方程或误差方程。n 个误差方程中只要给定一个 x 的值,就可以计算出 n 个改正数 V,因此方程有无穷组解。为了求出 x 的最优解,应对改正数 V 施加一个约束准则。测量上,一般使用式(5-66)所示的最小二乘准则作为约束条件:

$$[WVV]=[W(x-l)^2]\rightarrow \min \tag{5-66}$$

将式(5-66)对未知量 x 求一阶导数,并令其等于 0,得

$$\frac{\mathrm{d}[WVV]}{\mathrm{d}x}=2[WV]=2[W(x-l)]=0$$

$$[W]x-[Wl]=0$$

$$x=\frac{[Wl]}{[W]} \tag{5-67}$$

式(5-67)与式(5-50)的加权平均值相同,这说明,当未知量的估值等于观测量的加权平均值时,可以使 $[WVV]\rightarrow\min$,由式(5-64)可知,它等价于满足条件 $m_{\bar{l}w}\rightarrow\min$。

测量中,称在式(5-66)的最小二乘准则下求观测方程式(5-65)解的方法为**最小二乘平差**(least squares adjustment)。平差的英文单词为 adjustment,意为调整,其实质是调整改正数 V 使之满足某个约束条件。通常称满足最小二乘准则的平差为严密平差,不符合最小二乘准则的平差为近似平差。本书 2.3 节介绍的水准测量成果处理方法属于近似平差,《城市测量规范》[2] 规定,水准网及高程导线的平差应采用条件平差或间接平差等严密平差方法。

本 章 小 结

(1) 当严格按规范要求检验与校正仪器并实施测量时,一般认为测量的误差只含有偶然误差。

(2) 衡量偶然误差精度的指标有中误差 m、相对误差 K 和极限误差 $|\Delta_容|=2m$ 或 $|\Delta_容|=3m$。

(3) 等精度独立观测量的算术平均值 $\bar{l}$、一次观测中误差 m、算术平均值的中误差 $m_{\bar{l}}$

的计算公式分别为

$$\bar{l} = \frac{[l]}{n}, \quad m = \pm\sqrt{\frac{[VV]}{n-1}} \text{（白塞尔公式）}, \quad m_{\bar{l}} = \frac{m}{\sqrt{n}}$$

（4）观测值 l_i 的权定义为 $W_i = \frac{m_0^2}{m_i^2}$，$W_i$ 是正实数。

（5）不等精度独立观测量的加权平均值 $\bar{l}_W$、单位权中误差 m_0、加权平均值的中误差 $m_{\bar{l}_W}$ 的计算公式分别为

$$\bar{l} = \frac{[Wl]}{[W]}, \quad m_0 = \pm\sqrt{\frac{[WVV]}{n-1}}, \quad m_{\bar{l}_W} = \frac{m_0}{\sqrt{[W]}}$$

思考题与练习题

[5-1]　产生测量误差的原因是什么？

[5-2]　测量误差是如何分类的？各有何特性？在测量工作中如何消除或削弱？

[5-3]　偶然误差有哪些特性？

[5-4]　对某直线等精度独立丈量了 7 次，观测结果分别为 168.135，168.148，168.120，168.129，168.150，168.137，168.131，试用 fx-5800P 的单变量统计功能计算其算术平均值、每次观测的中误差，应用误差传播定律计算算术平均值中误差。

[5-5]　南方 NTS-362LN 系列全站仪一测回方向观测中误差 $m_0 = \pm 2''$，试计算该仪器一测回观测一个水平角 β 的中误差 m_β。

[5-6]　量得一圆柱体的半径及其中误差为 $r = 4.578 \text{ m} \pm 0.006 \text{ m}$，高度及其中误差为 $h = 2.378 \text{ m} \pm 0.004 \text{ m}$，试计算该圆柱体的体积及其中误差。

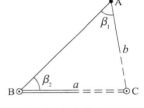

图 5-5　侧方交会测量

[5-7]　如图 5-5 所示的侧方交会，测得边长 a 及其中误差为 $a = 230.78 \text{ m} \pm 0.012 \text{ m}$，两个水平角观测值及其误差分别为 $\beta_1 = 52°47'36'' \pm 15''$，$\beta_2 = 45°28'54'' \pm 20''$，试计算边长 b 及其中误差 m_b。

[5-8]　已知三角形各内角的测量中误差为 $\pm 15''$，容许中误差为中误差的 2 倍，求该三角形闭合差的限差。

[5-9]　如图 5-6 所示，A，B，C 三个已知水准点的高程误差很小，可以忽略不计。为了求得图中 P 点的高程，从 A，B，C 三点向 P 点进行同等级的水准测量，高差观测的中误差按式(5-25)计算，取单位权中误差 $m_0 = m_{km}$，试计算 P 点高程的加权平均值及其中误差、单位权中误差。

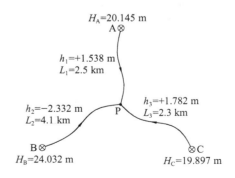

图 5-6　节点水准路线测量略图

168

第6章 控 制 测 量

本 章 导 读

- **基本要求** 理解平面与高程控制网的布设原则是由高级网向低级网逐级加密;掌握单一闭(附)合导线的布设、测量与近似平差方法;熟悉前方交会与后方交会坐标计算原理;掌握顾及球气差改正的三角高程测量原理;掌握南方 MSMT 手机软件导线平差与后方交会程序的使用方法。

- **重点** 单一闭(附)合导线近似平差计算,后方交会坐标计算,三角高程测量球气差改正的计算。

- **难点** 单一闭(附)合导线的近似平差计算,后方交会坐标计算方法。

6.1 控制测量概述

测量工作应遵循"从整体到局部,先控制后碎部"的原则。"整体"是指**控制测量**(control survey),其意义为控制测量应由高等级到低等级逐级加密进行,直至最低等级的**图根控制测量**(mapping control survey),再在图根控制点上安置仪器进行碎部测量或测设工作。控制测量包括平面控制测量和高程控制测量,测定点位的(x,y)坐标为平面控制测量,测定点位的 H 坐标为高程控制测量。

在全国范围内建立的控制网,称为国家控制网。它是全国各种比例尺测图的基本控制,也为研究地球的形状和大小,了解地壳水平形变和垂直形变的大小及趋势,为地震预测提供形变信息等服务。国家控制网是用精密测量仪器和方法依照《国家三角测量和精密导线测量规范》《全球定位系统(GPS)测量规范》《国家一、二等水准测量规范》及《国家三、四等水准测量规范》按一、二、三、四等四个等级、由高级到低级逐级加密点位建立的。

1. 平面控制测量(horizontal control survey)

我国的**国家平面控制网**(national horizontal control network)主要用**三角测量**(triangulation)法布设,在西部困难地区采用**导线测量**(traverse survey)法。一等三角锁沿经线和纬线布设成纵横交叉的**三角锁**(triangulation chain)系,锁长为 $200\sim250$ km,构成 120 个锁环。一等三角锁内由近于等边的三角形组成,平均边长为 $20\sim30$ km。二等三角测量有两种布网形式,一种是由纵横交叉的两条二等基本锁将一等锁环划分为 4 个大致相等的部分,其 4 个空白部分用二等补充网填充,称纵横锁系布网方案;另一种是在一等锁环内布设全面二等三角网,称全面布网方案。二等基本锁的平均边长为 $20\sim25$ km,二等三角网的平均边长为 13 km 左右。一等锁的两端和二等锁网的中间,都要测定起算边长、天文经纬度和方位角。国家一、二等网合称为**天文大地网**(astro-geodetic network)。

我国天文大地网于1951年开始布设,1961年基本完成,1975年修测补测工作全部结束。三、四等三角网是在二等三角网内的进一步加密。图6-1为国家一等三角锁和一等导线布设略图。

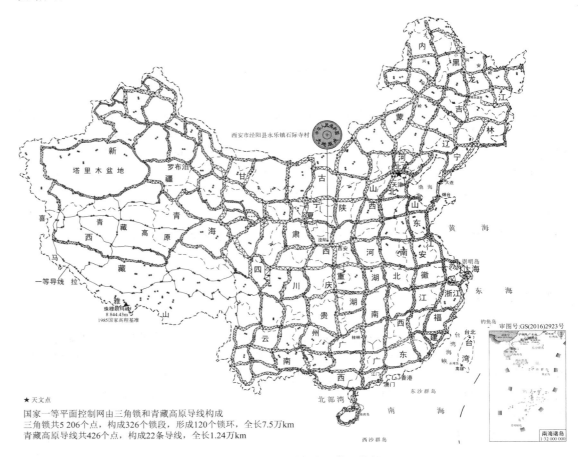

★ 天文点

国家一等平面控制网由三角锁和青藏高原导线构成
三角锁共5 206个点,构成326个锁段,形成120个锁环,全长7.5万km
青藏高原导线共426个点,构成22条导线,全长1.24万km

图6-1 国家一等三角锁与一等导线略图

城市或工矿区,一般应在上述国家等级控制点的基础上,根据测区的大小、城市规划或施工测量的要求,布设不同等级的城市平面控制网,以供地形测图和测设建(构)筑物时使用。

《城市测量规范》[2]规定,城市平面控制网测量可采用GNSS卫星定位测量、导线测量、边角组合测量等方法。其中GNSS测量的技术要求参见第7章,各等级导线测量的主要技术指标应符合表6-1的规定。

表6-1 全站仪导线测量方法布设平面控制网的技术指标

等级	长度/km	平均边长/m	测距中误差/mm	测角中误差/(″)	方位角闭合差/(″)	全长相对闭合差
三等	≤15	3 000	≤18	≤1.5	$\pm 3\sqrt{n}$	≤1/60 000
四等	≤10	1 600	≤18	≤2.5	$\pm 5\sqrt{n}$	≤1/40 000
一级	≤3.6	300	≤15	≤5	$\pm 10\sqrt{n}$	≤1/14 000

等级	长度/km	平均边长/m	测距中误差/mm	测角中误差/(″)	方位角闭合差/(″)	全长相对闭合差
二级	≤2.4	200	≤15	≤8	$\pm16\sqrt{n}$	≤1/10 000
三级	≤1.3	120	≤15	≤12	$\pm24\sqrt{n}$	≤1/6 000

直接供测绘地形图使用的控制点称为**图根控制点**(mapping control point),简称图根点。图根导线测量的主要技术要求应符合表 6-2 的规定。

表 6-2   全站仪图根导线测量的技术指标

比例尺	导线长度/m	平均边长/m	方位角闭合差/(″)	全长相对闭合差
1:500	900	80		
1:1 000	1 800	150	$\pm40\sqrt{n}$	≤1/4 000
1:2 000	3 000	250		

对于导线坐标计算,三、四等导线应采用严密平差法,一、二、三级与图根导线可采用近似平差法。

2. 高程控制测量(vertical control survey)

高程控制测量的方法主要有**水准测量**(leveling)、**三角高程测量**(trigonometric leveling)和 **GNSS 拟合高程测量**(GNSS leveling)。《**城市测量规范**》[2] 规定,城市高程控制网宜采用水准测量方法施测,对于水准测量确有困难的山岳地带及沼泽、水网地区的四等高程控制测量,也可以采用全站仪三角高程测量法;平原和丘陵地区的四等高程控制测量,可采用 GNSS 拟合高程测量。

在全国领土范围内,由一系列按国家统一规范测定高程的水准点构成的水准网称为国家水准网,水准点上设有固定标志,以便长期保存,为国家各项建设和科学研究提供高程资料。

国家水准网按逐级控制、分级布设的原则分为一、二、三、四等,其中一、二等水准测量称为精密水准测量。一等水准是国家高程控制的骨干,沿地质构造稳定和坡度平缓的交通线布满全国,构成网状。二等水准是国家高程控制网的全面基础,一般沿铁路、公路和河流布设。二等水准环线布设在一等水准环内。沿一、二等水准路线还应进行重力测量,提供重力改正数据;三、四等水准直接为测制地形图和各项工程建设使用。全国各地的高程都是根据国家水准网统一传算的,图 6-2 为国家一等水准路线略图。

根据《国家三、四等水准测量规范》[5] 规定,三、四等水准测量的主要技术要求,应符合表 2-1—表 2-3 的规定。

6.2   导线测量

1. 导线的布设

导线测量(traverse survey)是依次测定导线边的水平距离和两相邻导线边的水平夹角,然后根据起算数据,推算各边的方位角,最后求出导线点的平面坐标。

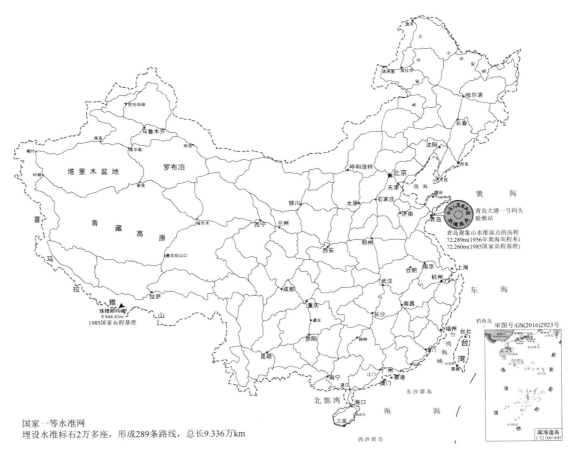

国家一等水准网
埋设水准标石2万多座，形成289条路线，总长9.336万km

图 6-2　国家一等水准路线略图

导线测量是建立平面控制网常用的一种方法，特别是在地物分布比较复杂的建筑区、视线障碍较多的隐蔽区和带状地区，多采用导线测量方法。导线的布设形式有闭合导线、附合导线和支导线三种，如图6-3所示。

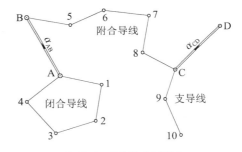

图 6-3　导线的布设形式

（1）闭合导线（closed traverse）

起讫于同一已知点的导线，称为闭合导线。如图6-3所示，导线从已知高级控制点 A 和已知方向 BA 出发，经过 1，2，3，4 点，最后返回到起点 A，形成一个闭合多边形。闭合导线有 3 个检核条件：一个多边形内角和条件和两个坐标增量条件。

（2）附合导线（connecting traverse）

布设在两个已知点之间的导线，称为附合导线。如图 6-3 所示，导线从已知高级控制点 B 和已知方向 AB 出发，经过 5，6，7，8 点，最后附合到另一已知高级点 C 和已知方向 CD。附合导线有 3 个检核条件：一个方位角条件和两个坐标增量条件。

（3）支导线（open traverse）

导线从已知高级控制点 C 和已知方向 DC 出发，延伸出去的导线 C→9，9→10 称为支导线。因为支导线只有必要的起算数据,没有检核条件,所以,它只限于在图根导线中使用,且支导线的点数一般不应超过 3 个。

2. 导线测量外业工作

导线测量外业工作包括:踏勘选点、建立标志、测角与量边。

(1) 踏勘选点及建立标志

在踏勘选点之前,应到政府职能部门收集测区原有的地形图和高一等级控制点的成果资料,然后在地形图上初步设计导线布设路线,最后按照设计方案到实地踏勘选点。实地踏勘选点时,应注意下列事项:

① 相邻导线点间应通视良好,以便于角度和距离测量。

② 点位应选在土质坚实并便于保存的地方。

③ 点位上的视野应开阔,便于测绘周围的地物和地貌。

④ 导线边长应符合表 6-1 和表 6-2 的规定,相邻边长的长度尽量不要相差悬殊。

⑤ 导线点应均匀分布在测区内,以便于控制整个测区。

导线点位选定后,在土质地面上,应在点位上打一木桩,桩顶钉一小钉,作为临时性标志,如图 6-4(a)所示;在碎石或沥青路面上,可用顶上凿有十字纹的测钉代替木桩,如图 6-4(b)所示;在混凝土场地或路面上,可以用钢凿凿一个十字纹,再涂上红油漆使标志明显。对于一、二级导线点,需要长期保存时,可参照图 6-4(c)埋设混凝土导线点标石。

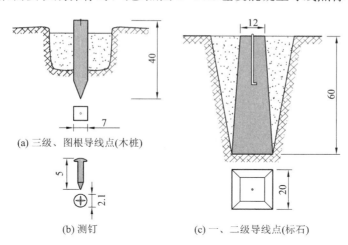

(a) 三级、图根导线点(木桩)

(b) 测钉

(c) 一、二级导线点(标石)

图 6-4 导线点的埋设(单位:cm)

导线点在地形图上的表示符号如图 6-5(a)所示,图中的注记"2.0"表示符号正方形的宽或符号圆的直径为 2 mm。

导线点应分等级统一编号,以便于测量资料的统一管理。导线点埋设后,为便于观测时寻找,可在点位附近房角或电线杆等明显地物上用红油漆标明指示导线点的位置。此外还应为每一个导线点绘制一张点之记,在点之记上注记地名、路名、导线点编号及导线点与邻近明显地物点的距离,如图 6-5(b)所示。

(2) 导线边长与转折角测量

导线边长使用全站仪测量,并对所测边长施加气象改正。

导线转折角(traverse angle)是指在导线点上由相邻导线边构成的水平角。导线转折角

173

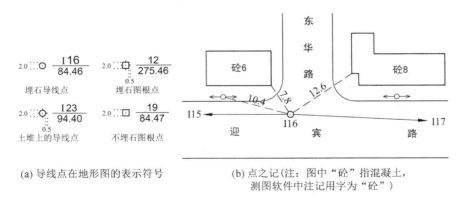

| (a) 导线点在地形图的表示符号 | (b) 点之记(注：图中"砼"指混凝土，测图软件中注记用字为"砼") |

图 6-5　导线点在地形图的表示符号与点之记

分为左角和右角,在导线前进方向左侧的水平角称为左角,右侧的水平角称为右角。若观测无误差,在同一个导线点测得的左角与右角之和应等于 360°。导线转折角测量的要求应符合表 6-1 或表 6-2 的规定。

3. 闭合导线计算

导线计算的目的是求解各导线点的平面坐标。计算前,应全面检查导线测量的外业记录,如数据是否齐全,有无遗漏、记错或算错,成果是否符合规范要求等。经上述各项检查无误后,即可绘制导线略图,将已知数据和观测成果标注在图上,如图 6-6 所示。

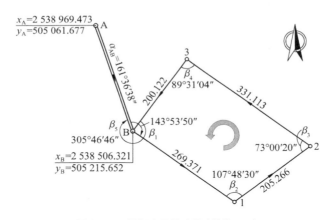

图 6-6　二级闭合导线略图（单位：m）

在图 6-6 中,已知 A 点的坐标(x_A, y_A),B 点的坐标(x_B, y_B),可以计算出 AB 边的方位角α_{AB},如果令方位角推算方向为 A→B→1→2→3→B→A,则图中观测的 5 个水平角均为左角。导线计算的目的是求出 1,2,3 点的平面坐标,全部计算在表 6-3 中进行,具体步骤如下:

（1）角度闭合差的计算与调整

设 n 边形闭合导线的各内角分别为$\beta_1, \beta_2, \cdots, \beta_n$,则内角和的理论值应为

$$\sum \beta_{\text{理}} = (n-2) \times 180° \tag{6-1}$$

按图 6-6 所示路线推算方位角时,AB 边使用了两次,加上 B-1,1-2,2-3,3-B 四条边应构成一个六边形,角度和的理论值应为

$$\sum \beta_{理} = (6-2) \times 180° = 720°$$

因为观测的水平角有误差,致使内角和的观测值 $\sum \beta_{测}$ 不等于理论值 $\sum \beta_{理}$,其**角度闭合差**(angle-closing error of traverse)f_{β} 定义为

$$f_{\beta} = \sum \beta_{测} - \sum \beta_{理} \tag{6-2}$$

按照表 6-1 的规定,二级全站仪导线角度闭合差的限差值 $f_{\beta限} = 16\sqrt{n}$,若 $f_{\beta} \leqslant f_{\beta限}$,则将角度闭合差 f_{β} 按"反号平均分配"的原则,计算各角的改正数 v_{β}:

$$v_{\beta} = -\frac{f_{\beta}}{n} \tag{6-3}$$

再将 v_{β} 加至各观测角 β_i 上,求出改正后的角值:

$$\hat{\beta}_i = \beta_i + v_{\beta} \tag{6-4}$$

角度改正数和改正后的角值计算在表 6-3 的第 3,4 列进行。

(2) 导线边方位角的推算

因图 6-6 所示的导线转折角均为左角,由式(4-27)的方位角计算公式,得

$$\alpha_{前} = \alpha_{后} + \hat{\beta}_L \pm 180° \tag{6-5}$$

方位角的计算在表 6-3 的第 5 列进行。

(3) 导线边坐标增量的计算与**坐标增量闭合差**(closing error in coordinate increment)的调整

计算出边长 D_{ij} 的方位角 α_{ij} 后,依式(6-6)计算其坐标增量 Δx_{ij},Δy_{ij}:

$$\left. \begin{array}{l} \Delta x_{ij} = D_{ij} \cos \alpha_{ij} \\ \Delta y_{ij} = D_{ij} \sin \alpha_{ij} \end{array} \right\} \tag{6-6}$$

坐标增量的复数计算公式为 $\Delta x_{ij} + \Delta y_{ij} \mathrm{i} = D_{ij} \angle \alpha_{ij}$,坐标增量计算结果填入表 6-3 的第 7,8 列。

导线边的坐标增量和导线点坐标的关系如图 6-7(a)所示,由图可知,闭合导线各边坐标增量代数和的理论值应分别等于零,即有

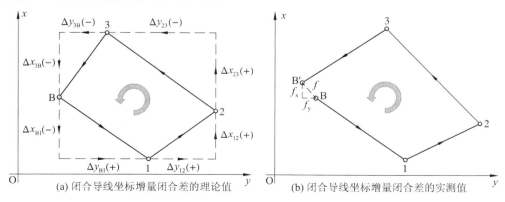

(a) 闭合导线坐标增量闭合差的理论值   (b) 闭合导线坐标增量闭合差的实测值

图 6-7 闭合导线坐标闭合差的计算原理及其几何意义

175

$$\left.\begin{array}{l}\sum \Delta x_{理}=0\\\sum \Delta y_{理}=0\end{array}\right\} \tag{6-7}$$

由于边长观测值和调整后的角度值有误差,造成坐标增量也有误差。设坐标增量闭合差分别为 f_x,f_y,则有

$$\left.\begin{array}{l}f_x=\sum \Delta x_{测}-\sum \Delta x_{理}=\sum \Delta x_{测}\\f_y=\sum \Delta y_{测}-\sum \Delta y_{理}=\sum \Delta y_{测}\end{array}\right\} \tag{6-8}$$

如图 6-7(b)所示,坐标增量闭合差 f_x,f_y 的存在,使导线在平面图形上不能闭合,即由已知点 B 出发,沿方位角推算方向 B→1→2→3→B′ 计算出的 B′ 点的坐标不等于 B 点的已知坐标,BB′ 的长度 f 称为**导线全长闭合差**(total length closing error of traverse),计算公式为

$$f=\sqrt{f_x^2+f_y^2} \tag{6-9}$$

定义**导线全长相对闭合差**(relative length closing error of traverse)为

$$K=\frac{f}{\sum D}=\frac{1}{\sum D/f} \tag{6-10}$$

由表 6-1 可知,二级导线 $K_{限}=1/10\ 000$,当 $K\leqslant K_{限}$ 时,可以分配坐标增量闭合差 f_x,f_y,其原则是"反号与边长成比例分配",即边长 D_{ij} 的坐标增量改正数为

$$\left.\begin{array}{l}\delta \Delta x_{ij}=-\dfrac{f_x}{\sum D}D_{ij}\\[3mm]\delta \Delta y_{ij}=-\dfrac{f_y}{\sum D}D_{ij}\end{array}\right\} \tag{6-11}$$

计算结果填入表 6-3 的第 7,8 列相应行的上方,改正后的坐标增量为

$$\left.\begin{array}{l}\Delta \hat{x}_{ij}=\Delta x_{ij}+\delta \Delta x_{ij}\\\Delta \hat{y}_{ij}=\Delta y_{ij}+\delta \Delta y_{ij}\end{array}\right\} \tag{6-12}$$

计算结果填入表 6-3 的第 9,10 列。

(4)导线点的坐标推算

设两相邻导线点为 i,j,利用 i 点的坐标和调整后 i 点→j 点的坐标增量推算 j 点坐标的公式为

$$\left.\begin{array}{l}x_j=x_i+\Delta \hat{x}_{ij}\\y_j=y_i+\Delta \hat{y}_{ij}\end{array}\right\} \tag{6-13}$$

导线点近似坐标的推算在表 6-3 的第 11,12 列进行。本例闭合导线从 B 点开始,依次推算 1,2,3 点的坐标,最后返回到 B 点,计算结果应与 B 点的已知坐标相同,以此作为坐标推算正确性的检核。

(5)使用南方 MSMT 手机软件的导线平差程序计算闭合导线

① 新建二级导线平差文件

在"测试"项目主菜单,点击 ▓▓ 按钮,进入单一导线近似平差文件列表界面[图 6-8

表6-3 全站仪二级闭合导线坐标计算表（使用 fx-5800P 计算器计算）

点号 (1)	水平角（左角）/(° ′ ″) (2)	改正数/(″) (3)	改正角/(° ′ ″) (4)	方位角/(° ′ ″) (5)	平距/m (6)	坐标增量 Δx/m (7)	坐标增量 Δy/m (8)	改正后的坐标增量 Δx̂/m (9)	改正后的坐标增量 Δŷ/m (10)	坐标平差值 x̂/m (11)	坐标平差值 ŷ/m (12)	点号 (13)
A				**161 36 38**						**2 538 506.321**	**505 215.652**	B
B	143 53 50	−6	143 53 44	125 30 22	269.371	−0.012 / −156.448	+0.017 / 219.282	−156.460	219.299			
1	107 48 30	−6	107 48 24	53 18 46	205.266	−0.009 / 122.635	+0.014 / 164.605	122.626	164.619	2 538 349.861	505 434.951	1
2	73 00 20	−6	73 00 14	306 19 00	331.113	−0.014 / 196.101	+0.021 / −266.796	196.087	−266.775	2 538 472.487	505 599.570	2
3	89 31 04	−6	89 30 58	215 49 58	200.122	−0.008 / −162.245	+0.013 / −117.156	−162.253	−117.143	2 538 668.574	505 332.795	3
B	305 46 46	−6	305 46 40	**341 36 38**						**2 538 506.321**	**505 215.652**	B
A												
Σ	720 00 30	−30	720 00 00		1 005.872	(−0.043) / 0.043	(0.065) / −0.065	(0.000)	(0.000)			

辅助计算：

$\sum\beta_{测}=720°00'30''$

$\sum\beta_{理}=720°$

$f_\beta=\sum\beta_{测}-\sum\beta_{理}=30''$

$f_{\beta限}=16''\sqrt{n}=36''$（表6-1二级导线限差）

$f_x=\sum\Delta x_{测}=0.043\text{ m}$，$f_y=\sum\Delta y_{测}=-0.065\text{ m}$

导线全长闭合差 $f=\sqrt{f_x^2+f_y^2}=0.078\text{ m}$

导线全长相对闭合差 $K=\dfrac{1}{\sum D/f}\approx\dfrac{1}{12\,906}<\dfrac{1}{10\,000}$（表6-1二级导线限差）

允许相对闭合差 $K_{限}=1/10\,000$

(b)],点击 **新建文件** 按钮,在弹出的"新建导线平差文件"对话框,输入导线测量信息[图 6-8(c)],点击 **确定** 按钮,返回单一导线近似平差文件列表界面[图 6-8(d)]。

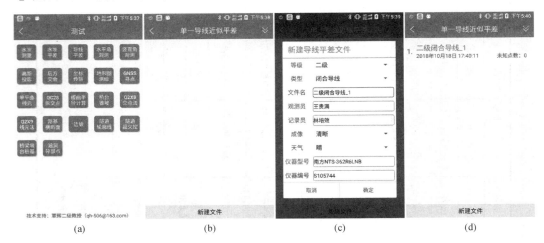

(a)   (b)   (c)   (d)

图 6-8　新建"二级闭合导线_1"文件

② 输入闭合导线数据及计算

在单一导线近似平差文件列表界面,点击新建导线文件名,在弹出的快捷菜单点击"输入数据及计算"命令[图 6-9(a)],进入图 6-9(b)所示的界面,输入未知点个数 3,输入 A,B 点的点名及其坐标,结果如图 6-9(b)所示。

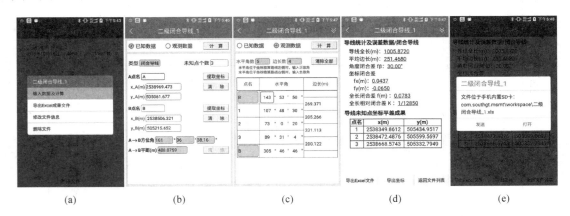

(a)   (b)   (c)   (d)   (e)

图 6-9　输入闭合导线已知坐标及观测数据,进行近似平差计算与 Excel 成果文件导出

设置 ◉ 观测数据 单选框,输入图 6-6 所注 5 个水平角与 4 条边长值,结果如图 6-9(c)所示;点击 计算 按钮,结果如图 6-9(d)所示;点击 **导出Excel文件** 按钮,系统在内置 SD 卡的工作目录创建"二级闭合导线_1.xls"文件。图 6-10 为在 PC 机打开该文件的内容。

在图 6-9(d)所示的界面,点击 **导出坐标** 按钮可将导线平差坐标导出为南方 CASS 展点坐标文件,或导出到"坐标传输"文件的坐标列表中,详细参见第 11 章图 11-15。

4. 附合导线计算

附合导线的计算与闭合导线基本相同,二者的主要差异在于角度闭合差 f_β 和坐标增量闭合差 f_x,f_y 的计算。下面以图 6-11 所示的图根附合导线为例介绍计算原理与方法。

测量员：王贵满 记录员：林培效 成像：清晰 天气：晴 仪器型号：南方NTS-362R6LNB 仪器编号：S105744

点名	水平角β +左角/-右角	水平角β 改正数νβ	水平角β 平差值	导线边方位角	平距D(m)	坐标增量 Δx(m)	坐标增量 Δy(m)	坐标增量改正数 δΔx(m)	坐标增量改正数 δΔy(m)	改正后坐标增量 Δx(m)	改正后坐标增量 Δy(m)	坐标平差值 x(m)	坐标平差值 y(m)
A				161°36'38.16"								2538969.4730	505061.6770
B	143°53'50.00	-6.00"	143°53'44.00"	125°30'22.16"	269.3710	-156.4481	219.2823	-0.0117	0.0174	-156.4598	219.2997	2538506.3210	505215.6520
1	107°48'30.00	-6.00"	107°48'24.00"	53°18'46.16"	205.2660	122.6353	164.6047	-0.0089	0.0133	122.6264	164.618	2538349.8612	505434.9517
2	73°0'20.00	-6.00"	73°0'14.00"	306°19'0.16"	331.1130	196.1011	-266.7961	-0.0144	0.0213	196.0867	-266.7748	2538472.4876	505599.5697
3	89°31'4.00	-6.00"	89°30'58.00"	215°49'58.16"	200.1220	-162.2446	-117.1559	-0.0087	0.013	-162.2533	-117.1429	2538668.5743	505332.7949
B	305°46'46.00	-6.00"	305°46'40.00"	341°36'38.16"								2538506.3210	505215.6520
	Σνβ -30.00"				ΣD(m) 1005.8720	ΣΔx(m) 0.0437	ΣΔy(m) -0.065	ΣδΔx(m) -0.0437	ΣδΔy(m) 0.065	ΣΔx(m) 2.84217E	ΣΔy(m) -	2538969.4730	505061.6770
	角度闭合差fβ		全长闭合差f(m)	全长相对闭合差	平均边长(m)	fx(m)	fy(m)						
	30.00"		0.0783	1/12850	251.4680	0.0437	-0.0650						

广州南方测绘科技股份有限公司 http://www.com.southgt.msmt
技术支持：覃辉二级教授(qh-506@163.com)

图 6-10　在 PC 机启动 MS-Excel 打开"二级闭合导线_1.xls"成果文件的内容

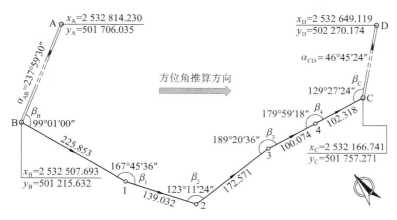

图 6-11　图根附合导线略图（单位：m）

（1）角度闭合差 f_β 的计算

附合导线的角度闭合差为方位角闭合差。如图 6-11 所示，由已知边长 AB 的方位角 α_{AB}，利用观测的转折角 β_B，β_1，β_2，β_3，β_4，β_C 可以依次推算出边长 B-1，1-2，2-3，3-4，4-C 直至 CD 边的方位角。设推算出的 CD 边方位角为 α'_{CD}，则角度闭合差 f_β 为

$$f_\beta = \alpha'_{CD} - \alpha_{CD} \tag{6-14}$$

角度闭合差 f_β 的分配原则与闭合导线相同。

（2）导线边坐标增量闭合差 f_x，f_y 的计算

设计算出的边长 B-1，1-2，2-3，3-4，4-C 的坐标增量之和为 $\sum\Delta x_{测}$，$\sum\Delta y_{测}$，而其理论值为

$$
\left.
\begin{aligned}
\sum\Delta x_{理} &= x_C - x_B \\
\sum\Delta y_{理} &= y_C - y_B
\end{aligned}
\right\} \tag{6-15}
$$

则坐标增量闭合差 f_x，f_y 为

$$
\left.
\begin{aligned}
f_x &= \sum\Delta x_{测} - \sum\Delta x_{理} = \sum\Delta x_{测} - (x_C - x_B) \\
f_y &= \sum\Delta y_{测} - \sum\Delta y_{理} = \sum\Delta y_{测} - (y_C - y_B)
\end{aligned}
\right\} \tag{6-16}
$$

计算结果列于表 6-4。

表 6-4

全站仪图根附合导线坐标计算表（使用 fx-5800P 计算器计算）

点号 (1)	水平角(左角)/(°′″) (2)	改正数/(″) (3)	改正角/(°′″) (4)	方位角/(°′″) (5)	平距/m (6)	坐标增量 Δx/m (7)	坐标增量 Δy/m (8)	改正后的坐标增量 Δx̂/m (9)	改正后的坐标增量 Δŷ/m (10)	坐标值 x/m (11)	坐标值 y/m (12)	点号 (13)
A				237 59 30						2 532 814.230	501 706.035	A
B	99 01 00	+6	99 01 06	157 00 36	225.853	+0.039 / −207.914	+0.005 / +88.212	−207.875	+88.217	2 532 507.693	501 215.632	B
1	167 45 36	+6	167 45 42	144 46 18	139.032	+0.024 / −113.570	+0.003 / +80.199	−113.546	+80.202	2 532 299.818	501 303.849	1
2	123 11 24	+6	123 11 30	87 57 48	172.571	+0.030 / +6.133	+0.004 / +172.462	+6.163	+172.466	2 532 186.272	501 384.051	2
3	189 20 36	+6	189 20 42	97 18 30	100.074	+0.017 / −12.730	+0.002 / +99.261	−12.713	+99.263	2 532 192.435	501 556.517	3
4	179 59 18	+6	179 59 24	97 17 54	102.318	+0.017 / −12.998	+0.002 / +101.489	−12.981	+101.491	2 532 179.722	501 655.780	4
C	129 27 24	+6	129 27 30	46 45 24						2 532 166.741	501 757.271	C
D										2 532 649.119	502 270.174	D
∑	888 45 18	+36	888 45 54		739.848	−341.079	+541.623	−340.952	+541.639			

辅助计算

$x_C - x_B = -340.952,\ y_C - y_B = 541.639$

$\alpha'_{CD} = 46°44'48''$

$\alpha_{CD} = 46°45'24''$

$f_\beta = \alpha'_{CD} - \alpha_{CD} = -36''$

$f_{\beta限} = 40''\sqrt{n} = 98''$（表 6-2 图根导线限差）

$f_x = \sum\Delta x_测 - (x_C - x_B) = -341.079 + 340.952 = -0.127$ m

$f_y = \sum\Delta y_测 - (y_C - y_B) = 541.623 - 541.639 = -0.016$ m

全长闭合差 $f = \sqrt{f_x^2 + f_y^2} = 0.128$ m

全长相对闭合差 $K = \dfrac{1}{\sum D/f} \approx \dfrac{1}{5\ 780} < \dfrac{1}{4\ 000}$

全长相对闭合差限差 $K_限 = 1/4\ 000$（表 6-2 图根导线限差）

180

（3）使用南方 MSMT 手机软件的导线平差程序计算附合导线

① 新建导线平差文件

在单一导线近似平差文件列表界面，点击 新建文件 按钮，在弹出的"新建导线平差文件"对话框，输入导线测量信息[图 6-12(a)]，点击 确定 按钮，返回单一导线近似平差文件列表界面[图 6-12(b)]。

② 输入附合导线据及计算

点击新建导线文件名，在弹出的快捷菜单点击"输入数据及计算"命令[图 6-13(c)]，输入未知点个数 4，输入图 6-11 所示 A，B，C，D 点的点名及其坐标，结果如图 6-12(d)，(e)所示。

设置 ◉ 观测数据 单选框，输入图 6-11 所注 6 个水平角与 5 条边长值，结果如图 6-12(f)所示。点击 计 算 按钮，结果如图 6-12(g)所示。点击 导出Excel文件 按钮，系统在内置 SD卡的工作目录创建"图根附合导线_2.xls"文件[图 6-12(h)]。图 6-13 所示为在 PC 机打开该文件的内容。

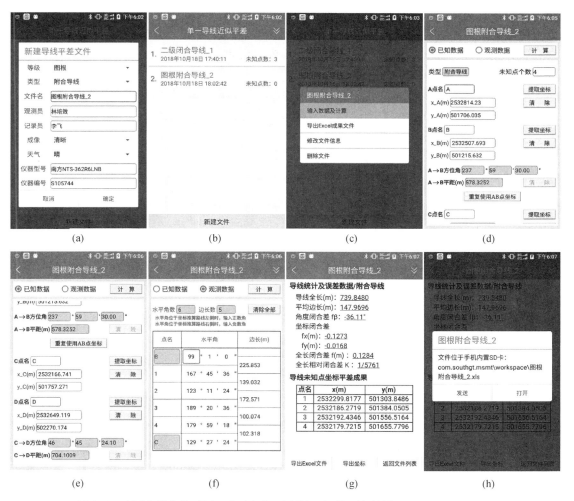

(a) (b) (c) (d)
(e) (f) (g) (h)

图 6-12 新建导线文件、输入已知坐标与观测数据、近似平差计算与导出 Excel 成果文件

181

点名	水平角β +左角/-右角	水平角β 改正数vβ	水平角β 平差值	导线边方位角	平距D(m)	坐标增量 Δx(m)	坐标增量 Δy(m)	坐标增量改正数 δΔx(m)	δΔy(m)	改正后坐标增量 Δx(m)	Δy(m)	坐标平差值 x(m)	y(m)
A				237°59'30.00									
B	99°1'0.00"	6.02"	99°1'6.02"	157°0'36.01"	225.8530	-207.9142	88.2115	0.0389	0.0051	-207.8753	88.2166	2532814.2300	501706.0350
1	167°45'36.00"	6.02"	167°45'42.02"	144°46'18.03	139.0320	-113.5697	80.1987	0.024	0.0031	-113.5457	80.2018	2532507.6930	501215.6320
2	123°11'24.00"	6.02"	123°11'30.02"	87°57'48.05"	172.5710	6.133	172.462	0.0297	0.0039	6.1627	172.4659	2532299.8177	501303.8486
3	189°20'36.00"	6.02"	189°20'42.02"	97°18'30.07"	100.0740	-12.7303	99.261	0.0172	0.0023	-12.7131	99.2633	2532186.2719	501384.0505
4	179°59'18.00"	6.02"	179°59'24.02"	97°17'54.09"	102.3180	-12.9981	101.489	0.0176	0.0024	-12.9805	101.4914	2532192.4346	501556.5164
C	129°27'24.00"	6.02"	129°27'30.02"	46°45'24.10"								2532179.7215	501655.7796
D	ΣvΒ	36.11"			739.8480	ΣD(m) -341.0793	ΣΔy(m) 541.622	ΣδΔx(m) 0.1274	ΣδΔy(m) 0.0168	ΣΔx(m) -340.9519	ΣΔy(m) 541.639	2532166.7410	501757.2710
	角度闭合差fβ		全长闭合差	全长相对闭合	平均边长(m)	fx(m)	fy(m)					2532649.1190	502270.1740
	-36.11"		0.1284	1/5762	147.9696	-0.1273	-0.0168						

图 6-13 在 PC 机启动 MS-Excel 打开 "图根附合导线_2.xls" 文件的内容

6.3 交会定点测量

交会定点（intersection location）是通过测量交会点与周边已知点所构成的三角形的水平角来计算交会点的平面坐标，它是加密平面控制点的方法之一。按交会图形分为前方交会和后方交会；按观测值类型，分为测角交会和边角交会。

1. 前方交会（forward intersection）

如图 6-14 所示，前方交会是分别在已知点 A，B 安置经纬仪向待定点 P 观测水平角 α，β 和检查角 θ，以确定待定点 P 的坐标。为保证交会定点的精度，选定 P 点时，应使交会角 γ 位于 $30°\sim120°$ 之间，最好接近 $90°$。

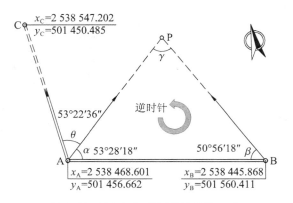

图 6-14 前方交会观测略图（单位：m）

（1）坐标计算

利用 A，B 两点的坐标和观测的水平角 α，β 直接计算待定点的坐标公式为

$$\left.\begin{aligned} x_P &= \frac{x_A \cot\beta + x_B \cot\alpha + (y_B - y_A)}{\cot\alpha + \cot\beta} \\ y_P &= \frac{y_A \cot\beta + y_B \cot\alpha + (x_A - x_B)}{\cot\alpha + \cot\beta} \end{aligned}\right\} \quad (6\text{-}17)$$

式（6-17）称为余切公式，它适合于计算器编程计算，点位编号时，应保证 A→B→P 三点

构成的旋转方向为逆时针方向并与实际情况相符。图 6-15 给出了 A，B 编号方向不同时，计算出 P 点坐标的两种位置情况。

将图 6-14 标注的已知点坐标与观测水平角代入式(6-17)，计算出 P 点坐标为

$$x_P = 2\ 538\ 524.589\ \text{m}, \quad y_P = 501\ 520.814\ \text{m}$$

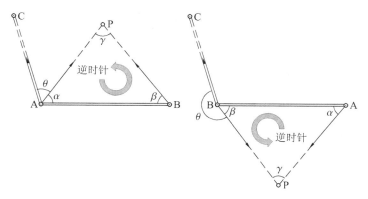

图 6-15　前方交会图形的点位编号对计算结果的影响

（2）检核计算

根据已知点 A，B，C 的坐标和计算出的待定点 P 的坐标，可以反算出边长 AC 和 AP 的方位角 α_{AC} 和 α_{AP}，则 θ 角的计算值与观测值之差为

$$\Delta\theta = \theta - (\alpha_{AP} - \alpha_{AC}) \tag{6-18}$$

$\Delta\theta$ 不应大于 2 倍测角中误差。图 6-14 示例的 $\Delta\theta = -0°0'15.87''$。

前方交会需要分别在已知点 A，B 各安置一次仪器，测得两个水平夹角 α，β，才能应用式(6-17)计算出交会点的坐标，这是以经纬仪为唯一测角仪器的产物。在全站仪已普及的时代，已很少使用前方交会法。

2. 角度后方交会（angle resection）

如图 6-16 所示，角度后方交会是在任意未知点 P 上安置全站仪，观测水平角 A，B，C 三个方向的水平盘读数 L_A，L_B，L_C，并计算出水平夹角 α，β，γ，就可以唯一确定测站点 P 的平面坐标。在工程实践中，后方交会也称为自由设站。

在测量上，由不在一条直线上的三个已知点 A，B，C 构成的圆为危险圆，当 P 点位于危险圆上时，无法计算 P 点的坐标。因此，在选定 P 点时，应避免使其位于危险圆上。

（1）测站点坐标计算原理

后方交会的计算公式有多种，且推导过程比较复杂，下面只给出适合编程计算的公式。

如图 6-16 所示，设由 A，B，C 三个已知点所构成的三角形的内角分别为 $\angle A$，$\angle B$，$\angle C$，在 P 点对 A，B，C 三点观测的水平方向值分别为 L_A，L_B，L_C，构成的三个水平角 α，β，γ 为

$$\left.\begin{array}{l} \alpha = L_B - L_C \\ \beta = L_C - L_A \\ \gamma = L_A - L_B \end{array}\right\} \tag{6-19}$$

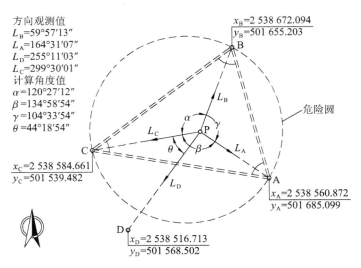

方向观测值
$L_B=59°57'13''$
$L_A=164°31'07''$
$L_D=255°11'03''$
$L_C=299°30'01''$
计算角度值
$\alpha=120°27'12''$
$\beta=134°58'54''$
$\gamma=104°33'54''$
$\theta=44°18'54''$

$x_B=2\ 538\ 672.094$
$y_B=501\ 655.203$

危险圆

$x_C=2\ 538\ 584.661$
$y_C=501\ 539.482$

$x_A=2\ 538\ 560.872$
$y_A=501\ 685.099$

$x_D=2\ 538\ 516.713$
$y_D=501\ 568.502$

图 6-16　角度后方交会观测略图（单位：m）

设 A，B，C 三个已知点的平面坐标分别为(x_A,y_A)，(x_B,y_B)，(x_C,y_C)，令

$$\left.\begin{aligned}P_A &= \frac{1}{\cot\angle A-\cot\alpha}=\frac{\tan\alpha\tan\angle A}{\tan\alpha-\tan\angle A}\\P_B &= \frac{1}{\cot\angle B-\cot\beta}=\frac{\tan\beta\tan\angle B}{\tan\beta-\tan\angle B}\\P_C &= \frac{1}{\cot\angle C-\cot\gamma}=\frac{\tan\gamma\tan\angle C}{\tan\gamma-\tan\angle C}\end{aligned}\right\}\qquad(6\text{-}20)$$

则待定点 P 的坐标计算公式为

$$\left.\begin{aligned}x_P &= \frac{P_A x_A+P_B x_B+P_C x_C}{P_A+P_B+P_C}\\y_P &= \frac{P_A y_A+P_B y_B+P_C y_C}{P_A+P_B+P_C}\end{aligned}\right\}\qquad(6\text{-}21)$$

如果将P_A，P_B，P_C看作是三个已知点 A，B，C 的权，则待定点 P 的坐标就是三个已知点坐标的加权平均值。

（2）检核计算

计算出 P 点的坐标后，设用坐标反算出 P 点分别至 C，D 点的方位角分别为α_{PC}，α_{PD}，则 θ 角的计算值与观测值之差为

$$\left.\begin{aligned}\theta &= L_C-L_D\\\Delta\theta &= \theta-(\alpha_{PC}-\alpha_{PD})\end{aligned}\right\}\qquad(6\text{-}22)$$

$\Delta\theta$ 不应大于 2 倍测角中误差。

（3）使用南方 MSMT 手机软件后方交会程序计算示例

① 新建后方交会文件

在"测试"项目主菜单，点击 ▨ 按钮，进入"后方交会"文件列表界面[图 6-17（b）]，点击

	(a)			(b)			(c)			(d)

图 6-17　新建角度后方交会观测文件

新建文件 按钮,在弹出的"新建后方交会观测文件"对话框,输入后方交会测量信息[图 6-17 (c)],点击 确定 按钮,返回后方交会文件列表界面[图 6-17(d)]。

程序可以计算角度后方交会和边角后方交会,"新建后方交会观测文件"对话框的缺省设置为"角度后交"。

② 执行测量命令

在后方交会文件列表界面,点击新建后方交会文件名,在弹出的快捷菜单点击"测量"命令[图 6-18(a)],进入"角度后方交会"观测界面[图 6-18(b)]。角度后方交会至少需要观测 3 个已知点的水平盘读数。

点击粉红色 蓝牙读数 按钮[图 6-18(b)],点击 NTS-362R6LNB 全站仪蓝牙设备名 S105744[图 6-18(c)],启动手机蓝牙连接全站仪[图 6-18(d)],完成连接后进入蓝牙测试界面[图 6-18(e)],点击 测角 按钮提取全站仪水平盘读数[图 6-18(e)],点击屏幕标题栏左侧的 ＜ 按钮返回观测界面[图 6-18(f)],此时粉红色 蓝牙读数 按钮变成了蓝色 蓝牙读数 按钮,表示手机已与全站仪蓝牙连接。

使全站仪望远镜瞄准已知点 A,输入 A 点的平面坐标,点击 蓝牙读数 按钮提取全站仪水平盘读数,同理,分别瞄准已知点 B,C 观测。点击控制点 C 数据栏右侧的 ＋ 按钮新增控制点 D 数据栏,同理,瞄准已知点 D 观测,A,B,C,D 点的观测值如图 6-18(f),(g)所示。点击 计 算 按钮,结果如图 6-18(h)所示。

角度后方交会只需要观测 A,B,C 三个已知点的水平盘读数,就可以应用式(6-21)计算出测站点 P 的坐标。当观测了第四个已知点的水平盘读数时,应用 B,C,D 点的观测数据又可以计算出一个测站点 P 的坐标,程序将测站点的两个坐标取平均作为测站点 P 的最终坐标,m_x 与 m_y 为两次计算出的测站坐标标准差。

③ 导出 Excel 成果文件

点击 导出Excel成果文件 按钮[图 6-18(h)],在手机内置 SD 卡工作目录创建"P 角度后交 180526_ 1.xls"文件[图 6-19(a)],点击"打开"按钮,点击 Ｗ 按钮[图 6-19(b)],用手机 WPS 打开该文件,结果如图 6-19(c),(d)所示。

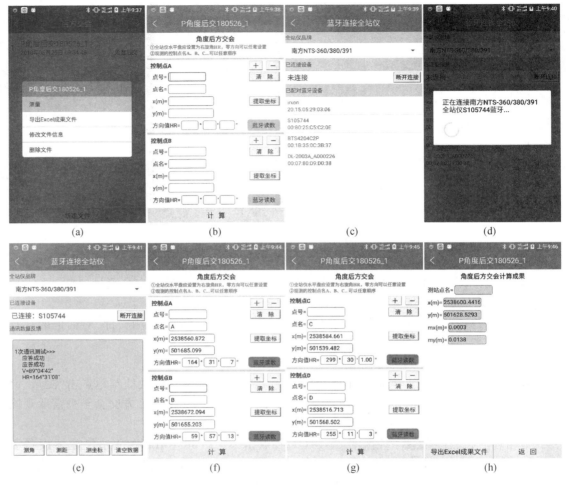

图 6-18　通过蓝牙连接手机和全站仪进行后方交会计算

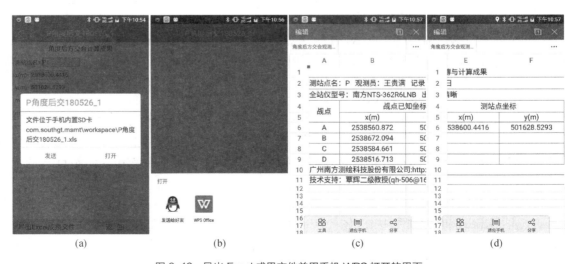

图 6-19　导出 Excel 成果文件并用手机 WPS 打开的界面

图 6-20 所示为用户在 PC 机启动 MS-Excel 打开该成果文件的内容。

	A	B	C	D	E	F	G	H
1	角度后方交会观测手簿与计算成果							
2	测站点名：P 观测员：王贵满 记录员：林培效 观测日期：2018年05月26日							
3	全站仪型号：南方NTS-362R6LNB 出厂编号：S105744 天气：晴 成像：清晰							
4	觇点	觇点已知坐标		水平盘读数	测站点坐标		测站点坐标差	
5		x(m)	y(m)	(° ′ ″)	x(m)	y(m)	mx(m)	my(m)
6	A	2538560.872	501685.099	164 31 07	2538600.4416	501628.5293	0.0003	0.0138
7	B	2538672.094	501655.203	59 57 13				
8	C	2538584.661	501539.482	299 30 01				
9	D	2538516.713	501568.502	255 11 03				
10	广州南方测绘科技股份有限公司:http://www.com.southgt.msmt							
11	技术支持：覃辉二级教授(ch-506@163.com)							

◄ ◄ ►\角度后方交会观测手簿/

图 6-20 在 PC 机启动 MS-Excel 打开 "P 角度后交 180526_1.xls" 文件的内容

边角后方交会要求在两个已知点安置棱镜,使用全站仪分别测量其方向值(HR)和平距值(HD),即可求出测站点的平面坐标。边角后方交会只需要观测两个已知点,不存在危险圆,但选择两个已知点 A,B 时,应尽量避免使测站点 P 位于直线 AB 上。

3. 边角后方交会(side-angle resection)

边角后方交会需要观测至少两个已知点的方向值和平距值。

(1)测站点坐标计算原理

如图 6-21 所示,设全站仪安置在任意未知点 P,对安置在已知点 A 的棱镜进行测距,其水平盘读数为 HR_A,平距为 HD_A;对安置在已知点 B 的棱镜进行测距,其水平盘读数为 HR_B,平距为 HD_B。

本节使用复数坐标变换的方法推导边角后方交会点的平面坐标计算公式。

如图 6-21 所示,以测站点 P 为原点,全站仪水平盘零方向为 x' 轴,由 x' 轴方向顺时针(右旋)旋转 90°得到 y' 轴,由此建立的坐标系简称为测站坐标系 $x'Py'$。此时,全站仪观测已知点 A 的水平盘读数 HR_A 即为 PA 边在测站坐标系的方位角,同理,HR_B 为 PB 边在测站坐标系的方位角,则 A,B 两点在测站坐标系的坐标复数为

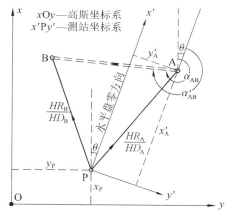

图 6-21 边角后方交会测站坐标系与
高斯坐标系的线性变换原理

$$z'_A = HD_A \angle HR_A \atop z'_B = HD_B \angle HR_B \Bigg\} \tag{6-23}$$

设由 A,B 两点的高斯坐标反算出的平距为 D_{AB},其坐标方位角为 α_{AB};由 A,B 两点的测站坐标反算出的平距为 D'_{AB},其方位角为 α'_{AB},则测站坐标系与高斯坐标系的尺度参数 λ

与旋转角 θ 为

$$\left.\begin{array}{c} r=\dfrac{D_{AB}}{D'_{AB}} \\[2mm] \theta=\alpha_{AB}-\alpha'_{AB} \end{array}\right\} \tag{6-24}$$

由图 6-21 可知,旋转角 θ 的几何意义为 x' 轴(全站仪水平盘零方向)在高斯坐标系的方位角,则测站坐标系变换为高斯坐标系的旋转尺度复数 z_θ 即为

$$z_\theta=\lambda\angle\theta \tag{6-25}$$

设测站 P 点的高斯坐标复数为 $z_P=x_P+y_P\mathrm{i}$,已知 A 点的高斯坐标复数为 $z_A=x_A+y_A\mathrm{i}$,根据复数定理,应有式(6-26)成立:

$$z_A=z_P+z_\theta z'_A \tag{6-26}$$

变换式(6-26),求得测站点 P 的高斯坐标复数为

$$z_P=z_A-z_\theta z'_A \tag{6-27}$$

(2)使用 fx-5800P 计算器计算边角后方交会示例

如图 6-22 所示,在任意未知点 P 安置全站仪,在 A,B 点安置棱镜,盘左观测了 A,B 点的水平盘读数及其平距,需要计算测站点 P 的平面坐标。

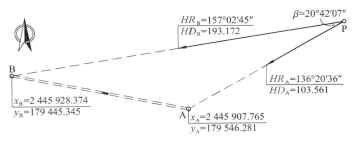

图 6-22　边角后方交会观测略图(单位:m)

存 A 点高斯坐标复数到 **A** 变量[图 6-23(a)],存 B 点高斯坐标复数到 **B** 变量[图 6-23(b)],存 A 点测站坐标复数到 **C** 变量[图 6-23(c)],存 B 点测站坐标复数到 **D** 变量[图 6-23(d)]。

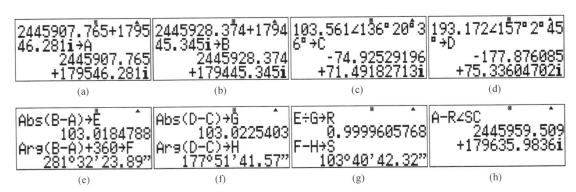

图 6-23　使用 fx-5800P 计算边角后方交会测站点 P 的平面坐标

计算 A→B 点高斯坐标平距 D_{AB} 存入 **E** 变量,计算 A→B 点高斯坐标方位角 α_{AB} 存入 **F** 变量[图 6-23(e)];计算 A→B 点测站坐标平距 D'_{AB} 存入 **G** 变量,计算 A→B 点测站坐标方位角 α'_{AB} 存入 **H** 变量[图 6-23(f)]。

应用式(6-24)计算两个坐标系的尺度参数 λ 存入 **R** 变量,计算两个坐标系的旋转角度 θ 存入 **S** 变量[图 6-23(g)];应用式(6-27)计算测站点的高斯平面坐标,结果如图 6-23(h)所示。

(3) 使用南方 MSMT 手机软件的后方交会程序计算示例

① 新建边角后方交会文件

在后方交会文件列表界面,点击 **新建文件** 按钮,在弹出的"新建后方交会观测文件"对话框,交会类型选择"边角交会",输入后方交会测量信息[图 6-24(a)],点击 确定 按钮,返回后方交会文件列表界面[图 6-24(b)]。

图 6-24　利用南方 MSMT 手机软件进行边角后方交会测量、计算及 Excel 成果文件导出

② 执行测量命令

在后方交会文件列表界面,点击新建后方交会文件名,在弹出的快捷菜单点击"测量"命

令[图 6-24(c)],进入边角后方交会观测界面[图 6-24(d)]。边角后方交会至少需要观测 2 个已知点的水平盘读数与平距值。

输入已知点 A 的高斯坐标,使全站仪望远镜瞄准 A 点棱镜中心,点击 蓝牙读数 按钮启动全站仪测距,并提取水平盘读数与平距;输入已知点 B 的高斯坐标,瞄准 B 点棱镜中心,点击 蓝牙读数 按钮启动全站仪测距,并提取水平盘读数与平距,结果如图 6-24(e)所示。点击 计算 按钮,结果如图 6-24(f)所示,它与用 fx-5800P 计算器计算的结果相同[图 6-23(h)]。

点击 导出Excel成果文件 按钮,在手机内置 SD 卡工作目录创建"P 边角后交 180526_1.xls"文件[图 6-24(g)],点击"打开"按钮,点击 W 按钮,用手机 WPS 打开该文件,结果如图 6-24(h)所示。

6.4 三角高程测量

当地形高低起伏、两点间高差较大不便于进行水准测量时,可以使用**三角高程测量**(trigonometric leveling)法测定两点间的高差和点的高程。由图 3-33 可知,三角高程测量时,应测定两点间的平距(或斜距)和竖直角。

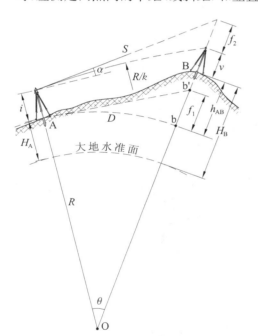

图 6-25 地球曲率和大气垂直折光对三角高程测量的影响

1. 顾及球气差改正的三角高程测量公式

式(3-21)给出了应用斜距 S 计算三角高差的公式为 $h_{AB} = S\sin\alpha + i - v$,这个公式没有考虑地球曲率和大气折光对三角高程测量的影响,因此只适用于两点距离小于 200 m 的三角高程测量计算。

两点相距较远的三角高程测量原理如图 6-25 所示,图中的 f_1 为地球曲率改正数,f_2 为大气折光改正数。

（1）地球曲率改正数 f_1

$$f_1 = \overline{Ob'} - \overline{Ob}$$
$$= R\sec\theta - R \qquad (6-28)$$
$$= R(\sec\theta - 1)$$

式中,$R = 6\ 371$ km,为地球平均曲率半径。

将 $\sec\theta$ 按三角级数展开并略去高次项得

$$\sec\theta = 1 + \frac{1}{2}\theta^2 + \frac{5}{24}\theta^4 + \cdots \approx 1 + \frac{1}{2}\theta^2$$
$$(6-29)$$

将式(6-29)代入式(6-28),并顾及 $\theta = D/R$,整理后得地球曲率改正(简称球差改正)为

$$f_1 = R\left(1 + \frac{1}{2}\theta^2 - 1\right) = \frac{R}{2}\theta^2 = \frac{D^2}{2R} \qquad (6-30)$$

（2）大气折光改正数 f_2

如图 6-25 所示，受重力的影响，地球表面低层空气密度大于高层空气密度，当竖直角观测视线穿过密度不均匀的大气层时，将形成一条上凸曲线，使视线的切线方向向上抬高，从而使测得的竖直角偏大，这种现象称为大气垂直折光。

可以将受大气垂直折光影响的视线看成是一条半径为 R/k 的近似圆曲线，k 为**大气垂直折光系数**（vertical refraction coefficient）。仿照式（6-30），可得大气垂直折光改正（简称气差改正）为

$$f_2 = -\frac{S^2}{2R/k} \approx -k\frac{D^2}{2R} \tag{6-31}$$

球差改正与气差改正之和为

$$f = f_1 + f_2 = (1-k)\frac{D^2}{2R} \tag{6-32}$$

f 简称为球气差改正或两差改正。因 k 值在 $0.08 \sim 0.14$ 之间，所以，f 恒大于零。

大气垂直折光系数 k 是随地区、气候、季节、地面覆盖物和视线超出地面高度等条件的不同而变化的，目前还不能精确地测定它的数值，通常取 $k=0.14$ 计算球气差改正 f。表 6-5 列出了水平距离 $D=100 \sim 3\,500$ m 时球气差改正 f 的值。

表 6-5　　　　　　　　　　三角高程测量球气差改正与距离的关系（$k=0.14$）

D/m	100	500	1 000	1 500	2 000	2 500	3 000	3 500
f/mm	1	17	67	152	270	422	607	827

顾及球气差改正 f，使用平距 D 或斜距 S 计算三角高差的公式为

$$\left.\begin{array}{l} h_{AB} = D_{AB}\tan\alpha_{AB} + i_A - v_B + f_{AB} \\ h_{AB} = S_{AB}\sin\alpha_{AB} + i_A - v_B + f_{AB} \end{array}\right\} \tag{6-33}$$

《城市测量规范》[2] 规定，全站仪三角高程测量的限差应符合表 6-6 的规定。

表 6-6　　　　　　　　　　全站仪三角高程测量限差

观测方法	两测站对向观测高差不符值	两照准间两次观测高差不符值	闭合路线或环线闭合差		检测已测测段高差闭合差
			平原、丘陵	山区	
每点设站	$\pm45\sqrt{D}$	—	$\pm20\sqrt{L}$	$\pm25\sqrt{L}$	$\pm30\sqrt{L_i}$
隔点设站	—	$\pm14\sqrt{D}$			

注：D—测距边长（km）；L—附合路线或环线长（km）；L_i—检测测段长（km）。

全站仪三角高程观测的主要技术要求应符合表 6-7 的规定

表 6-7　　　　　　　　　　全站仪三角高程观测的技术指标

等级	竖直角观测				边长测量	
	仪器精度	测回数	竖盘指标差较差	测回较差	仪器精度	观测次数
四等	2″级	4	≤5″	≤5″	≤10 mm 级	往返各 1 次
图根	5″级	1	≤25″	≤25″	≤10 mm 级	单向测 2 次

由于不能精确测定大气垂直折光系数 k，因此，球气差改正 f 有误差，距离 D 越长，误差也越大。为了减少球气差改正 f 的误差，表 6-6 规定，一般应使光电测距三角高程测量的边长不大于 1 km，且应对向观测。

在 A，B 两点同时进行对向观测时，可以认为两次观测时的 k 值是相同的，球气差改正 f 也基本相等，往返测高差为

$$\left. \begin{array}{l} h_{AB} = D_{AB} \tan \alpha_A + i_A - v_B + f_{AB} \\ h_{BA} = D_{AB} \tan \alpha_B + i_B - v_A + f_{AB} \end{array} \right\} \tag{6-34}$$

取往返观测高差的平均值为

$$\bar{h}_{AB} = \frac{1}{2}(h_{AB} - h_{BA}) = \frac{1}{2}\left[(D_{AB} \tan \alpha_A + i_A - v_B) - (D_{AB} \tan \alpha_B + i_B - v_A)\right] \tag{6-35}$$

可以抵消掉 f_{AB}。

2. 三角高程观测与计算

（1）三角高程观测

在测站安置全站仪，量取仪器高 i，在目标点安置棱镜，量取棱镜高 v。仪器高与棱镜高应在观测前后各量取一次并精确至 1 mm，取其平均值作为最终高度。

使望远镜瞄准棱镜中心，测量目标点的竖直角，用全站仪测量两点间的斜距。测距时，应同时测定大气温度 t 与气压值 P，并输入全站仪，对所测距离进行气象改正。

（2）三角高程测量计算示例

在测站点 A 安置全站仪，在 B，C 点安置棱镜，进行三角高程测量的结果列于表 6-8，其中灰底色单元数据为观测数据，其余为使用 fx-5800P 计算器计算的结果。

表 6-8 三角高程测量的高差计算

起算点	A		A	
待定点	B		C	
往返测	往	返	往	返
斜距 S	593.391	593.400	491.360	491.301
竖直角 α	$+11°32'49''$	$-11°33'06''$	$+6°41'48''$	$-6°42'04''$
仪器高 i	1.440	1.491	1.491	1.502
觇标高 v	1.502	1.400	1.522	1.441
球气差改正 f	0.023	0.023	0.016	0.016
单向高差 h	$+118.740$	-118.715	$+57.284$	-57.253
往返高差均值 $\bar{h}$	$+118.728$		$+57.268$	

本 章 小 结

（1）导线是布设平面控制的常用方法之一。单一闭（附）合导线的检核条件数均为3,对应3个闭合差——方位角闭合差 f_β 与坐标闭合差 f_x，f_y。

（2）单一闭（附）合导线近似平差计算的方法是：①计算角度闭合差 f_β,反号平均分配角度闭合差 f_β 并计算改正后的角度值；②应用改正后的角度值推算导线边方位角,计算导线点坐标及其坐标闭合差 f_x，f_y；③反号按导线边长比例分配坐标闭合差 f_x，f_y,计算改正后导线边的坐标增量；④计算导线点坐标的近似平差值。

（3）南方 MSMT 手机软件的导线平差程序,可以对单一闭合、附合、单边无定向、双边无定向、支导线等五种导线进行近似平差计算,计算成果可以导出为 Excel 成果文件,并通过移动互联网发送给好友。

（4）南方 MSMT 手机软件的后方交会程序,可以通过蓝牙启动全站仪测距,自动提取水平盘读数与平距值并计算测站点坐标,观测与计算成果的 Excel 文件可以通过移动互联网发送给好友。

（5）影响三角高程测量精度的主要因素是不能精确测定观测时的大气垂直折光系数 k,使三角高程测量的边长小于 1 km、往返同时对向观测取高差均值,可以减小 k 值误差对高差的影响。

思考题与练习题

[6-1]　建立平面控制网的方法有哪些？各有何优缺点？

[6-2]　从表 6-3 摘录出图 6-6 所示单一闭合导线近似平差计算成果列于表 6-9,试用该导线近似平差后的坐标值反算出各导线边的方位角,进而算出各导线点的坐标反算角值并填入表 6-9,计算 $\Delta\beta=$ 改正角值—坐标反算角值,结果填入表 6-9。

表 6-9　　　　　　　　　应用闭合导线平差后的坐标反算导线点的水平夹角

点名	x/m	y/m	改正角名	改正角值	坐标反算角值	$\Delta\beta$
A	2 538 969.473	505 061.677	β_1	143°53′44″		
B	2 538 506.321	505 215.652	β_2	107°48′24″		
1	2 538 349.861	505 434.951	β_3	73°00′14″		
2	2 538 472.487	505 599.570	β_4	89°30′58″		
3	2 538 668.574	505 332.795	β_5	305°46′40″		

[6-3]　图 6-26 为图根支导线略图,试计算 1, 2, 3, 4 点的坐标。

[6-4]　图 6-27 为三级闭合导线略图,试计算 1, 2, 3, 4 点的平面坐标。

[6-5]　图 6-28 为一级特殊闭合导线略图,试计算 D3, F4, F3 点的平面坐标。

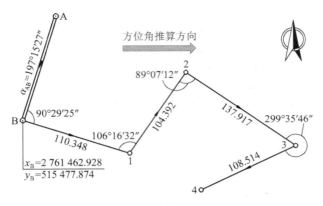

图 6-26 图根支导线略图（单位：m）

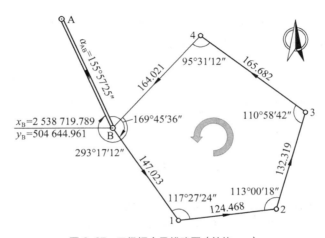

图 6-27 三级闭合导线略图（单位：m）

港珠澳大桥珠澳口岸人工岛一级特殊闭合导线
广西建工集团第五建筑工程有限责任公司
索佳SET02N全站仪测量
2015年4月29日

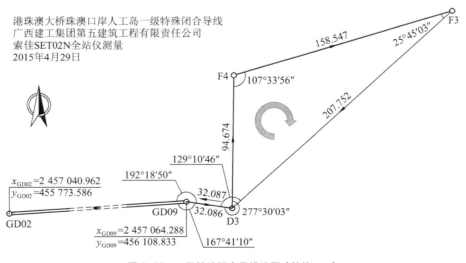

图 6-28 一级特殊闭合导线略图（单位：m）

[6-6]　图 6-29 为图根附合导线略图,试计算 G12,G18 点的平面坐标。

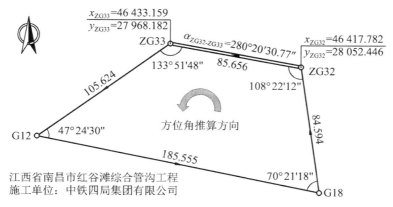

图 6-29　图根附合导线略图 (单位: m)

[6-7]　图 6-30 为图根单边无定向导线略图,试计算 1,2,3,4 点的平面坐标。

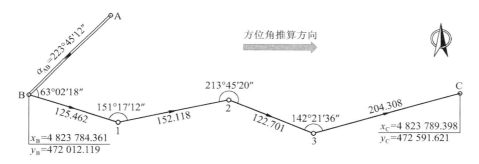

图 6-30　图根单边无定向导线略图 (单位: m)

[6-8]　图 6-31 为图根双边无定向导线略图,试计算 1,2,3,4 点的平面坐标。

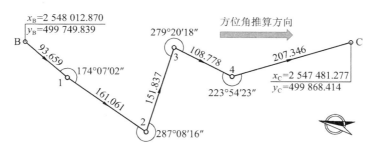

图 6-31　图根双边无定向导线略图 (单位: m)

[6-9]　在任意点 P 安置全站仪,观测 4 个已知点的水平盘读数及其平距值列于表 6-9。①按角度后方交会计算测站点 P 的平面坐标及其标准差;②按边角后方交会计算测站点 P 的平面坐标及其标准差,计算结果填入表 6-10。

表 6-10 后方交会已知点坐标及其观测数据

点名	x/m	y/m	方向观测值	平距/m	类型	测站 x/m	测站 y/m
Q1	2 448 421.866	432 912.471	0°00′00″	137.029	角度		
Q2	2 448 330.984	432 824.235	63°31′44″	92.675	m_x，m_y		
Q3	2 448 387.817	432 775.893	95°04′07″	22.278	边角		
Q4	2 448 367.876	432 736.201	138°11′35″	57.982	m_x，m_y		

[6-10] 试完成表 6-11 的三角高程测量计算，大气垂直折光系数 $k=0.14$，地球平均曲率半径 $R=6\ 371$ km。

表 6-11 三角高程边往返观测数据

起点名	I5	
端点名	I6	
三角高程测量方向	往测	返测
平距 D/m	468.013	468.013
竖直角 α	+3°25′43″	−3°26′16″
仪器高 i/m	1.514	1.408
觇标高 v/m	1.374	1.506
球气差改正 f/m		
高差 h/m		
往返高差较差/m		
往返高差均值 $\bar{h}$/m		

第 7 章　GNSS 测量的原理与方法

本 章 导 读

- **基本要求**　理解伪距定位、载波相位定位、实时动态差分定位的基本原理,掌握银河 6 智能化 GNSS RTK 的操作方法和安卓版工程之星手机软件的使用方法。
- **重点**　理解测距码的分类及其单程测距原理和实时动态差分定位 RTK 的基本原理。
- **难点**　单程测距,测距码测距,载波信号测距,载波相位测量整周模糊度 N_0,单频接收机,双频接收机。

GNSS 是**全球导航卫星系统**(Global Navigation Satellite System)的缩写。目前,GNSS 包含了美国的 GPS、俄罗斯的 GLONASS、中国的**北斗**(BeiDou)和欧盟的 Galileo 系统,可用的卫星数目超过 100 颗。2018 年 11 月 19 日 2 时 7 分,我国在西昌卫星发射中心用长征三号乙运载火箭,成功发射第 42,43 两颗北斗导航卫星,这两颗卫星属于中圆地球轨道卫星,是我国北斗三号系统第 18,19 颗组网卫星。根据计划,2018 年年底前将建成由 18 颗北斗三号卫星组成的基本系统,为"一带一路"沿线国家提供服务。从此次发射开始,北斗卫星组网发射将进入前所未有的高密度期。北导系统从 2012 年 12 月 27 日开始正式为亚太区域提供全面稳定的导航服务,2020 年前后具备覆盖全球的服务能力。

1. GPS

GPS 始建于 1973 年,1994 年投入运营,其 24 颗卫星均匀分布在 6 个相对于赤道倾角为 55°的近似圆形轨道上,每个轨道上有 4 颗卫星运行,它们距地球表面的平均高度为 2 万 km,运行速度为 3 800 m/s,运行周期为 11 h 58 min 2 s。每颗卫星可覆盖全球 38% 的面积,卫星的分布可保证在地球上任意地点、任何时刻、在高度 15°以上的天空能同时观测到 4 颗以上卫星,如图 7-1(a)所示。

2. GLONASS

GLONASS 始建于 1976 年,2004 年投入运营,设计使用的 24 颗卫星均匀分布在 3 个相对于赤道的倾角为 64.8°的近似圆形轨道上,每个轨道上有 8 颗卫星运行,它们距地球表面的平均高度为 1.9 万 km,运行周期为 11 h 16 min。

3. 北斗

北斗始建于 2000 年,2000 年 10 月 31 日发射了编号为"北斗-1A"的第一颗北斗导航试验卫星。北斗卫星导航系统计划由 35 颗卫星组成,包括 5 颗静止轨道卫星(高度约为 3.6 万 km)、27 颗中地球轨道卫星(高度约为 2.1 万 km)、3 颗倾斜同步轨道卫星(高度约为 3.6 万 km)。中地球轨道卫星运行在 3 个轨道面上,轨道面之间相隔 120°均匀分布。至 2012 年年底北斗亚太区域导航正式开通时,覆盖范围为 E70°—E140°,N5°—N55°,定位精度 10 m,测速精度 0.2 m/s,授时精度 10 ns。已发射了 16 颗卫星,其中 14 颗组网并提供服务,预计 2020 年前

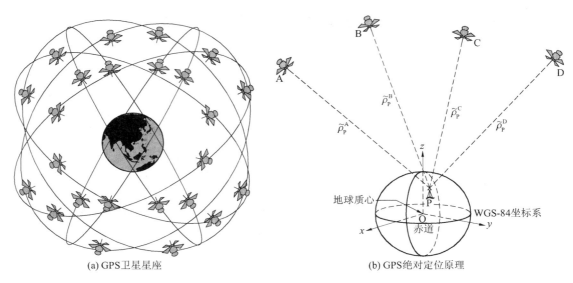

(a) GPS卫星星座   (b) GPS绝对定位原理

图 7-1　GPS 卫星星座与绝对定位原理

后建成覆盖全球的北斗卫星导航系统,届时,单点定位精度可以达到 2.5 m。

7.1　GPS 概述

　　GPS 采用空间测距交会原理进行定位。如图 7-1(b)所示,为了测定地面某点 P 在 WGS-84 坐标系中的三维坐标(x_P, y_P, z_P),将 GPS 接收机安置在 P 点,通过接收卫星发射的测距码信号,在接收机时钟的控制下,可以解出测距码从卫星传播到接收机的时间 Δt,乘以光速 c,并加上卫星时钟与接收机时钟不同步改正,就可以计算出卫星至接收机的空间距离 $\widetilde{\rho}$:

$$\widetilde{\rho} = c\Delta t + c(v_T - v_t) \tag{7-1}$$

式中,v_t 为卫星钟差;v_T 为接收机钟差。

　　与电子激光测距使用的双程测距方式不同,GPS 是使用单程测距方式,即接收机接收到的测距信号不再返回卫星,而是在接收机中直接解算传播时间 Δt,进而计算出卫星至接收机的距离,这就要求卫星和接收机的时钟应严格同步,卫星在严格同步的时钟控制下发射测距信号。事实上,卫星钟与接收机钟不可能严格同步,这就会产生钟差,两个时钟不同步对测距结果的影响为 $c(v_T - v_t)$。卫星广播星历中包含有卫星钟差 v_t,是已知的,而接收机钟差 v_T 是未知数,需要通过观测方程解算。

　　式(7-1)中的距离 $\widetilde{\rho}$ 没有顾及大气电离层和对流层折射误差的影响,它不是卫星至接收机的真实几何距离,通常称其为伪距。

　　在测距时刻 t_i,接收机通过接收卫星 S_i 的广播星历可以解算出卫星 S_i 在 WGS-84 坐标系中的三维坐标(x_i, y_i, z_i),则 S_i 卫星与 P 点的几何距离为

$$R_P^i = \sqrt{(x_P - x_i)^2 + (y_P - y_i)^2 + (z_P - z_i)^2} \tag{7-2}$$

伪距观测方程为

$$\tilde{\rho}_P^i = c\Delta t_{iP} + c(v_t^i - v_T) = R_P^i = \sqrt{(x_P - x_i)^2 + (y_P - y_i)^2 + (z_P - z_i)^2} \quad (7\text{-}3)$$

在式(7-3)中,有 x_P,y_P,z_P,v_T 共 4 个未知数,为解算这 4 个未知数,应同时锁定 4 颗卫星进行观测。如图 7-1(b)所示,对 A,B,C,D 四颗卫星观测的伪距方程为

$$\left.\begin{array}{l}\tilde{\rho}_P^A = c\Delta t_{AP} + c(v_t^A - v_T) = \sqrt{(x_P - x_A)^2 + (y_P - y_A)^2 + (z_P - z_A)^2}\\[4pt]\tilde{\rho}_P^B = c\Delta t_{BP} + c(v_t^B - v_T) = \sqrt{(x_P - x_B)^2 + (y_P - y_B)^2 + (z_P - z_B)^2}\\[4pt]\tilde{\rho}_P^C = c\Delta t_{CP} + c(v_t^C - v_T) = \sqrt{(x_P - x_C)^2 + (y_P - y_C)^2 + (z_P - z_C)^2}\\[4pt]\tilde{\rho}_P^D = c\Delta t_{DP} + c(v_t^D - v_T) = \sqrt{(x_P - x_D)^2 + (y_P - y_D)^2 + (z_P - z_D)^2}\end{array}\right\} \quad (7\text{-}4)$$

解算方程组(7-4),即可计算出 P 点的坐标(x_P, y_P, z_P)。

7.2 GPS 的组成

GPS 由工作卫星、地面监控系统和用户设备三部分组成。

1. 地面监控系统

在 GPS 接收机接收到的卫星广播星历中,包含描述卫星运动及其轨道的参数,而每颗卫星的广播星历是由地面监控系统提供的。地面监控系统包括 1 个主控站、3 个注入站和 5 个监测站,其分布位置如图 7-2 所示。

图 7-2　地面监控系统分布图

主控站位于美国本土科罗拉多·斯平士的联合空间执行中心,3 个注入站分别位于大西洋的阿松森群岛、印度洋的狄哥伽西亚和太平洋的卡瓦加兰三个美国军事基地上,5 个监测站除了位于 1 个主控站和 3 个注入站以外,剩余一个设立在夏威夷。地面监控系统的具体功能如下。

（1）监测站（monitoring station）

监测站是在主控站直接控制下的数据自动采集中心,站内设有双频 GPS 接收机、高精度

原子钟、气象参数测试仪和计算机等设备。其任务是完成对 GPS 卫星信号的连续观测,搜集当地的气象数据,观测数据经计算机处理后传送给主控站。

（2）主控站（major control station）

主控站除协调和管理所有地面监控系统的工作外,还进行下列工作:①根据本站和其他监测站的观测数据,推算编制各卫星的星历、卫星钟差和大气层的修正参数,并将这些数据传送到注入站;②提供时间基准,各监测站和 GPS 卫星的原子钟均应与主控站的原子钟同步,或测量出其间的钟差,并将这些钟差信息编入导航电文,送到注入站;③调整偏离轨道的卫星,使其沿预定的轨道运行;④启动备用卫星,以替换失效的工作卫星。

（3）注入站（injection station）

注入站是在主控站的控制下,将主控站推算和编制的卫星星历、钟差、导航电文和其他控制指令等,注入相应卫星的存储器中,并监测注入信息的正确性。

除主控站外,整个地面监控系统均无人值守。

2. 用户设备

用户设备包括 GPS 接收机和相应的数据处理软件。GPS 接收机由接收天线、主机和电源组成。随着电子技术的发展,现在的 GPS 接收机已高度集成化和智能化,实现了接收天线、主机和电源的一体化,并能自动捕获卫星并采集数据。

GPS 接收机的任务是捕获卫星信号,跟踪并锁定卫星信号,对接收到的信号进行处理,测量出测距信号从卫星传播到接收机天线的时间间隔,译出卫星广播的导航电文,实时计算接收机天线的三维坐标、速度和时间。

按用途的不同,GPS 接收机分为导航型、测地型和授时型;按使用的载波频率分为单频接收机（用 1 个载波频率 L_1）和双频接收机（用 2 个载波频率 L_1，L_2）。本章只简要介绍测地型 GPS 接收机的定位原理和测量方法。

7.3 GPS 定位的基本原理

根据测距原理的不同,GPS 定位方式可以分为伪距定位、载波相位测量定位和 GPS 差分定位。根据待定点位的运动状态可以分为静态定位和动态定位。

7.3.1 卫星信号

卫星信号包含载波、测距码（C/A 码和 P 码）、数据码（导航电文或称 D 码）,它们都是在同一个原子钟频率 $f_0 = 10.23$ MHz 下产生的,如图 7-3 所示。

1. 载波信号

载波信号频率使用无线电中 L 波段的两种不同频率的电磁波,其频率和波长分别如下:

$$L_1 \text{ 载波}: f_1 = 154 \times f_0 = 1\ 575.42 \text{ MHz}, \lambda_1 = 19.03 \text{ cm} \tag{7-5}$$

$$L_2 \text{ 载波}: f_1 = 120 \times f_0 = 1\ 227.6 \text{ MHz}, \lambda_2 = 24.42 \text{ cm} \tag{7-6}$$

在 L_1 载波调制了 C/A 码、P 码和数据码,在 L_2 载波只调制了 P 码和数据码。

C/A 码与 P 码也称测距,测距码是二进制编码,由数字"0"和"1"组成。在二进制中,一位二进制数称为 1 比特（bit）或一个码元,每秒钟传输的比特数称为数码率。测距码属于

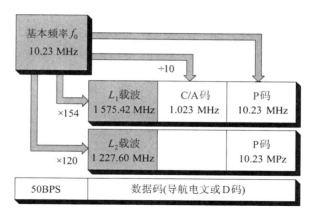

图 7-3　GPS 卫星信号频率的产生原理

伪随机码,它们具有良好的自相关性和周期性,很容易复制,C/A 码和 P 码的参数列于表 7-1。

表 7-1　C/A 码和 P 码参数

参数	C/A 码	P 码
码长/bit	1 023	2.35×10^{14}
频率 f/MHz	1.023	10.23
码元宽度 $t_u = (1/f)/\mu s$	0.977 52	0.097 752
码元宽度时间传播的距离 ct_u/m	293.1	29.3
周期 $T_u = N_u t_u$	1 ms	265 d
数码率 P_u/(bit·s^{-1})	1.023	10.23

测距码测距的原理是:卫星在自身时钟控制下发射某一结构的测距码,传播 Δt 时间后,到达 GPS 接收机,而 GPS 接收机在自身时钟的控制下产生一组结构完全相同的测距码,也称复制码,复制码通过一个时间延迟器使其延迟时间 τ 后与接收到的卫星测距码比较,通过调整延迟时间 τ 使两个测距码完全对齐[此时的自相关系数 $R(t)=1$],则复制码的延迟时间 τ 就等于卫星信号传播到接收机的时间 Δt。

C/A 码码元宽度对应的距离值为 293.1 m,如果卫星与接收机的测距码对齐精度为 1/100,则测距精度为 2.9 m;P 码码元宽度对应的距离值为 29.3 m,如果卫星与接收机的测距码对齐精度为 1/100,则测距精度为 0.29 m。P 码的测距精度高于 C/A 码 10 倍,因此又称 C/A 码为粗码,P 码为精码。P 码受美国军方控制,不对一般非军方用户开放,普通用户只能利用 C/A 码测距。

2. 数据码

数据码就是导航电文,也称 D 码,它包含了卫星星历、卫星工作状态、时间系统、卫星时钟运行状态、轨道摄动改正、大气折射改正和由 C/A 码捕获 P 码的信息等。导航电文也是二进制码,依规定的格式按帧发射,每帧电文的长度为 1 500 bit,播送速率为 50 bit/s。

7.3.2　伪距定位

伪距定位(pseudorange positioning)分单点定位和多点定位。单点定位是将 GPS 接收机安置在测点上并锁定 4 颗以上的卫星,通过将接收机接收到的卫星测距码与接收机产生的复制码对齐来测量各锁定卫星测距码到接收机的传播时间 Δt_i,进而求出卫星至接收机的伪距值。从锁定卫星的广播星历中获取该卫星的空间坐标,采用距离交会的原理解算出接收机天线所在点的三维坐标。设锁定 4 颗卫星时的伪距观测方程为式(7-4),因 4 个方程中刚好有 4 个未知数,所以方程有唯一解。当锁定的卫星数超过 4 颗时,就存在多余观测,应使用最小二乘原理通过平差求解测点的坐标。

由于伪距观测方程未考虑大气电离层和对流层折射误差、星历误差的影响,所以,单点定位的精度不高。用 C/A 码定位的精度一般为 25 m,用 P 码定位的精度一般为 10 m。

单点定位的优点是速度快、无多值性问题,从而在运动载体的导航定位中得到了广泛的应用,同时,它还可以解决载波相位测量中的**整周模糊度**(integer ambiguity)问题。

多点定位就是将多台 GPS 接收机(一般为 2~3 台)安置在不同的测点上,同时锁定相同的卫星进行伪距测量,此时,大气电离层和对流层折射误差、星历误差的影响基本相同,再计算各测点之间的坐标差(Δx,Δy,Δz)时,可以消除上述误差的影响,使测点之间的点位相对精度大大提高。

7.3.3　载波相位定位

载波相位定位(carrier phase positioning)中载波 L_1,L_2 的频率比测距码(C/A 码和 P 码)的频率高得多,其波长也比测距码短很多,由式(7-5)和式(7-6)可知,$\lambda_1 = 19.03$ cm,$\lambda_2 = 24.42$ cm。使用载波 L_1 或 L_2 作为测距信号,将卫星传播到接收机天线的正弦载波信号与接收机产生的基准信号进行比相,求出它们之间的相位延迟,从而计算出伪距,就可以获得很高的测距精度。如果测量 L_1 载波相位移的误差为 1/100,则伪距测量精度可达 19.03 cm/100=1.9 mm。

1. 载波相位绝对定位(carrier phase absolute positioning)

图 7-4 所示为使用载波相位测量法单点定位的原理,与相位式电磁波测距仪的原理相

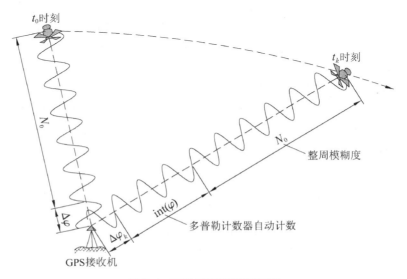

图 7-4　GPS 载波相位测距原理

同,由于载波信号是正弦波信号,相位测量时只能测出其不足一个整周期的相位移部分 $\Delta\varphi$ ($\Delta\varphi < 2\pi$),因此存在整周数 N_0 不确定问题,称 N_0 为整周模糊度。

如图 7-4 所示,在 t_0 时刻(也称历元 t_0),设某颗卫星发射的载波信号到达接收机的相位移为 $2\pi N_0 + \Delta\varphi$,则该卫星至接收机的距离为

$$\frac{2\pi N_0 + \Delta\varphi}{2\pi}\lambda = N_0\lambda + \frac{\Delta\varphi}{2\pi}\lambda \tag{7-7}$$

式中,λ 为载波波长。

当对卫星进行连续跟踪观测时,由于接收机内置多普勒计数器,只要卫星信号不失锁,N_0 就不变,故在 t_k 时刻,该卫星发射的载波信号到达接收机的相位移变成 $2\pi N_0 + \text{int}(\varphi) + \Delta\varphi_k$,其中,$\text{int}(\varphi)$ 由接收机内置的多普勒计数器自动累计求出。

考虑钟差改正 $c(v_T - v_t)$、大气电离层折射改正 $\delta\rho_{\text{ion}}$ 和对流层折射改正 $\delta\rho_{\text{trop}}$ 的载波相位观测方程为

$$\rho = N_0\lambda + \frac{\Delta\varphi}{2\pi}\lambda + c(v_T - v_t) + \delta\rho_{\text{ion}} + \delta\rho_{\text{trop}} = R \tag{7-8}$$

通过对锁定的卫星进行连续跟踪观测可以修正 $\delta\rho_{\text{ion}}$ 和 $\delta\rho_{\text{trop}}$,但整周模糊度 N_0 始终是未知的,能否准确求出 N_0 就成为载波相位测距的关键。

2. 载波相位相对定位(carrier phase relative positioning)

载波相位相对定位一般是使用两台 GPS 接收机,分别安置在两个测点,称两个测点的连线为**基线**(baseline)。通过同步接收卫星信号,利用相同卫星相位观测值的线性组合来解算基线向量在 WGS-84 坐标系的坐标增量(Δx,Δy,Δz),进而确定这两个测点的相对位置。如果其中一个测点的坐标已知,就可以推算出另一个测点的坐标。

根据相位观测值的线性组合形式,载波相位相对定位又分为单差法、双差法和三差法三种。下面只简要介绍前两种方法。

(1) 单差法(single difference method)

如图 7-5(a)所示,安置在基线端点上的两台 GPS 接收机对同一颗卫星进行同步观测,由式(7-8)可以列出观测方程为

$$\left.\begin{array}{l} N_{01}^i\lambda + \dfrac{\Delta\varphi_{01}^i}{2\pi}\lambda + c(v_t^i - v_{T1}) + \delta\rho_{\text{ion}1} + \delta\rho_{\text{trop}1} = R_1^i \\[3mm] N_{02}^i\lambda + \dfrac{\Delta\varphi_{02}^i}{2\pi}\lambda + c(v_t^i - v_{T2}) + \delta\rho_{\text{ion}2} + \delta\rho_{\text{trop}2} = R_2^i \end{array}\right\} \tag{7-9}$$

考虑到接收机到卫星的平均距离为 20 183 km,而基线的距离远小于它,可以认为基线两端点的电离层和对流层折射改正基本相等,即有 $\delta\rho_{\text{ion}1} = \delta\rho_{\text{ion}2}$,$\delta\rho_{\text{trop}1} = \delta\rho_{\text{trop}2}$,对式(7-9)的两式求差,得单差观测方程为

$$N_{12}^i\lambda + \frac{\lambda}{2\pi}\Delta\varphi_{12}^i - c(v_{T1} - v_{T2}) = R_{12}^i \tag{7-10}$$

式中,$N_{12}^i = N_{01}^i - N_{02}^i$,$\Delta\varphi_{12}^i = \Delta\varphi_{01}^i - \Delta\varphi_{02}^i$,$R_{12}^i = R_1^i - R_2^i$。单差方程式(7-10)消除了卫星

S_i 的钟差改正数 v_t^i。

（2）双差法（double difference method）

如图 7-5(b)所示,安置在基线端点上的两台 GPS 接收机同时对两颗卫星进行同步观测,根据式(7-10)可以写出观测卫星 S_j 的单差观测方程为

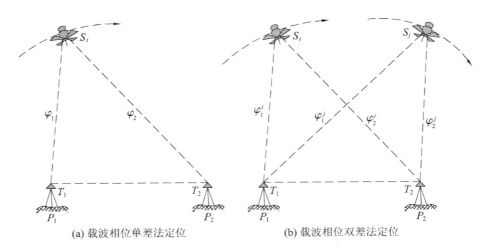

(a) 载波相位单差法定位　　　　　　　　(b) 载波相位双差法定位

图 7-5　GPS 载波相位定位

$$N_{12}^j\lambda + \frac{\lambda}{2\pi}\Delta\varphi_{12}^j - c(v_{T1} - v_{T2}) = R_{12}^j \tag{7-11}$$

将式(7-10)和式(7-11)求差,得双差观测方程为

$$N_{12}^{ij}\lambda + \frac{\lambda}{2\pi}\Delta\varphi_{12}^{ij} = R_{12}^{ij} \tag{7-12}$$

式中, $N_{12}^{ij} = N_{12}^i - N_{12}^j$， $\Delta\varphi_{12}^{ij} = \Delta\varphi_{12}^i - \Delta\varphi_{12}^j$， $R_{12}^{ij} = R_{12}^i - R_{12}^j$。 双差方程式(7-12)消除了基线端点两台接收机的相对钟差改正数 $(v_{T1} - v_{T2})$。

综上所述,采用载波相位定位差分法,可以减少平差计算中的未知数数量,消除或减弱测站相同误差项的影响,提高了定位精度。

顾及式(7-2),可以将 R_{12}^{ij} 化算为基线端点坐标增量 $(\Delta x_{12}，\Delta y_{12}，\Delta z_{12})$ 的函数,即式(7-12)中有 3 个坐标增量未知数。如果两台 GPS 接收机同步观测了 n 颗卫星,则有 $(n-1)$ 个整周模糊度 N_{12}^{ij},未知数总数为 $(3+n-1)$。当每颗卫星观测了 m 个历元时,就有 $m(n-1)$ 个双差方程。为了求出 $(3+n-1)$ 个未知数,要求双差方程数＞未知数个数,即

$$m(n-1) \geqslant 3+n-1 \text{ 或者 } m \geqslant \frac{n+2}{n-1} \tag{7-13}$$

一般取 $m=2$,即每颗卫星观测 2 个历元。

为了提高相对定位精度,同步观测的时间应比较长,具体观测时间与基线长、所用接收机类型（单频机还是双频机）和解算方法有关。在小于 15 km 的短基线上使用双频机,应用快速处理软件,野外每个测点同步观测时间一般只需要 10～15 min 就可以使基线测量的精

度达到 5 mm+1 ppm。

7.3.4 实时动态差分定位

实时动态差分(Real-Time Kinematic，RTK)定位是在已知坐标点或任意未知点上安置一台 GPS 接收机(称基准站)，利用已知坐标和卫星星历计算出观测值的校正值，并通过无线电通信设备(称数据链)将校正值发送给运动中的 GPS 接收机(称移动站)，移动站应用接收到的校正值对自身的 GPS 观测值进行改正，以消除卫星钟差、接收机钟差、大气电离层和对流层折射误差的影响。实时动态差分定位应使用带实时动态差分功能的 GPS RTK 接收机才能够进行，本节简要介绍常用的三种实时动态差分方法。

1. 位置差分(position difference)

将基准站 B 的已知坐标与 GPS 伪距单点定位获得的坐标值进行差分，通过数据链向移动站 i 传送坐标改正值，移动站用接收到的坐标改正值修正其测得的坐标。

设基准站 B 的已知坐标为 (x_B^0, y_B^0, z_B^0)，使用 GPS 伪距单点定位测得的基准站的坐标为 (x_B, y_B, z_B)，通过差分求得基准站 B 的坐标改正值为

$$\left.\begin{aligned} \Delta x_B &= x_B^0 - x_B \\ \Delta y_B &= y_B^0 - y_B \\ \Delta z_B &= z_B^0 - z_B \end{aligned}\right\} \tag{7-14}$$

设移动站 i 使用 GPS 伪距单点定位测得的坐标为 (x_i, y_i, z_i)，则使用基准站 B 的坐标改正值修正后的移动站 i 的坐标为

$$\left.\begin{aligned} x_i^0 &= x_i + \Delta x_B \\ y_i^0 &= y_i + \Delta y_B \\ z_i^0 &= z_i + \Delta z_B \end{aligned}\right\} \tag{7-15}$$

位置差分要求基准站 B 与移动站 i 同步接收相同卫星的信号。

2. 伪距差分(pseudorange difference)

利用基准站 B 的已知坐标和卫星广播星历计算卫星到基准站间的几何距离 R_{B0}^i，并与使用伪距单点定位测得的基准站伪距值 $\tilde{\rho}_B^i$ 进行差分，得距离改正数为

$$\Delta \tilde{\rho}_B^i = R_{B0}^i - \tilde{\rho}_B^i \tag{7-16}$$

通过数据链向移动站 i 传送 $\Delta \tilde{\rho}_B^i$，移动站 i 用接收到的 $\Delta \tilde{\rho}_B^i$ 修正其测得的伪距值。基准站 B 只要观测 4 颗以上的卫星并用 $\Delta \tilde{\rho}_B^i$ 修正它到各卫星的伪距值就可以进行定位，不要求基准站与移动站接收的卫星完全一致。

3. 载波相位实时动态差分(carrier phase real-time dynamic differential)

前面两种差分法都是使用伪距定位原理进行观测，而载波相位实时动态差分是使用载波相位定位原理进行观测。载波相位实时动态差分的原理与伪距差分类似，因为是使用载波相位信号测距，所以其伪距观测值的精度高于伪距定位法观测的伪距值精度。由于要解算整周模糊度，所以要求基准站 B 与移动站 i 同步接收相同的卫星信号，且二者相距一般应小于 30 km，其定位精度可以达到 1～2 cm。

7.4　GNSS 控制测量方法

使用 GNSS 接收机进行控制测量的工作过程为方案设计、外业观测、内业数据处理。

1. 精度指标

GNSS 测量控制网一般是使用载波相位静态相对定位法,它是使用两台或两台以上的接收机对一组卫星进行同步观测。控制网相邻点间的基线精度 m_D 为

$$m_D = \sqrt{a^2 + (bD)^2} \tag{7-17}$$

式中,a 为固定误差(mm);b 为比例误差(ppm);D 为相邻点间的距离(km)。《城市测量规范》[2]规定,静态测量卫星定位网的主要技术指标应符合表 7-2 的规定。

表 7-2　　　　　　　　　　　　静态卫星定位网的主要技术指标

等级	平均边长/km	固定误差 a/mm	比例误差 b/ppm	最弱边相对中误差
二等	9	≤5	≤2	≤1/120 000
三等	5	≤5	≤2	≤1/80 000
四等	2	≤10	≤5	≤1/45 000
一级	1	≤10	≤5	≤1/20 000
二级	<1	≤10	≤5	≤1/10 000

2. 观测要求

同步观测时,测站从开始接收卫星信号到停止数据记录的时段称为观测时段;卫星与接收机天线的连线相对于水平面的夹角称为卫星高度角,卫星高度角太小时不能观测;反映一组卫星与测站所构成的几何图形形状与定位精度关系的数值称为**点位几何图形强度因子**(position dilution of precision,PDOP),其值与观测卫星高度角的大小以及观测卫星在空间的几何分布有关。如图 7-6 所示,观测卫星高度角越小,分布范围越大,其 PDOP 值越小。

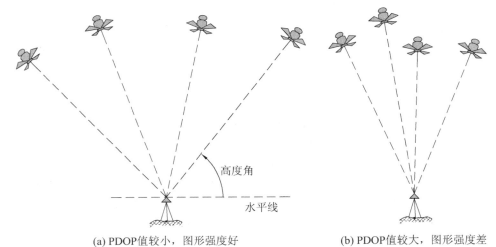

(a) PDOP值较小,图形强度好　　　　　　　(b) PDOP值较大,图形强度差

图 7-6　卫星高度角与点位几何图形强度因子 PDOP 的关系

综合其他因素的影响,当卫星高度角设置为大于或等于 15°时,点位的 PDOP 值不宜大于 6。GNSS 接收机锁定一组卫星后,将自动显示锁定卫星数及其 PDOP 值,示例可参考 7.5 节的图 7-10(c)和图 7-16(a)。

《城市测量规范》[2] 规定,静态测量卫星定位接收机的选用及其观测的技术要求应符合表 7-3 的规定。

表 7-3　　　　　　　　　　　　静态测量卫星定位接收机的选用和技术要求

等级	接收机类型	标称精度	观测量	卫星高度角/(°)	有效观测卫星数	平均重复设站数	观测时段长度/min	数据采样间隔/s	PDOP 值
二等	双频	≤5 mm +2 ppm	载波相位	≥15	≥4	≥2	90	10～30	≤6
三等	双频或单频	≤5 mm +2 ppm	载波相位	≥15	≥4	≥2	60	10～30	≤6
四等	双频或单频	≤10 mm +5 ppm	载波相位	≥15	≥4	≥1.6	45	10～30	≤6
一级	双频或单频	≤10 mm +5 ppm	载波相位	≥15	≥4	≥1.6	45	10～30	≤6
二级	双频或单频	≤10 mm +5 ppm	载波相位	≥15	≥4	≥1.6	45	10～30	≤6

3. 网形要求

与传统的三角测量及导线控制测量方法不同,使用 GNSS 接收机设站观测时,并不要求各站点之间相互通视。网形设计时,根据控制网的用途以及现有 GNSS 接收机的台数可以分为两台接收机同步观测、多台接收机同步观测和多台接收机异步观测三种方案。本节只简要介绍两台接收机同步观测方案,其两种测量与布网的方法如下。

(1)静态定位(static positioning)

网形之一如图 7-7(a)所示,将两台接收机分别轮流安置在每条基线的端点,同步观测 4 颗卫星 1 h 左右,或同步观测 5 颗卫星 20 min 左右。静态定位一般用于精度要求较高的控制网布测,如桥梁控制网或隧道控制网。

(2)快速静态定位(fast static positioning)

网形之二如图 7-7(b)所示,在测区中部选择一个测点作为基准站并安置一台接收机连续跟踪观测 5 颗以上卫星,另一台接收机依次到其余各点流动设站观测(不必保持对所测卫星连续跟踪),每个点观测 1～2 min。快速静态定位一般用于控制网加密和一般工程测量。

控制点点位应选在天空视野开阔,交通便利,远离高压线、变电所及微波辐射干扰源的地点。

4. 坐标转换

为了计算出测区内 WGS-84 坐标系与测区坐标系的坐标转换参数,要求至少有 2 个及以上的 GNSS 控制网点与测区坐标系的已知控制网点重合,坐标转换计算一般使用 GNSS RTK 附带的数据处理软件完成。

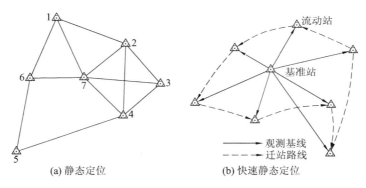

(a) 静态定位   (b) 快速静态定位

图 7-7 GNSS 静态定位典型网形

7.5 南方银河 6 双频四星 GNSS RTK 操作简介

南方银河 6 采用天宝 BD990 主板，能同时接收 GPS、GLONASS、北斗及 Galileo 卫星信号。

如图 7-8 所示，银河 6 的标准配置为 1 个基准站＋1 个移动站，基准站与移动站主机完

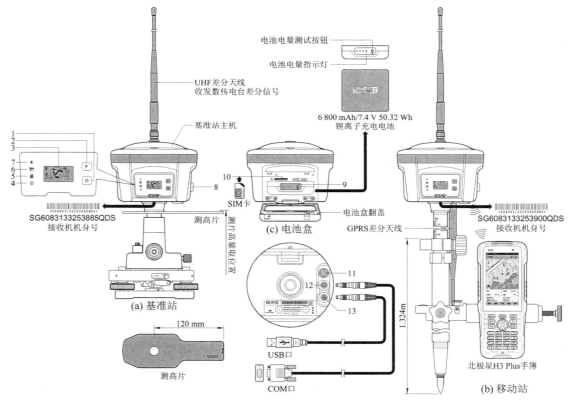

1—电源开/关键；2—功能键/切换键；3—屏幕；4—电源灯；5—数据灯；
6—静态存储灯；7—蓝牙灯；8—电池盒开/关；9—电池电量测试键；10—SIM 卡插槽；
11—GPRS 天线接口(移动网络)；12—5 芯外接电源/差分数据接口；13—7 芯数据接口

图 7-8 南方银河 6 GNSS RTK 接收机

全相同,哪个接收机作为基准站,哪个接收机作为移动站,可以通过接收机的两个按键 F 与
⊙ 设置,也可以通过手簿设置。每个移动站标配一部北极星 H3 Plus 手簿,用户可以根据工
作需要选购任意个移动站。

北极星 H3 Plus 手簿(简称 H3 手簿)实为安卓手机,用户也可以将"工程之星"软件安装
在自己的安卓手机上使用,不一定要使用 H3 手簿。

1. 银河 6 接收机

(1) 技术参数

采用 Linux 操作系统,0.96 英寸 128×64 点阵高清屏幕,220 个信号通道,可以同时接收
GPS、GLONASS、北斗和 Galileo 卫星信号。静态测量模式的平面精度为 2.5 mm+1 ppm,
高程精度为 5 mm+1 ppm,静态作用距离≤100 km,静态内存 64MB。RTK 测量模式的平
面精度为 8 mm+1 ppm,高程精度为 20 mm+1ppm,内置收发一体数传电台的工作频率为
410~470 MHz,最大发射功率为 5 W,典型作业距离为 10 km。基准站与移动站使用
BTNF-L7414W可拆卸、自带容量检测按钮的锂电池供电,电池容量为 6 800 mAh/7.4 V,一
块满电电池可供连续工作 24 h。

(2) 接收机天线高

接收机天线高实际上只有直高一种,它定义为天线相位中心到测点的垂直距离。如图
7-9(a)所示,RTK 测量移动站使用碳纤杆时,杆高实际上就等于直高,可以从碳纤杆侧面的
分划线读取。

使用三脚架安置接收机时[图 7-9(a)],因直高不易准确量取,用户可以量取两种仪器
高:测片高与斜高。仪器为每台接收机配置了一片测高片(图 7-8),测高片的安装方法如图

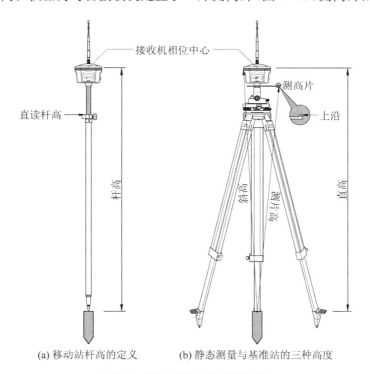

(a) 移动站杆高的定义　　(b) 静态测量与基准站的三种高度

图 7-9　银河 6 接收机的四种天线高

209

7-9(a)所示。静态测量或 RTK 测量基准站的天线高，只需从测点量至测高片上沿即可，称该天线高为测片高，也可以量取斜高，内业导入数据时，在后处理软件中选择"测片高"或"斜高"即可由软件自动计算出直高。

（3）接收机开关机方法

银河 6 接收机面板只有 Ⓕ 与 Ⓞ 两个按键，按 Ⓞ 键可打开接收机电源，屏幕显示南方测绘商标约 15 s 后[图 7-10(a)]，进入接收机最近一次设置的测量模式搜星界面。图 7-10(b)所示为进入出厂设置的静态模式搜星界面，搜星时间大约需要 10 s。完成搜星且达到采集条件后，开始自动采集卫星数据，屏幕在星图[图 7-10(c)]、大地地理坐标[图 7-10(d)]与历元数[图 7-10(e)]三个界面之间循环切换，切换时间间隔为 10 s。

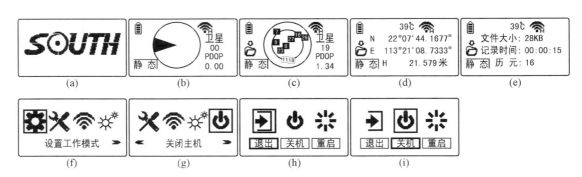

图 7-10　银河 6 开机后进入出厂设置的静态模式

虽然银河 6 可以同时接收 GPS、GLONASS、北斗与 Galileo 四种卫星信号，但受接收机屏幕尺寸的限制，接收机屏幕只能显示一种卫星的信号，出厂设置为显示 GPS 卫星信号。

按 Ⓕ 键进入主菜单界面，光标位于"设置工作模式"图标 ⚙，按 Ⓕ Ⓕ Ⓕ Ⓕ 键移动矩形光标 □（以下简称光标）到"关闭主机"图标 ⏻，按 Ⓞ 键，进入图 7-10(h)所示的界面；按 Ⓕ 键移动光标到关机图标 ⏻[图 7-10(i)]，按 Ⓞ 键关闭接收机电源。在图 7-10(i)所示的界面，按 Ⓕ 键移动光标到重启图标 ❄，按 Ⓞ 键重新启动接收机。也可以长按 Ⓞ 键，待屏幕显示图 7-10(i)所示的界面时，松开 Ⓞ 键，再按 Ⓞ 键关机。

静态模式测量主要用于控制测量，操作方法请参见银河 6 使用手册，本章主要介绍 RTK 模式测量的操作方法。

（4）接收机主菜单操作方法

接收机开机状态必须处于静态、基准站或移动站三种模式中的一种模式，按 Ⓕ 键进入主菜单界面，光标自动位于"设置工作模式"图标 ⚙[图 7-11(a)]。

继续按 Ⓕ 键，移动光标到"设置数据链"图标 ▦[图 7-11(b)]；按 Ⓕ 键，移动光标到"系统配置"图标 ✘[图 7-11(c)]；按 Ⓕ 键，移动光标到"配置无线网络"图标 📶[图 7-11(d)]；按 Ⓕ 键，移动光标到"移动网络信息"图标 ⓜ[图 7-11(e)]；按 Ⓕ 键，移动光标到"进入模块设置模式"图标 ❋[图 7-11(f)]；按 Ⓕ 键，移动光标到"关闭主机"图标 ⏻[图 7-11(g)]；按 Ⓕ 键，移动光标到"退出"图标 ➡[图 7-11(h)]。图 7-12 为接收机处于静态模式时，按 Ⓕ 键进入静态模式的主菜单界面。

图 7-13 为银河 6 接收机为基准站或移动站模式的主菜单总图。

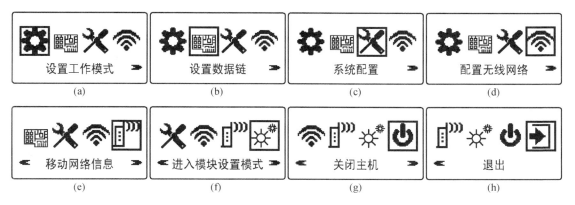

图 7-11　接收机开机状态并位于基准站或移动站模式的主菜单界面

图 7-12　银河 6 接收机开机状态并处于静态模式的主菜单界面

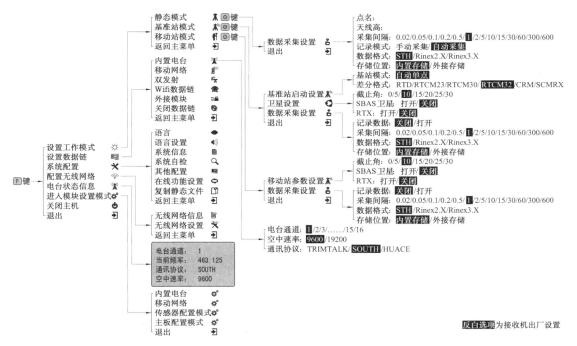

图 7-13　银河 6 接收机为基准站与移动站模式的主菜单总图

2. 北极星 H3 Plus 手簿

如图 7-14 所示,北极星 H3 Plus 手簿是南方测绘自主生产的工业级三防 4G 双卡双待安卓触屏手机,它与普通安卓手机的操作方法完全相同,按 🔘 键打开 H3 手簿电源。

在 H3 手簿启动工程之星,与任意一台银河 6 接收机蓝牙连接后,在工程之星主菜单点

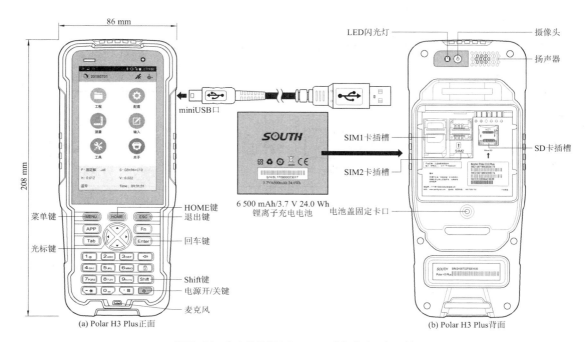

图 7-14　南方北极星 H3 Plus 工业级安卓手机手簿

击配置按钮 ⚙ ,点击"仪器连接"命令,通过蓝牙连接接收机;再点击配置按钮 ⚙ ,点击"仪器设置"命令,可以执行接收机菜单总图(图 7-13)的所有命令,它比在接收机上使用 F 与 ⓞ 两个按键操作的效率要高得多。

用户也可以在自己的安卓手机安装工程之星软件,操作工程之星将更加方便,下节将介绍作者使用自己的安卓手机操作工程之星的方法。

7.6　南方银河 6 GNSS RTK 的测量方法

使用银河 6 进行 RTK 测量,应将一台接收机设置为基准站,另一台接收机设置为移动站,并设置基准站与移动站差分数据的传输方式(数据链)。

本节只介绍内置电台与移动网络两种差分数据传输方式的设置方法,将机身号尾数为 3885 的接收机设置为基准站,机身号尾数为 3900 的接收机设置为移动站,两台接收机均已开机。

1. 启动工程之星与新建工程

在手机点击工程之星按钮 🔳 [图 7-15(a)]启动工程之星,系统打开最近使用的一个工程并进入主菜单界面[图 7-15(b)]。点击工程按钮 ⬤ ,在弹出的快捷菜单点击"新建工程"命令[图 7-15(c)],系统以当前日期 20180701 为名新建一个工程[图 7-15(d)]。

点击 确定 按钮,进入"坐标系统"设置界面[图 7-15(e)];点击 新建坐标系统 按钮,在"坐标系统"栏输入平面坐标系名"1990 新珠海坐标系",使用缺省设置的目标椭球"BJ54",意指 1954 北京坐标系[图 7-15(f)];点击"设置投影参数"栏,在"投影方式"界面输入东偏移"100 000",意指 y 坐标加常数为 100 km,中央子午线经度栏按 ddd.mmssssss 的格式输入 1990 新珠海坐标系的中央子午线经度 113°21′[图 7-15(g)]。

图 7-15 启动工程之星软件,执行"新建工程"命令,设置平面坐标系投影参数及蓝牙连接

点击 确定 按钮返回"新建坐标系统"界面,点击 确定 按钮[图 7-15(i)],将设置的坐标系参数应用于当前工程;再点击 确定 按钮,返回工程之星新建工程 20180701 主菜单界面[图 7-15(j)]。

注:GNSS 测量的测点坐标是 WGS-84 坐标系的三维坐标,它是测点的大地经纬度与大地高(L,B,H),示例如图 7-17(b)所示。设置当前工程投影参数的目的是将测点的大地经纬度(L,B)转换为高斯平面坐标(x,y)。

2. 设置基准站、移动站与内置电台传输数据链

将两条 UHF 差分天线分别安装在机身号尾数分别为 3885 和 3900 的两台接收机上。

(1)手机蓝牙连接基准站接收机

点击配置按钮 ⚙[图 7-15(j)],在弹出的快捷菜单点击"仪器连接"命令[图 7-15(k)],进入"蓝牙管理器"界面[图 7-15(l)];点击机身号尾数为 3885 的蓝牙设备名,点击 连接 按钮开始蓝牙连接,完成连接后 3885 接收机面板的蓝牙灯 7 将常亮(图 7-8),返回工程主菜单界面[图 7-16(a)],此时,主菜单界面底部应显示单点解。

(2)设置基准站数据链为内置电台 1 通道

点击配置按钮 ⚙[图 7-16(a)],在弹出的快捷菜单点击"仪器设置"命令[图 7-16(b)],进入"仪器设置"界面,接收机出厂设置为静态模式[图 7-16(c)]。

(a)　　　　　　　　(b)　　　　　　　　(c)　　　　　　　　(d)

(e)　　　　　　　　(f)　　　　　　　　(g)　　　　　　　　(h)

图 7-16　执行"配置/仪器设置"命令，设置基准站参数（数据链为内置电台 1 通道）

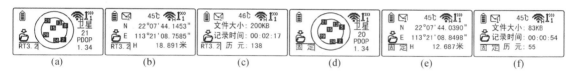

图 7-17　银河 6 接收机基准站与移动站通过内置电台 1 通道传输差分数据

　　点击"基准站设置"栏，点击 确定 按钮[图 7-16(d)]，进入"基准站设置"界面[图 7-16(e)]；点击"数据链"栏，在弹出的快捷菜单点击"内置电台"单选框[图 7-16(f)]；点击"数据链设置"栏，设置结果如图 7-16(h)所示，其中的功率档位有 HIGH(高)与 LOW(底)两个，设置为 HIGH 时，内置电台的发射功率为 5 W，设置为 LOW 时，内置电台的发射功率为 2 W。

　　点击手机退出键返回"基准站设置"界面[图 7-16(i)]，点击 启动 按钮，启动基准站开始接收卫星信号[图 7-16(j)]。点击手机退出键，返回工程主菜单界面[图 7-16(k)]，此时，屏幕底部的卫星 S 栏显示的 G4＋R5＋C10 表示已锁定 4 颗 GPS 卫星、5 颗 GLONASS 卫星、10 颗北斗卫星信号。3885 号接收机屏幕显示内容如图 7-17(a)、(b)所示。星图、地理坐标与历元数三个屏幕的切换时间为 10 s，屏幕左下角的 RT3.2 表示数据链差分格式为 RCTM32，屏幕右上角的 ᛁ᎑ 表示数据链为内置电台 1 通道；接收机面板的数据链灯 5(图 7-8)每隔 1 s 闪烁一次，表示基准站已通过内置电台发送差分数据，在空旷测区，基准站接收机内置电台发送差分数据的最大传播距离为 10 km。

　　（3）手簿蓝牙连接移动站接收机

　　点击配置按钮 ⚙ [图 7-16(k)]，在弹出的快捷菜单点击"仪器连接"命令[图 7-16(l)]，点击 断开 按钮[图 7-18(a)]，断开手机与基准站的蓝牙连接。点击机身号尾数为 3900 的接收机设备[图 7-18(b)]，点击 连接 按钮开始蓝牙连接，完成连接后 3900 接收机面板的蓝牙灯 7 将常亮(图 7-8)，并返回工程主菜单界面[图 7-18(c)]。

　　（4）设置移动站数据链为内置电台 1 通道

　　点击配置按钮 ⚙ [图 7-18(c)]，在弹出的快捷菜单点击"仪器设置"命令[图 7-18(d)]，进入"仪器设置"界面，接收机出厂设置为静态模式[图 7-18(e)]。

图 7-18 蓝牙连接 3900 接收机,执行"配置/仪器设置"命令,设置移动站参数(数据链为内置电台 1 通道)

点击"移动站设置"栏,点击 按钮[图 7-18(f)],进入"移动站设置"界面[图 7-18(g)];点击"数据链"栏,在弹出的快捷菜单点击"内置电台"[图 7-18(h)];点击"数据链设置"栏,设置结果如图 7-18(j)所示,除功率档位外,其余应与基准站的设置内容相同[图 7-16(h)]才能解析。

点击手机退出键返回"仪器设置"界面[图 7-18(k)]并自动启动移动站接收卫星信号;点击手机退出键返回工程主菜单界面[图 7-18(l)]。

只要接收机锁定的卫星数够,屏幕底部很快显示固定解。卫星 S 栏显示的 G4+R5+C10 表示移动站已锁定 4 颗 GPS 卫星、5 颗 GLONASS 卫星、10 颗北斗卫星;"H:0.011"表示移动站平面坐标的误差为±0.011 m;"V:0.012"表示移动站高程坐标的误差为±0.012 m。

图 7-17(d)—(f)所示为移动站接收机屏幕显示的内容,三个屏幕的切换时间为 10 s,屏幕左下角的 固定 表示移动站的坐标为固定解,右上角的 📶 表示数据链为内置电台 1 通道,接收机面板的数据链灯 5(图 7-8)每隔 1 s 闪烁一次,表示移动站正在通过内置电台接收基准站发送的差分数据。

3. 设置基准站、移动站与移动网络传输数据链

将两条 GPRS 差分天线分别安装在机身尾号为 3885 和 3900 的两台接收机上,将两张 4G 手机卡(移动、联通或电信 SIM 卡均可)分别插入两台接收机电池盒内的 SIM 卡插槽(图 7-8)。

(1)手机蓝牙连接基准站接收机

操作方法与上述内置电台相同。在工程主菜单界面,点击配置按钮 ⚙,在弹出的快捷菜单点击"仪器连接"命令,通过蓝牙连接基准站接收机并返回工程主菜单界面。

(2)设置基准站数据链为接收机移动网络

在工程主菜单点击配置按钮 ⚙,在弹出的快捷菜单点击"仪器设置"命令[图 7-19(a)],点击"基准站设置"栏[图 7-19(b)],点击 停止 按钮停止基准站数据采集[图 7-19(c)];点击"网络配置"栏[图 7-19(d)],点击"接收机移动网络"单选框[图 7-19(e)];点击"数据链设置"栏[图 7-19(f)],进入"模板参数管理"界面[图 7-19(g)];点击 增加 按钮,进入"数据链设置"界面[图 7-19(h)],其中 IP 栏的"219.135.151.189"为系统自动设置的广州南方卫星导航仪器有限公司服务器的 IP 地址,端口 Port 为 2018。如果读者不希望别的用户接收基准站的差分数据,可以设置自己的账户名与密码,如果基准站设置了,移动站也应做相同的设置。

系统自动设置"接入点"为基站接收机的机身号。点击 确定 按钮[图 7-19(h)],点击移动网络拨号模板名"Network<219.135.151.189 2018>"[图 7-19(i)],点击 连接 按钮开始拨号连接南方导航服务器,登录服务器成功后的界面如图 7-20(j)所示。点击 确定 按钮,进入"基准站设置"界面[图 7-19(k)],点击 启动 按钮启动基准站接收卫星信号[图 7-19(l)],点击手机退出键返回工程主菜单界面。

(3)手簿蓝牙连接移动站接收机

在工程主菜单界面,点击配置按钮 ⚙,在弹出的快捷菜单点击"仪器连接"命令,先断开手机与基准站的蓝牙连接,再通过蓝牙连接移动站接收机并返回工程主菜单界面。

(4)设置移动站数据链为接收机移动网络

点击配置按钮 ⚙,在弹出的快捷菜单点击"仪器设置"命令[图 7-20(a)],点击"移动站设置"栏[图 7-20(b)],点击"数据链"栏[图 7-20(c)],点击"网络模式"单选框[图 7-20(d)],点击"网络配置"栏[图 7-20(e)],点击"接收机移动网络"单选框[图 7-20(f)],点击移动网络拨号模板名"Network<219.135.151.189 2018>"[图 7-20(g)],点击 连接 按钮开始拨号连接南方导航服务器[图 7-20(g)],登录成功后的界面如图 7-20(h)所示。

图 7-19　执行"配置/仪器设置"命令，设置基准站参数（数据链为移动网络）

图 7-20　执行"配置/仪器设置"命令，设置移动站参数（数据链为接收机移动网络）

点击 确定 按钮,点击手机退出键3次返回工程主菜单界面[图7-20(i)],只要锁定的卫星数足够,很快就可以得到固定解。点击标题栏的卫星图标 ✗,屏幕显示移动站接收机锁定卫星的分布信息[图7-20(j)];点击标题栏的 展表 图标,结果如图7-20(k),(l)所示。字母G开头的为GPS卫星号,字母C开头的为北斗卫星号,字母R开头的为GLONASS卫星号,字母J开头的为Galileo卫星号。

图7-21(a)—(c)所示为基准站接收机的屏幕显示内容,三个屏幕的切换时间为10 s,屏幕左下角的 RT3.2 表示差分格式为RTCM32,右上角的 📶 表示数据链为手机移动网络,接收机面板的数据链灯5(图7-8)每隔1 s闪烁一次,表示基准站正在通过手机移动网络发送差分数据。

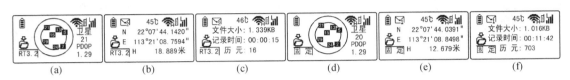

图7-21　银河6接收机基准站与移动站通过手机移动网络传输差分数据

图7-21(d)—(f)所示为移动站接收机的屏幕显示内容,三个屏幕的切换时间为10 s,屏幕左下角的 固定 表示移动站的坐标为固定解,右上角的 📶 表示数据链为手机移动网络,接收机面板的数据链灯5(图7-8)每隔1 s闪烁一次,表示移动站正在通过手机移动网络接收基准站发送的差分数据。

4. 放样测量

可以将基准站安置在已知点,如果已知点的视野不开阔,也可以将基准站安置在地势较高、视野开阔、距离放样场区小于10 km范围内的任意未知点上。下面只介绍将基准站安置在任意未知点的放样方法。设已在任意未知点上安置好基准站,且基准站与移动站均已开机。

图7-22(a)所示的A,B,C,D为4个一级导线点,1,2,3,4为房角的4个设计点,在Windows记事本按南方CASS坐标格式输入这8个点的坐标,如图7-22(b)所示,存储为PcyxH.dat文件。复制PcyxH.dat文件到手机内置SD卡根目录。

下面介绍使用A,B,C,D四个一级导线点求解坐标转换参数,放样1号点的操作方法。

(a) 4个一级导线点与4个放样点展点图　　(b) 用Windows记事本编写8个点的坐标文件

图7-22　4个一级导线点与4个放样点坐标

（1）导入 PcyxH.dat 文件的坐标数据到当前工程

在工程主菜单界面点击输入按钮 ⊘［图 7-23（a）］，在弹出的快捷菜单点击"坐标管理库"命令［图 7-23（b）］，点击 导入 按钮［图 7-23（c）］，点击"导入文件类型"列表框，点击" *.dat-Pn.Pc.y.x.H（南方 Cass）"［图 7-23（d）］，在手机内置 SD 卡根目录点击 Pcyxh.dat 文件［图 7-23（e）］，将该文件 8 个点的坐标数据导入当前工程坐标管理库，结果如图 7-23（f）所示。点击手机退出键返回工程主菜单界面。

图 7-23　执行"输入/坐标管理库/导入"命令，导入 SD 卡根目录 PcyxH.dat 文件到工程坐标管理库

（2）计算坐标转换参数

在工程主菜单点击输入按钮 ⊘，执行"求转换参数"命令［图 7-24（a）］，点击 添加 按钮［图 7-24（b）］，点击"平面坐标"栏［图 7-24（c）］，点击"点库获取"单选框［图 7-24（d）］，点击 A 点名［图 7-24（e）］，设置 A 点为第一个计算坐标转换参数的控制点，结果如图 7-24（f）所示。

在 A 点安置移动站,点击"大地坐标"栏,点击"定位获取"单选框[图 7-24(g)],提取 A 点大地地理坐标[图 7-24(h)],点击 确定 按钮返回"求转换参数"界面[图 7-24(i)]。

图 7-24　执行"输入/求转换参数/添加"命令,添加 A,B,C,D 点的已知坐标并采集其 WGS-84 坐标

同理,分别在 B, C, D 三点安置移动站,点击 添加 按钮,点击"平面坐标"栏,点击"点库获取"得到其已知坐标,再点击"大地坐标"栏,点击"点位获取"单选框提取其大地地理坐标,结果如图 7-24(j)—(l)所示。

完成操作后点击 确定 按钮返回"求转换参数"界面[图 7-25(a)]。点击 计算 按钮计算坐标转换参数,结果如图 7-25(b)所示;点击 确定 按钮,返回"求转换参数"界面[图 7-25(a)];点击 应用 按钮,点击 确定 按钮[图 7-25(c)],将转换参数应用到当前工程并返回工程主菜单[图 7-25(d)]。

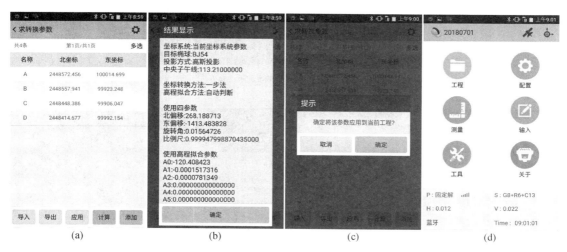

图 7-25 使用 A,B,C,D 四个一级导线点的坐标计算转换参数并应用于当前工程

为满足坐标转换参数的计算要求,需要在控制点上安置移动站接收机,采集控制点的 WGS-84 坐标(大地坐标),称这些控制点为公共点。

注:四参数法是将一个平面坐标系,通过平移、缩放、旋转变换到另一个平面坐标系,它与图 6-22 所示的边角后方交会计算,将测站坐标系变换为高斯坐标系的原理相同,属于线性变换。在工程之星主菜单界面,执行"输入/求转换参数"命令,系统自动使用表列公共点(至少 2 个)的 WGS-84 坐标系与控制点所在高斯坐标系的两套坐标,计算 WGS-84 坐标变换为高斯坐标的 4 个转换参数。本例采用 4 个公共点的两套坐标计算可以提高转换参数的计算精度。四参数法适用于测区面积小于 10 km^2 的情形,且选取的控制点应尽可能均匀地分布在测区外围。

(3)转换参数的导出与导入

需要使用多台移动站测量碎部点坐标或放样设计点位时,只需要使用一台移动站求转换参数,将求转换参数的公共点坐标导出为扩展名为 cot 的文本文件,通过移动互联网发送该文件给其他移动站的手机,再在手机执行导入命令导入 cot 文件即可。

在移动站手机工程之星主菜单界面,点击输入按钮 ，点击"求转换参数"命令,进入求转换参数界面[图 7-26(a)];点击 导出 按钮,输入文件名"20180701",点击 确定 按钮[图 7-26(b)],在手机内置 SD 卡创建公共点坐标文件"/SOUTHGNSS.EGStar/Config/20180701.cot",20180701.cot 为文本格式公共点坐标文件,用 Windows 记事本打开该文件的内容如图 7-27 所示。

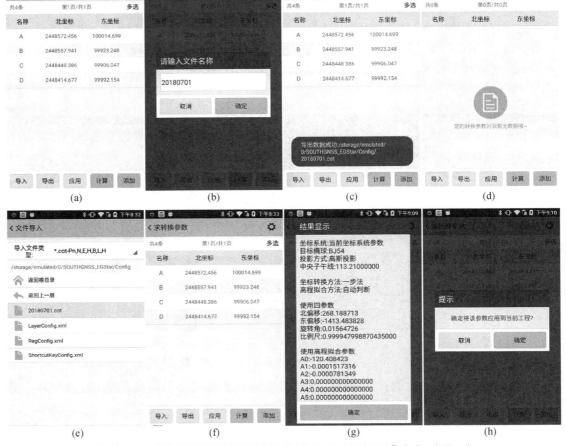

图 7-26　在移动站手机工程主菜单执行"输入/求转换参数/导出"命令，在另一台
移动站手机工程主菜单执行"输入/求转换参数/导入"命令

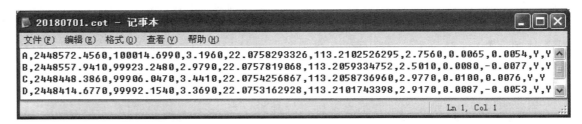

图 7-27　用 Windows 记事本打开导出的含 4 个公共点坐标文件 20180701.cot 的内容

　　移动站用户使用手机移动互联网发送 20180701.cot 文件给另一台移动站手机，在另一台手机的工程之星主菜单界面执行"输入/求转换参数"命令，进入"求转换参数"界面[图7-26(d)]；点击 导入 按钮，在手机内置 SD 卡点击接收到的 20180701.cot 文件[图 7-26(e)]，导入 20180701.cot 文件数据到"求转换参数"列表界面[图 7-26(f)]，点击 计算 按钮重新计算坐标转换参数，结果如图 7-26(g)所示；点击 确定 按钮，返回"求转换参数"界面；点击 应用 按钮，

点击 确定 按钮[图7-26(h)],将转换参数应用到当前工程并返回工程之星主菜单。

（4）放样

在工程之星主菜单,点击测量按钮 ,在弹出的快捷菜单点击"点放样"命令[图7-28(a)],进入点放样界面[图7-28(b)],如果手机连接了移动互联网,系统自动在百度地图展绘坐标库的所有点位。

点击 目标 按钮[图7-28(b)],点击 添加 按钮[图7-28(c)],在弹出的快捷菜单点击"点库获取"命令[图7-28(d)],点选1～4号放样点[图7-28(e)],点击 导入 按钮,将4个放样点的坐标导入放样点库[图7-28(f)]。

点击1号点,在弹出的快捷菜单点击"点放样"单选框[图7-28(g)],返回点放样界面[图7-28(h)]。因完成坐标转换参数计算后,移动站位于D点。如图7-22(a)所示,D点至1号放样点的设计方位角为344°52′09″,设计平距为92.056 m,它与手机屏幕显示的移动方位角和平距相符[图7-28(h)]。

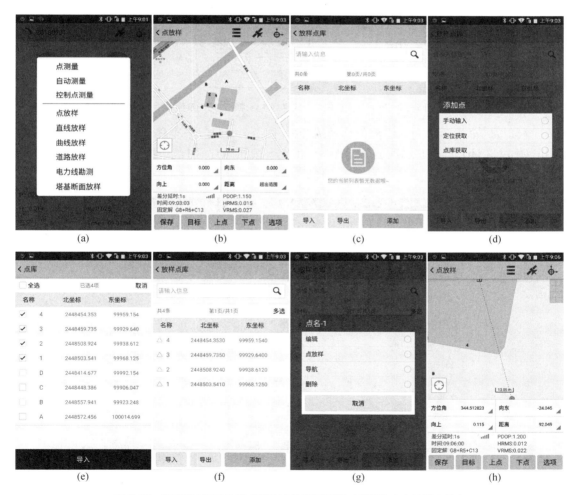

图7-28　在工程主菜单执行"测量/点放样/目标/点库获取"命令放样1号点

如图7-29所示,以碳纤杆标配罗盘仪所指的磁北方向为坐标北参照方向,按344°52′09″

方位角方向移动碳纤杆,系统自动缩放屏幕以同时显示移动站位置与1号点的设计位置。

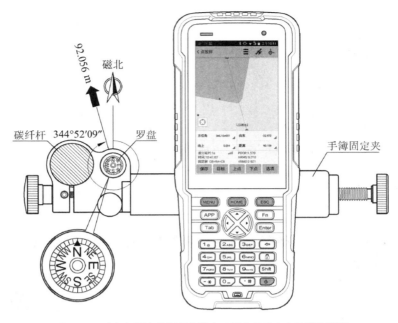

图7-29　碳纤杆罗盘仪指示放样点1号点移动方向及移动平距

　　继续按屏幕指示方向和距离值移动碳纤杆[图7-30(a)],直至移动到1号点的设计位置为止[图7-30(b)]。完成1号点放样后,点击 下点 按钮顺序放样2号点,界面如图7-30(c)所示。

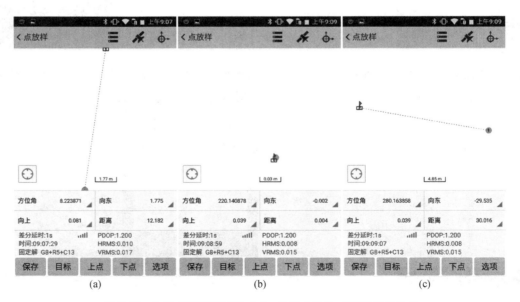

图7-30　执行"测量/点放样"命令,放样1号点,设置放样2号点

　　与全站仪放样比较,使用银河6放样设计点位的优点是:基准站与移动站之间不需要相互通视,工期紧张时,可以使用多台移动站同时放样;移动站只需根据手机屏幕显示的方位

角和平距值,即可将移动站自主移动到放样点,无须基准站指挥。对于工期紧张的施工项目,可以夜间放样。缺点是:要求放样场区视野开阔,且无障碍物遮挡卫星信号。

7.7 连续运行参考站系统 CORS

CORS 是连续运行参考站系统(continuously operating reference system)的英文缩写,它定义为一个或若干个固定的、连续运行的 GNSS 参考站,利用计算机、数据通信和互联网技术组成的网络,实时向不同类型、不同需求、不同层次用户自动提供经过检验的不同类型的 GNSS 观测值(载波相位,伪距),各种改正数、状态信息以及其他有关 GNSS 服务项目的系统。

CORS 主要由控制中心、固定参考站、数据通信和用户部分组成。

在整个城市范围内,应建设至少 3 个永久性的固定参考站,各固定参考站的观测数据通过互联网实时传送到控制中心,控制中心对接收到的固定参考站的观测数据进行处理后,通过互联网发送 CORS 网络差分数据给用户移动站接收机,用户移动站接收机通过移动互联网接收控制中心发送的差分数据。

1. CORS 技术分类

CORS 技术主要有虚拟参考站系统 VRS、区域改正参数 FKP、主辅站技术三种,天宝和南方测绘 CORS 使用 VRS 技术,徕卡 CORS 使用主辅站技术,拓普康 CORS 则可以在三种技术中任意切换。移动站用户使用城市 CORS 测量需要支付年费。本节只简要介绍 VRS 技术。

2. VRS 技术

如图 7-31 所示,在 VRS 网络中,各固定参考站不直接向移动站用户发送差分数据,而是将其接收到的卫星数据通过互联网发送到控制中心。移动站用户在工作前,通过移动互联

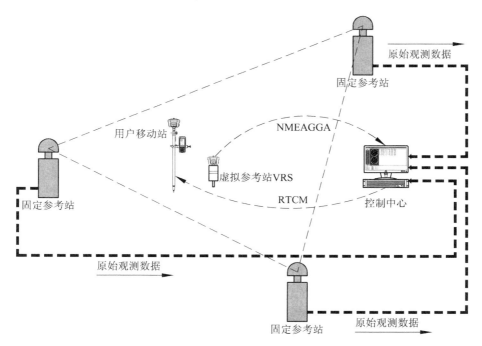

图 7-31　VRS 技术原理

网先向控制中心发送一个概略坐标,控制中心收到这个位置信息后,根据用户位置,由计算机自动选择最佳的一组固定基准站,根据这些基准站发来的信息,整体改正 GNSS 的轨道误差以及电离层、对流层和大气折射误差,将高精度的差分信号发给移动站接收机,等价于在移动站旁边,生成了一个虚拟的参考基站,解决了 RTK 在作业距离上的限制问题,也保证了用户移动站的定位精度。每个固定参考站的设备如图 7-32 所示。

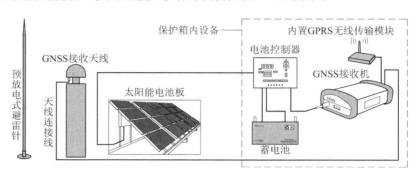

图 7-32　固定参考站的设备组成及其电缆连接

VRS 技术的优点是:接收机的兼容性较好,控制中心应用整个网络信息来计算电离层和对流层的复杂模型,整个 VRS 的对流层模型是一致的,消除了对流层误差;成果的可靠性、信号可利用性和精度水平在系统的有效覆盖范围内大致均匀,与离开最近参考站的距离没有明显的相关性。

VRS 技术要求双向数据通信,移动站既要接收数据,也要发送自己的定位结果和状态,每个移动站和控制中心交换的数据都是唯一的,这对控制中心的数据处理能力和数据传输能力有很高的要求。

3. 使用银河 6 进行城市 CORS 测量

如果用户所在城市使用的是 VRS 技术,只需将一张手机 SIM 卡插入银河 6 接收机电池盒内的 SIM 卡插槽(图 7-8 的 10),按 ⊙ 键开机,在手机启动工程之星,通过蓝牙连接移动站,执行"配置/仪器设置"命令,设置用户接收机为移动站模式,网络配置为"接收机移动网络",向本地城市 CORS 控制中心申请一个账户及密码,完成登录 CORS 中心服务器操作后,即可进行碎部点测量或放样测量,不再需要求坐标转换参数。

珠海 CORS 使用的是 VRS 技术,下面介绍设置移动站接收珠海 CORS 差分数据的操作方法。在工程之星执行"配置/仪器连接"命令,设置手机与移动站接收机蓝牙连接。执行"配置/仪器设置"命令[图 7-33(a)],点击"移动站设置"栏[图 7-33(b)],设置"数据链"为网络模式,点击"数据链设置"栏[图 7-33(c)],点击 添加 按钮[图 7-33(d)],新增一个模板,修改模板的设置内容如图 7-33(e)所示,图中的服务器名称 ZHBDCORS、IP 地址 120.236.240.105、端口(Port)2103、账户 gdkjy01 及密码、模式 NTRIP 等均由珠海 CORS 中心提供,一个账户及密码只能供一台移动接收机使用。

点击"接入点"栏[图 7-33(e)],点击 点击刷新输入点 按钮[图 7-33(f)],系统从珠海 CORS 中心服务器提取各种坐标系的接入点名,结果如图 7-33(h)所示。

点击"RTCM32-ZH90"单选框选择 1990 新珠海坐标系,点击 连接 按钮返回数据链设置界面[图 7-34(a)]。点击 确定 按钮[图 7-34(a)],点击新建模板名"ZHBDCORS<120.236.

图 7-33　将移动站接收机数据链设置为珠海 CORS 的内容，刷新接入点并选择 RTCM32-ZH90

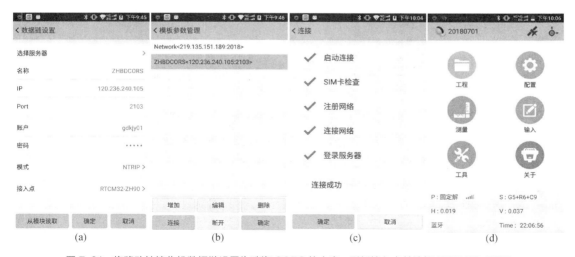

图 7-34　将移动站接收机数据链设置为珠海 CORS 的内容，刷新接入点并选择 RTCM32-ZH90

240.105：2013＞"，点击 连接 按钮[图 7-34(b)]，移动站接收机通过互联网登录珠海 CORS 中心服务器[图 7-34(c)]，点击 确定 按钮，点击手机退出键 2 次，返回工程之星主菜单[图 7-34(d)]。只要移动站接收到的卫星数足够，很快就可以得到固定解。用户不再需要点击输入按钮 ☑ 执行"求转换参数"命令，可以直接点击测量按钮 ☑ 开始各类测量。

本 章 小 结

（1）GPS 使用 WGS-84 坐标系。卫星广播星历中含有卫星在 WGS-84 坐标系的坐标，只要测量出 4 颗及以上卫星到接收机的距离，就可以解算出接收机在 WGS-84 坐标系的坐标。

（2）GPS 有 C/A 码与 P 码两种测距码，C/A 码（粗码）码元宽度对应的距离值为 293.1 m，其单点定位精度为 25 m；P 码（精码）码元宽度对应的距离值为 29.3 m，其单点定位精度为 10 m。P 码受美国军方控制，一般用户无法得到，只能利用 C/A 码进行测距。

（3）GPS 测距码测距原理是：卫星在自身时钟控制下发射某一结构的测距码，传播 Δt 时间后，到达 GPS 接收机；GPS 接收机在自己的时钟控制下产生一组结构完全相同的测距码，也称复制码，复制码通过时间延迟器使其延迟时间 τ 后与接收到的卫星测距码完全对齐，则复制码的延迟时间 τ 就等于卫星信号传播到接收机的时间 Δt，乘以光速 c 即得卫星至接收机的距离。

（4）GPS 使用单程测距方式，即接收机接收到的测距信号不再返回卫星，而是在接收机中直接解算传播时间 Δt 并计算出卫星至接收机的距离，它要求卫星和接收机的时钟应严格同步。实际上，卫星钟与接收机钟不可能严格同步，这就会产生钟误差，其中，卫星广播星历中含有卫星钟差 v_t，是已知的，而接收机钟差 v_T 是未知数，需要通过观测方程解算。两个时钟不同步对测距结果的影响为 $c(v_T - v_t)$。

（5）在任意未知点上安置一台 GNSS 接收机作为基准站，利用已知坐标和卫星星历计算出观测值的校正值，通过数据链将校正值发送给移动站，移动站使用接收到的校正值对自身的 GNSS 观测值进行改正，以消除卫星钟差、接收机钟差、大气电离层和对流层折射误差的影响。

（6）银河 6 GNSS RTK 放样点位的优点是：基准站与移动站之间不需要相互通视；移动站根据手簿显示的数据自主移动到放样点，无须基准站指挥；缺点是：要求放样场区视野开阔，且无障碍物遮挡卫星信号。

（7）任意一台移动站求出的坐标转换参数都可以通过手机移动互联网发送给另一台移动站的手机，方法是：在已求出坐标转换参数的移动站手机工程之星主菜单界面，执行"输入/求转换参数/导出"命令，导出已采集的公共点坐标文件(cot)，通过手机移动互联网发送给另一台移动站的手机；在另一台移动站手机工程之星主菜单界面，执行"输入/求转换参数/导入"命令，导入接收到的公共点坐标文件(cot)，重新计算坐标转换参数，将转换参数应用到当前工程。

（8）建立城市 CORS 的好处是，使用与城市 CORS 配套的 GNSS 接收机，用户只需使用单机就可以高精度进行碎部测量与放样工作，省却了求坐标转换参数的操作。

思考题与练习题

[7-1] GPS 有多少颗工作卫星？距离地表的平均高度是多少？GLONASS 有多少颗工作卫星？距离地表的平均高度是多少？北斗有多少颗工作卫星？距离地表的平均高度是多少？

[7-2] 简述 GPS 的定位原理。

[7-3] 卫星广播星历包含什么信息？它的作用是什么？

[7-4] 为什么称接收机测得的工作卫星至接收机的距离为伪距？

[7-5] 测定地面某点在 WGS-84 坐标系中的坐标时，GPS 接收机为什么要接收至少 4 颗工作卫星的信号？

[7-6] GPS 由哪些部分组成？简述各部分的功能和作用。

[7-7] 载波相位相对定位的单差法和双差法各可以消除什么误差？

[7-8] 什么是同步观测？什么是卫星高度角？什么是几何图形强度因子 DPOP？

[7-9] 使用银河 6 GNSS RTK 进行放样测量时，基准站是否一定要安置在已知点上？移动站与基准站的距离有何要求？

[7-10] 使用多台移动站放样同一个建筑物的设计点位时，使用一台移动站接收机采集公共点的 WGS-84 坐标求得的转换参数如何提供给另一台移动站接收机使用？

[7-11] CORS 主要有哪些技术？国内外主流测绘仪器厂商的 CORS 使用的是什么技术？

第 8 章　大比例尺地形图的测绘

本 章 导 读

- **基本要求**　掌握地形图比例尺的定义,大、中、小比例尺的分类,比例尺精度与测距精度之间的关系,测图比例尺的选用原则;熟悉大比例尺地形图常用地物、地貌和注记符号的分类及意义;掌握南方 MSMT 手机软件地形图测绘程序模拟测图的原理与方法。
- **重点**　大比例尺地形图的分幅与编号方法,控制点的展绘方法,量角器展绘碎部点的方法。
- **难点**　全站仪配合量角器测绘地形图的原理与计算方法,等高线的绘制。

8.1　地形图的比例尺

地形图(topographic map)是按一定的**比例尺**(scale),用规定的符号表示地物、地貌平面位置和高程的**正射投影图**(orthographic projection)。

1. 比例尺的表示方法

图上直线长度 d 与地面上相应线段的实际长度 D 之比称为地形图的比例尺。比例尺又分数字比例尺和图示比例尺两种。

（1）数字比例尺

数字比例尺的定义为

$$\frac{d}{D} = \frac{1}{\dfrac{D}{d}} = \frac{1}{M} = 1 : M \tag{8-1}$$

一般将数字比例尺化为分子为 1,分母为一个比较大的整数 M 表示。M 越大,比例尺的值就越小;M 越小,比例尺的值就越大,如数字比例尺 1：500＞1：1 000。通常称 1：500、1：1 000、1：2 000、1：5 000 比例尺的地形图为大比例尺地形图,称 1：1 万、1：2.5 万、1：5 万、1：10 万比例尺的地形图为中比例尺地形图,称 1：25 万、1：50 万、1：100 万比例尺的地形图为小比例尺地形图。地形图的数字比例尺注记在南面图廓外的正中央,如图 8-1 所示。

中比例尺地形图是国家的基本地图,由国家专业测绘部门测绘,目前均用航空摄影测量方法成图,小比例尺地形图一般由中比例尺地图缩小编绘而成。

城市和工程建设一般需要大比例尺地形图,其中,1：500 和 1：1 000 比例尺地形图一般用全站仪或 GNSS 等电子仪器测绘;1：2 000 和 1：5 000 比例尺地形图一般由 1：500 或

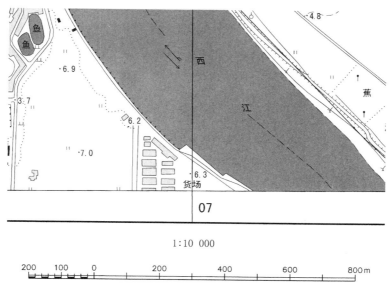

1:10 000

200   100   0   200   400   600   800m

图 8-1   地形图上的数字比例尺和图示比例尺

1:1 000 的地形图缩小编绘而成。大面积 1:500～1:5 000 的地形图也可用航空摄影测量方法成图。

（2）图示比例尺

如图 8-1 所示,图示比例尺绘制在数字比例尺的下方,其作用是便于用分规直接在图上量取直线段的水平距离,同时还可以抵消在图上量取长度时图纸伸缩的影响。

2. 地形图比例尺的选择

《城市测量规范》[2] 规定,地形图测图的比例尺,根据不同用途按表 8-1 选用。

表 8-1   地形图测图比例尺的选用

比例尺	用　　途
1:500	城市详细规划和管理、地下管线和地下普通建(构)筑物的现状图、工程项目的施工图设计等
1:1 000	
1:2 000	城市详细规划和工程项目的初步设计等
1:5 000	城市规划设计
1:10 000	

图 8-2 为两幅 1:1 000 比例尺地形图样图,图 8-3 为 1:500 和 1:2 000 比例尺地形图样图。

3. 比例尺的精度

人的肉眼能分辨的图上最小距离是 0.1 mm,设地形图的比例尺为 1:M,定义图上 0.1 mm 所表示的实地水平距离 0.1M（mm）为比例尺的精度。根据比例尺的精度,可以确定测绘地形图的距离测量精度。例如,测绘 1:1 000 比例尺的地形图时,其比例尺的精度为 0.1 m,故量距的精度只需 0.1 m 即可,因为小于 0.1 m 的距离在 1:1 000 比例尺的地形图上表示不出来。此外,当设计规定需要在图上能量出的实地最短长度时,根据比例尺的精

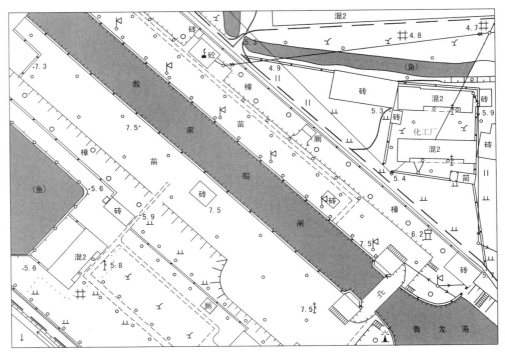

（a）农村居民地，比例尺 1：1 000

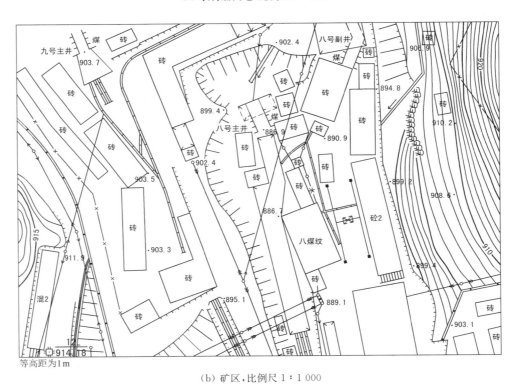

（b）矿区，比例尺 1：1 000

图 8-2　农村居民地与矿区地形图样图

（注：图中"砼"指混凝土，测图软件中注记用字为"砼"）

度,可以反算出测图比例尺。如欲使图上能量出的实地最短线段长度为 0.05 m,则所采用的比例尺不得小于 0.1 mm/0.05 m＝1∶500。

表 8-2 所列为不同比例尺地形图的比例尺精度,其规律是:比例尺越大,表示地物和地貌的情况越详细,精度就越高。对同一测区,采用较大比例尺测图往往比采用较小比例尺测图的工作量和经费支出都增加数倍。

表 8-2 　　　　　　　　　　　　大比例尺地形图的比例尺精度

比例尺	1∶500	1∶1 000	1∶2 000	1∶5 000
比例尺的精度/m	0.05	0.1	0.2	0.5

8.2　大比例尺地形图图式

地形图图式(topographic map symbols)是表示地物和地貌的符号和方法。一个国家的地形图图式是统一的,属于国家标准。我国当前使用的大比例尺地形图图式为 2018 年 5 月 1 日开始实施的《1∶500　1∶1 000　1∶2 000 地形图图式》[3]。

地形图图式中的符号按地图要素分为 9 类:测量控制点、水系、居民地及设施、交通、管线、境界、地貌、植被与土质、注记;按类别可分为 3 类:地物符号、地貌符号和注记符号。

1. 地物符号(feature symbols)

地物符号分依比例符号、不依比例符号和半依比例符号。

(1) 依比例符号

可按测图比例尺缩小,用规定符号绘出的地物符号称为依比例符号。如湖泊、房屋、街道、稻田、花圃等,这些地物在表 8-3 中的符号编号分别为 4.2.16,4.3.1,4.4.14,4.8.1,4.8.21。

(2) 不依比例符号

有些地物的轮廓较小,无法将其形状和大小按照地形图的比例尺绘到图上,则不考虑其实际大小,而是采用规定的符号表示,这种符号称为不依比例符号。如导线点、水准点、卫星定位等级点、电话亭、路灯、管道检修井等,这些地物在表 8-3 中的符号编号分别为 4.1.3,4.1.6,4.1.8,4.3.66,4.3.106,4.5.11。

(3) 半依比例符号

对于一些带状延伸地物,其长度可按比例缩绘,而宽度无法按比例表示的地物符号称为半依比例符号。如栅栏、小路、通信线等,这些地物在表 8-3 中的符号编号分别为 4.3.106,4.4.20,4.5.6.1。

2. 地貌符号(geomorphy symbols)

地形图上表示地貌的主要方法是等高线。在谷地、鞍部、山头及斜坡方向不易判读的地方和凹地的最高、最低一条等高线上,绘制与等高线垂直的短线,称为示坡线(编号 4.7.2),用以指示斜坡降落的方向;当梯田坎比较缓和且范围较大时,也可用等高线表示。

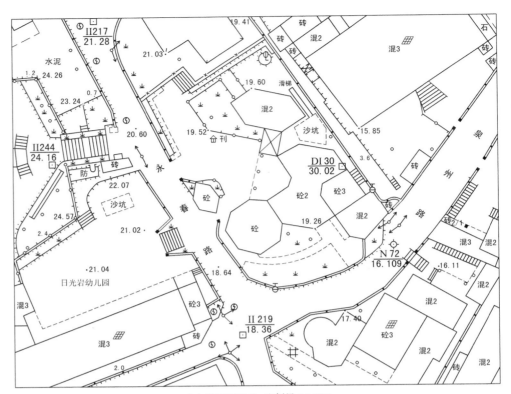

(a) 城区居民地,比例尺 1∶500

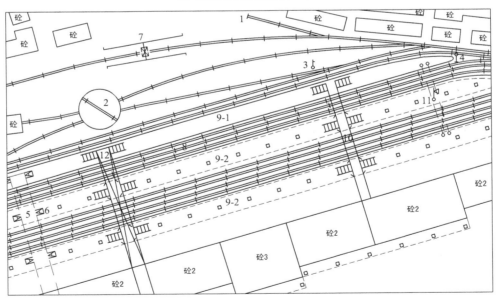

(b) 铁路及其附属设施,比例尺 1∶2 000

1—车挡;2—机车转盘;3—水鹤;4—色灯信号机;5—地下通道;6—地下通道入口;7—龙门吊;
8—站线;9-1—露天站台;9-2—有棚站台;10—天桥;11—天桥式照射灯;12—封闭式天桥

图 8-3 城区居民地与铁路及其附属设施地形图样图

(注:图中"砼"指混凝土,测图软件中注记用字为"砼")

编号	符号名称	1:500	1:1 000	1:2 000	编号	符号名称	1:500	1:1 000	1:2 000
4.1	测量控制点				4.2.17	池塘			
4.1.1	三角点 a. 土堆上的 张湾岭、黄土岗—— 点名 156.718、203.623—— 高程 5.0——比高				4.2.32	水井、机井 a. 依比例尺的 b. 不依比例尺的 51.2——井口高程 5.2——井口至水面 深度 咸——水质			
4.1.3	导线点 a. 土堆上的 Ⅰ 16、Ⅰ 23—— 等级、点号 84.46、94.40—— 高程 2.4——比高				4.2.34	贮水池、水窖、地热池 a. 高于地面的 b. 低于地面的 净——净化池 c. 有盖的			
4.1.4	埋石图根点 a. 土堆上的 12,16——点号 275.46、175.64—— 高程 2.5——比高				4.2.40	堤 a. 堤顶宽依比例尺 24.5——堤坝高程 b. 堤顶宽不依比例尺 2.5——比高			
4.1.5	不埋石图根点 19——点号 84.47——高程				4.2.46	加固岸 a. 一般加固岸 b. 有栅栏的 c. 有防洪墙体的 d. 防洪墙上有栏杆的			
4.1.6	水准点 Ⅱ——等级 京石 5——点名点号 32.805——高程								
4.1.8	卫星定位等级点 B——等级, 14——点号 495.263——高程				4.2.47	陡岸 a. 有滩陡岸 a1. 土质的 a2. 石质的 2.2、3.8——比高 b. 无滩陡岸 b1. 土质的 b2. 石质的 2.7、3.1——比高			
4.2	水系				4.3	居民地及设施			
4.2.1	地面河流 a. 岸线 b. 高水位岸线 清江——河流名称				4.3.1	单幢房屋 a. 一般房屋 b. 裙楼 b1. 楼层分隔线 c. 有地下室的房屋 d. 简易房屋 e. 突出房屋 f. 艺术建筑			
4.2.8	沟堑 a. 已加固的 b. 未加固的 2.6——比高				4.3.2	建筑中房屋			
4.2.9	地下渠道、暗渠 a. 出水口				4.3.3 4.3.4	棚房 a. 四边有墙的 b. 一边有墙的 c. 无墙的 破坏房屋			
4.2.14	涵洞 a. 依比例尺的 b. 不依比例尺的								
4.2.16	湖泊 龙湖——湖泊名称 （咸）——水质								

编号	符号名称	1∶500	1∶1 000	1∶2 000	编号	符号名称	1∶500	1∶1 000	1∶2 000
4.3.5	架空房、吊脚楼 3,4——层数 /1,/2——空层层数	砼4 砼3/2 砼4	4 3/1		4.3.103	围墙 a. 依比例尺的 b. 不依比例尺的			
4.3.6	廊房（骑楼）、飘楼 a. 廊房 b. 飘楼	a 混3	b 混3		4.3.106	栅栏、栏杆			
4.3.10	露天采掘场、乱掘地 石、土——矿物品种	石	土		4.3.107	篱笆			
4.3.21	水塔 a. 依比例尺的 b. 不依比例尺的	a	b		4.3.108	活树篱笆			
4.3.35	饲养场 牲——场地说明	牲			4.3.109	铁丝网、电网			
4.3.50 4.3.51 4.3.52	宾馆、饭店 商场、超市 剧院、电影院	砼4 H 4.3.50	砼4 M 4.3.51	砼2 4.3.52	4.3.110	地类界			
					4.3.116	阳台	砖5		
4.3.53	露天体育场、网球场、 运动场、球场 a. 有看台的 　a1. 主席台 　a2. 门洞 b. 无看台的	工人体育场 体育场　球			4.3.123	院门 a. 围墙门 b. 有门房的	a b 砖 砖		
4.3.57	游泳场（池）	泳	泳		4.3.127	门墩 a. 依比例尺的 b. 不依比例尺的	a b		
4.3.64	屋顶设施 a. 直升机停机坪 b. 游泳池 c. 花园 d. 运动场 e. 健身设施 f. 停车场 g. 光能电池板	砼30 H a 砼30 c 砼30 e 砼30 g	砼30 b 砼30 d 砼30 f		4.3.129	路灯、艺术景观灯 a. 普通路灯 b. 艺术景观灯	a b		
					4.3.132	宣传橱窗、广告牌、 电子屏 a. 双柱或多柱的 b. 单柱的	a b		
4.3.66 4.3.69	电话亭 厕所		厕		4.3.134	喷水池			
4.3.67	报刊亭、售货亭、售票亭 a. 依比例尺的 b. 不依比例尺的	a 刊	b 刊		4.3.135	假石山			
4.3.85	旗杆				4.4		交通		
4.3.86	塑像、雕像 a. 依比例尺的 b. 不依比例尺的	a b			4.4.14	街道 a. 主干道 b. 次干道 c. 支线 d. 建筑中的	a 0.35 b 0.25 c 0.15 d 0.15		
					4.4.15	内部道路			

编号	符号名称	1:500	1:1000	1:2000	编号	符号名称	1:500	1:1000	1:2000
4.4.18	机耕路（大路）				4.7.16	人工陡坎 a. 未加固的 b. 已加固的			
4.4.19	乡村路 a. 依比例尺的 b. 不依比例尺的				4.7.25	斜坡 a. 未加固的 b. 已加固的			
4.4.20	小路、栈道				4.8		植被与土质		
4.5		管线			4.8.1	稻田 a. 田埂			
4.5.1.1	架空的高压输电线 a. 电杆 35——电压(kV)				4.8.2	旱地			
4.5.2.1	架空的配电线 a. 电杆				4.8.3	菜地			
4.5.6.1 4.5.6.5	地面上的通信线 a. 电杆 通信检修井孔 a. 电信人孔 b. 电信手孔				4.8.15	行树 a. 乔木行树 b. 灌木行树			
4.5.11	管道检修井孔 a. 给水检修井孔 c. 排水（污水）检修井孔				4.8.16	独立树 a. 阔叶 b. 针叶 c. 棕榈、椰子、槟榔			
4.5.12	管道其他附属设施 a. 水龙头 b. 消火栓 c. 阀门 b. 污水、雨水箅子				4.8.18	草地 a. 天然草地 b. 改良草地 c. 人工绿地			
4.6		境界			4.8.21	花圃、花坛			
4.6.7	村界				4.9		注记		
4.6.8	特殊地区界线				4.9.1.3	乡镇级、国有农场、林场、牧场、盐场、养殖场	南坪值 正等线体(5.0)		
4.7		地貌			4.9.1.4	村庄（外国村、镇） a. 行政村，主要集、场、街 b. 村庄	a 甘家寨 正等线体(4.5) b 李家村 张家庄 仿宋体(3.5 4.5)		
4.7.1	等高线及其注记 a. 首曲线 b. 计曲线 c. 间曲线 25——高程				4.9.2.1	居民地名称说明注记 a. 政府机关 b. 企业、事业、工矿、农场 c. 高层建筑、居住小区、公共设施	市民政局 宋体(3.5) a 日光岩幼儿园 兴隆农场 b 宋体(2.5 3.0) 二七纪念塔 兴庆广场 c 宋体(2.5~3.5)		
4.7.2	示坡线								
4.7.15	陡崖、陡坎 a. 土质的 b. 石质的 18.6，22.5——比高								

注：表中"砼"指混凝土，测图软件中注记用字为"砼"。

3. 注记(lettering)

有些地物除了用相应的符号表示外,对于地物的性质、名称等在图上还需要用文字和数字加以注记,如房屋的结构、层数(编号 4.3.1)、地物名(编号 4.2.1)、路名、单位名(编号 4.9.2.1)、计曲线的高程、碎部点高程、独立地物的高程以及河流的水深、流速等。

8.3　地貌的表示方法

地貌形态多种多样,按其起伏的变化一般可分为以下四种地形类型:地势起伏小,地面倾斜角在 3°以下,比高不超过 20 m 的,称为平坦地;地面高低变化大,倾斜角为 3°～10°,比高不超过 150 m 的,称为丘陵地;高低变化悬殊,倾斜角为 10°～25°,比高在 150 m 以上的,称为山地;绝大多数倾斜角超过 25°的,称为高山地。

1. 等高线(contour)

（1）等高线的定义

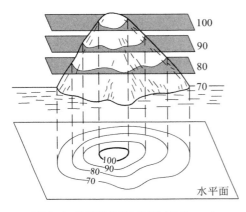

图 8-4　等高线的绘制原理（单位：m）

等高线是地面上高程相等的相邻各点连成的闭合曲线。如图 8-4 所示,设想有一座高出水面的小岛,与某一静止的水面相交形成的水涯线为一闭合曲线,曲线的形状由小岛与水面相交的位置确定,曲线上各点的高程相等。例如,当水面高为 70 m 时,曲线上任一点的高程均为 70 m;若水位继续升高至 80 m, 90 m,则水涯线的高程分别为 80 m, 90 m。将这些水涯线垂直投影到水平面上,按一定比例尺缩绘在图纸上,就可将小岛用等高线表示在地形图上。这些等高线的形状和高程客观地显示了小岛的空间形态。

（2）等高距(contour interval)和等高线平距

地形图上相邻等高线间的高差,称为等高距,用 h 表示,如图 8-4 中的 $h=10$ m。同一幅地形图的等高距应相同,因此,地形图的等高距也称为基本等高距。大比例尺地形图常用的基本等高距为 0.5 m, 1 m, 2 m, 5 m 等。等高距越小,表示的地貌细部越详尽;等高距越大,地貌细部表示就越粗略。但等高距太小会使图上的等高线过于密集,从而影响图面的清晰度。因此,在测绘地形图时,应根据测图比例尺、测区地面的坡度情况,按《城市测量规范》[2]的要求选择合适的基本等高距,如表 8-4 所列。

相邻等高线间的水平距离称为等高线平距,用 d 表示,它随地面的起伏情况而改变。相邻等高线之间的地面坡度为

$$i = \frac{h}{d \times M} \tag{8-2}$$

式中,M 为地形图的比例尺分母。在同一幅地形图上,等高线平距愈大,表示地貌的坡度愈小,反之,坡度愈大,如图 8-5(a)所示。因此,可以根据图上等高线的疏密程度,判断地面坡度的陡缓程度。

表 8-4地形图的基本等高距

地形类别	划分原则	比例尺		
		1：500	1：1 000	1：2 000
平坦地	大部分地面坡度在 2°以下地区	0.5	0.5	0.5(1)
丘　陵	大部分地面坡度在 2°～6°的地区	0.5	0.5(1)	1
山　地	大部分地面坡度在 6°～25°的地区	1(0.5)	1	2
高山地	大部分地面坡度在 25°以上的地区	1	1(2)	2

（3）等高线的分类

等高线分为首曲线、计曲线和间曲线［图 8-5(b)］，在表 8-3 中的符号编号为 4.7.1。等高线的高程注记在计曲线上。

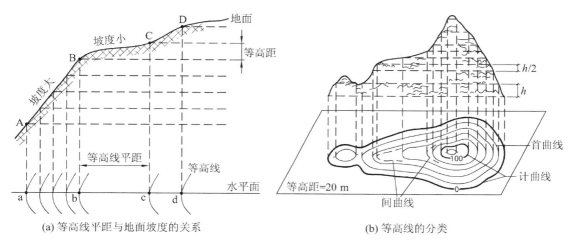

(a) 等高线平距与地面坡度的关系　　　　　　(b) 等高线的分类

图 8-5　等高线平距及等高线分类

① **首曲线**（intermediate contour）：按基本等高距测绘的等高线，用 0.15 mm 宽的细实线绘制，如表 8-3 中编号 4.7.1a 所示。

② **计曲线**（index contour）：从零米起算，每隔四条首曲线加粗的一条等高线称为计曲线。计曲线用 0.3 mm 宽的粗实线绘制，如表 8-3 中编号 4.7.1b 所示。

③ **间曲线**（half-interval contour）：对于坡度很小的局部区域，当用基本等高线不足以反映地貌特征时，可按 1/2 基本等高距加绘一条等高线，称该等高线为间曲线。间曲线用 0.15 mm宽的长虚线绘制，可不闭合，如表 8-3 中编号 4.7.1c 所示。

2. **典型地貌的等高线**

虽然地球表面高低起伏的形态千变万化，但它们都可由几种典型地貌综合而成。典型地貌主要有山头和洼地、山脊和山谷、鞍部、陡崖和悬崖等，如图 8-6 所示。

（1）山头和洼地（hilltop and depression）

图 8-7(a)所示为山头的等高线，图 8-7(b)所示为洼地的等高线，它们都是一组闭合曲线，其区别在于：山头的等高线由外圈向内圈高程逐渐增加，洼地的等高线由外圈向内圈高程逐渐减小，由此可以根据高程注记区分山头和洼地。也可以用示坡线来指示斜坡向下的方向。

241

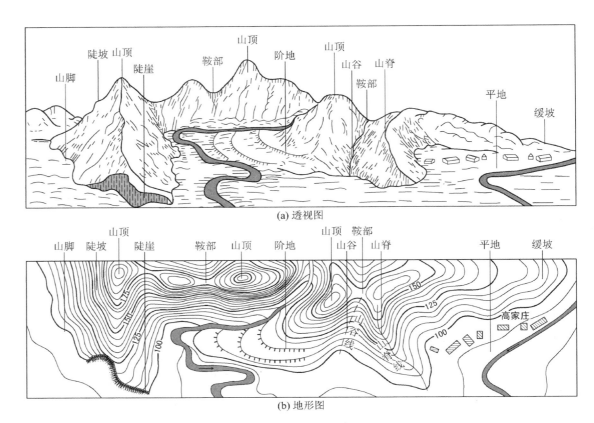

(a) 透视图

(b) 地形图

图 8-6 综合地貌及其等高线表示

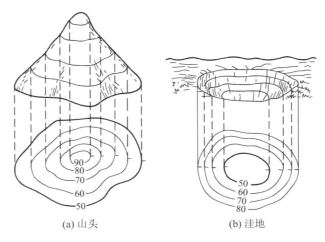

(a) 山头　　　　　　(b) 洼地

图 8-7 山头和洼地的等高线

（2）山脊和山谷（ridge and valley）

如图 8-8 所示,当山坡的坡度与走向发生改变时,在转折处就会出现山脊或山谷地貌。山脊的等高线为凸向低处,两侧基本对称,山脊线是山体延伸的最高棱线,也称分水线。山谷的等高线为凸向高处,两侧也基本对称,山谷线是谷底点的连线,也称集水线。在土木工程规划及设计中,应考虑地面的水流方向、分水线、集水线等问题。因此,山脊线和山谷线在地形图测绘及应用中具有重要的作用。

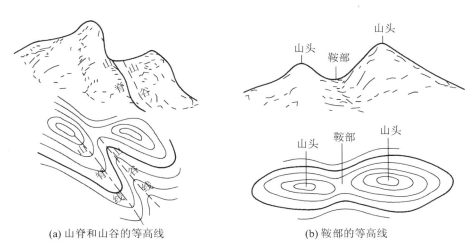

(a) 山脊和山谷的等高线   (b) 鞍部的等高线

图 8-8　山脊、山谷和鞍部的等高线

（3）鞍部（saddle）

相邻两个山头之间呈马鞍形的低凹部分称为鞍部。鞍部是山区道路选线的重要位置。鞍部左、右两侧的等高线是近似对称的两组山脊线和两组山谷线,如图 8-8(b)所示。

（4）陡崖和悬崖（escarpment and cliff）

陡崖是坡度在 70°以上的陡峭崖壁,有土质和石质之分。如用等高线表示,将会非常密集或重合为一条线,因此采用陡崖符号来表示,如图 8-9(a),(b)所示。

悬崖是上部凸出、下部凹进的陡崖。悬崖上部的等高线投影到水平面时,与下部的等高线相交,下部凹进的等高线部分用虚线表示,如图 8-9(c)所示。

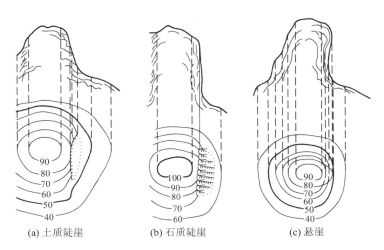

(a) 土质陡崖   (b) 石质陡崖   (c) 悬崖

图 8-9　陡崖和悬崖的表示

3. 等高线的特征

（1）同一条等高线上各点的高程相等。

（2）等高线是闭合曲线，不能中断（间曲线除外），如果不在同一幅图内闭合，则必定在相邻的其他图幅内闭合。

（3）等高线只有在陡崖或悬崖处才会重合或相交。

（4）等高线经过山脊或山谷时改变方向，因此，山脊线和山谷线应与改变方向处的等高线的切线垂直相交，如图 8-8 所示。

（5）在同一幅地形图内，基本等高距是相同的，因此，等高线平距大表示地面坡度小；等高线平距小则表示地面坡度大；平距相等则坡度相同。倾斜平面的等高线是一组间距相等且平行的直线。

8.4 1∶500、1∶1 000、1∶2 000 地形图的矩形分幅与编号

受图纸尺寸的限制，不可能将测区内的所有地形都绘制在一幅图内，因此，需要分幅测绘地形图。《国家基本比例尺地形图分幅和编号》[4] 规定：1∶500、1∶1 000、1∶2 000 地形图可以采用经、纬度分幅与正方形或矩形分幅两种方法。本节只介绍正方形和矩形分幅方法，经、纬度分幅方法参见本书 9.1 节。

1∶500、1∶1 000、1∶2 000 地形图可根据需要采用 50 cm×50 cm 正方形分幅或 50 cm×40 cm 矩形分幅，其图幅编号一般采用图廓西南角坐标编号法，也可选用行列编号法或流水编号法。

（1）坐标编号法

采用图廓西南角坐标公里数编号法时，x 坐标公里数在前，y 坐标公里数在后，1∶500 地形图取至 0.01 km（如 10.40—27.75），1∶1 000、1∶2 000 地形图取至 0.1 km（如 10.0—21.0）。

（2）流水编号法

带状测区或小面积测区可按测区统一顺序编号，一般从左到右，从上到下用数字 1，2，3，4，…编定，如图 8-10(a) 中的"××-8"，其中"××"为测区代号。

（3）行列编号法

行列编号法一般采用以字母（如 A，B，C，D，…）为代号的横行由上到下排列，以数字 1，2，3，…为代号的纵列从左到右排列来编定，先行后列，如图 8-10(b) 中的 A-4。

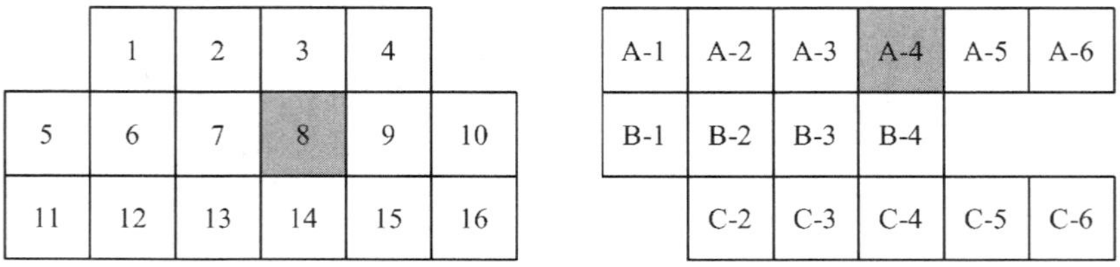

图 8-10 1∶500、1∶1 000、1∶2 000 地形图正方形和矩形分幅与编号方法

8.5 测图前的准备工作

在测区完成控制测量工作后,就可以以测定的图根控制点为基准测绘地形图。测图前应做好下列准备工作。

1. 图纸准备

测绘地形图使用的图纸材料一般为聚酯薄膜。聚酯薄膜图纸厚度一般为 0.07~0.1 mm,经过热定型处理,变形率小于 0.2‰。聚酯薄膜图纸具有透明度好、伸缩性小、不怕潮湿等优点。图纸弄脏后,可用水洗,便于野外作业,在图纸上着墨后,可直接复晒蓝图。缺点是易燃、易折,在使用与保管时应注意防火、防折。

2. 绘制坐标方格网

聚酯薄膜图纸分空白图纸和印有坐标方格网的图纸。印有坐标方格网的图纸又有 50 cm×50 cm 的正方形分幅和 50 cm×40 cm 的矩形分幅两种规格。

如果购买的聚酯薄膜图纸是空白图纸,则需要在图纸上精确绘制坐标方格网,每个方格的尺寸应为 10 cm×10 cm。绘制方格网的方法有对角线法、坐标格网尺法及使用 AutoCAD 绘制等。

可以在 CASS 中执行“绘图处理”下拉菜单“标准图幅 50×50 cm”或“标准图幅 50×40 cm”命令,直接生成坐标方格网图形,其操作过程请读者播放课程网站视频文件“\教学视频\CASS 自动生成坐标格网.avi”观看。两个标准方格网图形文件“标准图幅 50×50 cm.dwg”和“标准图幅 50×40 cm.dwg”放置在“矩形图幅”文件夹下,读者使用 AutoCAD 2004 以上版本都可以打开。

为了保证坐标方格网的精度,无论是印有坐标方格网的图纸,还是自己绘制的坐标方格网图纸,都应进行以下几项检查:

(1)将直尺沿方格的对角线方向放置,同一条对角线方向的方格角点应位于同一直线上,偏离不应超过±0.2 mm。

(2)图廓对角线长度与理论值之差不应超过±0.3 mm。

超过限差要求时,对于绘制的坐标方格网图纸,应重新绘制;对于印有坐标方格网的图纸,则应予以作废。

3. 展绘控制点

根据图根平面控制点的坐标值,将其点位在图纸上标出,这个过程称为展绘控制点。如图 8-11 所示,展点前,应根据地形图的分幅位置,将坐标格网线的坐标值注记在图框外相应的位置。

展点前,应先根据控制点的坐标,确定其所在的方格。例如,A 点的坐标为 x_A = 2 508 614.623 m,y_A = 403 156.781 m,由

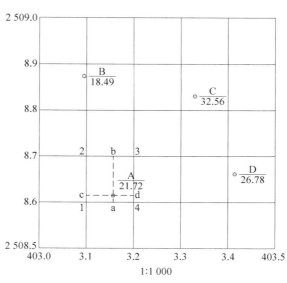

图 8-11 展绘控制点

图可以查看出,A 点在 1,2,3,4 点组成的方格内。从 1,2 点分别向右量取 $\Delta y_{1A} =$ (403 156.781 m—403 100 m)/1 000=5.678 cm,定出 a,b 两点;从 1,4 点分别向上量取 $\Delta x_{1A} =$(2 508 614.623 m—2 508 600 m)/1 000=1.462 cm,定出 c,d 两点。直线 ab 与 cd 的交点即为 A 点的位置。

参照表 8-3 中编号为 4.1.4 和 4.1.5 的图根点符号,将点号和高程注记在点位的右侧。同法,可将其余控制点 B,C,D 展绘在图上。展绘完图幅内全部控制点后,应仔细检查,检查方法是,在图上分别量取已展绘控制点间的长度,如线段 AB,BC,CD,DA 的长度,其值与已知值(由坐标反算的长度除以地形图比例尺的分母)之差不应超过±0.3 mm,否则应重新展绘。

为了保证地形图的精度,测区内应有一定数目的图根控制点。《城市测量规范》[2]规定,测区内图根点的个数,一般地区不宜少于表 8-5 规定的数值。

表 8-5 　　　　　　　　　　　　平坦开阔地区图根点的密度

测图比例尺	1：500	1：1 000	1：2 000
模拟测图法	≥150 点/km²	≥50 点/km²	≥15 点/km²
数字测图法	≥64 点/km²	≥16 点/km²	≥4 点/km²

例如,1：500 比例尺模拟测图,图幅尺寸为 50 cm×40 cm,每幅图的面积为 0.5×500× 0.4×500=50 000 m²,1 km² 有 1 000 000 m²/50 000 m²=20 幅图,按表 8-5 的规定,每幅图的图根点个数≥150/20=7.5 个。

8.6　大比例尺地形图的模拟测绘方法

大比例尺地形图的测绘方法有模拟测图法和数字测图法。模拟测图法又有多种方法,本节简要介绍全站仪配合量角器测绘法,数字测图法将在第 11 章介绍。

1. 全站仪配合量角器测绘法

全站仪配合量角器测绘法的原理如图 8-12 所示,图中 A,B,C 点为已知控制点,测量并展绘碎部点 1 的操作步骤如下。

(1)测站准备

在图根点 A 安置全站仪,量取仪器高 i,瞄准图根点 B 的标志作为后视点,配置水平盘读数为 0°;在全站仪旁架设小平板,用透明胶带纸将聚酯薄膜图纸固定在图板上,在绘制了坐标方格网的图纸上展绘 A,B,C,D 等控制点;用直尺和铅笔在图纸上绘出直线 AB 作为量角器的零方向线,用大头针插入专用量角器的中心,并将大头针准确地钉入图纸上的 A 点,如图 8-12 所示。

(2)碎部点测量与计算

设地形图比例尺的分母为 M,在碎部点 J 安置棱镜,盘左瞄准棱镜中心,启动全站仪测距,读取屏幕显示的水平盘读数 HR_j、竖盘读数 V_j、平距值 HD_j,则测站至碎部点 J 的图纸平距 d_j 及碎部点高程 H_j 的计算公式为

$$\left. \begin{array}{l} d_j = \dfrac{1\,000HD_j}{M} \\ H_j = H_0 + HD_j\tan(90 - V_j) + i - v_j \end{array} \right\} \tag{8-3}$$

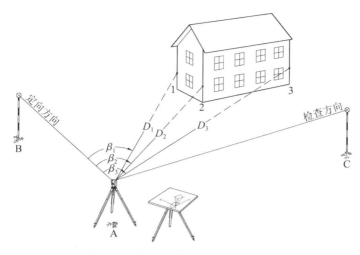

图 8-12　全站仪配合量角器测绘法原理

式中，H_0 为测站点高程；i 为测站仪器高；v_i 为碎部点棱镜高。

（3）使用南方 MSMT 地形图测绘程序

在"测试"项目主菜单[图 8-13(a)]，点击 地形图测绘 按钮，点击 新建文件 按钮，缺省设置的测图方法为模拟测图，比例尺为 1∶500，输入观测信息[图 8-13(c)]，点击 确定 按钮，返回地形图测绘文件列表界面[图 8-13(d)]。

点击新建文件名，在弹出的快捷菜单点击"测量"命令[图 8-14(a)]，进入观测界面[图 8-14(b)]。

如图 8-12 所示，瞄准房角点 1 竖立的棱镜中心，点击 蓝牙读数 按钮[图 8-14(b)]，点击蓝牙设备名 S105744，启动手机连接全站仪内置 S105744 蓝牙[图 8-14(c)]，完成连接后在蓝牙测试界面点击 测距 按钮，启动南方 NTS-362R6LNB 全站仪测距，结果如图 8-14(d)所示。

图 8-13　新建地形图测绘文件（模拟测图）

点击屏幕标题栏左侧的 ＜ 按钮返回观测界面，此时粉红色 蓝牙读数 按钮变成了蓝色 蓝牙读数 按钮，表示手机已与全站仪蓝牙连接。点击 蓝牙读数 按钮启动全站仪测距，结果如图 8-14(e)所示,点击地物栏的"点击"按钮,在弹出的"地物库"对话框点击"房角"[图 8-14(f)],点击 确定 按钮,结果如图 8-14(g)所示。

图 8-14　执行新建文件的测量命令、观测 7 个碎部点的数据、导出 Excel 成果文件

（4）展绘碎部点

如图 8-15 所示，地形图比例尺为 1：500，以图纸上 A、B 两点的连线为零方向线，转动量角器，使量角器上 $\beta_1 = 59°15'$ 的角度分划值对准零方向线，在 β_1 角的方向上量取距离 74.0 mm，用铅笔点一个小圆点做标记，在小圆点右侧 0.5 mm 的位置注记其高程值 $H_1 = 498.091$，字头朝北，即得到碎部点 1 的图上位置。

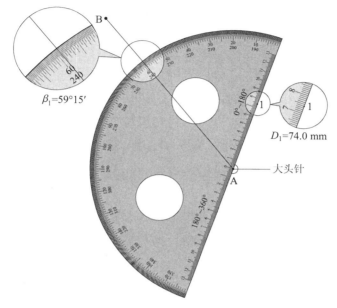

图 8-15　使用量角器展绘碎部点示例

点击 **下一点** 按钮，新增 2 号点观测栏，继续观测房角的 2、3 点。使用同样的方法，在图纸上展绘 2、3 点，在图纸上连接 1、2、3 点，通过推平行线将所测房屋绘出。图 8-14(i) 与图 8-14(j) 为观测了 8 个碎部点的结果。

程序是使用"新建地形图测绘文件"对话框[图 8-13(c)]中用户输入的棱镜高 1.65 m 作为所有碎部点的缺省棱镜高，如果某个碎部点的棱镜高改变了，允许用户重新输入棱镜高的实际值，例如，3 号房角点的棱镜高为 1.75 m[图 8-14(j)]，但测量 4 号碎部点时，程序自动恢复缺省棱镜高 1.65 m。

点击屏幕标题栏左侧的 **<** 按钮，返回地形图测绘文件列表界面，点击文件名，在弹出的快捷菜单点击"导出 Excel 成果文件"命令，系统在手机内置 SD 卡工作路径下创建"A 模拟测图 180607_1.xls"文件[图 8-14(l)]。图 8-16 所示为在 PC 机启动 MS-Excel 打开该文件的内容。

全站仪配合量角器测绘法一般需要 4 个人操作，其分工是：1 人观测，1 人操作手机进行记录计算，1 人绘图，1 人立尺。

2. 地形图的绘制

外业工作中，当碎部点展绘在图纸上后，就可以对照实地随时描绘地物和等高线。

（1）地物描绘

地物应按地形图图式规定的符号表示。房屋轮廓应用直线连接，而道路、河流的弯曲部

	A	B	C	D	E	F	G	H
1	模拟测图观测数据							
2	测站点名：A 测站高程：506.304m 仪器高：1.554m 棱镜高：1.65m 比例尺：1:500							
3	全站仪型号：南方NTS-362R6LNB 出厂编号：S105744 天气：晴 成像：清晰							
4	观测员：王贵满 记录员：林培效 观测日期：2018年06月07日							
5	点号	水平盘HR	竖盘	平距	图纸平距	高程	棱镜高	地物
6		(° ′)	(° ′)	(m)	(mm)	(m)	(m)	
7	1	59 15	102 22	36.987	74.0	498.091	1.65	房角
8	2	78 26	101 40	33.965	67.9	499.192	1.65	房角
9	3	68 04	96 03	65.364	130.7	499.179	1.75	房角
10	4	48 48	92 23	132.968	265.9	500.647	1.65	路灯
11	5	58 34	92 23	131.597	263.2	500.707	1.65	路灯
12	6	69 05	92 20	134.63	269.3	500.702	1.65	路灯
13	7	49 56	96 34	84.586	169.2	496.449	1.65	内部路
14	8	74 38	96 37	88.078	176.2	495.987	1.65	内部路
15	广州南方测绘科技股份有限公司:http://www.com.southgt.msmt							
16	技术支持：覃辉二级教授(qh-506@163.com)							

图 8-16　启动 MS-Excel 打开"A 模拟测图 180607_1.xls"文件的内容

分应逐点连成光滑曲线。不能依比例描绘的地物,应用图式规定的不依比例符号表示。

（2）等高线的勾绘

勾绘等高线时,首先用铅笔轻轻描绘出山脊线、山谷线等地性线,再根据碎部点的高程勾绘等高线。不能用等高线表示的地貌,如悬崖、陡崖、土堆、冲沟、雨裂等,应用图式规定的符号表示。

由于碎部点是选在地面坡度变化处,因此相邻点之间可视为均匀坡度,这样可在两相邻碎部点的连线上,按平距与高差成比例的关系,内插出两点间各条等高线通过的位置。

如图 8-17(a)所示,导线点 A 与碎部点 P 的高程分别为 207.4 m 和 202.8 m,若取基本等高距为 1 m,则其间有高程为 203 m,204 m,205 m,206 m 和 207 m 等五条等高线通过。根据平距与高差成比例的原理,先目估定出高程为 203 m 的 a 点和高程为 207 m 的 e 点,然后将直线 ae 的距离四等分,定出高程为 204 m,205 m,206 m 的 b,c,d 点。同法定出其他相邻两碎部点间等高线应通过的位置。将高程相等的相邻点连成光滑的曲线,即为等高线,结果如图 8-17(b)所示。

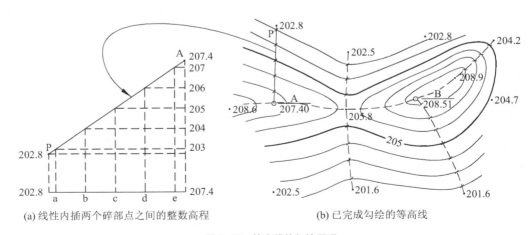

(a) 线性内插两个碎部点之间的整数高程　　(b) 已完成勾绘的等高线

图 8-17　等高线的勾绘原理

250

勾绘等高线时,应对照实地情况,先画计曲线,后画首曲线,并注意等高线通过山脊线、山谷线的走向。

3. 地形图测绘的基本要求

《城市测量规范》[2]对全站仪模拟测图法测绘地形图的要求如下:

（1）仪器设置及测站检查

① 仪器对中的偏差,不应大于图上 0.05 mm。

② 应使用较远的控制点作为定向点,用其他点进行检核,检核偏差不应大于图上 0.2 mm,高程较差不应大于 1/5 基本等高距。

③ 每站测图过程中,应检查定向点方向,归零差不应大于 4′。

④ 采用量角器配合全站仪测图时,当定向边在图上短于 100 mm 时,应以正北或正南方向作为起始方向。

（2）测距边长度要求

测距边长度不应超过表 8-6 的规定。

表 8-6 　　　　　　　　　　　　　　　　　　最大测距边长度

比例尺	地物点/m	地形点/m
1∶500	80	150
1∶1 000	160	250
1∶2 000	300	400

（3）高程注记点的分布

① 地形图上高程注记点应分布均匀,丘陵地区高程注记点间距宜符合表 8-7 的规定。

表 8-7 　　　　　　　　　　　　　　　　　丘陵地区高程注记点间距

比例尺	1∶500	1∶1 000	1∶2 000
高程注记点间距/m	15	30	50

注:平坦及地形简单地区可放宽至 1.5 倍,地貌变化较大的丘陵地、山地和高山地应适当加密。

② 山顶、鞍部、山脊、山脚、谷底、谷口、沟底、沟口、凹地、台地、河川湖地岸旁、水涯线上以及其他地面倾斜变换处,均应测设高程注记点。

③ 城市建筑区高程注记点应测设在街道中心线、街道交叉中心、建筑物墙基脚和相应的地面、管线检查井井口、桥面、广场、较大的庭院内或空地上以及其他地面倾斜变换处。

④ 基本等高距为 0.5 m 时,高程注记点应注至厘米;基本等高距大于 0.5 m 时可注至分米。

（4）地物、地貌的绘制

在测绘地物、地貌时,应遵守"看不清不绘"的原则,地形图上的线划、符号和注记应在现场完成。

按基本等高距测绘的等高线为首曲线。从零米起算,每隔 4 根首曲线加粗 1 根计曲线,并在计曲线上注明高程,字头朝向高处,但应避免在图内倒置。山顶、鞍部、凹地等不明显处等高线应加绘示坡线。当首曲线不能显示地貌特征时,可测绘 1/2 基本等高距的间曲线。

城市建筑区和不便于绘等高线的地方,可不绘等高线。

地形原图铅笔整饰应符合下列规定:

① 地物、地貌各要素应主次分明、线条清晰、位置准确、交接清楚。

② 高程注记应注于点的右方,离点位的间隔应为 0.5 mm,字头朝北。

③ 各项地物、地貌均应按规定的符号绘制。

④ 各项地理名称注记位置应适当,并检查有无遗漏或不明之处。

⑤ 等高线须合理、光滑、无遗漏,并与高程注记点相适应。

⑥ 图幅号、方格网坐标、测图时间应书写正确齐全。

地形图图廓整饰样式如图 8-18 所示。

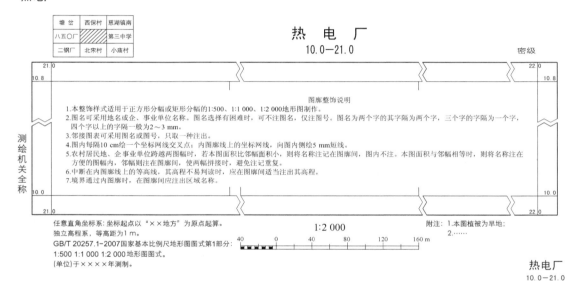

图 8-18　地形图图廓整饰样式

4. 地形图的拼接、检查和提交的资料

（1）地形图的拼接

测区面积较大时,整个测区划分为若干幅图施测。在相邻图幅的连接处,由于测量误差和绘图误差的影响,无论是地物轮廓线还是等高线往往不能完全吻合。图 8-19 所示表示相邻两幅图相邻边的衔接情况。由图可知,将两幅图的同名坐标格网线重叠时,图中的房屋、河流、等高

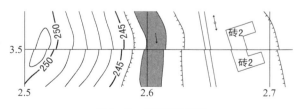

图 8-19　地形图的拼接

线、陡坎都存在接边差。若接边差小于表 8-8 规定的平面及高程中误差的 $2\sqrt{2}$ 倍时,可平均配赋,并据此改正相邻图幅的地物、地貌位置,但应注意保持地物、地貌相互位置和走向的正确性。超过限差时,应到实地检查纠正。

表 8-8   地物点、地形点平面和高程中误差

地区分类	点位中误差 (图上)/mm	邻近地物点间距 中误差(图上)/mm	等高线高程中误差/基本等高距			
			平地	丘陵地	山地	高山地
城市建筑区和平地、丘陵地	≤0.5	≤±0.4	≤1/3	≤1/2	≤2/3	≤1
山地、高山地和设站施测困难的旧街坊内部	≤0.75	≤±0.6				

（2）地形图的检查

为了保证地形图的质量,除施测过程中加强检查外,在地形图测绘完成后,作业人员和作业小组应对完成的成果、成图资料进行严格的自检和互检,确认无误后方可上交。地形图检查的内容包括内业检查和外业检查。

① 内业检查

图根控制点的密度应符合规范要求,位置恰当;各项较差、闭合差应在规定范围内;原始记录和计算成果应正确,项目填写齐全;地形图图廓、方格网、控制点展绘精度应符合要求;测站点的密度和精度应符合规定;地物、地貌各要素测绘应正确、齐全,取舍恰当;图式符号运用正确;接边精度应符合要求;图历表填写应完整清楚,各项资料齐全。

② 外业检查

根据内业检查的情况,有计划地确定巡视路线,实地对照查看,检查地物、地貌有无遗漏;等高线是否逼真合理,符号、注记是否正确等。再根据内业检查和巡视检查发现的问题,到野外设站检查,除对发现的问题进行修正和补测外,还应对本测站所测地形进行检查,看原测地形图是否符合要求。仪器检查量为每幅图内容的 10% 左右。

（3）地形测图全部工作结束后应提交的资料

① 图根点展点图、水准路线图、埋石点点之记、测有坐标的地物点位置图、观测及计算手簿、成果表。

② 地形原图、图历簿、接合表、按版测图的接边纸。

③ 技术设计书、质量检查验收报告及精度统计表、技术总结等。

本 章 小 结

（1）地面上天然或人工形成的物体称为地物,地表高低起伏的形态称为地貌,地物和地貌总称为地形。地形图是表示地物、地貌平面位置和高程的正射投影图,图纸上的点、线表示地物的平面位置,高程用数字注记和等高线表示。

（2）图上直线长度 d 与地面上相应线段的实际长度 D 之比,称为地形图的比例尺。称 d/D 为数字比例尺,称 1∶500、1∶1 000、1∶2 000 为大比例尺,称 1∶5 000、1∶1 万、1∶2.5 万、1∶5 万、1∶10 万为中比例尺,称 1∶25 万、1∶50 万、1∶100 万为小比例尺。

（3）地形图图式中的符号按地图要素分为 9 类:测量控制点、水系、居民地及设施、交通、管线、境界、地貌、植被与土质、注记;按类别可分为 3 类:地物符号、地貌符号和注记符号,其中,地物符号又分为依比例符号、不依比例符号和半依比例符号;地貌符号是等高线,分为首曲线、计曲线和间曲线;注记符号是用文字或数字表示地物的性质与名称。

（4）全站仪配合量角器测绘法是用全站仪观测碎部点竖立棱镜的水平盘读数、竖盘读数和平距等3个数值，计算出测站至碎部点的高程，采用极坐标法，用量角器在图纸上按水平盘读数和图纸平距展绘碎部点的平面位置，在展绘点位右边0.5 mm的位置注记其高程数值。其中，测站至碎部点的图纸平距为实测平距除以比例尺的分母。

（5）全站仪配合量角器测绘法测图时，图幅内图根点的个数不宜少于表8-5规定的数值，以保证地形图内碎部点的测绘精度。

（6）等高线绘制的方法是：两相邻碎部点的连线上，按平距与高差成比例的关系，内插出两点间各条等高线通过的位置，同法定出其他相邻两碎部点间等高线应通过的位置，将高程相等的相邻点连成光滑的曲线。

（7）等高距为地形图上相邻等高线间的高差，等高线平距为相邻等高线间的水平距离。

（8）使用南方MSMT手机软件的地形图测绘程序，可以通过蓝牙启动全站仪测量碎部点的水平角、竖直角及平距值，并自动计算图纸平距和碎部点的高程，用户可以从地物库中选择需要的地物名备注碎部点的性质，导出的Excel成果文件可以通过移动互联网发送给好友。

思考题与练习题

［8-1］ 地形图比例尺的表示方法有哪些？大、中、小比例尺是如何分类的？

［8-2］ 测绘地形图前，如何选择地形图的比例尺？

［8-3］ 何谓比例尺的精度？比例尺的精度与碎部测量的测距精度有何关系？

［8-4］ 地物符号分为哪些类型？各有何意义？

［8-5］ 地形图上表示地貌的主要方法是等高线，等高线、等高距、等高线平距是如何定义的？等高线可以分为哪些类型？如何定义与绘制？

［8-6］ 典型地貌有哪些类型？它们的等高线各有何特点？

［8-7］ 测图前，应对聚酯薄膜图纸的坐标方格网进行哪些检查项目？有何要求？

［8-8］ 试述全站仪配合量角器测绘法在一个测站测绘地形图的工作步骤。

［8-9］ 按1∶1 000比例尺模拟测图，图幅尺寸为50 cm×40 cm，试根据表8-5的规定，计算每幅图的最少图根点个数。

［8-10］ 根据图8-20所示碎部点的平面位置和高程，勾绘等高距为1 m的等高线，加粗并注记45 m高程的等高线。

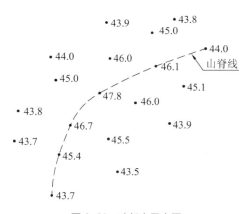

图8-20 碎部点展点图

第 9 章　地形图的应用

本 章 导 读

● **基本要求**　熟悉地形图图廓外注记的内容与意义、1：100 万～1：500 十一种基本比例尺地形图的经纬度分幅与编号原理,熟悉使用南方 MSMT 手机软件的高斯投影程序计算地面点位所在的 11 种基本比例尺地形图经纬度编号的方法,掌握正确判读地形图的方法、地形图应用的基本内容,掌握 AutoCAD 法计算面积的方法,根据地形图绘制断面图的方法,计算汇水面积的方法。

● **重点**　地形图的判读方法,AutoCAD 法计算面积的方法,断面图的绘制方法。

● **难点**　断面图的绘制方法。

地形图的应用内容包括:在地形图上,确定点的坐标、两点间的距离及其方位角;确定点的高程和两点间的高差;勾绘集水线(山谷线)和分水线(山脊线),标志洪水线和淹没线;计算指定范围的面积和体积,由此确定地块面积、土石方量、蓄水量、矿产量等;了解地物、地貌的分布情况,计算诸如村庄、树林、农田等数据,获得房屋的数量、质量、层次等资料;截取断面,绘制断面图。

9.1　地形图的识读

正确应用地形图的前提是看懂地形图。下面以图 9-1 所示的一幅 1：10 000 比例尺地形图为例介绍地形图的识读方法。

1. 地形图的图廓外注记

地形图图廓外注记的内容包括:图号、图名、接图表、比例尺、坐标系、使用图式、等高距、测图日期、测绘单位、坐标格网、三北方向线和坡度尺等,它们分布在东、南、西、北四面图廓线外。

(1) 图号、图名和接图表

为了区别各幅地形图所在的位置和拼接关系,每幅地形图都编有图号和图名。图号一般根据统一分幅规则编号,图名是以本图内最著名的地名、最大的村庄或突出的地物、地貌等的名称来命名。图号、图名注记在北图廓上方的中央,如图 9-1 上方"潮莲镇 F49G033082"所示。

在图幅的北图廓左上方绘有接图表,用于表示本图幅与相邻图幅的位置关系,中间绘有晕线的一格代表本图幅,其余为相邻图幅的图名或图号。

(2) 比例尺

如图 9-1 下方所示,在每幅图南图框外的中央均注有数字比例尺,在数字比例尺下方绘有图示比例尺,图示比例尺的作用是便于用图解法确定图上直线的距离。

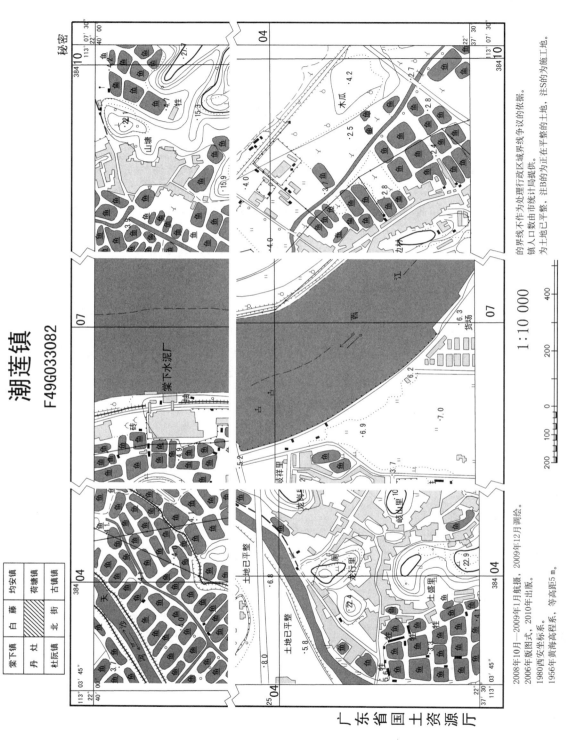

图9-1　1:10 000地形图样图

（3）经纬度与坐标格网

图 9-1 所示 1∶10 000 比例尺的地形图为梯形图幅，梯形图幅的图廓由上、下两条纬线和左、右两条经线构成，经差为 3′45″，纬差为 2′30″。本图幅位于 E113°03′45″—E113°07′30″和 N22°37′30″—N22°40′00″所包括的范围。

图 9-1 中所示的方格网为高斯平面坐标格网，它是平行于以投影带的中央子午线为 x 轴和以赤道为 y 轴的直线，其间隔通常是 1 km，也称公里格网。

图 9-1 的第一条坐标纵线的 y 坐标为 38 404 km，其中的"38"为高斯投影统一 3°带的带号，其实际的横坐标值应为 404 km－500 km＝－96 km，即位于 38 号带中央子午线以西 96 km 处。图中第一条坐标横线的 x 坐标为 2 504 km，则表示位于赤道以北 2 504 km 处。

由经纬线可以确定各点的地理坐标和任一直线的真方位角，由公里格网可以确定各点的高斯平面坐标和任一直线的坐标方位角。

（4）三北方向关系图

三北方向是指真北方向 N、磁北方向 N′和高斯平面坐标系的坐标北方向＋x。三个北方向之间的角度关系图一般绘制在中、小比例尺地形图东图廓线的坡度尺上方，如图 9-2 所示。该图幅的磁偏角 $\delta=-2°16′$，子午线收敛角 $\gamma=-0°21′$，应用式（4-18），式（4-19），式（4-21），可对图上任一方向的真方位角 A、磁方位角 A_m 和坐标方位角 α 进行相互换算。

（5）坡度尺

坡度尺是在地形图上量测地面坡度和倾角的图解工具，如图 9-2 所示，它按式（9-1）制成：

$$i=\tan\alpha=\frac{h}{d\times M} \qquad (9-1)$$

式中，i 为地面坡度；α 为地面倾角；h 为等高距；d 为相邻等高线平距；M 为比例尺分母。

用分规量出图上相邻等高线的平距 d 后，在坡度尺上使分规的两针尖下面对准底线，上面对准曲线，即可在坡度尺上读出地面倾角 α。

2. 1∶100 万～1∶500 地形图的分幅和编号

《国家基本比例尺地形图分幅和编号》[4]规定，地形图的分幅方法有两种：一种是按经、纬度分幅，另一种是按正方形或矩形分幅。只有 1∶2 000，

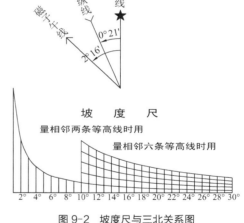

图 9-2 坡度尺与三北关系图

1∶1 000，1∶500 地形图可以采用正方形或矩形分幅法，详细参见本书 8.2 节。

经、纬度分幅由国际统一规定的经线为图的东西边界，统一规定的纬线为图的南、北边界，由于子午线向南、北两极收敛，因此，整个图幅呈梯形。

（1）1∶100 万地形图的分幅与编号

1∶100 万地形图的分幅采用国际 1∶100 万地形图分幅标准。每幅 1∶100 万地形图范围是经差 6°、纬差 4°，纬度 60°～76°之间为经差 12°、纬差 4°，纬度 76°～88°之间为经差 24°、纬差 4°，在我国范围内没有纬度 60°以上需要合幅的图幅。图 9-3 为东半球北纬 1∶100 万地形图的国际分幅与编号，图中北京地区所在 1∶100 万地形图的编号为 J50。

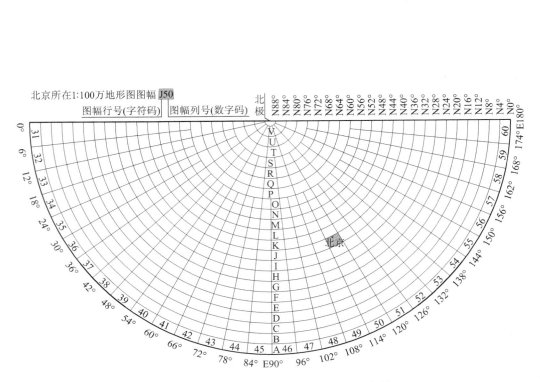

北京所在1:100万地形图图幅 J50

图幅行号(字符码)   图幅列号(数字码)

图 9-3　东半球北纬 1∶100 万地形图的国际分幅与编号

如图 9-4 所示,我国地处东半球赤道以北,图幅的地理坐标范围为 E72°—E138°和 0°—N56°,1∶100 万地形图的行号范围为 A~N,共 14 行,列号范围为 43~53,共 11 列。

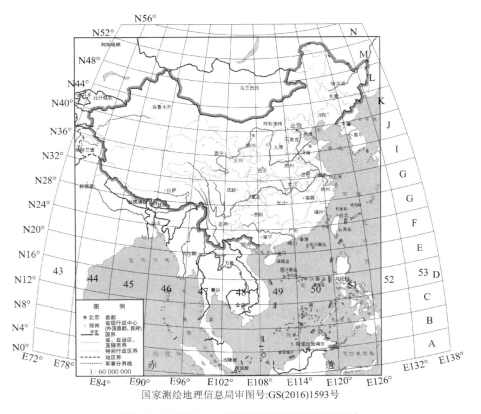

国家测绘地理信息局审图号:GS(2016)1593号

图 9-4　中国领土 1∶100 万地形图分幅与编号规则

（2）1∶50 万～1∶2 000 地形图的分幅与编号

以 1∶100 万比例尺地形图的编号为基础，采用行列编号方法。如图 9-5 所示，将 1∶100 万地形图按所含各比例尺地形图的经差和纬差划分为若干行和列，按横行从上到下、纵列从左到右的顺序分别用三位数字表示，不足三位者前面补零，取行号在前、列号在后的排列形式标记。各比例尺地形图分别采用不同的字母作为其比例尺代码，1∶50 万～1∶2 000 比例尺地形图与 1∶100 万比例尺地形图的图幅关系列于表 9-1。

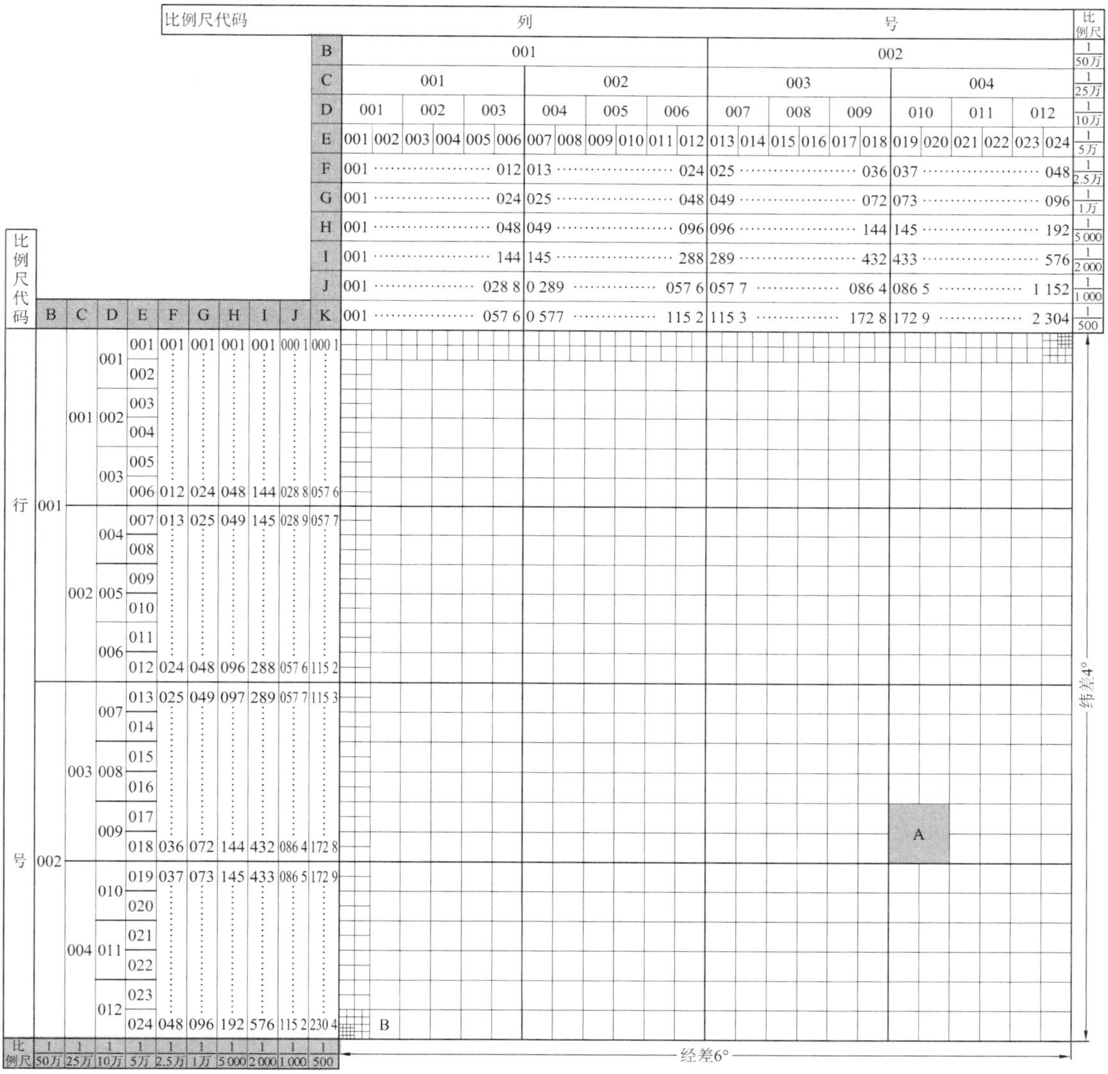

图 9-5 上部（列号表）：

比例尺代码	列　　　　号				比例尺
B	001		002		1/50万
C	001	002	003	004	1/25万
D	001 002 003	004 005 006	007 008 009	010 011 012	1/10万
E	001 002 003 004 005 006	007 008 009 010 011 012	013 014 015 016 017 018	019 020 021 022 023 024	1/5万
F	001 ……… 012	013 ……… 024	025 ……… 036	037 ……… 048	1/2.5万
G	001 ……… 024	025 ……… 048	049 ……… 072	073 ……… 096	1/1万
H	001 ……… 048	049 ……… 096	096 ……… 144	145 ……… 192	1/5000
I	001 ……… 144	145 ……… 288	289 ……… 432	433 ……… 576	1/2000
J	001 ……… 028 8	0 289 ……… 057 6	057 7 ……… 086 4	086 5 ……… 1 152	1/1000
K	001 ……… 057 6	0 577 ……… 115 2	115 3 ……… 172 8	172 9 ……… 2 304	1/500

图 9-5 左部（行号表，比例尺代码 B C D E F G H I J K；比例尺 1/50万 1/25万 1/10万 1/5万 1/2.5万 1/1万 1/5000 1/2000 1/1000 1/500）：

行号	B	C	D	E	F	G	H	I	J	K
001	001	001	001	001	001	001	001	001	001	001 1
			002	002						
			003	003						
				004						
				005						
				006	012	024	048	144	028 8	057 6
		002	004	007	013	025	049	145	028 9	057 7
				008						
			005	009						
				010						
			006	011						
				012	024	048	096	288	057 6	115 2
002		003	007	013	025	049	097	289	057 7	115 3
				014						
			008	015						
				016						
			009	017						
				018	036	072	144	432	086 4	172 8
		004	010	019	037	073	145	433	086 5	172 9
				020						
			011	021						
				022						
			012	023						
				024	048	096	192	576	115 2	230 4

（图中标注：右下部分网格内标有 A，左下角标有 B；右侧标注"纬差4°"，下侧标注"经差6°"）

图 9-5　以 1∶100 万地形图为基础的 1∶50 万～1∶500 地形图梯形分幅与编号规则

1∶50 万～1∶2 000 地形图的图号由其所在 1∶100 万地形图的图号、比例尺代码和各图幅的行列号共 10 位字母数字码组成，如图 9-6 所示。

例如，图 9-7 所示为北京地区所在的编号为 J50 的 1∶100 万地形图的图幅范围，其中，图 9-7(a)晕线所示的 1∶50 万地形图图幅编号为 J50B001002，图 9-7(b)晕线所示的 1∶25 万地

表9-1　1:100万～1:500地形图的图幅范围、行列数量和图幅数量关系

比例尺	1:100万	1:50万	1:25万	1:10万	1:5万	1:2.5万	1:1万	1:5000	1:2000	1:1000	1:500
图幅范围 纬差	6°	3°	1°30′	30′	15′	7′30″	3′45″	1′52.5″	37.5″	18.75″	9.375″
图幅范围 经差	4°	2°	1°	20′	10′	5′	2′30″	1′15″	25″	12.5″	6.25″
行列数量关系 行数	1	2	4	12	24	48	96	192	576	1 152	2 304
行列数量关系 列数	1	2	4	12	24	48	96	192	576	1 152	23 04
比例尺代码	—	B	C	D	E	F	G	H	I	J	K
图幅数量关系（图幅数量=行数×列数） —	1	4 (2×2)	16 (4×4)	144 (12×12)	576 (24×24)	2 304 (48×48)	9 216 (96×96)	36 864 (192×192)	331 776 (576×576)	1 327 104 (1 152×1 152)	5 308 416 (2 304×2 304)
B		1	4 (2×2)	36 (6×6)	144 (12×12)	576 (24×24)	2 304 (48×48)	9 216 (96×96)	82 944 (288×288)	331 776 (576×576)	1 327 104 (1 152×1 152)
C			1	9 (3×3)	36 (6×6)	144 (12×12)	576 (24×24)	2 304 (48×48)	20 736 (144×144)	82 944 (288×288)	331 776 (576×576)
D				1	4 (2×2)	16 (4×4)	64 (8×8)	256 (16×16)	2 304 (48×48)	9 216 (96×96)	36 864 (192×192)
E					1	4 (2×2)	16 (4×4)	64 (8×8)	576 (24×24)	2 304 (48×48)	9 216 (96×96)
F						1	4 (2×2)	16 (4×4)	144 (12×12)	576 (24×24)	2 304 (48×48)
G							1	4 (2×2)	36 (6×6)	144 (12×12)	576 (24×24)
H								1	9 (3×3)	36 (6×6)	144 (12×12)
I									1	4 (2×2)	16 (4×4)
J										1	4 (2×2)
K											1

260

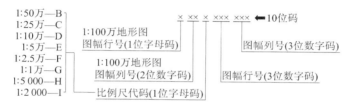

图 9-6   1∶50 万~1∶2 000 地形图的 10 位码编号规则

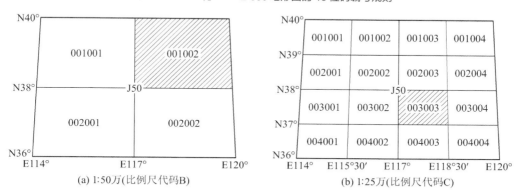

(a) 1∶50万(比例尺代码B)   (b) 1∶25万(比例尺代码C)

图 9-7   北京地区所在 1∶100 万地形图 J50 内 1∶50 万与 1∶25 万地形图的分幅与编号

形图图幅编号为 J50C003003。由图 9-5 或表 9-1 可知,J50 后的字母 B 为比例尺代码,代表 1∶50 万地形图;J50 后的字母 C 为比例尺代码,代表 1∶25 万地形图。

（3）1∶1 000、1∶500 地形图的分幅与编号

1∶2 000、1∶1 000、1∶500 地形图分幅有经、纬度分幅与正方形或矩形分幅两种方法,正方形或矩形分幅法参见本书 8.4 节。

1∶1 000、1∶500 地形图经、纬度分幅的图幅编号均以 1∶100 万地形图编号为基础,采用行列编号方法。如图 9-8 所示,1∶1 000,1∶500 地形图经、纬度分幅的图幅图号、比例尺代码和各幅图的行列号共 12 位码组成。

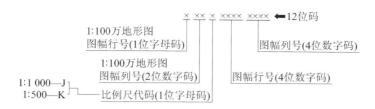

图 9-8   1∶1 000、1∶500 地形图的 12 位码编码规则

（4）使用南方 MSMT 高斯投影正算程序计算地表点在 7 种基本比例尺地形图的编号

在南方 MSMT 手机软件的项目主菜单[图 9-9(a)],点击 高斯投影 按钮,进入高斯投影文件列表界面[图 9-9(b)],点击 新建文件 按钮,在弹出的"新建文件"对话框中输入文件名,使用缺省设置"高斯投影正算"[图 9-9(c)],点击 确定 按钮,返回高斯投影文件列表界面[图 9-9(d)]。

点击新建的文件名,在弹出的快捷菜单点击"输入数据及计算"命令[图 9-9(e)],进入

"高斯投影正算"界面；点击 GNSS 按钮启动手机 GNSS 获取测点的经纬度[图 9-9(f)]，点击 计 算 按钮计算高斯平面坐标[图 9-9(g)]，点击 图编号 按钮计算测点所在的 8 种基本比例尺 地形图图幅编号及其西南角经纬度[图 9-9(h)]。

图 9-9　执行南方 MSMT 手机软件的高斯投影正算程序计算作者所在地的 8 种基本比例尺地形图的编号

3. 地形图的平面坐标系统和高程系统

对于 1∶1 万或更小比例尺的地形图，通常采用国家统一的高斯平面坐标系，如"1954 北京坐标系""1980 西安坐标系"或"2000 国家大地坐标系"。城市地形图一般采用以通过城市中心的某一子午线为中央子午线的任意带高斯平面坐标，以满足投影长度变形不大于 25 mm/km 的规定。

高程系统一般使用"1956 年黄海高程系"或"1985 国家高程基准"，但也有一些采用地方高程系统，如上海及长江流域采用"吴淞高程系"，广西与广东珠江流域采用"珠江高程系"等。各高程系统之间只需加一个常数即可进行换算。

地形图采用的平面坐标系和高程系应在南图廓外的左下方用文字说明，如图 9-1 左下角所示。

4. 地物与地貌的识别

应用地形图必须了解测绘地形图时所用的地形图图式,熟悉常用地物和地貌符号,了解图上文字注记和数字注记的意义。

地形图的地物、地貌是用不同的地物符号和地貌符号表示的。根据比例尺的不同,地物、地貌的取舍标准也不同,而且随着各种建设的发展,地物、地貌也在不断改变。要正确识别地物、地貌,阅图前应先熟悉测图所用的地形图图式、规范和测图日期。

（1）地物的识别

识别地物的目的是了解地物的大小、种类、位置和分布情况。通常按先主后次的顺序,并顾及取舍的内容与标准进行。按照地物符号先识别大的居民点、主要道路和用图需要的地物,然后再识别小的居民点、次要道路、植被和其他地物。通过分析,就会对主、次地物的分布情况,主要地物的位置和大小形成较全面的了解。

（2）地貌的识别

识别地貌的目的是了解各种地貌的分布和地面的高低起伏状况。识别时,主要根据基本地貌的等高线特征和特殊地貌（如陡崖、冲沟等）符号进行。山区坡陡,地貌形态复杂,尤其是山脊和山谷等高线犬牙交错,不易识别。这时可先根据江河、溪流找出山谷、山脊系列,无河流时可根据相邻山头找出山脊,然后按照两山谷间必有一山脊,两山脊间必有一山谷的地貌特征,识别山脊、山谷地貌的分布情况。再结合特殊地貌符号和等高线的疏密进行分析,就可以比较清楚地了解地貌的分布和地面的高低起伏形态。最后将地物、地貌综合在一起,整幅地形图就像三维模型一样展现在眼前。

（3）测图时间

测图时间注记在南图廓左下方,用户可根据测图时间及测区的开发情况,判断地形图的现势性。

（4）地形图的精度

测绘地形图碎部点位的距离测量精度是参照比例尺精度制定的。对于 1∶10 000 比例尺的地形图,小于 0.1 mm×10 000＝1 m 的实地平距在图上分辨不出来;对于 1∶1 000 比例尺的地形图,小于 0.1 mm×1 000＝0.1 m 的实地平距在图上分辨不出来。

《城市测量规范》[2]规定:对于城镇建筑区、工矿区的大比例尺地形图,地物点平面位置精度为地物点相对于邻近图根点的点位中误差,在平原、丘陵地图上不应超过 0.5 mm,在山地、高山地地图上不应超过 0.75 mm。高程注记点相对于邻近图根点的高程中误差,城市建筑区和平坦地区铺装地面不应大于 0.15 m,丘陵地区不应超过 1/2 等高距,山地不应超过 2/3 等高距,高山地不应超过 1 倍等高距。

9.2 地形图应用的基本内容

1. 点位平面坐标的量测

如图 9-10 所示,在大比例尺地形图上绘制有纵、横坐标方格网(或在方格的交会处绘有一个十字线),欲从图上求 A 点的坐标,可先通过 A 点作坐标格网的平行线 mn,pq,在图上量出 mA 和 pA 的长度,分别乘以数字比例尺的分母 M 即得实地平距,即有

$$x_A = x_0 + \overline{mA} \times M \atop y_A = y_0 + \overline{pA} \times M \Bigg\} \tag{9-2}$$

式中，x_0，y_0 为 A 点所在方格西南角点的坐标(图中的 $x_0 = 2\,517\,100$ m，$y_0 = 38\,457\,200$ m)。

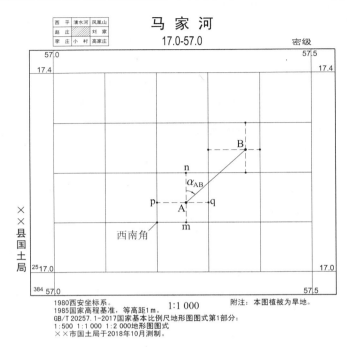

图 9-10 点位坐标的量测(50 cm×40 cm 矩形分幅)

为检核量测结果，并考虑图纸伸缩的影响，还需要量出 $\overline{An}$ 和 $\overline{Aq}$ 的长度，若 $\overline{mA}+\overline{An}$ 和 $\overline{pA}+\overline{Aq}$ 不等于坐标格网的理论长度 l(一般为 10 cm)，则 A 点的坐标应按式(9-3)计算：

$$x_A = x_0 + \frac{l}{\overline{mA}+\overline{An}} \overline{mA} \times M \atop y_A = y_0 + \frac{l}{\overline{pA}+\overline{Aq}} \overline{pA} \times M \Bigg\} \tag{9-3}$$

2. 两点间平距的量测

确定图上 A，B 两点间的平距 D_{AB}，可根据已量得的 A，B 两点的平面坐标(x_A, y_A) 和 (x_B, y_B) 由勾股定理[式(4-19)]计算，或使用 fx-5800P 复数的模函数 **Abs** 计算。

3. 直线坐标方位角的量测

如图 9-10 所示，要确定直线 AB 的坐标方位角 α_{AB}，可根据已量得的 A，B 两点的平面坐标，用式(4-20)先计算出象限角 R_{AB}，再根据 AB 直线所在的象限参照表 4-2 的规定换算为坐标方位角。或使用 fx-5800P 的辐角函数 **Arg** 先计算辐角 θ_{AB}：$\theta_{AB} > 0$ 时，$\alpha_{AB} = \theta_{AB}$；$\theta_{AB} < 0$ 时，$\alpha_{AB} = \theta_{AB} + 360°$。

当精度要求不高时，可以通过 A 点作平行于坐标纵轴的直线，用量角器直接在图上量取直线 AB 的坐标方位角 α_{AB}。

264

4. 点位高程与两点间坡度的量测

如果所求点刚好位于某条等高线上,则该点的高程就等于该等高线的高程,否则需要采用比例内插的方法确定。如图 9-11 所示,图中 E 点的高程为 54 m,而 F 点位于 53 m 和 54 m 两根等高线之间,可过 F 点作一条大致与两条等高线垂直的直线,交两条等高线于 m,n 点,从图上量得距离 $\overline{mn}=d$,$\overline{mF}=d_1$,设等高距为 h,则 F 点的高程为

$$H_F = H_m + h\frac{d_1}{d} \tag{9-4}$$

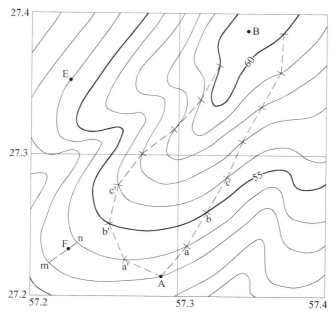

图 9-11 确定点的高程和选定等坡路线

在地形图上量得相邻两点间的平距 d 和高差 h 以后,可按式(9-5)计算两点间的坡度:

$$i = \tan\delta = \frac{h}{d \times M} \tag{9-5}$$

式中,δ 为地面两点连线相对于水平线的倾角。

5. 图上设计等坡线

在山地或丘陵地区进行道路、管线等工程设计时,往往要求在不超过某一坡度的条件下选定一条最短路线。如图 9-11 所示,需要从低地 A 点到高地 B 点定出一条路线,要求坡度限制为 i。设等高距为 h,等高线平距为 d,地形图的比例尺为 $1:M$,根据坡度的定义 $\left(i=\dfrac{h}{d \times M}\right)$,求得

$$d = \frac{h}{i \times M} \tag{9-6}$$

例如,将 $h=1$ m,$M=1\,000$,$i=3.3\%$ 代入式(9-6),求出 $d=0.03$ m$=3$ cm。在

图 9-11 中,以 A 点为圆心,以 3 cm 为半径,用两脚规在直尺上截交 54 m 等高线,得到 a,a′点;再分别以 a,a′为圆心,用脚规截交 55 m 等高线,分别得到 b,b′点;依此进行,直至 B 点。连接 A,a,b,…,B 点和 A,a′,b′,…,B 点得到两条均满足设计坡度 $i=3.3\%$ 的路线,可以综合各种因素选取其中的一条。

作图时,当某相邻的两条等高线平距大于 3 cm 时,说明这对等高线的坡度小于设计坡度 3.3%,可以选择该对等高线的垂线作为路线。

9.3 图形面积的量算

图上面积的量算方法有透明方格纸法、平行线法、解析法、AutoCAD 法和求积仪法,本节只介绍 AutoCAD 法。

1. 多边形面积的计算

如待量取面积的边界为一多边形,且已知各顶点的平面坐标,可打开 Windows 记事本,按"点号,,y,x,0"格式输入多边形顶点的坐标。

下面以图 9-12(a)所示的"六边形顶点坐标.txt"文件定义的六边形为例,介绍在 CASS 中计算其面积的方法。

(1) 执行 CASS 下拉菜单"绘图处理/展野外测点点号"命令[图 9-12(b)],在弹出的"输入坐标数据文件名"对话框中选择"六边形顶点坐标.txt"文件,在 AutoCAD 的绘图区展绘 6 个顶点。

(2) 将 AutoCAD 的对象捕捉设置为节点捕捉(nod),执行多段线命令"Pline",连接 6 个顶点为一个封闭多边形。

(a) 六边形顶点坐标

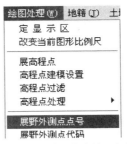

(b) "展野外测点点号"命令

图 9-12　在 AutoCAD 中展绘多边形顶点坐标

(3) 执行 AutoCAD 的面积命令"Area",命令行提示及操作过程如下:

命令:Area

指定第一个角点或[对象(O)/加(A)/减(S)]:O

选择对象:点取多边形上的任意点

面积=52 473.220,周长=914.421

上述结果的意义是,多边形的面积为 52 473.220 m²,周长为 914.421 m。

2. 不规则图形面积的计算

当待量取面积的边界为不规则曲线时,只知道边界中的某个长度尺寸,曲线上点的平面坐标不宜获得时,可用扫描仪扫描边界图形并获得该边界图形的 JPG 格式图像文件,将该图像文件插入 AutoCAD,再在 AutoCAD 中量取图形的面积。

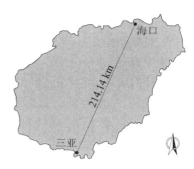

图 9-13　海南省卫星图片边界

例如,图 9-13 是从 Google Earth 上获取的海南省卫星图片边界图形,图中海口→三亚的距离是在 Google Earth 中,执行工具栏"显示标尺"命令测得。在 AutoCAD 中的操作过程如下:

（1）执行插入光栅图像命令"imageattach",将"海南省卫星图片.jpg"文件插入 AutoCAD 的当前图形文件中;

（2）执行对齐命令"align",将图中海口→三亚的长度校准为 214.14 km;

（3）执行多段线命令"pline",沿图中的边界描绘一个封闭多段线;

（4）执行面积命令"area"可测量出该边界图形的面积为 34 727.807 km^2,周长为 937.454 km。

9.4　工程建设中地形图的应用

1. 按指定方向绘制纵断面图

在道路、隧道、管线等工程设计中,通常需要了解两点之间的地面起伏情况,这时可根据地形图的等高线来绘制纵断面图。

如图 9-14(a)所示,在地形图上绘制 A,B 两点的连线,与各等高线相交,各交点的高程即为交点所在等高线的高程,各交点的平距可在图上用比例尺量得。在毫米方格纸上画出两条相互垂直的轴线,以横轴 AB 表示平距,以垂直于横轴的纵轴表示高程,在地形图上量取 A 点至各交点及地形特征点的平距,并将其分别转绘在横轴上,以相应的高程作为纵坐标,得到各交点在断面上的位置。连接这些点,即得到 AB 方向的纵断面图。

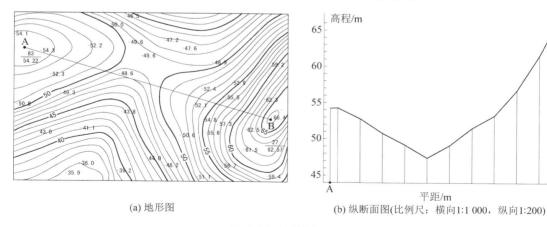

(a) 地形图

(b) 纵断面图(比例尺:横向1:1 000,纵向1:200)

图 9-14　绘制纵断面图

为了更明显地表示地面的高低起伏情况,断面图上的高程比例尺一般比平距比例尺大 5～20 倍。

2. 确定汇水面积

当道路需要跨越河流或山谷时,应设计建造桥梁或涵洞,兴修水库须筑坝拦水。而桥梁、涵洞孔径的大小,水坝的设计位置与坝高,水库的蓄水量等,都要根据汇集于这个地区的水流量来确定。汇集水流量的面积称为汇水面积。由于雨水是沿山脊线(分水线)向两侧山坡分流,所以,汇水面积的边界线是由一系列山脊线连接而成的。

如图 9-15 所示,一条公路经过山谷,拟在 P 处建桥或修筑涵洞,其孔径大小应根据流经该处的流水量确定,而流水量又与山谷的汇水面积有关。由图可知,由山脊线和公路上的线段所围成的封闭区域 ABCDEFGHIA 的面积,就是这个山谷的汇水面积。量出该面积的值,再结合当地的气象水文资料,便可进一步确定流经公路 P 处的水量,从而为桥梁或涵洞的孔径设计提供依据。

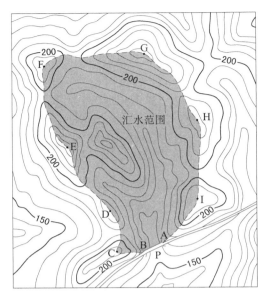

图 9-15 汇水范围的确定

确定汇水面积边界线时,应注意边界线(除公路 AB 段外)应与山脊线一致,且与等高线垂直。边界线是经过一系列的山脊线、山头和鞍部的曲线,并在河谷的指定断面(公路或水坝的中心线)闭合。

本 章 小 结

(1)地形图图廓外的注记内容有图号、图名、接图表、比例尺、坐标系、使用图式、等高距、测图日期、测绘单位、坐标格网等内容,中、小比例尺地形图还绘制有三北方向线和坡度尺。

(2)1:100 万~1:500 地形图采用经、纬度分幅和图幅编号,在纬度小于 60°的范围内,每幅 1:100 万地形图的经差为 6°、纬差为 4°。1:50 万~1:500 地形图经、纬度分幅和图幅编号均以 1:100 万地形图编号为基础,采用行列编号方法。

(3)纸质地形图应用的主要内容有:量测点的平面坐标与高程,量测直线的长度、方位角及坡度,计算汇水面积,绘制指定方向的断面图。

(4)AutoCAD 法适用于计算任意图形的面积,它需要先获取边界图形的图像文件。

思考题与练习题

[9-1] 试用南方 MSMT 高斯投影正算程序,点击 GNSS 按钮启动手机定位功能,采集读者所在地测点的经纬度,计算测点在 2000 国家大地坐标系、统一 3°带高斯平面坐标,点击 图编号 按钮计算测点所在的 11 种基本比例尺地形图图幅编号及其西南角经纬度。

[9-2] 使用 CASS 打开本章课程网站文件"\1 比 1 万数字地形图.dwg",试在图上测量出鹅公山顶 65.2 m 高程点至烟管山顶 43.2 m 高程点间的平距和坐标方位角,并计算出两点

间的坡度。

［9-3］　根据图 9-16 的等高线，绘制 AB 方向的断面图。

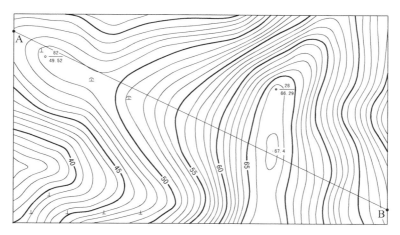

图 9-16　绘制 AB 方向的断面图

［9-4］　试在 Google Earth 上获取安徽巢湖的边界图像并测量一条基准距离，将获取的边界图像文件引入 AutoCAD，使用所测基准距离校正插入的图像，然后用 AutoCAD 法计算安徽巢湖的周长与面积。

［9-5］　已知七边形顶点的平面坐标如图 9-17 所示，试用 AutoCAD 法计算它的周长和面积。

图 9-17　七边形顶点坐标

第 10 章　大比例尺数字地形图的测绘与应用

本 章 导 读

- **基本要求**　掌握数字测图软件 CASS 的基本功能及其操作方法;了解"草图法"与"电子平板法"数字测图的原理与方法;掌握方格网法土方计算与区域土方量平衡计算的方法;掌握断面图的绘制方法。
- **重点**　应用数字地形图计算土方量和绘制断面图。
- **难点**　电子平板法数字测图中,CASS 驱动全站仪自动测量的设置内容与方法。

数字测图(digital mapping)是用全站仪或 GNSS RTK 采集碎部点的坐标,应用数字测图软件绘制成图,其方法有草图法与电子平板法。国内有多种较成熟的数字测图软件,本章只介绍南方测绘数字测图软件 CASS。

图 10-1　CASS9.1 桌面按钮

CASS7.1 及以前的版本是按 1996 年版图式设计的,从 CASS2008 版开始是按 2007 年版图式设计的,本章介绍的 CASS9.1 为 2012 年的最新版,图 10-1 为在安装了 AutoCAD 2004 的 PC 机上安装 CASS9.1 的桌面图标。其说明书见本章课程网站文件"\CASS 说明书\CASS90help.chm"文件。

10.1　CASS9.1 操作方法简介

双击 Windows 桌面的 CASS9.1 图标启动 CASS,图 10-2 为 CASS9.1 for AutoCAD 2004 的操作界面。

CASS 与 AutoCAD 2004 都是通过执行命令的方式进行操作,执行命令的常用方式有下拉菜单、工具栏、屏幕菜单与命令行直接输入命令名(或别名),由于 CASS 的命令太多不易记忆,因此,操作 CASS 主要使用前三种方式。因下拉菜单与工具栏的使用方法与 AutoCAD 完全相同,所以,本节只介绍 CASS 的"地物绘制菜单"和"属性面板"的操作方法。

1. 地物绘制菜单

图 10-2 右侧所示为停靠在绘图区右侧的 CASS 地物绘制菜单,左键双击(以下简称双击)菜单顶部的双横线 ▭▭▭▭▭ 可使该菜单悬浮在绘图区,双击悬浮菜单顶部 `CASS9.0成图软件` 可使该菜单恢复停靠在绘图区右侧。左键单击(以下简称单击)地物绘制菜单右上方的 ⊠ 按钮可关闭该菜单,地物绘制菜单关闭后,应执行下拉菜单"显示/地物绘制菜单"命令才能重新打开该菜单。

地物绘制菜单的功能是绘制各类地物与地貌符号。2007 年版图式将地物、地貌与注记

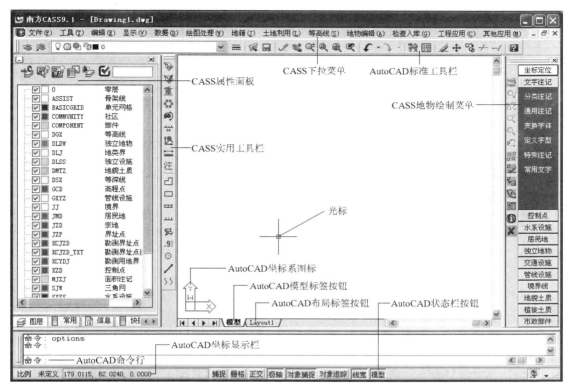

图 10-2　CASS9.1 for AutoCAD 2004 界面

符号分为 9 个类别,其章节号与常用符号列于表 8-3,地物绘制菜单设有 11 个符号库,二者的分类比较列于表 10-1。

表 10-1　　　　　　　　　CASS 地物绘制菜单符号库与 2007 年版图式符号的比较

章节	2007 年版图式	序号	地物绘制菜单	菜单内容
4.1	测量控制点	2	控制点	平面控制点/其他控制点
4.2	水系	3	水系设施	自然河流/人工河渠/湖泊池塘/水库/海洋要素/礁石岸滩/水系要素/水利设施
4.3	居民地及设施	4	居民地	一般房屋/普通房屋/特殊房屋/房屋附属/支柱墩/垣栅
4.4	交通	6	交通设施	铁路/火车站附属设施/城际公路/城市道路/乡村道路/道路附属/桥梁/渡口码头/航行标志
4.5	管线	7	管线设施	电力线/通信线/管道/地下检修井/管道附属
4.6	境界	8	境界线	行政界线/其他界线/地籍界线
4.7	地貌	9	地貌土质	等高线/高程点/自然地貌/人工地貌
4.8	植被与土质	10	植被土质	耕地/园地/林地/草地/城市绿地/地类防火/土质
4.9	注记	1	文字注记	分类注记/通用注记/变换字体/定义字型/特殊注记/常用文字

章节	2007年版图式	序号	地物绘制菜单	菜单内容
		5	独立地物	矿山开采/工业设施/农业设施/公共服务/名胜古迹/文物宗教/科学观测/其他设施
		11	市政部件	面状区域/公用设施/道路交通/市容环境/园林绿化/房屋土地/其他设施

由表 10-1 可知，2007 年版图式并没有 CASS 地物绘制菜单的"独立地物"与"市政部件"符号库，实际上，"独立地物"符号库是将图式中常用的独立地物符号归总到该类符号库，"市政部件"符号库是将城市测量中常用的市政符号归总到该类符号库。

例如，"路灯"符号 ⚲ 在 2007 年版图式中的章节编号为 4.3.106，属于"居民地及设施"符号，它位于 CASS 地物绘制菜单的"独立地物/其他设施"符号库下，而 CASS 地物绘制菜单的"居民地"符号库下就没有该符号了。

某些独立地物没有放置在"独立地物"符号库中。例如，"消火栓"符号 ♭ 在 2007 年版图式中的章节编号为 4.5.9，属于"管线"符号，在 CASS 地物绘制菜单的"管线设施/管道附属"符号库下，在"独立地物"符号库中没有该符号。

由于"路灯"与"消火栓"都是城市测量的常用地物符号，它们又被同时放置在"市政部件/公用设施"符号库下。

"电话亭"符号 ⌨ 在 2007 年版图式中的章节编号为 4.3.55，属于"居民地及设施"符号，它位于 CASS 地物绘制菜单的"独立地物/公共服务"符号库下，CASS 地物绘制菜单的"居民地"符号库没有该符号。由于在 1996 年版图式中没有"电话亭"符号，而在城市测图中又需要经常使用该符号，因此，南方测绘从 CASS6.1 开始自定义了"电话亭"符号 ⌨，位于"市政部件/公用设施"符号库下，升级到 CASS9.1 后，仍保留该符号。

2. 属性面板

图 10-2 左侧所示为停靠在绘图区左侧的 CASS 属性面板，使其悬浮或停靠的操作方法与 CASS 地物绘制菜单相同。单击属性面板右上方的 ☒ 按钮可关闭该面板，属性面板关闭后，应执行下拉菜单"显示/打开属性面板"命令才能重新打开该面板。

属性面板集图层管理、常用工具、检查信息、实体属性为一体，单击属性面板底部的 `图层`、`常用`、`信息`、`快捷地物`、`属性` 等选项卡按钮，可以使属性面板分别显示图层、常用、信息、快捷地物、属性等五项内容。

图 10-3 所示为打开系统自带图形文件"\Cass91 For AutoCAD2004 \demo\STUDY.DWG"，单击属性面板底部的 `图层` 选项卡按钮，使属性面板显示该文件的图层信息。图层名左侧的复选框为勾选 ☑ 时，表示显示该图层的信息，单击该复选框使之变成 ☐ 时，则不显示该图层的信息。

单击居民地图层 ⊞☑■ JMD 左侧的 ⊞ 按钮，使之变成 ⊟ 按钮，则展开该图层下存储的地物信息。由图 10-3 所示的属性面板可知，该文件的 JMD 图层下有 12 种居民地地物，单击地物编码左侧的复选框可设置是否显示该地物，双击地物行可将该地物居中显示。属性面板的更多功能请参阅课程网站的说明书文件。

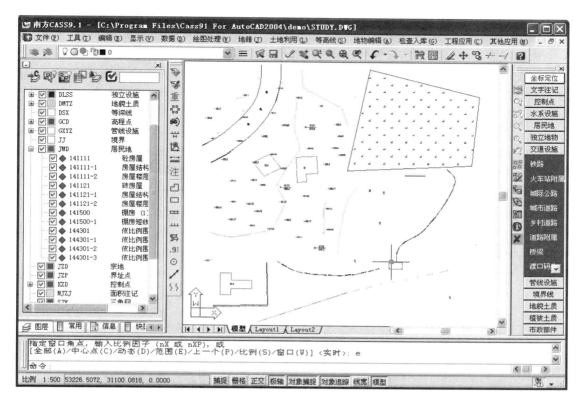

图 10-3 打开系统自带图形文件"\Cass91 For AutoCAD2004\demo\STUDY.DWG"的属性面板

10.2 草图法数字测图

外业使用全站仪(或 GNSS RTK)测量碎部点的三维坐标,领图员实时绘制碎部点构成的地物轮廓线、类别并记录碎部点点号,碎部点点号应与全站仪自动记录的点号严格一致。内业将全站仪内存中的碎部点三维坐标下载到 PC 机的数据文件中,将其转换为 CASS 展点坐标文件,在 CASS 中展绘碎部点的坐标,再根据野外绘制的草图在 CASS 中绘制地物。

1. 人员组织

(1) 观测员 1 人:负责操作全站仪,观测并记录碎部点坐标,观测中应注意检查后视方向并与领图员核对碎部点点号。

(2) 领图员 1 人:负责指挥司镜员,现场勾绘草图。要求熟悉地形图图式,以保证草图的简洁及正确无误,应注意经常与观测员对点号,一般每测 50 个碎部点应与观测员核对一次点号。

草图纸应有固定格式,不应随便画在几张纸上;每张草图纸应包含日期、测站、后视点、测量员、领图员等信息;搬站时,应更换草图纸。

(3) 司镜员 1 人:负责现场立镜,要求对立镜跑点有一定的经验,以保证内业制图的方便;经验不足者,可由领图员指挥立镜,以防引起内业制图的麻烦。

（4）内业制图员：一般由领图员担任内业制图任务，操作 CASS 展绘坐标文件，对照草图连线成图。

2. 使用南方 MSMT 手机软件的地形图测绘程序采集碎部点坐标

下面以测绘图 10-4 所示的局部区域地形图为例，介绍草图法数字测图的操作方法，G74，G75，G76 三个图根点的坐标标注在图中，三个图根点的坐标已通过 SD 卡导入南方NTS-362R6LNB 全站仪内存的已知坐标文件 FIX.LIB。

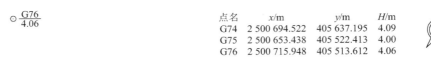

点名	x/m	y/m	H/m
G74	2 500 694.522	405 637.195	4.09
G75	2 500 653.438	405 522.413	4.00
G76	2 500 715.948	405 513.612	4.06

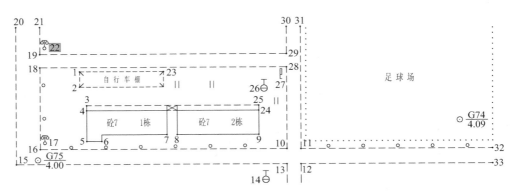

图 10-4　野外绘制的地物草图示例

在 G75 点安置南方 NTS-362R6LNB 全站仪，量取仪器高为 1.55 m，棱镜高固定为1.65 m，后视点为 G74。

（1）设置全站仪测站与后视定向

在全站仪角度模式按 **CORD** 键进入坐标模式 P1 页功能菜单，按 **F4** 键翻页到 P2 页功能菜单[图 10-5(a)]。

按 **F3** （设站）键[图 10-5(a)]，按 **F2** （调用）键[图 10-5(b)]，进入已知坐标文件与当前坐标文件点名列表界面，移动光标到 G75[图 10-5(c)]，按 **ENT** 键，按 **F4** （确认）键设置G75 为测站点[图 10-5(d)]；输入仪器高 1.55 m[图 10-5(e)]，按 **F4** （确认）键；按 **F4** （是）键[图 10-5(f)]，按 **F2** （调用）键[图 10-5(g)]，进入已知坐标文件与当前坐标文件点名列表界面，移动光标到 G74[图 10-5(h)]，按 **ENT** 键，按 **F4** （确认）键设置 G74 为后视点[图 10-5(i)]，屏幕显示 G75→G74 后视边的方位角[图 10-5(j)]。

使望远镜瞄准后视点 G74 的棱镜中心，按 **F4** （是）键，进入图 10-5(k)所示的后视点检查界面；按 **F4** （是）键，输入棱镜高 1.65 m[图 10-5(l)]，按 **F4** （确认）键，进入图 10-5(m)所示的后视点坐标检核测量界面；按 **F2** （测量）键，结果如图 10-5(n)所示，屏幕显示实测后视点 G74 点的坐标差；按 **F3** （坐标）键，屏幕显示实测后视点的坐标[图 10-5(o)]；按 **F4** （确认）键，返回碎部点坐标测量界面[图 10-5(p)]。

（2）新建地形图测绘文件

在"测试"项目主菜单界面[图 10-6(a)]，点击 地形图测绘 按钮，点击 **新建文件** 按钮，缺省设置的

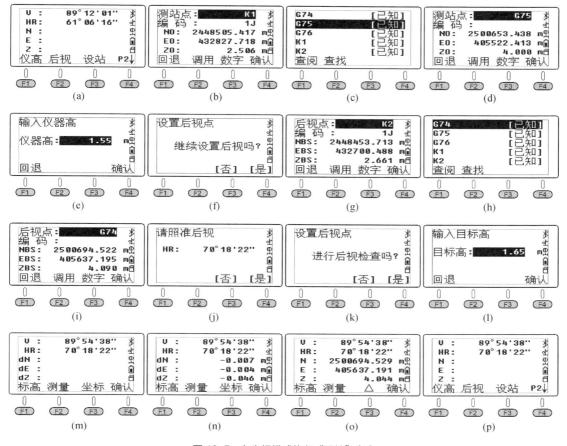

图 10-5　在坐标模式执行"设站"命令

测图方法为数字测图,比例尺为1∶500,输入观测信息[图10-6(c)],点击 确定 按钮,返回地形图测绘文件列表界面[图10-6(d)]。

图 10-6　新建地形图测绘文件（数字测图）

（3）执行测量命令，采集碎部点的坐标

点击新建文件名，在弹出的快捷菜单点击"测量"命令[图 10-7（a）]，进入观测界面[图 10-7（b）]。

图 10-7　碎部点数据采集及坐标文件导出

点击 **蓝牙读数** 按钮,点击 S105744 蓝牙设备名,启动手机连接 S105744 全站仪内置蓝牙,完成连接后点击屏幕标题栏左侧的 **<** 按钮返回观测界面,此时粉红色 **蓝牙读数** 按钮变成了蓝色 **蓝牙读数** 按钮,表示手机已与全站仪蓝牙连接。

使全站仪望远镜瞄准棚房角点 1 竖立的棱镜中心(图 10-4),点击 **蓝牙读数** 按钮,启动全站仪测距并提取碎部点的三维坐标,结果如图 10-7(e)所示;点击地物栏的 **点击** 按钮,在弹出的"地物库"对话框点击"棚房角"[图 10-7(d)],点击 **确定** 按钮,结果如图 10-7(e)所示。图 10-7(f),(g)所示为完成 1~22 号碎部点(图 10-4)的三维坐标测量结果。

如图 10-4 所示,23~33 号碎部点是在 G74 点设站测定。将仪器搬站至 G74 点安置,在坐标模式 P2 页菜单,执行"设站"命令,设置 G74 为测站点、G75 为后视点的操作方法与图 10-5 所示的操作方法相同。

使全站仪望远镜瞄准 23 号棚房角点(图 10-4),点击 **蓝牙读数** 按钮,启动全站仪测距并提取碎部点的三维坐标;点击地物栏的 **点击** 按钮,在弹出的"地物库"对话框点击"棚房角",点击 **确定** 按钮。图 10-7(h),(i)所示为完成 23~33 号碎部点(图 10-4)的三维坐标测量结果。

(4)导出地形图测绘文件到南方 CASS 展点坐标文件

点击屏幕标题栏左侧的 **<** 按钮返回地形图测绘文件列表界面,点击文件名,在弹出的快捷菜单点击"导出南方 CASS 展点坐标文件"命令,系统在手机内置 SD 卡工作路径下创建"G75 数字测图 180608_1.txt"文件[图 10-7(l)]。图 10-8 所示为在 PC 机启动 Windows 记事本打开该文件的内容,每行碎部点的坐标格式为"点号,地物名,y,x,H"。

3. 在南方 CASS 数字测图软件展绘碎部点坐标文件

执行下拉菜单"绘图处理/展野外测点点号"命令[图 10-9(a)],在弹出的文件选择对话框中选择坐标文件"G75 数字测图 180608_1.txt",单击 **打开(O)** 按钮,将所选坐标文件的点位展绘在 CASS 绘图区。执行 AutoCAD 的"zoom"命令,键入"E"按回车键即可在绘图区看见展绘好的碎部点点位及其点号。

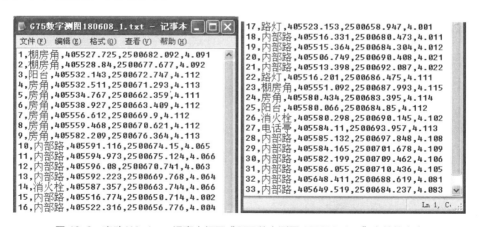

图 10-8 启动 Windows 记事本打开"G75 数字测图 180608_1.txt"文件的内容

该展点命令创建的点位和点号对象位于"ZDH"(展点号)图层,其中的点位对象是 AutoCAD 的"point"对象,用户可以执行 AutoCAD 的"ddptype"命令修改点样式来改变点的显示模式。

用户可以根据需要执行下拉菜单"绘图处理/切换展点注记"命令[图10-9(b)]，在弹出的图10-9(c)所示的对话框中切换注记内容为测点编码(地物名)或测点高程。

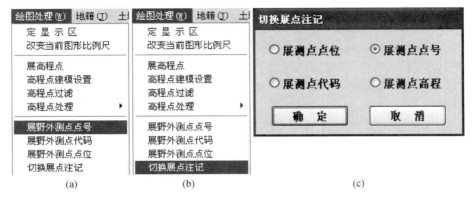

图10-9 执行"绘图处理"下拉菜单"展野外测点点号"及"切换展点注记"命令

4. 根据草图绘制地物

在南方CASS软件界面，单击地物绘制菜单第一行的命令按钮，在弹出的下拉菜单中单击"坐标定位"命令，设置使用鼠标定位。

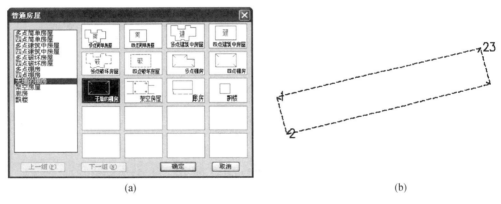

图10-10 执行地物绘制菜单"居民地/普通房屋/无墙的棚房"命令及绘制的棚房

由图10-4所示的草图可知，23号、1号、2号点为自行车棚房的三个角点，单击地物绘制菜单的"居民地"按钮，在展开的列表菜单中单击"普通房屋"，在弹出的图10-10(a)所示的"普通房屋"对话框中，双击"无墙的棚房"图标，命令行提示输入地形图比例尺如下：

绘图比例尺1：＜500＞Enter

按回车响应为使用缺省设置比例尺1：500。

在绘图区使用"节点捕捉"分别点取23号、1号、2号点，屏幕提示如下文字时：

曲线Q/边长交会B/跟踪T/区间跟踪N/垂直距离Z/平行线X/两边距离L/闭合C/隔一闭合G/隔一点J/隔点延伸D/微导线A/延伸E/插点I/回退U/换向H＜指定点＞G

键入"G"执行"隔一闭合"选项闭合该棚房，结果如图10-10(b)所示，绘制的棚房自动放置在"JMD"(居民地)图层。

26号点为消火栓，单击地物绘制菜单的"管线设施"按钮，在展开的列表菜单中单击"管道附属"，在弹出的图 10-11(a)所示的"管道附属设施"对话框中，双击"消火栓"图标，在绘图区使用节点捕捉 26 号点，即在 26 号点位绘制消火栓符号，结果如图 10-11(b)所示，所绘制的消火栓符号自动放置在"GXYZ"(管线设施)图层。

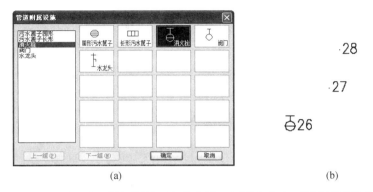

(a)   (b)

图 10-11 执行地物绘制菜单"管线设施/管道附属/消火栓"命令及绘制的消火栓符号

根据图 10-4 所示的草图，完成全部地物绘制与注记的数字地形图如图 10-12 所示。

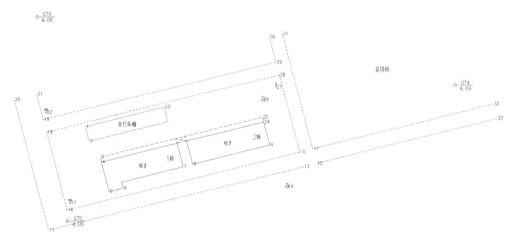

图 10-12 完成地物绘制与文字注记的数字地形图

完成地物连线后，执行下拉菜单"绘图处理/切换展点注记"命令，在弹出的"切换展点注记"对话框中[图 10-9(c)]，单击"展测点高程"单选框，将点号注记或地物名注记切换为测点高程注记，删除不需要的高程点，即可完成数字地形图的整饰工作。

10.3 绘制等高线与添加图框

绘制等高线之前，应先创建**数字地面模型**（Digital Terrestrial Model，DTM）。DTM 是指在一定区域范围内，规则格网点或三角形点的平面坐标（x，y）和其他地形属性的数据集合。如果地形属性是点的高程坐标 H，则该数字地面模型又称为**数字高程模型**（Digital Elevation Model，DEM）。DEM 从微分角度三维地描述了测区地形的空间分布，应用 DEM，可以按用户设定的等高距生成等高线，绘制任意方向的断面图、坡度图，计算指定区域的土方量等。

下面以 CASS9.1 自带的地形点坐标文件"C:\Cass91 For AutoCAD2004\DEMO\dgx.dat"为例,介绍等高线的绘制方法。

1. 建立 DTM

执行下拉菜单"等高线/建立 DTM"命令,在弹出的图 10-13(a)所示的"建立 DTM"对话框中,点选"由数据文件生成"单选框,单击 □ 按钮,选择坐标文件 dgx.dat,其余设置如图 10-13(a)所示。单击 确定 按钮,屏幕显示图 10-13(b)所示的三角网,它位于"SJW"(三角网)图层。

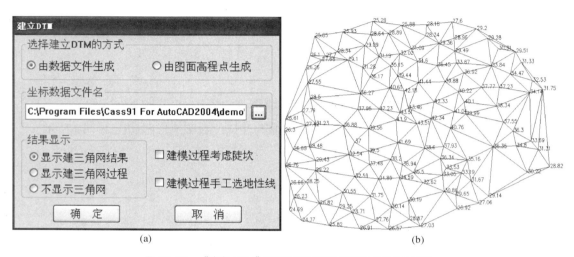

(a)   (b)

图 10-13   "建立 DTM"对话框的设置及创建的 DTM 三角网

2. 修改数字地面模型

由于现实地貌的多样性、复杂性和某些点的高程缺陷(如山上有房屋,而屋顶上又有控制点),直接使用外业采集的碎部点很难一次性生成准确的数字高程模型,这就需要对生成的数字高程模型进行修改,它是通过修改三角网来实现的。

修改三角网命令位于下拉菜单"等高线"下,如图 10-14(a)所示,各命令的功能如下:

(1) 删除三角形:实际上是执行 AutoCAD 的"erase"命令,删除所选的三角形。当某局部内没有等高线通过时,可以删除周围相关的三角网。如误删,可立即执行"u"命令恢复。

(2) 过滤三角形:如果 CASS 无法绘制等高线或绘制的等高线不光滑,这是由于某些三角形的内角太小或三角形的边长悬殊所至,可用该命令过滤掉部分形状特殊的三角形。

(3) 增加三角形:点取屏幕上任意三个点可以增加一个三角形,当所点取的点没有高程时,CASS 将提示用户手工输入其高程值。

(4) 三角形内插点:要求用户在任一个三角形内指定一个内插点,CASS 自动将内插点与该三角形的三个顶点连接构成三个三角形。当所点取的点没有高程时,CASS 将提示用户手工输入其高程值。

(5) 删三角形顶点:当某一个点的坐标有误时,可以用该命令删除它,CASS 会自动删除与该点连接的所有三角形。

（6）重组三角形：在一个四边形内可以组成两个三角形，如果认为当前三角形的组合不合理，可以用该命令重组三角形，重组前后的差异如图 10-14(b)所示。

（7）删三角网：生成等高线后就不需要三角网了，如果要对等高线进行处理，则三角网就比较碍事，可以执行该命令删除三角网。最好先执行"三角网存取"命令，将三角网命名存盘后再删除，以便在需要时通过读入保存的三角网文件恢复。

（8）三角网存取：如图 10-14(a)所示，该命令下有"写入文件"和"读出文件"两个子命令。"写入文件"是将当前图形中的三角网命名并存储为扩展名为 SJW 的文件；读出文件是读取执行"写入文件"命令保存的扩展名为 SJW 的三角网文件。

(a) 修改DTM命令菜单

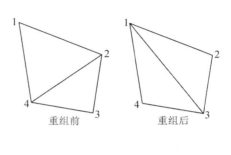

(b) 重组三角形的效果

图 10-14　修改 DTM 命令菜单及"重组三角形"命令示例

（9）修改结果存盘：完成三角形的修改后，应执行该命令进行保存后，修改内容才有效。

3. 绘制等高线

对利用坐标文件 dgx.dat 创建的三角网执行下拉菜单"等高线/绘制等高线"命令，弹出图 10-15 所示的"绘制等值线"对话框，根据需要完成对话框的设置后，单击 确定 按钮，CASS 开始自动绘制等高线。

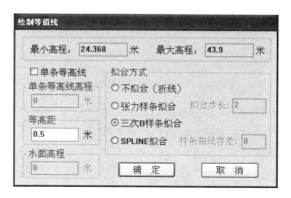

图 10-15　"绘制等值线"对话框的设置

根据图 10-15 所示设置绘制坐标文件 dgx.dat 的等高线如图 10-16 所示。

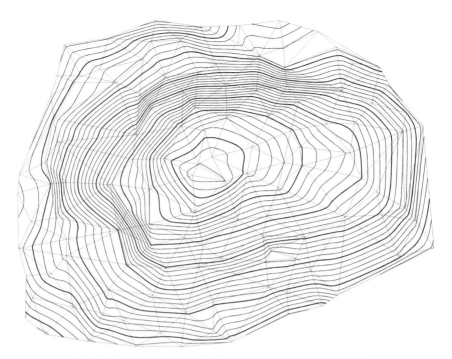

图 10-16　使用坐标文件 dgx.dat 绘制的等高线（等高距为 0.5 m）

4. 等高线的修饰

（1）注记等高线：有 4 种注记等高线的方法，其命令位于下拉菜单"等高线/等高线注记"下，如图 10-17(a)所示。批量注记等高线时，一般选择"沿直线高程注记"命令，它要求用户先执行 AutoCAD 的"line"命令绘制一条基本垂直于等高线的辅助直线，所绘直线的起讫方向应为注记高程字符字头的朝向。执行"沿直线高程注记"命令后，CASS 自动删除该辅助直线，注记字符自动放置在"DGX"（等高线）图层。

(a)　　　　　　　　　　　　　　　　　　(b)

图 10-17　等高线注记与修剪命令选项

（2）等高线修剪：有多种修剪等高线的方法，其命令位于下拉菜单"等高线/等高线修剪"下，如图 10-17(b)所示。请读者播放本章课程网站视频文件"绘制等高线.avi"，文件观看上述操作过程。

5. 地形图的整饰

本节只介绍使用最多的添加注记和图框的操作方法。

（1）添加注记

单击地物绘制菜单下的"文字注记"按钮展开其命令列表，单击列表命令添加注记，一般需要将地物绘制菜单设置为"坐标定位"模式,界面如图10-18(a)所示。

① 变换字体:添加注记前,应单击"变换字体"按钮,在弹出的图10-18(b)所示的"选取字体"对话框中选择合适的字体。

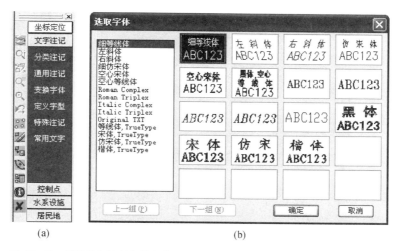

(a)   (b)

图10-18 设置地物绘制菜单为"坐标定位"模式与执行"变换字体"命令的界面

② 分类注记:单击"分类注记"按钮,弹出图10-19(a)图所示的"分类文字注记"对话框,图中"注记内容"输入"迎宾路",注记文字位于"DLSS"(道路设施)图层。

③ 通用注记:单击"通用注记"按钮,弹出图10-19(b)所示的"文字注记信息"对话框,图中为输入注记文字"迎宾路"的结果,注记文字也位于"DLSS"(道路设施)图层。

④ 常用文字:单击"常用文字"按钮,弹出图10-19(c)所示的"常用文字"对话框,用户所选的文字不同,注记文字将位于不同的图层。例如,选择"砼"时,注记文字位于"JMD"(居民地)图层;选择"鱼"时,注记文字位于"SXSS"(水系设施)图层。

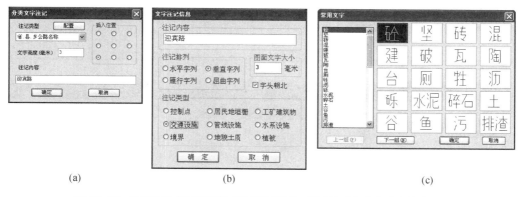

(a)   (b)   (c)

图10-19 分别执行"分类注记""通用注记"和"常用文字"命令弹出的对话框

⑤ 定义字型:该命令实际上是AutoCAD的"style"命令,其功能是创建新的文字样式。

⑥ 特殊注记:单击"特殊注记"按钮,弹出图10-20所示的"坐标坪高"对话框,主要用于注记点的平面坐标、标高、经纬度等。

CASS9.1新增经纬度注记功能,当前图形文件的平面坐标系为高斯坐标系时,应先执行

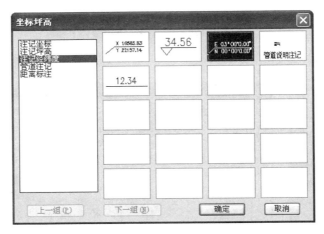

图 10-20 执行"特殊注记"命令弹出的对话框

下拉菜单"文件/CASS 参数设置"命令,在弹出的"CASS90 综合设置"对话框中应设置好与当前高斯平面坐标系一致的"投影转换参数"对话框和"标注地理坐标"对话框。

执行下拉菜单"文件/CASS 参数设置"命令,设置的"投影转换参数"对话框如图 10-21(a)所示,设置的"标注地理坐标"对话框如图 10-21(b)所示,其中经纬度秒值小数位缺省设置为 5 位。

(a) 设置高斯投影参数

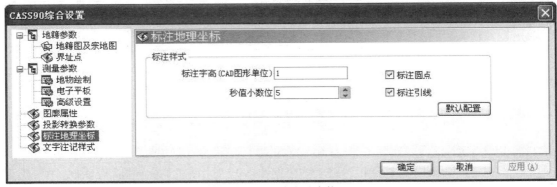

(b) 设置地理坐标标注参数

图 10-21 执行 CASS 参数配置命令,设置"投影转换参数"与"标准地理坐标"对话框的内容

在 CASS 展绘图 9-9(g)所示的"作者所在地"点的高斯平
面坐标,单击地物绘制菜单"文字注记"下的"特殊注记"按钮,
分别执行"注记经纬度"和"注记坐标"命令,注记"作者所在地"
点的两种坐标结果如图 10-22 所示,其经纬度与图 9-9(g)同
名点的经纬度完全相同。

图 10-22 执行"特殊注记"命令,
分别标注点位的地理坐
标与高斯坐标示例

执行"注记经纬度"命令的原理是:鼠标点击屏幕点位,提
取该点的高斯平面坐标(x,y),应用图 10-21(a)设置的高斯投影参数和高斯投影反算公式,
计算该点位的大地经纬度(L,B)。如图 10-21(a)所示,因在投影转换参数对话框中没有
"投影面高程"栏,所以,CASS 只能应用参考椭球面(也称零高程面)的高斯投影反算公式计
算鼠标点击点位的大地经纬度。用户需要计算抵偿高程面的高斯投影,可以使用南方
MSMT 手机软件的高斯投影程序计算,示例如图 1-12 所示。

(2)加图框

为图 10-16 所示的等高线图形加图框的操作方法如下:

① 执行下拉菜单"文件/CASS 参数配置"命令,在弹出的"CASS90 综合设置"对话框的
"图廓属性"选项卡中设置好外图框的注记内容,本例设置的内容如图 10-23 所示,单击
〔 确定 〕按钮关闭对话框。

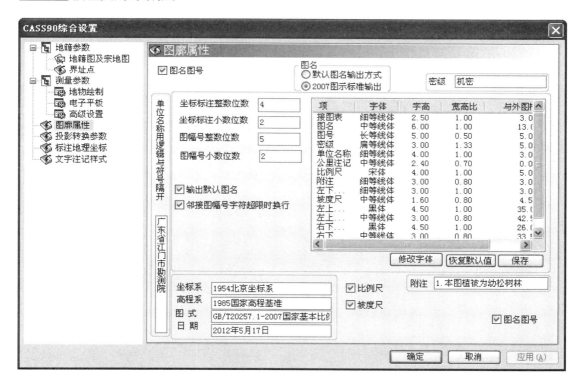

图 10-23 执行下拉菜单"文件/CASS 参数配置"命令,设置"图廓属性"对话框的内容

② 执行下拉菜单"绘图处理/标准图幅(50 cm×40 cm)"命令,弹出图 10-24 所示的"图幅整
饰"对话框,完成设置后单击〔确 认〕按钮,CASS 自动按对话框的设置为图 10-16 所示的等高线
地形图添加图框并以内图框为边界,自动修剪掉内图框外的所有对象,结果如图 10-25 所示。

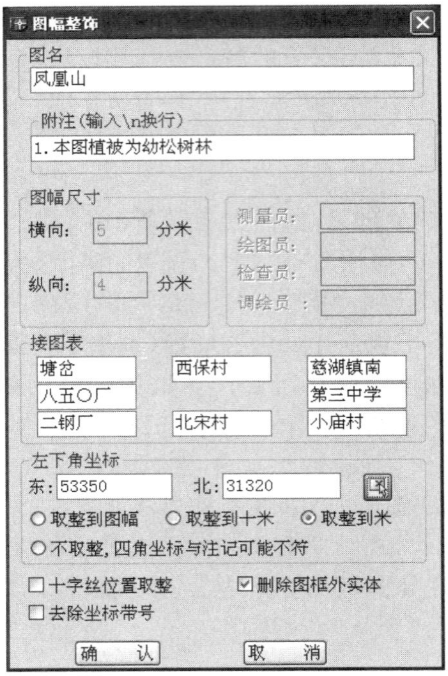

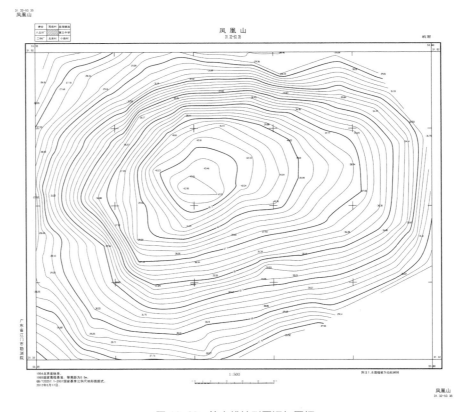

图 10-24 设置"图幅整饰"对话框

图 10-25 等高线地形图添加图框

10.4　数字地形图的应用

数字地形图应用命令主要位于"工程应用"下拉菜单,本节只介绍土方量计算与断面图绘制命令的操作方法。

如图 10-26 所示,在 CASS"工程应用"下拉菜单设置了 5 个土方计算命令,分别代表 5 种方法——DTM 法、断面法、方格网法、等高线法和区域土方量平衡法,本节只介绍方格网法和区域土方量平衡法,使用的示例坐标文件为 CASS 自带的 dgx.dat 文件。

1. 方格网法土方计算

执行下拉菜单"绘图处理/展高程点"命令,将坐标文件 dgx.dat 的碎部点三维坐标展绘在 CASS 绘图区。执行 AutoCAD 的多段线命令"pline"绘制一条闭合多段线作为土方计算的边界,如图 10-28 所示。

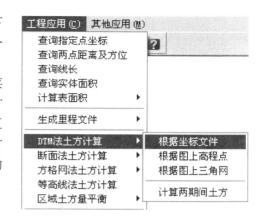

图 10-26　"工程应用"下拉菜单的土方量计算命令

执行下拉菜单"工程应用\方格网法土方计算"命令,点选土方计算边界的闭合多段线,在弹出的"方格网土方计算"对话框中,单击"输入高程点坐标数据文件"区的 ⋯ 按钮,在弹出的文件对话框中选择系统自带的 dgx.dat 文件,完成响应后,返回"方格网土方计算"对话框;在"设计面"区点选 ⊙ 平面 ,在"目标高程"栏输入 35,在"方格宽度"栏输入 10,结果如图 10-27 所示。

单击 确定 按钮,CASS 按对话框的设置自动绘制方格网、计算每个方格网的挖填土方量、绘制土方量计算图,结果如图 10-28 所示,并在命令行给出下列计算结果提示:

最小高程＝24.368,最大高程＝43.900

请确定方格起始位置:＜缺省位置＞Enter

总填方＝15.0 立方米,总挖方＝52 048.7 立方米

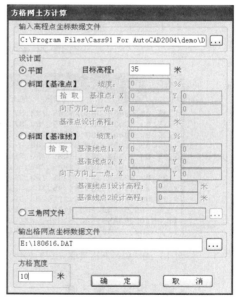

图 10-27　"方格网土方计算"对话框设置内容

方格宽度一般要求为图上 2 cm,在 1∶500 比例尺的地形图上,2 cm 代表的实地距离为 10 m。

在图 10-27 所示的"方格网土方计算"对话框中,在"输出格网点坐标数据文件"栏输入"E:\180616.DAT",完成土方计算后,CASS 将所有方格网点的三维坐标数据输出到该文件,本例结果如图 10-29 所示,共有 150 个格网点,各格网点的编码位字符为设计高程值,因本例的设计高程面为高程 35 m 的水平面,因此,格网点坐标的编码位均为 35。

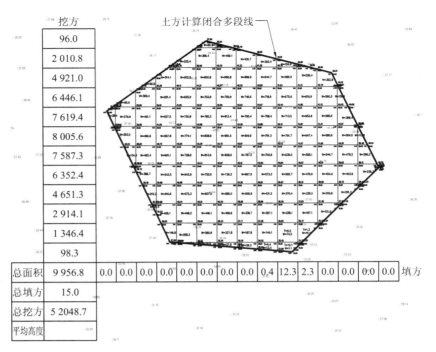

挖方	
96.0	
2 010.8	
4 921.0	
6 446.1	
7 619.4	
8 005.6	
7 587.3	
6 352.4	
4 651.3	
2 914.1	
1 346.4	
98.3	

土方计算闭合多段线

总面积	9 956.8	0.0	0.0	0.0	0.0	0.0	0.0	0.0	0.0	0.4	12.3	2.3	0.0	0.0	0.0	0.0	填方
总填方	15.0																
总挖方	5 2048.7																
平均高度																	

图 10-28 CASS 自动生成的方格网法土方计算表格

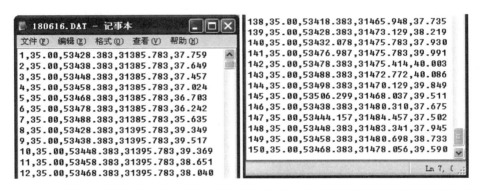

图 10-29 执行下拉菜单"工程应用/方格网法土方计算"命令输出的坐标文件 180616.DAT 的内容

2. 区域土方量平衡计算

计算指定区域挖填平衡的设计高程和土方量。执行下拉菜单"工程应用/区域土方量平衡/根据坐标文件"命令,在弹出的文件对话框中选择 dgx.dat 文件并响应后,命令行提示及输入如下:

选择土方边界线(点选封闭多段线)

请输入边界插值间隔(米):<20>10

土方平衡高度=34.134 米,挖方量=0 立方米,填方量=0 立方米

请指定表格左下角位置:<直接回车不绘表格>(在展绘点区域外拾取一点)

完成响应后,CASS 在绘图区的指定点位置绘制土方量计算表格和挖填平衡分界线,结果如图 10-30 所示。

288

3. 绘制断面图

以图 10-16 所示的数字地形图为例,介绍绘制断面图的操作方法。在命令行执行多段线命令绘制断面折线,操作过程如下:

命令:pline

指定起点:53 319.279,31 362.694

当前线宽为 0.00 00

指定下一个点或 [圆弧(A)/半宽(H)/长度(L)/放弃(U)/宽度(W)]:

53 456.266,31 437.888

指定下一点或 [圆弧(A)/闭合(C)/半宽(H)/长度(L)/放弃(U)/宽度(W)]:

53 621.756,31403.756

指定下一点或 [圆弧(A)/闭合(C)/半宽(H)/长度(L)/放弃(U)/宽度(W)]:Enter

执行下拉菜单"工程应用/绘断面图/根据已知坐标"命令,命令行提示"选择断面线"时,点取

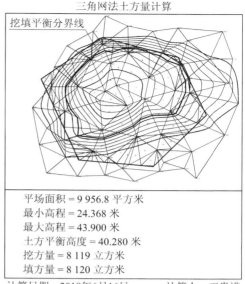

三角网法土方量计算

挖填平衡分界线

| 平场面积 = 9 956.8 平方米 |
| 最小高程 = 24.368 米 |
| 最大高程 = 43.900 米 |
| 土方平衡高度 = 40.280 米 |
| 挖方量 = 8 119 立方米 |
| 填方量 = 8 120 立方米 |

计算日期:2018年6月16日　　　　计算人:王贵满

图 10-30　区域土方量平衡计算表格

之前已绘制的多段线,弹出图 10-31(a)所示的"断面线上取值"对话框,单击 … 按钮,在弹出的文件对话框中,选择系统自带的 dgx.dat 文件,完成响应后,返回"断面线上取值"对话框;勾选"输出 EXCEL 表格"复选框,单击 确定 按钮。系统首先生成一个打开的 Excel 文件,本例内容如图 10-32 所示,然后弹出图 10-31(b)所示的"绘制纵断面图"对话框。

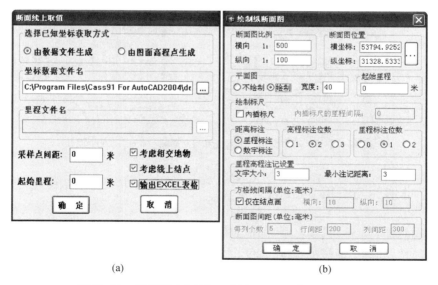

(a)　　　　　　　　　　(b)

图 10-31　"断面线上取值"和"绘制纵断面图"对话框设置

单击"断面图位置"区域的 … 按钮,在 CASS 绘图区点取一点作为放置断面图的左下角点;点选"平面图"区域的"绘制"单选框,设置同时绘制断面线两侧的平面图,使用缺省设置的平面图宽度 40 m,单击 确定 按钮,CASS 自动绘制断面图,本例结果如图 10-33 所示。

	A	B	C	D	E
1	纵断面成果表				
2					
3	点号	X(m)	Y(m)	H(m)	备注
4	K0+000.000	31362.694	53319.279	26.602	
5	K0+015.758	31370.276	53333.092	27.000	
6	K0+021.155	31372.873	53337.824	27.500	
7	K0+027.496	31375.925	53343.383	28.000	
8	K0+033.963	31379.037	53349.052	28.500	
9	K0+040.373	31382.121	53354.671	29.000	
10	K0+046.780	31385.204	53360.287	29.500	
61	K0+288.939	31411.089	53586.202	33.000	
62	K0+290.679	31410.737	53587.907	32.500	
63	K0+292.558	31410.358	53589.746	32.000	
64	K0+294.565	31409.952	53591.712	31.500	
65	K0+296.628	31409.536	53593.733	31.000	
66	K0+299.278	31409.000	53596.329	30.500	
67	K0+302.554	31408.339	53599.537	30.000	
68	K0+325.241	31403.756	53621.756	30.864	

图 10-32　执行"绘断面图"命令自动生成的 Excel 表格

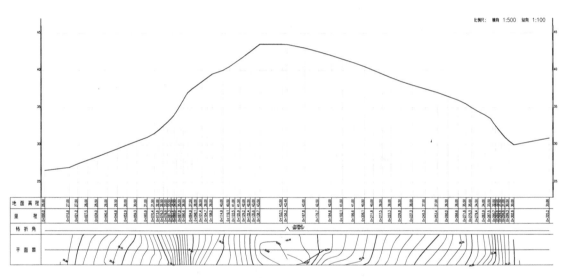

图 10-33　执行下拉菜单"工程应用/绘断面图"命令生成的断面图

10.5　数字地形图与 GIS 的数据交换

数字测图软件 CASS 可以将地物和地貌的位置在图上准确地表示出来,却很难表示出地物和地貌的属性,如图上河流的长度、宽度、水深和水质等,更不用说对这些属性数据进行各种查询和统计分析了。而使用数据库软件(如 Foxpro)却可以很容易地保存和管理这些属性数据,各种查询和统计分析更是数据库软件的强项,但要将这些属性数据表示在一幅图上,显然就不是数据库软件可以胜任的了。因此,为满足社会发展的需要,一种将图形管理和数据管理有机结合的信息技术应运而生,它融合了二者的优势,克服了图形软件与数据库软件各自固有的局限性,这就是**地理信息系统**(Geographic Information System,GIS)。

国际上较先进的 GIS 平台软件有美国环境系统研究所开发的 ARC/INFO、ARC/VIEW，MapInfo 公司开发的 MapInfo Professional，Autodesk 公司开发的 AutoCAD Map 等软件。GIS 软件既管理对象的位置，又管理对象的属性，且位置与属性是自动关联的。

GIS 是 1962 年由加拿大测量学家 Roger Tomlinson 首先提出，他领导建立了用于自然资源管理和规划并且是世界上第一个具有实用价值的地理信息系统——加拿大地理信息系统。

GIS 作为有关空间数据管理、空间信息分析及其传播的计算机系统，在其 50 多年的发展历程中已取得巨大成就，并广泛应用于土地利用、资源管理、环境监测、交通运输、城市规划、经济建设以及政府各职能部门。它作为传统学科（如地理学、地图学和测量学等）与现代科学技术（如遥感技术、计算机科学等）相结合的产物，正在逐步发展成为一门处理空间数据的现代化综合性学科。

GIS 软件将所有地形要素划分为点、线、面，它对数字地形图有很高的要求，例如，同图层线划相交时不能有悬挂点，同类线划相交时不能有伪节点，等等。因此，数字地形图进入 GIS 之前，应按所用 GIS 软件的要求，选择执行 CASS"检查入库"下拉菜单下的适当命令进行编辑，达到要求后才可以输出相应格式的数据交换文件。

例如，在 CASS 中执行下拉菜单"检查入库/输出 ARC/INFO SHP 格式"命令（图 10-34），在弹出的图 10-35（a）所示的"生成 SHAPE 文件"对话框中，单击 确定 按钮，在弹出的图 10-35（b）所示的"CASS9.0"对话框中设置输出文件保存路径，单击 确定 按钮，CASS 自动在设置的路径下输出3 个文件，它们分别是编译形文件 TERLN.shx、形源代码文件 TERLN.shp 和数据库文件 TERLN.dbf。

图 10-34 数字地形图数据入库检查与输出 GIS 格式命令

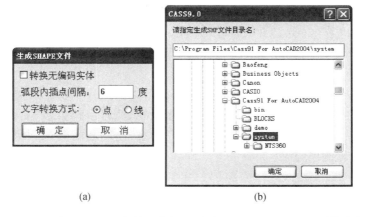

(a)　　　　　　　　(b)

图 10-35 执行 CASS 下拉菜单"检查入库/输出 ARC/INFO SHP 格式"命令

本 章 小 结

(1) CASS 是在 AutoCAD 上二次开发的软件,其界面设计与命令执行的方式与 AutoCAD 相同,主要有下拉菜单、屏幕菜单、工具栏与命令行输入命令名(或别名)。

(2) CASS 是一个功能强大的数字测图软件,本章只介绍了最常用的基本功能,详细功能请参阅本章课程网站文件"CASS90help.chm"。

(3) 草图法数字测图是使用全站仪或 GNSS RTK 野外采集碎部点的三维坐标并存入仪器内存坐标文件,现场按点号绘制地物草图;返回内业后,从全站仪或 GNSS RTK 内存下载采集的坐标文件,在 CASS 中展绘坐标文件,使用地物绘制菜单,依据地物草图注记的点号绘制地物。

(4) 执行 CASS 下拉菜单"文件/参数配置"命令,在"投影转换参数"选项卡输入当前图形文件的高斯投影参数,就可以执行地物绘制菜单下的"文字注记/特殊注记/注记经纬度"命令,标注当前图形文件内任意点的大地经纬度。

(5) 在数字地形图上执行下拉菜单"工程应用"下的土方量计算和绘制断面图命令时,都需要用到生成数字地形图的坐标文件,CASS 展点格式坐标文件的数据格式为:

有编码位坐标点:"点名,编码,y,x,H";无编码位坐标点:"点名,,y,x,H"。

思考题与练习题

[10-1] 简要说明草图法数字测图的原理,有何特点,使用南方 MSMT 手机软件的地形图测绘程序进行数字测图,有何特点?

[10-2] 本章课程网站坐标文件"\数字地形图练习\180616.dat"含有 161 个地形点的三维坐标,试使用该坐标文件完成以下工作:

(1) 绘制比例尺为 1:2 000、等高距为 2 m 的数字地形图;

(2) 执行"rectangle"命令,以(4 647 989.282,478 158.445)为左下角点,绘制一个 200 m 宽×150 m 高的矩形,以该矩形为边界,完成下列计算内容:

① 执行下拉菜单"工程应用/方格网法土方计算/方格网土方计算"命令,设置设计面为"平面","目标高程"为 975 m,"方格宽度"为 20 m,计算挖填土方量;

② 执行下拉菜单"工程应用/区域土方量平衡/根据坐标文件"命令,计算挖填平衡设计高程和挖填土方量。

(3) 执行"pline"命令,绘制顶点坐标分别为(4 647 944.366,478 495.761),(4 648 160.737,478 434.836),(4 648 444.778,478 447.825)的多段线;执行下拉菜单"工程应用/绘断面图/根据已知坐标"命令,选择以上绘制的多段线为断面线,绘制断面图,要求断面图的横向比例尺为 1:500,纵向比例尺为 1:250。

第 11 章　建筑施工测量

本 章 导 读

● **基本要求**　掌握全站仪测设点位设计三维坐标的原理与方法,水准仪测设点位设计高程的原理与方法;掌握建筑基础施工图 dwg 图形文件的校准与坐标变换方法,使用数字测图软件 CASS 采集设计点位平面坐标、展绘坐标文件的方法;掌握高层建筑轴线竖向投测与高程竖向投测的方法;熟悉南方 MSMT 手机软件坐标传输程序的使用方法;了解激光垂准仪与激光水平仪的使用方法。

● **重点**　全站仪三维坐标放样,水准仪视线高程法放样,建筑基础施工图 dwg 图形文件的校准与坐标变换,建筑轴线竖向投测与高程竖向投测。

● **难点**　建筑基础施工图 dwg 图形文件的校准,结构施工总图的拼绘,坐标变换与放样点位平面坐标的采集。

　　建筑施工测量(construction survey)的任务是将图纸设计的建筑物或构筑物的平面位置 x, y 和高程 H,按设计的要求,以一定的精度测设到实地上,作为施工的依据,并在施工过程中进行一系列的衔接测量工作。

11.1　施工控制测量

　　《城市测量规范》[2] 与施工测量有关的内容只有规划监督测量和市政工程测量,并无建筑施工测量的内容,因此,本章按《工程测量规范》[6] 的要求撰写。

　　在建筑场地上建立的控制网称为场区控制网。场区控制网应充分利用勘察阶段建立的平面和高程控制网,并进行复测检查,当精度满足施工要求时,可作为场区控制网使用,否则应重新建立场区控制网。

　　1. 场区平面控制(horizontal construction control network)

　　场区平面控制的坐标系应与工程项目勘察阶段所采用的坐标系相同,其相对于勘察阶段控制点的定位精度,不应大于 ±5 cm。由于全站仪的普及,场区平面控制网通常布设为导线形式,其等级和精度应符合下列规定:

　　(1) 建筑场地大于 1 km^2 或重要工业区,应建立一级或一级以上的平面控制网;

　　(2) 建筑场地小于 1 km^2 或一般性建筑区,可建立二级平面控制网;

　　(3) 用原有控制网作为场区控制网时,应进行复测检查。

　　场区一、二级导线测量的主要技术要求应符合表 11-1 的规定。

　　2. 场区高程控制(vertical construction control network)

　　场区高程控制网应布设成闭合环线、附合路线或节点网形。大、中型施工项目的场区高

表 11-1 场区导线测量的主要技术要求

等级	导线长度/km	平均边长/m	测角中误差/(″)	测距相对中误差	2″仪器测回数	方位角闭合差/(″)	导线全长相对闭合差
一级	2.0	100～300	≤±5	≤1/30 000	3	$10\sqrt{n}$	≤1/15 000
二级	1.0	100～200	≤±8	≤1/14 000	2	$16\sqrt{n}$	≤1/10 000

注:n 为测站数。

程测量精度,不应低于三等水准。场区水准点,可单独布置在场地相对稳定的区域,也可以设置在平面控制点的标石上。水准点间距宜小于 1 km,距离建(构)筑物不宜小于 25 m,距离回填土边线不宜小于 15 m。施工中,当少数高程控制点标石不能保存时,应将其高程引测至稳固的建(构)筑物上,引测的精度不应低于原高程点的精度等级。

11.2 工业与民用建筑施工放样的基本要求

工业与民用建筑施工放样应具备的资料包括建筑总平面图、设计与说明、轴线平面图、基础平面图、设备基础图、土方开挖图、结构图和管网图。建筑物施工放样的偏差不应超过表 11-2 的规定。

表 11-2 建筑物施工放样的允许偏差

项 目	内 容		允许偏差/mm
基础桩位放样	单排桩或群桩中的边桩		±10
	群桩		±20
各施工层上放线	外廓主轴线长度 L/m	$L \leq 30$	±5
		$30 < L \leq 60$	±10
		$60 < L \leq 90$	±15
		$90 < L$	±20
	细部轴线		±2
	承重墙、梁、柱边线		±3
	非承重墙边线		±3
	门窗洞口线		±3
轴线竖向投测	每层		3
	总高 H/m	$H \leq 30$	5
		$30 < H \leq 60$	10
		$60 < H \leq 90$	15
		$90 < H \leq 120$	20
		$120 < H \leq 150$	25
		$H > 150$	30

项　目	内　容		允许偏差/mm
标高竖向传递	每层		±3
	总高 H/m	H≤30	±5
		30＜H≤60	±10
		60＜H≤90	±15
		90＜H≤120	±20
		120＜H≤150	±25
		H＞150	±30

柱子、桁架或梁安装测量的偏差不应超过表 11-3 的规定。

表 11-3　　　　　　　　柱子、桁架或梁安装测量的允许偏差

测　量　内　容		允许偏差/mm
钢柱垫板标高		±2
钢柱±0 标高检查		±2
混凝土柱（预制）±0 标高检查		±3
柱子垂直度检查	钢柱牛腿	5
	标高 10 m 以内	10
	标高 10 m 以上	$H/1\,000 \leqslant 20$
桁架和实腹梁、桁架和钢架的支承节点间相邻高差的偏差		±5
梁间距		±3
梁面垫板标高		±2

注：H 为柱子高度（m）。

构件预装测量的偏差不应超过表 11-4 的规定。

附属构筑物安装测量的允许偏差不应超过表 11-5 的规定。

表 11-4　　构件预装测量的允许偏差

测量内容	允许偏差/mm
平台面抄平	±1
纵横中心线的正交度	$±0.8\sqrt{l}$
预装过程中的抄平工作	±2

注：l 为自交点起算的横向中心线长度的米数，长度不足 5 m 时，以 5 m 计。

表 11-5　　附属构筑物安装测量的允许偏差

测量项目	允许偏差/mm
栈桥和斜桥中心线的投点	±2
轨面的标高	±2
轨道跨距的丈量	±2
管道构件中心线的定位	±5
管道标高的测量	±5
管道垂直度的测量	$H/1\,000$

注：H 为管道垂直部分的长度（m）。

11.3　施工放样的基本工作

1. 全站仪测设点位的三维坐标

如图 11-1 所示，设 K1，K2，K3 为场区一级导线点，1～4 点为建筑物的待放样点，场区

"三通一平"完成后,需要先放样 1~4 点的平面位置。

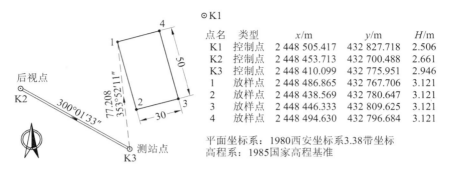

点名	类型	x/m	y/m	H/m
K1	控制点	2 448 505.417	432 827.718	2.506
K2	控制点	2 448 453.713	432 700.488	2.661
K3	控制点	2 448 410.099	432 775.951	2.946
1	放样点	2 448 486.865	432 767.706	3.121
2	放样点	2 448 438.569	432 780.647	3.121
3	放样点	2 448 446.333	432 809.625	3.121
4	放样点	2 448 494.630	432 796.684	3.121

平面坐标系:1980西安坐标系3.38带坐标
高程系:1985国家高程基准

图 11-1　放样建筑物四个角点设计坐标的原理(单位:m)

设已将场区 6 个一级导线点的坐标导入 NTS-362R6LNB 全站仪的已知坐标文件,操作方法如图 4-23 所示。1~4 号设计点位坐标已导入到 180612 坐标文件,操作方法如图 4-27 所示。

在 K3 点安置南方 NTS-362R6LNB 全站仪,量取仪器高为 1.42 m,以 K2 点为后视点。下面介绍在坐标模式执行放样命令放样 1 号点的方法。

(1)设置气象参数:按 ★ 键进入星键菜单[图 11-2(a)],按 F4 (参数)键进入测距参数设置界面[图 11-2(b)],出厂设置的温度值为 20 ℃,对应的气象改正值 $PPM=0$;输入 18 [图 11-2(c)],按 ENT 键,仪器自动计算气象改正值 $PPM=-1.8$ ppm[图 11-2(d)]。按 ESC 键完成设置并退出星键菜单。

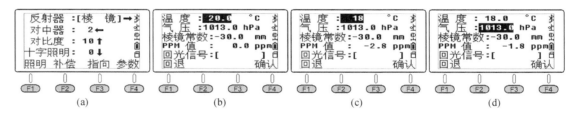

图 11-2　在星键菜单设置大气温度为 18 ℃

(2)设站:在全站仪的坐标模式 P2 页功能菜单,按 F2 (设站)键,从已知坐标文件调用 K3 点的坐标为测站点,调用 K2 点的坐标为后视点,并对后视点 K2 进行坐标检核,测量的操作方法如图 4-28 所示。

(3)放样 1 号点:在坐标模式放样命令 1/2 页功能菜单[图 11-3(a)],按 ③ (设置放样点)键,从当前坐标文件 180612 调用 1 号点的坐标放样的操作方法如图 11-3 所示。

如图 11-4 所示,设棱镜对中杆的当前位置为 1′点,应在 1′点后、离开仪器方向大于 0.732 m 的 1″点竖立一个定向标志(如铅笔或短钢筋),测站观测员下俯望远镜,瞄准定向标志附近,用手势指挥,使定向标志移动到望远镜视线方向的 1″点;再用钢卷尺沿 1′1″直线方向量距,距离 1′点 0.732 m 的点即为放样点 1 的准确位置。将棱镜对中杆移至 1 点,整平棱镜对中杆,测站观测员上仰望远镜,瞄准棱镜中心,按 F1 (测量)键,当屏幕显示视线方向水平移距值=0 时[图 11-4(b)],棱镜对中杆中心即为放样点 1 的平面位置。

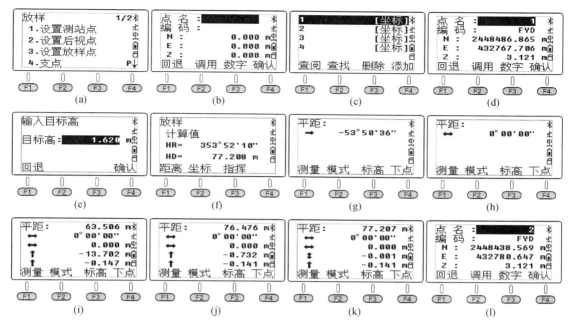

图 11-3 在坐标模式 P3 页功能菜单执行"放样/设置放样点"命令放样 1 号点

（4）全站仪坐标放样测站与镜站的手势配合

全站仪放样时,测站与镜站应各配备一个步话机,步话机主要用于测站观测员报送望远镜视线方向的水平移距值,例如图 11-4(a)中的－0.732 m。测站观测员指挥棱镜横向移动到望远镜视线方向,棱镜完成整平后、示意测站重新测距等都应通过手势确定。

仍以放样图 11-1 的 1 号点为例,全站仪水平角差调零后[图 11-3(h)],照准部不应再有水平旋转操作,只能仰俯望远镜,指挥棱镜移动到望远镜视准轴方向。

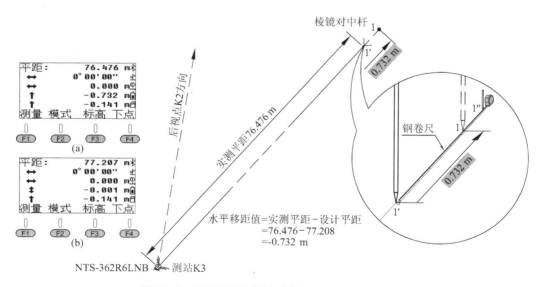

图 11-4 水平移距值与棱镜对中杆移动方向之间的关系

当棱镜位于望远镜视场外时,使用望远镜光学粗瞄器指挥棱镜快速移动,测站手势如图 11-5(a)所示;当棱镜移动到望远镜视场内时,应上仰或下俯望远镜,使其基本瞄准棱镜,指挥棱镜缓慢移动,测站手势如图 11-5(b)所示;当棱镜接近望远镜视准轴时,应下俯望远镜,瞄准棱镜对中杆底部,指挥棱镜做微小移动,测站手势如图 11-5(c)所示。当棱镜对中杆底部已移动至望远镜视准轴方向时,测站手势如图 11-5(d)所示,司镜员应立即整平棱镜对中杆,完成操作后,应告知测站观测员,手势如图 11-5(e)所示。

测站观测员上仰望远镜,瞄准棱镜中心,按 **F1** (测量)键,将屏幕显示的水平移距值,通过步话机告知司镜员。当屏幕显示的水平移距=0 时,测站应及时告诉司镜员钉点,手势如图 11-5(f)所示。

为了加快放样速度,一般应打印一份 A1 或 A0 尺寸的建筑基础施工大图,镜站专门安排一人看图,以便完成一个点的放样后,由看图员指挥棱镜快速移动到下一个放样点附近,减少司镜员寻点时间。

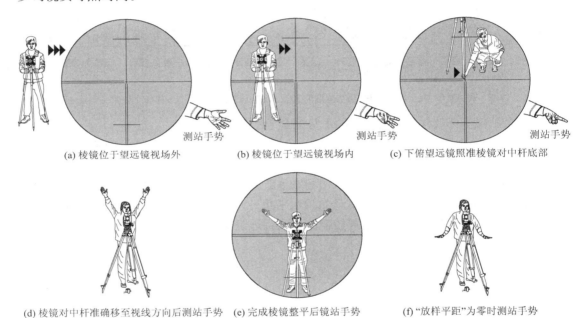

(a) 棱镜位于望远镜视场外   (b) 棱镜位于望远镜视场内   (c) 下俯望远镜照准棱镜对中杆底部

(d) 棱镜对中杆准确移至视线方向后测站手势   (e) 完成棱镜整平后镜站手势   (f) "放样平距"为零时测站手势

图 11-5　使用全站仪放样点位平面位置测站与镜站的手势配合

（5）全站仪盘左放样点位的误差分析

NTS-362R6LNB 全站仪的方向观测中误差为 ±2″,则放样点的水平角误差计算式为 $m_\beta = \pm\sqrt{2} \times 2'' = \pm 2.83''$,测距误差为 ±2 mm,当放样平距 $D = 100$ m 时,放样点相对于测站点的误差为

$$m_P = \sqrt{\left(D\frac{m_\beta}{\rho''}\right)^2 + m_D^2} = \sqrt{\left(\frac{100\,000 \times 2.83}{206\,265}\right)^2 + 2^2} = 2.45 \text{ mm} \tag{11-1}$$

由表 11-2 可知,除细部轴线要求放样偏差不大于 ±2 mm 外,其余点的放样偏差要求都大于 ±2 mm。因此,在建筑施工放样中,只要控制放样平距小于 100 m,用 NTS-362R6LNB

全站仪盘左放样,基本可以满足所有放样点位的精度要求。

2. 高程测设

高程测设(height location)是将设计高程测设在指定桩位上,主要在平整场地、开挖基坑、定路线坡度等场合使用。高程测设的方法有水准测量法和全站仪三角高程测量法,水准测量法一般采用视线高程法进行。

(1) 水准仪视线高程法

如图 11-6 所示,已知水准点 A 的高程 $H_A = 2.345$ m,欲在 B 点测设出建筑物的室内地坪设计高程 $H_B = 3.016$ m。将水准仪安置在 A,B 两点的中间位置,在 A 点竖立水准尺,读取后视 A 尺的读数为 $a = 1.358$ m,则水准仪的视线高程为 $H_i = H_A + a = 2.345 + 1.358 = 3.703$ m;再前视 B 点竖立的水准尺,设瞄准 B 尺的读数为 b,则 b 应满足方程 $H_B = H_i - b$,由此求出 $b = H_i - H_B = 3.703 - 3.016 = 0.687$ m。

用逐渐打入木桩或在木桩一侧画线的方法,使竖立在 B 点桩位上的水准尺读数为 0.687 m。此时,B 点标尺底部的高程就等于欲测设的设计高程 3.016 m。

在建筑设计图纸中,建筑物各构件的高程都是以其首层地坪为零高程面(一般简称为 ±0)标注的,即建筑物内的高程系统是相对高程系统,基准面为首层地坪面。

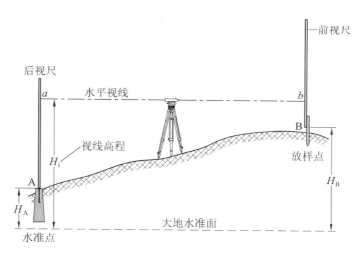

图 11-6 视线高程法测设放样点高程

(2) 全站仪三角高程测量法

当欲测设的高程与水准点之间的高差较大时,可以在 NTS-362R6LNB 全站仪的距离模式执行"放样/高差"命令测设。如图 11-7 所示,在基坑边缘设置一个水准点 A,其已知高程 $H_A = 42.506$ m,基坑底部设计高程 $H_B = 35.728$ m,放样高差 $h_{AB} = H_B - H_A = -6.778$ m。在 A 点安置全站仪,量取仪器高 $i_A = 1.42$ m;在 B 点安置棱镜,设置棱镜高 $v_B = 1.65$ m。下面介绍在距离模式执行放样命令放样高差 $h_{AB} = -6.778$ m 的方法。

① 在坐标模式下设置仪器高和目标高:按 (CORD) (F4) 键进入坐标模式 P2 页功能菜单[图 11-8(a)],按 (F1)(仪高)键,输入测站高 1.55 m,目标高 1.65 m[图 11-8(b)],按 (F4)(确认)键,返回坐标模式 P2 页功能菜单。

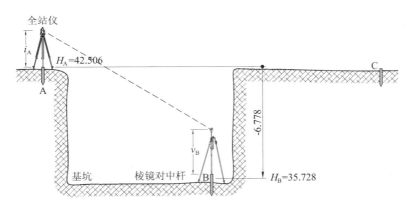

图 11-7　在 NTS-362R6LNB 全站仪距离模式下执行"放样/高差"命令测设深基坑高程（单位：m）

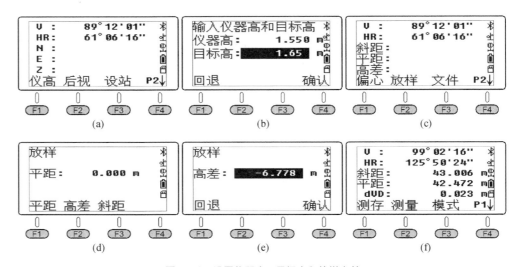

图 11-8　设置仪器高、目标高和放样高差

② 在距离模式下设置放样高差

按 (DIST) (F4) 键进入距离模式 P2 页功能菜单[图 11-8(c)]，按 (F2)（放样）键，进入放样界面[图 11-8(d)]，按 (F2)（高差）键，输入放样高差−6.778 m[图 11-8(e)]，按 (F4)（确认）键，返回距离模式 P2 页功能菜单，按 (F4) 键翻页到 P1 页功能菜单；瞄准 B 点竖立的棱镜中心，按 (F2)（测量）键测距，结果如图 11-8(f)所示。屏幕显示的"dVD：0.023 m"是指 $h_{实测} - h_{设计} = 0.023$ m，用小钢尺在 B 点木桩面往下量 2.3 cm 即为 B 点的设计高程位置。

3. 坡度的测设

在修筑道路、敷设上下水管道、开挖排水沟、平整场地等工程施工中，需要测设设计坡度线。如图 11-9 所示，需要以 A 点为起点，平整 AB 方向场地的坡度为−14.45%。

在 A 点安置 NTS-362R6LNB 全站仪，量取仪器高 i_A，按 (ANG) (F4) 键进入角度模式 P2 页功能菜单[图 11-10(a)]，按 (F3)（坡度）键切换竖盘读数为坡度显示[图 11-10(b)]；制动望远镜，旋转望远镜微动螺旋，使屏幕显示的坡度值等于−14.45%[图 11-10(c)]，此时，望远镜视准轴的坡度即为设计坡度−14.45%。

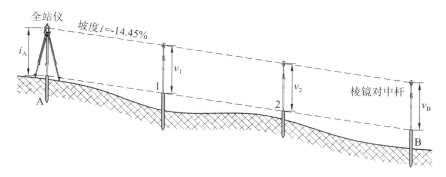

图 11-9 全站仪坡度测设原理

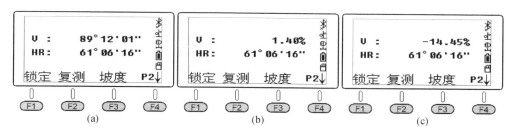

图 11-10　在 NTS-362R6LNB 全站仪角度模式 P2 页功能菜单测设坡度−14.15%

在 B 点打入一根长木桩,在木桩面安置棱镜对中杆,望远镜瞄准 B 点棱镜方向(注意,不能旋转望远镜微动螺旋),测站观测员指挥司镜员,调整棱镜高度,使棱镜中心位于望远镜十字丝中心,设此时的棱镜高为 v_B,则 B 点木桩应调整的高差为

$$\delta h_B = i_A - v_B \tag{11-2}$$

式中,当计算出的 $\delta h_B < 0$ 时,需要向下打入木桩 δh_B;$\delta h_B > 0$ 时,需要向上抬高木桩 δh_B。再次在 B 点木桩面安置棱镜对中杆,直至 $\delta h_B = 0$ 为止。为避免出现 $\delta h > 0$ 的情形,在 B 点打入的木桩应选择较长的木桩,且木桩首次打入的深度不宜过大。

同理,将棱镜移动到 1,2 点,调整其木桩高度,直至 $\delta h_1 = 0$ 和 $\delta h_2 = 0$ 为止,此时,A,1,2,B 点木桩顶面连线的坡度即为设计值−14.45%。

11.4　建筑物数字化放样设计点位平面坐标的采集

使用全站仪进行坐标放样的关键是如何准确地获取设计点位的平面坐标。本节介绍用 AutoCAD 编辑建筑物基础施工图 dwg 格式图形文件,使用南方 CASS 采集测设点位平面坐标的方法。由于设计单位一般只为施工单位提供有设计、审核人员签字并盖有出图章的设计蓝图,因此,应通过工程项目甲方向设计单位索取 dwg 格式设计文件。

1. 校准建筑物基础平面图 dwg 格式图形文件

校准建筑物基础平面图 dwg 格式图形文件的目的是使图纸的实际尺寸与标注尺寸完全一致,这一步很重要。因为施工企业是以建筑蓝图上标注的尺寸为依据进行放样的,在 AutoCAD 中,即使对象的实际尺寸不等于其标注尺寸,根据蓝图放样也不会影响放样点位的正确性,但要在 AutoCAD 中直接采集放样点的坐标,就必须确保标注尺寸与实际尺寸完全一致,否则将酿成重大的责任事故。

在 AutoCAD 中打开基础平面图,将其另存盘(最好不要破坏原设计文件),图纸校准方法如下。

(1) 检查轴线尺寸

可以执行文字编辑命令"ddedit",选择需要查看的轴线尺寸文字对象,若显示为"<>",则表明该尺寸文字是 AutoCAD 自动计算的,只要尺寸的标注点位置正确,则该尺寸就没有问题。但有些设计图纸(如课程网站文件"建筑物数字化放样\宝成公司宿舍基础平面图_原设计图.dwg")的全部尺寸都是文字,这时应新建一个图层(如"dimtest")并设为当前图层,执行相应的尺寸标注命令,对全部尺寸重新标注一次,查看新标注尺寸与原有尺寸的吻合情况。

(2) 检查构件尺寸

构件尺寸的检查应参照大样详图进行。以"江门中心血站主楼基础平面图_原设计图.dwg"文件为例,该项目采用桩基础承台,图 11-11 所示为设计三桩和双桩承台详图尺寸与dwg 图形文件尺寸的比较,差异如图中灰底色数字所示。显然,dwg 图形文件中双桩承台尺寸没有严格按详图尺寸绘制,必须重新绘制。

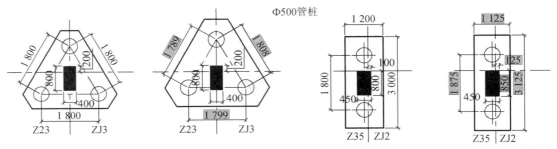

(a) 三桩承台详图标注尺寸　(b) 三桩承台设计图实际尺寸　(c) 双桩承台详图标注尺寸　(d) 双桩承台设计图实际尺寸

图 11-11　三桩和双桩承台设计图与详图的尺寸差异(单位：mm)

设计规范一般要求桩基础承台的形心应与柱中心重合,所以,柱尺寸的正确性也将影响承台位置的正确性,应仔细检查柱尺寸。如果修改了柱尺寸,则应注意同时修改承台形心的位置。在图 11-11(d)中,dwg 图形文件双桩承台柱子的尺寸与详图尺寸不一致,因此,承台与柱子都应按详图尺寸重新绘制,并使桩基础承台的形心与柱中心重合。

dwg 图形文件设计图的校准工作,根据 dwg 图形文件的绘图质量及操作者的 AutoCAD熟练水平不同,可能需要花费大量的时间。例如,江门中心血站分主楼和副楼,结构设计由两人分别完成,其中主楼的桩基础承台尺寸与详图尺寸相差较大,而副楼的桩基础承台尺寸与详图尺寸基本一致,因此,主楼的校准工作量要比副楼的大很多。

2. 管桩与轴线控制桩编号

在 AutoCAD 中分别执行文字命令"text"、复制命令"copy"、文字编辑命令"ddedit",在各管桩处绘制、编辑桩号文字。

执行全站仪坐标放样命令时,按点号顺序依次设置放样点的速度是最快的。应先编写管桩号,再编写轴线控制桩名。管桩号的编写应按司镜员行走路线最短、最优为原则,这样可以使司镜员行走的路线最短,从而提高放样的速度与效率。

轴线控制桩的点位,应根据施工场地的实际情况,确定轴线控制桩至建筑物外墙的距离

d。执行构造线命令"xline"的"偏移(O)"选项,将外墙线或轴线向外偏移距离 d;执行延伸命令"extend",将需测设的轴线延伸到之前已绘制的构造线上;执行圆环命令"donut",内径设置为0,外径设置为0.35,在轴线与构造线的交点处绘制圆环,最后编辑绘制轴线控制桩名。

轴线控制桩名的编写规则为:首位字符为轴线名,如1,2,3,…或A,B,C,…,后位字符为 E,S,W,N,分别表示东、南、西、北,具体应根据轴线控制桩位于待建建筑物的方位确定。

江门中心血站主楼123个管桩点的编号与38个轴线控制桩命名如图11-12所示,需要采集的总桩位数为123+38=161个。

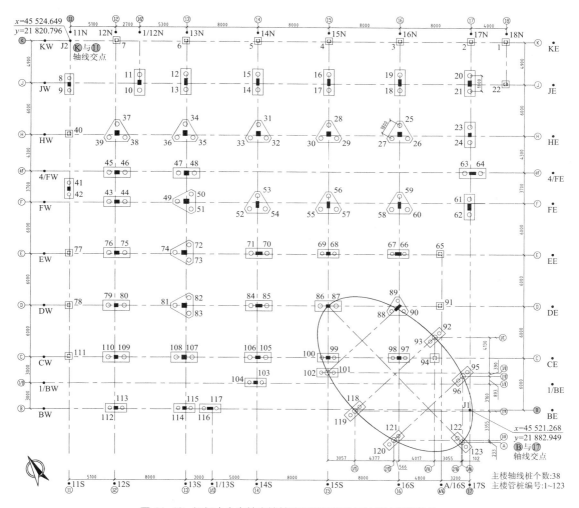

图 11-12　江门中心血站主楼基础平面图管桩与轴线控制桩编号

3. 变换设计图纸单位为米

建筑设计图是以"mm"为单位,而测量坐标是以"m"为单位。在 AutoCAD 执行比例命令"scale",将图纸尺寸缩小1 000倍,命令行操作与显示内容如下:

命令:scale

选择对象:all 找到 1 087 个

选择对象:Enter

303

指定基点：鼠标左键单击任意点

指定比例因子或［参照（R）］：0.001

（上述灰底部分表示用户输入的命令，下同。）

4. 变换设计图纸为测量坐标系

如图 11-12 所示，由建筑总图查得江门中心血站有 J1 和 J2 两个基准点，其中，J1 点为 B 轴线与 17 号轴线的交点，J2 点为 K 轴线与 11 号轴线的交点，两个点的测量坐标如图 11-12 所示。

在 AutoCAD 执行对齐命令"align"，分别对象捕捉图 11-12 所示的 J1 和 J2 两个基准点，将设计图变换为测量坐标系，设置自动对象捕捉为圆心捕捉，命令行操作与显示内容如下：

命令：align

选择对象：all 找到 1 087 个

选择对象：Enter

指定第一个源点：左键点击 J1 点

指定第一个目标点：21820.796，45524.649

指定第二个源点：左键点击 J2 点

指定第二个目标点：21882.949，45521.268

指定第三个源点或＜继续＞：

是否基于对齐点缩放对象？［是（Y）/否（N）］＜否＞：Enter

需要特别说明的是，输入 J1，J2 点的测量坐标时，应按"y，x"格式输入。

5. 使用南方 CASS 采集管桩和轴线控制桩的测量坐标

用 CASS 打开校准后的建筑物基础平面图，设置自动对象捕捉为圆心捕捉，执行下拉菜单"工程应用/指定点生成数据文件"命令，在弹出的"输入数据文件名"对话框中输入文件名，例如，输入"CS0616"响应后，命令行循环提示与输入如下：

指定点：左键点击 1 号管桩圆心点

地物代码：Enter

高程＜0.000＞：Enter

测量坐标系：X＝45 556.499 m　　Y＝21 858.033 m　　Z＝0.000 m　　Code：

请输入点号：＜1＞Enter

指定点：左键点击 2 号管桩圆心点

…

先按编号顺序采集管桩圆心点的坐标，采集每个管桩圆心点时，可以使用命令自动生成的编号作为点号。完成 123 个管桩圆心点坐标采集后，再采集轴线控制桩圆心点的坐标。由于命令要求输入的"点号"只能是数字，不能为其他字符，所以轴线控制桩名不能在"请输入点号：＜1＞"提示下输入，只能在"地物代码："提示下输入。最后在"指定点："提示下，按 Enter 键空响应结束命令操作。

当因故中断命令执行时，可以重新执行该命令，选择相同的数据文件，向该坐标文件末尾追加采集点的坐标。本例采集的 161 个桩位点的坐标数据文件为 CS0616.dat，应用 Windows 记事本打开的内容如图 11-13 所示。

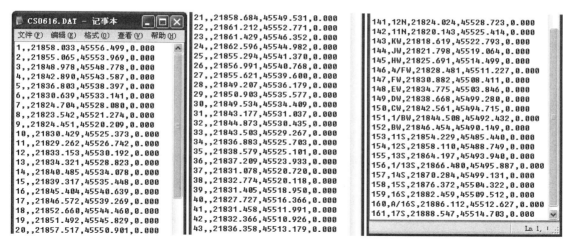

図 11-13 江门中心血站主楼 CS0616.dat 坐标文件内容（123 个管桩点+ 38 个轴线控制桩点）

6. 坐标文件的检核

执行 CASS 下拉菜单"绘图处理/展野外测点点号"命令,在弹出的"输入坐标文件名"对话框中选择之前已创建的坐标文件 CS0616.dat,CASS 将展绘的点位对象自动放置在"ZDH"图层,操作员应放大视图,仔细查看展绘点位与设计点位的吻合情况,发现错误应及时更正。

在 CASS 创建的坐标文件中,采集点位的 (x, y, H) 坐标按四舍五入的原则,都只保留 3 位小数,因此,执行下拉菜单"绘图处理/展野外测点点号"命令,展绘所采集的坐标文件时,展绘点位与设计点位可能有不大于 0.000 5 m 的差异。

7. 导入坐标文件数据到南方 NTS-362R6LNB 全站仪内存文件

将 CS0616.dat 文件复制到 SD 卡,将 SD 卡插入 NTS-362R6LNB 全站仪的 SD 卡插槽。按 MENU ③(存储管理)①(文件维护)②(坐标文件)键,进入坐标文件列表界面[图 11-14 (d)]。按 F1(新建) F4 (确认)键以"当前日期＋序号"新建一个坐标文件 180610_1,移动光标到该坐标文件名[图 11-14(f)],按 F2(导入)键,移动光标到 SD 卡根目录坐标文件 CS0616.dat[图 11-14(g)],按 ENT 键开始导入 SD 卡的 CS0616.dat 文件数据到仪器内存的 180610_1 坐标文件[图 11-14(h)]。

完成导入后返回仪器内存坐标文件列表界面,光标位于 180610_1 文件[图 11-14(f)],按 ENT 键,屏幕显示该文件的点名列表[图 11-14(i)],光标位于 1 号管桩点;按 F1(查阅)键,屏幕显示 1 号管桩点的坐标[图 11-14(j)],该点的编码位为空;按 F3(最后)键,屏幕显示 161 号轴线控制桩点的坐标[图 11-14(k)],该点的编码位字符为 17S,表示为 17 号轴线的南面点;按 ▲ 键,屏幕显示 160 号轴线控制桩点的坐标[图 11-14(l)],该点的编码位字符为 A/16S,表示为 A/16 号轴线的南面点。

8. 使用南方 MSMT 手机软件坐标传输程序,通过蓝牙发送坐标文件数据到全站仪内存坐标文件

坐标传输程序是专为南方 NTS-362R6LNB 全站仪开发的通过蓝牙传输手机与全站仪坐标数据的程序,不适用于其他型号的全站仪。

（1）从手机内置 SD 卡导入坐标文件数据到文件坐标列表界面

假设已将 CS0616.dat 坐标文件发送到手机内置 SD 卡根目录。

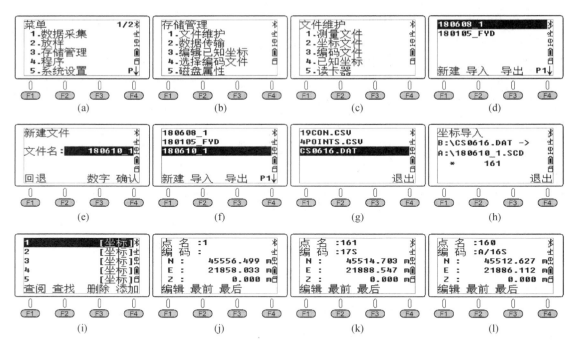

图 11-14 导入 SD 卡的坐标文件数据到南方 NTS-362R6LNB 全站仪内存坐标文件

在"测试"项目主菜单,点击 [坐标传输] 按钮,进入"坐标传输"文件列表界面[图 11-15(b)],点击屏幕下方的 **新建文件** 按钮,弹出"新建坐标文件"对话框,缺省设置的文件名为"坐标+日期_序号"[图 11-15(c)],点击 **确定** 按钮,返回坐标传输文件列表界面[图 11-15(d)]。

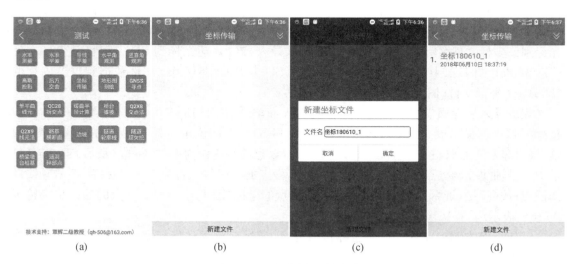

图 11-15 新建坐标传输文件

点击新建的坐标文件名,在弹出的快捷菜单点击"坐标列表"命令[图 11-16(a)],进入坐标列表界面[图 11-16(b)]。

点击 **导入文件坐标** 按钮,弹出"导入文件坐标数据"对话框,"坐标格式"的缺省设置为南

图 11-16 执行"导入文件坐标"命令，导入手机内置 SD 卡根目录 CS0616.dat 文件的坐标数据

方 CASS 坐标格式：点号，编码，E，N，Z。点击"文件类型"列表框，选择扩展名为 dat 的文本文件[图 11-16(d)]；点击 选择 按钮，在手机内置 SD 卡根目录点击 CS0616.dat 文件[图 11-16(e)]，点击屏幕标题栏右侧的 ✓ 按钮完成导入文件选择，返回图 11-16(f)所示的界面。点击 确定 按钮，结果如图 11-16(g)所示，光标自动位于最后一个点。点击 ⌃ 按钮返回第 1 个点[图 11-16(h)]。

（2）通过蓝牙发送坐标列表界面的坐标数据到全站仪内存坐标文件

点击 发送全部 按钮[图 11-16(h)]，进入"蓝牙连接全站仪"界面，点击 S105744 蓝牙设备，启动手机与全站仪的蓝牙连接[图 11-16(i)]；完成连接后返回坐标列表界面[图 11-16(j)]。

在 NTS-362R6LNB 全站仪按 MENU ③（存储管理）②（数据传输）键，进入图 11-17(a)所示的界面；按②（接收数据）①（坐标数据）键，进入图 11-17(c)所示的界面，按 F4 （确认）键启动全站仪开始接收数据。在手机点击 发送全部 按钮，弹出"发送坐标数据到全站仪"对话框[11-15(k)]，点击"开始"按钮启动手机发送坐标列表数据[11-15(l)]，全站仪接收坐标数据界面如图 11-17(d)所示。

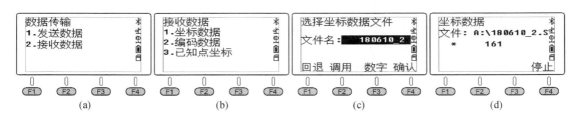

图 11-17　NTS-362R6LNB 全站仪通过蓝牙接收手机发送的坐标数据

使用 MSMT 手机软件的坐标传输程序向全站仪发送坐标数据的好处是，如果采集的坐标数据有误，或者需要新增一些放样点位的坐标时，可以电话告知内业人员使用 CASS 采集所需点位的坐标，并将文件用微信或 QQ 发送到手机，再从手机 SD 卡将坐标文件数据导入手机坐标传输程序的坐标列表，最后用蓝牙传输添加到全站仪坐标文件。

11.5　建筑施工测量

建筑施工测量的内容是测设建筑物的基础桩位、轴线控制桩，模板与构件安装测量等。

1. 轴线的测设

建筑工程项目的部分轴线交点或外墙角点一般由城市规划部门直接测设到实地，施工企业的测量员只能根据这些点来测设轴线。测设轴线前，应用全站仪检查规划部门所测点位的正确性。

当只测设了轴线桩时，由于基槽开挖或地坪层施工会破坏轴线桩，因此，基槽开挖前，应将轴线引测到基槽边线以外的位置。

如图 11-18 所示，引测轴线的方法是设置轴线控制桩或龙门板。龙门板的施工成本较轴线控制桩高，当使用挖掘机开挖基槽时，极易妨碍挖掘机工作，现已很少使用，主要使用轴线控制桩。

2. 基础施工测量

基础分墙基础和柱基础。基础施工测量的主要内容是放样基槽开挖边线、控制基础的

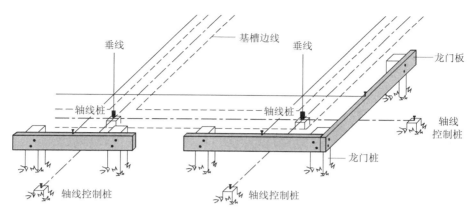

图 11-18　轴线控制桩、龙门桩和龙门板

开挖深度、测设垫层的施工高程和放样基础模板的位置。

（1）放样基槽开挖边线和抄平

按照基础大样图的基槽宽度，加上放坡尺寸，算出基槽开挖边线的宽度。由桩中心向两边各量取基槽开挖边线宽度的一半，做出记号。在两个对应的记号点之间拉线，在拉线位置撒白灰，按白灰线位置开挖基槽。

如图 11-19（a）所示，为控制基槽的开挖深度，当基槽挖到一定深度时，应用水准测量的方法在基槽壁上、离坑底设计高程 0.3～0.5 m处，每隔 2～3 m 和拐点位置设置一些水平桩。施工中，称高程测设为抄平。

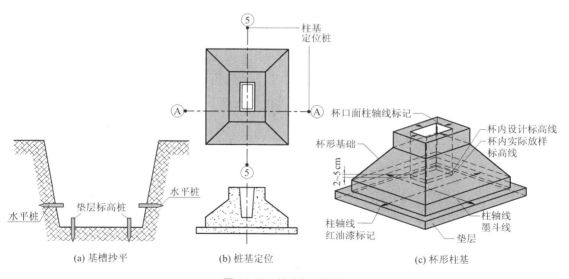

图 11-19　基础施工测量

基槽开挖完成后，应使用轴线控制桩复核基槽宽度和槽底标高，合格后，才能进行垫层施工。

（2）垫层和基础放样

如图 11-19（b）所示，基槽开挖完成后，应在基坑底部设置垫层标高桩，使桩顶面的高程等于垫层设计高程,作为垫层施工的依据。

垫层施工完成后,根据轴线控制桩,用拉线的方法,吊垂球将墙基轴线投设到垫层上,用墨斗弹出墨线,用红油漆画出标记。墙基轴线投设完成后,应按设计尺寸复核。

3. 工业厂房柱基施工测量

(1) 柱基的测设

如图 11-19(c)所示,柱基测设是为每个柱子测设出四个柱基定位桩,作为放样柱基坑开挖边线、修坑和立模板的依据。柱基定位桩应设置在柱基坑开挖范围以外。

按基础大样图的尺寸,用特制的角尺,在柱基定位桩上,放出基坑开挖线,撒白灰标出开挖范围。桩基测设时,应注意定位轴线不一定都是基础中心线,具体应仔细查看设计图纸确定。

(2) 基坑高程的测设

如图 11-19(a)所示,当基坑开挖到一定深度时,应在坑壁四周离坑底设计高程 0.3～0.5 m 处设置若干水平桩,作为基坑修坡和清底的高程依据。

(3) 垫层和基础放样

在基坑底设置垫层标高桩,使桩顶面的高程等于垫层的设计高程,作为垫层施工的依据。

(4) 基础模板的定位

如图 11-19(c)所示,完成垫层施工后,根据基坑边的柱基定位桩,用拉线的方法,吊垂球将柱基定位线投设到垫层上,用墨斗弹出墨线,用红油漆画出标记,作为柱基立模板和布置基础钢筋的依据。立模板时,将模板底线对准垫层上的定位线,吊垂球检查模板是否竖直,同时注意使杯内底部标高低于其设计标高 2～5 cm,作为抄平调整的余量。拆模后,在杯口面上定出柱轴线,在杯口内壁定出设计标高。

4. 工业厂房构件安装测量

装配式单层工业厂房主要由柱、吊车梁、屋架、天窗和屋面板等主要构件组成。在吊装每个构件时,有绑扎、起吊、就位、临时固定、校正和最后固定等几道工序。下面主要介绍柱子、吊车梁及吊车轨道等构件的安装和校正工作。

(1) 厂房柱子的安装测量

柱子安装测量的允许偏差应不大于表 11-3 的规定。

① 柱子吊装前的准备工作

如图 11-19(c)所示,柱子吊装前,应根据轴线控制桩,将定位轴线投测到杯形基础顶面上,并用红油漆画▼标明。在杯口内壁测出一条高程线,从该高程线起向下量取 10 cm 即为杯底设计高程。

如图 11-20 所示,在柱子的三个侧面弹出中心线,根据牛腿面设计标高,用钢尺量出柱下平线的标高线。

② 柱长检查与杯底抄平

柱底到牛腿面的设计长度 l 应等于牛腿面的高程 H_2 减去杯底高程 H_1,即 $l=$

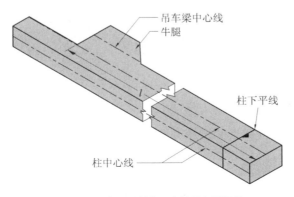

图 11-20 在已预制的厂房柱子上弹墨线

吊车梁中心线
牛腿
柱下平线
柱中心线

$H_2 - H_1$。

牛腿柱在预制过程中,受模板制作误差和变形的影响,其实际尺寸与设计尺寸很难一致,为了解决这个问题,通常在浇注杯形基础时,使杯内底部标高低于其设计标高 2～5 cm,用钢尺从牛腿顶面沿柱边量到柱底,根据各柱子的实际长度,用 1:2 水泥砂浆找平杯底,使牛腿面的标高符合设计高程。

③ 柱子的竖直校正

将柱子吊入杯口后,应先使柱身基本竖直,再使其侧面所弹的中心线与基础轴线重合,用木楔初步固定后,即可进行竖直校正。

如图 11-21 所示,将两台全站仪分别安置在柱基纵、横轴线附近,离柱子的距离约为柱高的 1.5 倍。瞄准柱子中心线的底部,固定照准部,上仰望远镜瞄准柱子中心线顶部。如重合,则柱子在这个方向上已经竖直;如不重合,应调整,直到柱子两侧面的中心线都竖直为止。

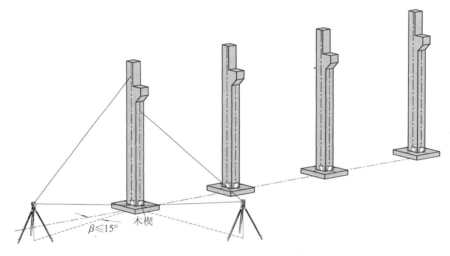

图 11-21　用全站仪校正柱子竖直

在纵轴方向上,柱距很小,可以将仪器安置在纵轴的一侧,仪器偏离轴线的角度 β 最好不超过 15°,这样,安置一次仪器,就可以校正多根柱子。

(2) 吊车梁的安装测量

如图 11-22 所示,吊车梁吊装前,应先在其顶面和两个端面弹出中心线。安装步骤如下。

① 如图 11-23(a)所示,利用厂房中心线 A_1A_1,根据设计轨道的半跨距 d,在地面测设出吊车轨道中心线 $A'A'$ 和 $B'B'$。

② 将全站仪安置在轨道中线的一个端点 A' 上,瞄准另一个端点 A',上仰望远镜,将吊车轨道中心线投测到每根柱子的牛腿面上并弹出墨线。

③ 根据牛腿面的中心线和吊车梁端面

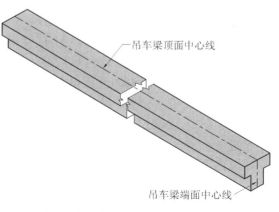

图 11-22　在吊车梁顶面和端面弹墨线

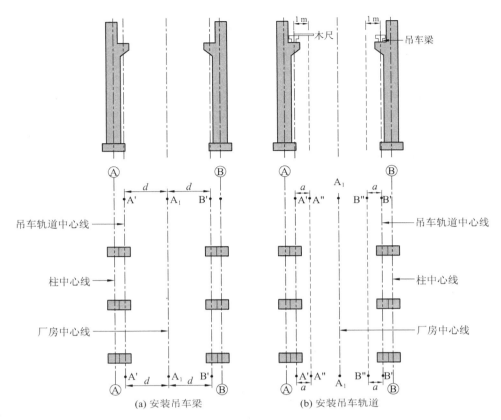

图 11-23　吊车梁和吊车轨道的安装

的中心线,将吊车梁安装在牛腿面上。

④ 检查吊车梁顶面的高程。在地面安置水准仪,在柱子侧面测设+50 cm 的标高线(相对于厂房±0);用钢尺沿柱子侧面量出该标高线至吊车梁顶面的高度 h,如果 h+0.5 m 不等于吊车梁顶面的设计高程,则需要在吊车梁下加减铁板进行调整,直至符合要求为止。

（3）吊车轨道的安装测量

① 吊车梁顶面中心线间距检查。如图 11-23(b)所示,在地面上分别从两条吊车轨道中心线量出距离 a=1 m,得到两条平行线 A″A″和 B″B″;将全站仪安置在平行线一端的 A″点上,瞄准另一端点 A″,固定照准部,上仰望远镜投测;另一人在吊车梁上左、右移动横置水平木尺,当视线对准 1 m 分划时,尺的零点应与吊车梁顶面的中线重合,如不重合,应予以修正。可用撬杆移动吊车梁,直至吊车梁中线至 A″A″(或 B″B″)的间距等于 1 m 为止。

② 吊车轨道的检查。将吊车轨道吊装到吊车梁上安装后,应进行两项检查:将水准仪安置在吊车梁上,水准尺直接立在轨道顶面上,每隔 3 m 测一点高程,与设计高程比较,误差应不超过±2 mm;用钢尺丈量两吊车轨道间的跨距,与设计跨距比较,误差应不超过±3 mm。

5. 高层建筑轴线的竖向投测

表 11-2 规定的竖向传递轴线点中误差与建筑物的结构及高度有关,例如,总高 H≤30 m 的建筑物,竖向传递轴线点的偏差不应超过 5 mm,每层竖向传递轴线点的偏差不应超过 3 mm。高层建筑轴线竖向投测主要使用**激光垂准仪**(laser plumb aligner)投测法。

（1）激光垂准仪的原理与使用方法

图 11-24 所示为南方 ML401 激光垂准仪，它是在光学垂准系统的基础上添加了激光二极管，可以同时给出上下同轴的两束激光铅垂线，并与望远镜视准轴同心、同轴、同焦。当望远镜瞄准目标时，在目标处会出现一个红色光斑，可以通过目镜 5 观察到，激光器同时通过下对点系统发射激光束，利用激光束照射到地面的光斑进行激光对中操作。

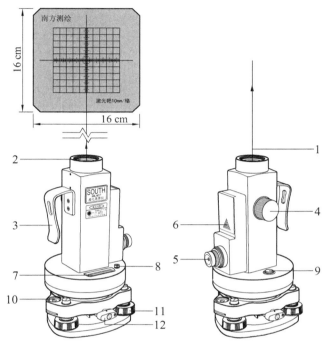

1—望远镜端激光束；2—物镜；3—手柄；4—物镜调焦螺旋；5—目镜；6—电池盒盖；7—管水准器；
8—管水准器校正螺丝；9—电源开关按钮；10—圆水准器；11—脚螺旋；12—轴套锁钮

图 11-24　南方 ML401 激光垂准仪

仪器操作如下：在设计投测点位上安置仪器，按电源开关按钮 9 打开电源；将仪器标配的网格激光靶放置在目标面上，转动物镜调焦螺旋 4，使激光光斑聚焦于目标面上一点，下对中激光不能调焦；移动网格激光靶，使靶心精确对准激光光斑，将投测轴线点标定在目标面上得 S′点；旋转照准部 180°，重复上述操作得 S″点，取 S′与 S″点连线的中点得最终投测点 S。

ML401 激光垂准仪是应用圆水准器 10 和管水准器 7 来整平仪器的。激光的有效射程白天为 150 m，夜间为 500 m；距离仪器 40 m 处的激光光斑直径小于 2 mm；向上投测一测回的垂直偏差为 1/4.5 万，等价于激光铅垂精度为 $\pm5''$，当投测高度为 150 m 时，投测偏差为 3.3 mm，可以满足表 11-2 的限差要求。仪器使用两节 5 号碱性电池供电，发射的激光波长为 635 nm，激光等级为 ClassⅡ，功率为 0.95 mW，两节新碱性电池可供连续使用 2～3 h。

（2）激光垂准仪投测轴线点

如图 11-25(a)所示，先根据建筑物的轴线分布和结构情况设计好投测点位，投测点位至最近轴线的距离一般为 0.5～0.8 m。基础施工完成后，将设计投测点位准确地测设到地坪层上，以后每层楼板施工时，都应在投测点位处预留 30 cm×30 cm 的垂准孔，如图 11-25(b)所示。

在首层投测点位上安置激光垂准仪,打开电源,在投测楼层的垂准孔上可以看见一束红色激光;在对径 180°两个盘位投测取其中点的方法获取投测点位,在垂准孔旁的楼板面上弹出墨线标记。以后要使用投测点时,可用压铁拉两根细麻线恢复其中心位置。

根据设计投测点与建筑物轴线的关系[图 11-25(a)],就可以测设出投测楼层的建筑轴线。

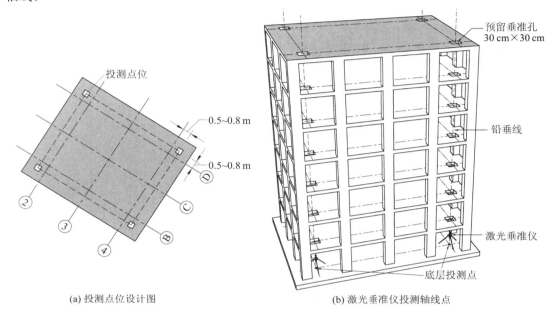

(a) 投测点位设计图　　　　　　　　(b) 激光垂准仪投测轴线点

图 11-25　激光垂准仪投测轴线点

6. 高层建筑的高程竖向传递

(1) 悬吊钢尺法

如图 11-26(a)所示,首层墙体砌筑到 1.5 m 标高后,用水准仪在内墙面上测设一条 +50 mm 的标高线,作为首层地面施工及室内装修的标高依据。以后每砌一层,就通过吊钢尺从下层的 +50 mm 标高线处,向上量出设计层高,测出上一楼层的 +50 mm 标高线。以第二层为例,图中各读数间存在方程 $(a_2 - b_2) + (a_1 - b_1) = l_1$,由此解出 b_2:

$$b_2 = a_2 - l_1 + (a_1 - b_1) \tag{11-3}$$

进行第二层水准测量时,上下移动水准尺,使其读数为 b_2,沿水准尺底部在墙面上画线,即可得到该层的 +50 mm 标高线。同理,第三层的 b_3 为

$$b_3 = a_3 - (l_1 + l_2) + (a_1 - b_1) \tag{11-4}$$

(2) 全站仪对天顶测距法

对于超高层建筑,吊钢尺有困难时,可以在投测点或电梯井安置全站仪,通过对天顶方向测距的方法引测高程,如图 11-26(b)所示。

① 在投测点安置全站仪,盘左置平望远镜(屏幕显示竖盘读数 V=90°),读取竖立在首层 +50 mm 标高线上水准尺的读数 a_1。a_1 即为全站仪横轴至首层 +50 mm 标高线的仪器高。

② 将望远镜指向天顶（屏幕显示竖盘读数 $V = 0°$），按 ★ F3 （指向）键打开 NTS362R6LNB 全站仪的指向激光，将一块制作好的 40 cm×40 cm、中间开 $\phi30$ mm 圆孔的铁板，放置在需传递高程的第 i 层楼面垂准孔上，使圆孔中心对准准直激光光斑，将棱镜扣在铁板上，在距离模式 P1 页功能菜单，按 F2 （测量）键测距，得距离 d_i。

③ 在第 i 层安置水准仪，将一把水准尺竖立在铁板上，设其读数为 a_i，另一把水准尺竖立在第 i 层+50 mm 标高线附近，设其读数为 b_i，则有下列方程成立：

$$a_1 + d_i - k + a_i - b_i = H_i \tag{11-5}$$

式中，H_i 为第 i 层楼面的设计高程（以建筑物的±0 起算）；k 为棱镜常数，可以通过实验的方法测出。

由式（11-5）解得

$$b_i = a_1 + d_i - k + a_i - H_i \tag{11-6}$$

上下移动水准尺，使其读数为 b_i，沿水准尺底部在墙面上画线，即可得到第 i 层的 +50 mm 标高线。

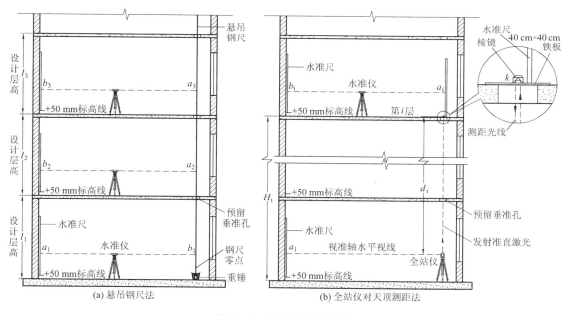

(a) 悬吊钢尺法   (b) 全站仪对天顶测距法

图 11-26　高程竖向传递原理

11.6　喜利得 PML32-R 线投影激光水平仪

如图 11-27 所示，在房屋建筑施工中，经常需要在墙面上弹一些水平线或垂直线，作为施工的基准线。

图 11-28 所示的喜利得 PML32-R 线投影**激光水平仪**（laser swinger）就具有这种功能，仪器各部件的功能如图中注释。

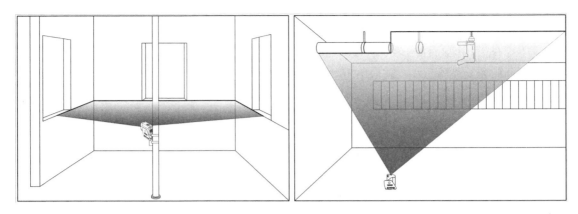

图 11-27 在墙面投影水平线和垂直线

PML32-R 的主要技术参数如下：

(1) 激光：2 级红色激光，波长 620～690 nm，最大发射功率 0.95 mW；

(2) 补偿器：磁阻尼摆式补偿器安平激光线，补偿范围 ±5°，安平时间小于 3 s；

(3) 线投影误差：±1.5 mm/10 m；

(4) 线投影范围：线投影距离为 10 m，使用 PMA30 激光接收器(图 11-31)时，投射距离为 30 m，线投影角度为 120°(图 11-29)；

(5) 电源：4×1.5V 的 7 号 AAA 电池可供连续投影 40 h。

1. PML32-R 的使用方法

按 ⊙ 按钮打开 PML32-R 的电源后，15 min 不操作仪器自动关机；按住 ⊙ 按钮不放 4 s开机，取消自动关机功能；当投影线每隔 10 s 闪烁 2 次时，表示电池即将耗尽，应尽快更换电池。

PML32-R 中心螺孔与全站仪的中心螺孔完全相同，可以将其安装在全站仪脚架上使用，也可以用仪器标配附件 PMA70 和 PMA71 将其安装在直径小于 50 mm 的管道上使用，还可以直接放置在水平面上使用。

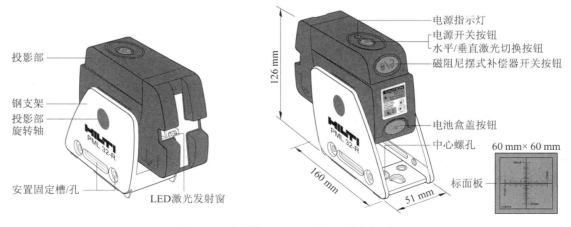

图 11-28　喜利得 PML32-R 线投影激光水平仪

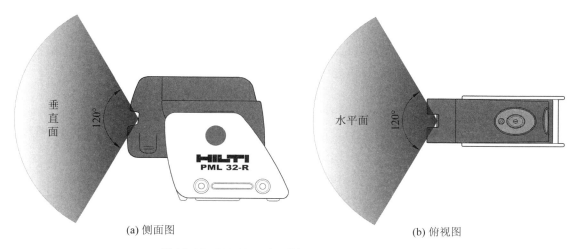

(a) 侧面图   (b) 俯视图

图 11-29   PML32-R 水平线与垂直线投影角度为 120°

图 11-30(a)所示为仪器投影部处于关闭位置,旋转投影部至 90°位置[图 11-30(b)]或 180°位置[图 11-30(c)],按 ⊖ 按钮打开 PML32-R 的电源,电源指示灯点亮。

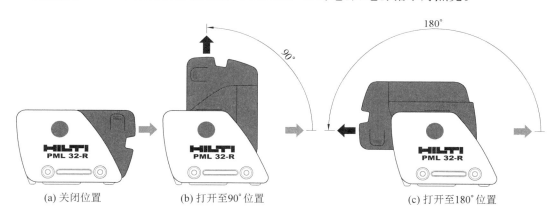

(a) 关闭位置   (b) 打开至90°位置   (c) 打开至180°位置

图 11-30   PML32-R 投影部由关闭位置分别旋转至 90°和 180°位置

当仪器安置在水平面,投影部位于 180°位置时,投射一条水平激光线,再按 ⊖ 按钮切换为投射一条垂直激光线,再按 ◉ 按钮可切换为水平和垂直的两条激光线。当磁阻尼摆式补偿器关闭时,上述激光线每隔 2 s 闪烁一次,表示这些激光线并不严格水平或垂直。

按 ⊖ 按钮打开补偿器,当仪器安置在倾角较大的斜面,超出补偿器的工作范围时,投影线将快速闪烁;当补偿器正常工作时,投影线将常亮。

当投影部旋转至 180°位置以外的其余位置时,应关闭补偿器,旋转投影部,使投影线与墙面既有参照线重合的方式来校正投影线。

2. PMA30 激光投影线接收器的使用方法

PML32-R 激光投影线的有效距离为 10 m,当距离超出 10 m 时,激光投影线的强度变弱,人的肉眼难以分辨,应使用图 11-31 所示的 PMA30 激光投影线接收器。

PMA30 采用 2×1.5 V 的 5 号 AAA 电池供电,距离 PML32-R 的最大距离为 30 m。按 ◉ 按钮开机,再次按 ◉ 按钮为关机。移动 PMA30,使其基准线接近激光投影线,当激光投影线进入 PMA30 的激光线接收窗时,液晶显示窗将显示箭头以指示 PMA30 的移动方向,如图 11-31(b)所示。按箭头方向继续移动 PMA30,使其接近激光投影线,当基准线与激光线重合时,液晶显示窗不显示箭头,只显示基准线,此时,用铅笔在基准线侧面的槽位画线[图 11-31(a)],即得激光投影线在墙面的投影,液晶显示窗移动箭头大小的变化过程如图 11-31(c)—(e)所示。

按 ⊙ 按钮可使蜂鸣器与移动箭头在"蜂鸣器强+三节移动箭头/蜂鸣器弱+两节移动箭头/一节箭头"之间切换,按 ⊕ 按钮可使液晶显示窗右上角的显示符号在"▶◀ ▷◁"之间切换。

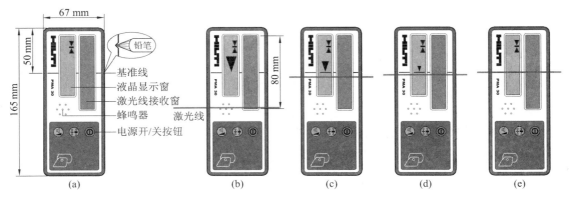

图 11-31　PMA30 激光投影线接收器

本 章 小 结

(1) 只要将建筑物设计点位的平面坐标文件上传到全站仪内存文件,就可以执行全站仪的坐标放样命令快速放样点位。

(2) 全站仪批量放样坐标文件的点位时,为提高放样效率,测站与镜站应统一手势,尽量减少步话机通话。

(3) 从 dwg 格式基础施工图采集点位设计坐标的流程是:参照设计蓝图,在 AutoCAD 中校准图纸尺寸,拼绘结构施工总图并缩小 1 000 倍,将图纸单位变换为"m",变换图纸到工程项目的测量坐标系,绘制桩位编号;在数字测图软件 CASS 中批量采集需放样点位的平面坐标并生成坐标文件,展绘采集坐标文件并检查。

(4) 一些大型建筑物的结构设计通常由多名结构设计人员分别完成,设计院通常只绘制了 dwg 格式的建筑总图,很少给出结构施工总图,此时,参照建筑总图拼绘结构施工总图的内业绘图工作量将非常大,要求测量施工员应熟练掌握 AutoCAD 的操作,这是实施建筑物数字化放样的基础。

(5) 使用南方 MSMT 手机软件的坐标传输程序,可以将采集桩位点的设计坐标通过蓝牙传输,随时添加到 NTS-362R6LNB 全站仪的指定内存坐标文件。

(6) 使用激光垂准仪法投测高层建筑物轴线的高度一般应小于 150 m,高程竖向传递有悬吊钢尺法和全站仪对天顶测距法。

思考题与练习题

[11-1]　施工测量的内容是什么？如何确定施工测量的精度？

[11-2]　试叙述使用全站仪进行坡度测设的方法。

[11-3]　建筑轴线控制桩的作用是什么？距离建筑外墙的边距如何确定？龙门板的作用是什么？

[11-4]　校正工业厂房柱子时，应注意哪些事项？

[11-5]　高层建筑轴线竖向投测和高程竖向传递的方法有哪些？

[11-6]　用 CASS 打开课程网站文件"\建筑物数字化放样\宝成公司厂房基础平面图_坐标采集.dwg"，采集图中绘制的编号为Ⓐ、Ⓓ、Ⓖ、Ⓚ和①、⑤、⑭、㉒、㉖轴线控制桩的坐标文件，要求坐标文件名为 CS11-8.dat 并位于用户 U 盘根目录下，将课程网站文件"\建筑物数字化放样\CS_SK.exe"复制到用户 U 盘根目录下，执行 CS_SK.exe 程序，将其变换为NTS-362R6LNB 全站仪可以接收的坐标文件格式 CS11-8.txt，打印 CS11-8.txt 坐标文件并粘贴到作业本上。

[11-7]　用 AutoCAD 打开课程网站文件"\建筑物数字化放样\广州某高层裙楼结构施工图.dwg"，找到"桩基础平面布置图"（图框为红色加粗多段线），进行如下操作：

（1）删除除桩基础平面布置图以外的全部图形对象；

（2）执行比例命令 scale，将桩基础平面布置图缩小 1 000 倍，删除未缩小的尺寸标注对象；

（3）执行对齐命令 align，用图中标注的测量坐标将桩基础平面图变换到测量坐标系；

（4）为图中的管桩编号，以文件名"广州某高层裙楼结构施工图_坐标采集.dwg"存盘；

（5）用 CASS 打开"广州某高层裙楼结构施工图_坐标采集.dwg"文件，采集管桩中心点的坐标并存入坐标文件。

第 12 章 路线施工测量

本 章 导 读

● **基本要求** 掌握路线桩号、平竖曲线主点、加桩、断链的定义；掌握交点法单圆平曲线、基本型平曲线和竖曲线计算的原理与方法；掌握路线三维坐标正、反算的原理；掌握桥墩桩基坐标计算的原理；了解隧道超欠挖计算的原理；掌握使用南方 MSMT 手机软件 Q2X8 交点法程序进行路线三维坐标正、反算，桥梁墩台桩基坐标验算，隧道超欠挖测量计算的方法。全面掌握路线施工测量的原理、方法和技能，请参考文献[25]。

● **重点** 缓和曲线参数 A，原点偏角 β，直线、圆曲线、缓和曲线线元的坐标正、反算原理，竖曲线、路基超高横坡、边坡坡口位置、桥梁墩台桩基坐标验算和隧道超欠挖计算的原理。

● **难点** 交点法平曲线设计图纸直曲表各数据的意义，缓和曲线线元的坐标正、反算原理，隧道二衬轮廓线主点数据的采集，洞身支护参数的作用。

12.1 路线控制测量概述

《公路勘测细则》[7] 规定，路线标段进入施工阶段时，设计院提供的勘测资料主要有：控制点的三维坐标成果和带状地形图；设计资料主要有：直线、曲线及转角表（简称直曲表）、20 m 间距的逐桩坐标表、纵坡及竖曲线表、路线纵断面图、路基横断面图、路基土石方数量估算表、桥位平面图、涵洞一览表、隧道地质纵断面图和隧道衬砌横断面图等。

路线施工测量（construction survey of highway）使用的控制点坐标是由设计院在初测与定测阶段布设的，施工单位进场后，应对标段内的控制点进行全面检测，检测成果与定测成果的较差在限差以内时，应采用原成果作为施工放样的依据。

1. 路线平面控制测量（horizontal control survey of highway）

（1）选择路线平面控制测量坐标系时，应使测区内投影长度变形值小于 2.5 cm/km；大型构造物平面控制测量坐标系，其投影长度变形值应小于 1 cm/km。

当投影长度变形值满足上述要求时，应采用高斯投影 3°带平面直角坐标系；当投影长度变形值不能满足上述要求时，可采用以下坐标系：

① 投影于抵偿高程面的高斯投影 3°带平面直角坐标系。

② 投影于 1954 北京坐标系或 1980 西安坐标系椭球面上的高斯投影任意带平面直角坐标系。

③ 抵偿高程面高斯投影任意带平面直角坐标系。

④ 当采用一个投影带不能满足要求时，可分为几个投影带，但投影分带位置不应选择在大型构造物处。

⑤ 假定坐标系。

当采用独立坐标系、抵偿坐标系时,应提供与国家坐标系的转换关系。

（2）路线平面控制网宜全线贯通、统一平差,布设应采用 GNSS 测量、导线测量、三角测量或三边测量方法进行,其中,导线测量的主要技术要求应符合表 12-1 的规定。

表 12-1　　　　　　　　　　　　　　　　导线测量的主要技术要求

等级	附闭合导线长度/km	边数	每边测距中误差/mm	单位权中误差/(″)	导线全长相对闭合差	方位角闭合差/(″)
三等	≤18	≤9	≤±14	≤±1.8	≤1/52 000	≤3.6$\sqrt{n}$
四等	≤12	≤12	≤±10	≤±2.5	≤1/35 000	≤5$\sqrt{n}$
一级	≤6	≤12	≤±14	≤±5.0	≤1/17 000	≤10$\sqrt{n}$
二级	≤3.6	≤12	≤±11	≤±8.0	≤1/11 000	≤16$\sqrt{n}$

注:1. n 为测站数。
　　2. 以测角中误差为单位权中误差。
　　3. 导线网节点间的长度不得大于表中长度的 0.7 倍。
　　4. 使用导线测量布设平面控制网的最高等级为三等,如要布设二等平面控制网,应采用 GNSS 测量、三角测量或三边测量,其主要技术要求参见《公路勘测规范》[8]。

一级及以上平面控制测量平差计算应采用严密平差法,二级可采用近似平差法。

各级公路和桥梁、隧道平面控制测量的等级不得低于表 12-2 的规定。

表 12-2　　　　　　　　　　　　　　　　平面控制测量等级选用

高架桥、路线控制测量	多跨桥梁总长 L/m	单跨桥梁 L_K/m	隧道贯通长度 L_G/m	测量等级
—	L≥3 000	L_K≥500	L_G≥6 000	二等
—	2 000≤L<3 000	300≤L_K<500	3 000≤L_G<6 000	三等
高架桥	1 000≤L<2 000	150≤L_K<300	1 000≤L_G<3 000	四等
高速、一级公路	L<1 000	L_K<150	L_G<1 000	一级
二、三、四级公路	—	—	—	二级

（3）各级平面控制测量,其最弱点点位中误差均不得大于±5 cm,最弱相邻点相对点位中误差均不得大于±3 cm。

2. 路线高程控制测量（vertical control survey of highway）

（1）高程控制测量应采用水准测量或三角高程测量方法进行。

（2）同一个项目应采用同一个高程系统,并应与相邻项目高程系统相衔接。

（3）各等级公路高程控制网最弱点高程中误差不得大于±25 mm,用于跨越水域和深谷的大桥、特大桥的高程控制网最弱点高程中误差不得大于±10 mm,每千米观测高差中误差和附合（环线）水准路线长度应小于表 12-3 的规定,四等以上高程控制测量应采用严密平差法进行计算。

321

表 12-3　　　　　　　　　　高程控制测量的技术要求

等级	每千米高差中误差/mm		附合或环线水准路线长度/km	
	偶然中误差 M_Δ	全中误差 M_w	路线、隧道	桥梁
二等	±1	±2	600	100
三等	±3	±6	60	10
四等	±5	±10	25	4
五等	±8	±16	10	1.6

（4）各级公路及构造物的高程控制测量等级不得低于表 12-4 的规定。

表 12-4　　　　　　　　　　高程控制测量等级选用

高架桥、路线控制测量	多跨桥梁总长 L/m	单跨桥梁 L_K/m	隧道贯通长度 L_G/m	等级
—	$L \geqslant 3\,000$	$L_K \geqslant 500$	$L_G \geqslant 6\,000$	二等
—	$1\,000 \leqslant L < 3\,000$	$150 \leqslant L_K < 500$	$3\,000 \leqslant L_G < 6\,000$	三等
高架桥、高速、一级公路	$L < 1\,000$	$L_K < 150$	$L_G < 3\,000$	四等
二、三、四级公路	—	—	—	五等

12.2　路线三维设计图纸

1. 路线中线平曲线与竖曲线设计图纸

路线中线（route centerline）属于三维空间曲线，设计图纸是用**平曲线**（horizontal curve）设置中线的平面位置，**竖曲线**（vertical curve）设置中线的高程，平、竖曲线联系的纽带为中线桩号。桩号表示中线上的某点距路线起点的水平距离，也称**里程数**（mileage）。图 12-1 为广西河池至都安高速公路 3-1 标段 JD43—JD45 的平曲线设计图纸，图中的 N 坐标为北坐标，实为高斯平面坐标的 x 坐标，E 坐标为东坐标，实为高斯平面坐标的 y 坐标。竖曲线及纵坡设计数据列于表 12-5。

2. 路基横断面、纵断面及超高设计图纸

路面是以平曲线设计中线为基准设置的三维曲面，设计图纸是采用路基横断面设置路面，图 12-2 为广西河池至都安高速公路 3-1 标段整体式路基横断面设计图。《公路路线设计规范》[9] 规定，设计速度大于等于 80 km/h 的高速公路，行车道宽度应为 3.75 m，两车道的宽度即为 3.75×2＝7.5 m。

在图 12-2 所示的路基横断面设计图中，"路缘带＋行车道＋路缘带＋硬路肩"的左横坡 i_L 与右横坡 i_R 是随横断面桩号的不同而变化的，变化规律由路线纵断面图底部的超高设计图决定。本例的超高设计图如图 12-3 所示，图中只给出了超高主点的桩号及其左、右横坡设计数据，其余加桩的左、右横坡是使用超高主点设计数据内插计算得到。

广西河池至都安高速公路3-1标段直线、曲线及转角表(局部)
设计单位：广西交通规划勘察设计研究院
施工单位：北京路桥国际集团股份有限公司

交点号	交点桩号及交点坐标		转角	曲线要素/m						
				半径	缓和曲线参数	缓和曲线长	切线长	曲线长	外距	切曲差(校正值)
QD	桩	K51+779.792								
	N	683 066.66								
	E	505 123.728								
JD43	桩	K52+375.069	67°08'47.3"(Z)*	713.33	413.762 3	240	595.275	1 070.971	146.694	115.007
	N	682 562.738			405.050 5	230	590.702			
	E	504 806.844								
JD44	桩	K53+225.534	29°59'48.7"(Y)	1 092.843	424.64	165	374.770	719.652	39.414	13.865
	N	681 771.709			376.921 2	130	358.747			
	E	505 360.386								
JD45	桩	K54+162.788	48°22'52.2"(Z)	720	328.633 5	150	398.996	757.975	70.738	40.017
	N	680 817.277			328.633 5	150	398.996			
	E	505 443.661								
ZD	桩	K54+724.089	断链：K53+570.416=K53+563.478							
	N	680 458.485	断链值：(K53+570.416)−(K53+563.478)=6.938m(长链)							
	E	505 926.205								

注：转角括号内的Z表示为左转角，Y表示为右转角。

图 12-1　广西河池至都安高速公路 3-1 标段平曲线设计图纸（局部）

表 12-5　　　　　　　　　广西河池至都安高速公路 3-1 标段竖曲线及纵坡表

点名	设计桩号	高程 H/m	竖曲线半径 R/m	纵坡 i/%	切线长 T/m	外距 E/m
SQD	K51+350	287.867		−0.3		
SJD1	K52+150	285.467	120 000	0.3	359.762	0.539
SJD2	K53+160	288.493	49 000	−0.951	306.388	0.958
SJD3	K54+600	274.733	15 000	0.7	123.846	0.511
SZD	K54+724.089	275.602				

路线施工测量计算的主要内容有两项：一是根据给定的**加桩号**（mileage of additional stake）及左、右**边距**（margin），计算并测设加桩的中桩、边桩三维设计坐标，简称三维坐标**正算**（positive calculation）；二是根据全站仪或 GNSS RTK 测定的测点三维坐标，向路线中线作垂线，计算并测设垂点的桩号及其三维设计坐标，计算边桩点的挖填高差及其距离最近边坡平台的坡口坡距、坡口平距及其挖填高差，简称三维坐标**反算**（back calculation）。由此可见，路线施工测量中，需要在现场频繁地进行三维坐标正反算，这些计算的依据就是路线的平竖曲线设计图、路基横断面及其超高设计图，因此，现场使用 MSMT 手机软件进行路线施工测量具有非常重要的意义，也是提高测量质量和效率的重要手段。

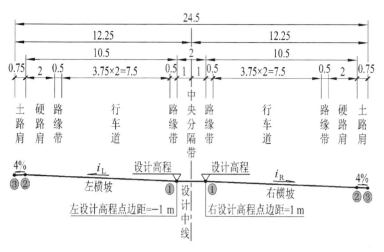

图 12-2 广西河池至都安高速公路 3-1 标段整体式路基设计图纸（单位：m）

本章使用南方 MSMT 手机软件的交点法程序 Q2X8 解决道路、桥梁和隧道施工测量的全部计算内容。

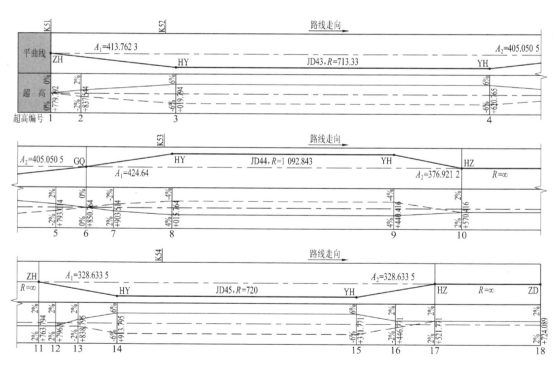

图 12-3 广西河池至都安高速公路 3-1 标段纵断面图底部的超高设计图纸

12.3 路线测量的基本知识

1. 路线测量符号

路线主线平曲线一般使用交点法设计，匝道平曲线一般使用线元法设计，本章只介绍交点法设计的内容。如图 12-4 所示,路线中线的平面线型由直线和曲线组成,曲线又分圆曲线和缓和曲线,图中的 JD,ZY,YZ,ZH,HY,YH,HZ 等为公路、铁路的测量符号。

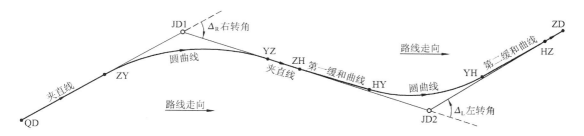

图 12-4 路线中线的平面线型

《公路勘测细则》[7]规定,公路测量符号可采用汉语拼音字母或英文字母。当工程为国内招标时,可采用汉语拼音字母符号;需要引进外资或为国际招标项目时,应采用英文字母符号。一条公路宜使用一种符号。常用符号应符合表 12-6 的规定。

表 12-6   公路测量符号

名称	中文简称	汉语拼音或我国习惯符号	英文符号	名称	中文简称	汉语拼音或我国习惯符号	英文符号
交点	交点	JD	IP	变坡点	竖交点	SJD	PVI
转点	转点	ZD	TMP	竖曲线起点	竖直圆	SZY	BVC
GPS 点		G	GPS	竖曲线终点	竖圆直	SYZ	EVC
导线点		D	TP	竖曲线公切点	竖公切	SGQ	PCVC
水准点		BM	BM	反向竖曲线点	反竖拐曲	FSGQ	PRVC
图根点		T	RP	公里标		K	K
圆曲线起点	直圆	ZY	BC	转角		Δ	
圆曲线中点	曲中	QZ	MC	左转角		Δ_L	
圆曲线终点	圆直	YZ	EC	右转角		Δ_R	
路线起点		SP*	SP	平竖曲线半径		R	R
路线终点		EP*	EP	平竖曲线切线长		T	T
复曲线公切点	公切	GQ	PCC	平竖曲线外距		E	E
反向平曲线点	反拐点	FGQ	RPC	曲线长		L	L
第一缓和曲线起点	直缓	ZH	TS	圆曲线长		L_y	L_c
第一缓和曲线终点	缓圆	HY	SC	缓和曲线长		L_h	L_s
第二缓和曲线起点	圆缓	YH	CS	缓和曲线参数		A	A
第二缓和曲线终点	缓直	HZ	ST	缓和曲线偏角		β	β

注:1999 年版《公路勘测规范》[10]用 QD 表示起点,ZD 表示终点,鉴于目前绝大多数设计院的图纸仍然沿用 1999 年版规范,本书也用 QD 表示起点,ZD 表示终点。

2. 交点转角的定义

在路线转折点**交点**(intersection)处,为了设计路线平曲线,需要已知交点的**转角**(turning angle)。转角是路线由一个方向偏转至另一个方向时,偏转后的方向与原方向之间的水平角。如图 12-5 所示,当偏转后的方向位于原方向右侧时,为右转角,用 Δ_R 表示,如 JD1;当偏转后的方向位于原方向左侧时,为左转角,用 Δ_L 表示,如 JD2。

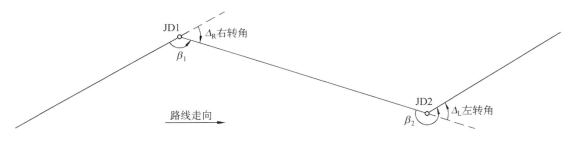

图 12-5 路线转角 △ 的定义

高速公路以及地形、地质条件比较复杂的二、三、四级公路,一般采用"图纸定线"法设计路线中线。设计院通常使用 AutoCAD 在路线带状数字地形图上选择并获取 JD 的平面坐标和转角 △。如图 12-6 所示,JD44 的平面坐标及其转角仅用于设计路线平曲线,设计院一般不将其测设到实地。

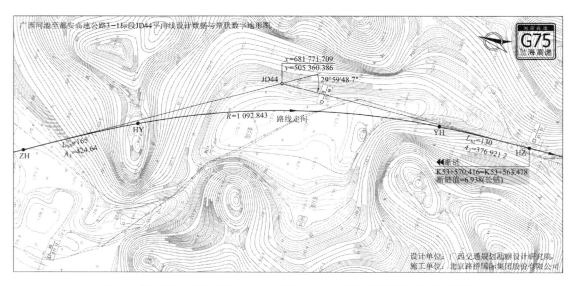

图 12-6 广西河池至都安高速公路 3-1 标段 JD44 平曲线设计数据与带状数字地形图

20 世纪 90 年代以前,路线中边桩放样的仪器设备主要是经纬仪和钢尺(或测距仪),方法有偏角法和切线支距法,需要在 ZY(YZ)或 ZH(HZ)点安置经纬仪,以 JD 为后视方向,使用极坐标法或切线支距法放样曲线中桩点。放样前,应先将 JD 测设到实地,再在 JD 设站,将平曲线主点 ZY(YZ)或 ZH(HZ)测设到实地。现在,施工放样的主要设备已是全站仪或 GNSS RTK。使用全站仪放样时,是将全站仪安置在路线附近的任意控制测量桩上,以另一控制测量桩为后视方向,只要能算出路线碎部点的中边桩三维设计坐标,使用全站仪的坐标放样功能,就能精确快速地测设其位置。全站仪坐标放样法的基础是路线附近控制测量桩的已知坐标及路线碎部点的中边桩三维设计坐标,不需要预先测设出 JD 及平曲线主点 ZY,YZ,ZH,HY,YH,HZ 的位置。由于 JD 不在路线中线上,所以,施工测量时一般也不将其测设到实地。

3. 公路测量标志及其用途

如图 12-7 所示,《公路勘测细则》[7]将公路测量标志分为三类:控制测量桩、路线控制桩和标志桩,位于路线中线的控制桩或指示桩应书写桩号。

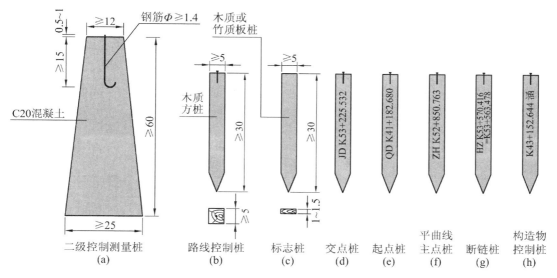

图 12-7 公路测量标志的种类与用途(单位:cm)

(1)控制测量桩(stakes for control measure)

控制测量桩是指用于控制测量的 GNSS 点、三角点、导线点、水准点以及特大型桥梁、隧道的控制桩。该部分桩位需要保存较长时间,设计和施工阶段需要经常使用,它是恢复路线控制桩和标志桩的依据,一旦破坏,不但恢复困难,而且还会影响路线勘测与施工放样的质量。因此,控制测量桩应采用可长期保存的材料,如混凝土、不易破碎的石质材料或其他具有高强度耐腐蚀的材料制成。路线平面控制测量的精度等级分为二等、三等、四等、一级、二级,图 12-7(a)所示为二级平面控制测量桩的规格。如图 12-6 所示,地形图矩形框中的 77,78,80 点为一级导线点。

(2)路线控制桩(stakes for control line)

路线控制桩主要用于“现场定线法”的初测、定测和“一次定测”的交点桩、转点桩、平曲线控制桩、路线起终点桩、断链桩及其他构造物控制桩等。路线控制桩的木质方桩顶面钉小铁钉表示点位,规格如图 12-7(b)所示。当采用“图纸定线法”且具有控制测量桩时,路线控制桩亦可采用标志桩的规格。

(3)标志桩(stakes for center line and indication)

标志桩主要用于路线中线上的整桩、加桩和主要控制桩、路线控制桩的指示桩,应钉设在控制桩外侧 25~30 cm 处,书写桩号面应面向被指示桩,规格如图 12-7(c)所示。

路线控制桩和标志桩没有长期保存的必要,测设任务完成后一般不再使用,即使丢失,也可通过控制测量桩快速恢复。因此,当路线控制桩和标志桩位于坚硬地表路段时,可用油漆、记号笔等标注,位于柔性铺装地表路段时,还可钉入铁钉代替。

4. 路线中线的敷设

按一定的中桩间距测设中线逐桩点位。中桩间距是指路线相邻中桩之间的最大距离,桩距太大会影响纵坡设计质量和工程量计算,中桩间距不应大于表 12-7 的规定。

表 12-7 中桩间距(R 为交点圆曲线半径)

直线/m		曲线/m			
平原、微丘	重丘、山岭	不设超高的曲线	$R>60$	$30<R<60$	$R<30$
50	25	25	20	10	5

例如,表 12-8 为广西河池至都安高速公路 3-1 标段设计图纸给出的 JD44 平曲线的逐桩坐标表,JD44 的圆曲线半径为 $R=1\,092.843$ m,设计图纸是按 20 m 中桩间距给出逐桩点坐标。为了计算路线土方工程量,设计院需要将这些逐桩坐标测设到实地,并测量逐桩桩位的横断面图。

表 12-8 广西河池至都安高速公路 3-1 标段 JD44 平曲线逐桩坐标表

序号	桩号	x/m	y/m	序号	桩号	x/m	y/m
1	K52+860	682 071.196	505 150.812	19	K53+220	681 756.902	505 323.831
2	K52+880	682 054.797	505 162.260	20	K53+240	681 738.041	505 330.483
3	K52+900	682 038.361	505 173.655	21	K53+260	681 719.061	505 336.788
4	K52+920	682 021.863	505 184.961	22	K53+280	681 699.969	505 342.746
5	K52+940	682 005.278	505 196.139	23	K53+300	681 680.772	505 348.352
6	K52+960	681 988.584	505 207.152	24	K53+320	681 661.474	505 353.607
7	K52+980	681 971.757	505 217.963	25	K53+340	681 642.084	505 358.507
8	K53+000	681 954.778	505 228.531	26	K53+360	681 622.608	505 363.052
9	K53+020	681 937.626	505 238.816	27	K53+380	681 603.051	505 367.239
10	K53+040	681 920.290	505 248.789	28	K53+400	681 583.422	505 371.068
11	K53+060	681 902.775	505 258.444	29	K53+420	681 563.725	505 374.537
12	K53+080	681 885.086	505 267.776	30	K53+440	681 543.968	505 377.645
13	K53+100	681 867.229	505 276.782	31	K53+460	681 524.159	505 380.400
14	K53+120	681 849.210	505 285.461	32	K53+480	681 504.310	505 382.847
15	K53+140	681 831.036	505 293.808	33	K53+500	681 484.430	505 385.040
16	K53+160	681 812.711	505 301.822	34	K53+520	681 464.530	505 387.037
17	K53+180	681 794.244	505 309.498	35	K53+540	681 444.617	505 388.892
18	K53+200	681 775.639	505 316.836	36	K53+560	681 424.695	505 390.662

特殊地点应设置加桩,加桩是指路线纵、横向地形变化处,路线与其他线状物交叉处,拆迁建筑物处,桥梁、涵洞、隧道等构筑物处,等等。加桩中桩平面位置精度应符合表 12-9 的规定。

表 12-9

加桩中桩的平面位置精度

公路等级	中桩位置中误差/cm		桩位检测之差/cm	
	平原、微丘	重丘、山岭	平原、微丘	重丘、山岭
高速公路,一、二级公路	≤±5	≤±10	≤10	≤20
三级及三级以下公路	≤±10	≤±15	≤20	≤30

12.4 交点法单圆平曲线计算原理

当路线由一个方向转向另一个方向时,应用曲线连接。曲线的形式较多,其中单圆曲线是最基本的平面线型之一,如图 12-8 所示。

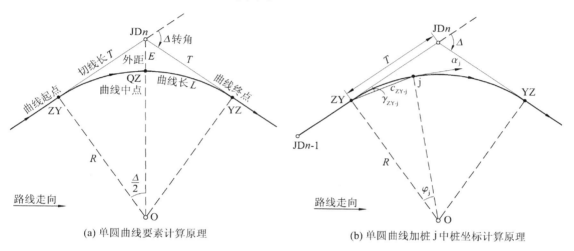

(a) 单圆曲线要素计算原理　　　　　(b) 单圆曲线加桩 j 中桩坐标计算原理

图 12-8　单圆平曲线要素与坐标计算原理

《公路路线设计规范》[9]规定,各级公路的圆曲线最小半径按设计速度应符合表 12-10 的规定。

表 12-10

圆曲线最小半径

设计速度/(km·h⁻¹)		120	100	80	60	40	30	20
圆曲线 最小半径/m	一般值	1 000	700	400	200	100	65	30
	极限值	650	400	250	125	60	30	15

路线设计图纸的"直线、曲线及转角表"(简称直曲表)给出的交点 JDn 的圆曲线设计数据为:交点设计桩号 Z_{JDn}、平面坐标 $z_{JDn}=x_{JDn}+y_{JDn}\text{i}$、转角 Δ、圆曲线半径 R、主点桩号及其中桩坐标、20 m 中桩间距的逐桩坐标,施工测量员的计算工作主要是验算设计数据的正确性以及根据放样的需要进行坐标正、反算。

1. 单圆平曲线的坐标正算

(1) 曲线要素的计算

如图 12-8 所示,称切线长 T、曲线长 L、外距 E 及切曲差 J 为交点曲线要素,计算公式为切线长：
$$T = R \tan \frac{|\Delta|}{2}$$

曲线长：
$$L = \frac{\pi R |\Delta|}{180}$$

外距：
$$E = R \left(\sec \frac{|\Delta|}{2} - 1 \right)$$

切曲差：
$$J = 2T - L$$

$$(12-1)$$

式中，切曲差 J 也称校正值，转角 Δ 以十进制"度"为单位。

（2）主点（major points）桩号的计算

设 JDn 桩号为 $Z_{\mathrm{JD}n}$，则曲线主点 ZY，QZ，YZ 的桩号为

$$
\begin{aligned}
Z_{\mathrm{ZY}} &= Z_{\mathrm{JD}} - T \\
Z_{\mathrm{QZ}} &= Z_{\mathrm{ZY}} + \frac{L}{2} \\
Z_{\mathrm{YZ}} &= Z_{\mathrm{QZ}} + \frac{L}{2} = Z_{\mathrm{JD}n} + T - J
\end{aligned}
$$

$$(12-2)$$

（3）主点中桩坐标的计算

如图 12-8(b) 所示，设相邻后交点 JDn－1 的坐标为 $z_{\mathrm{JD}n-1} = x_{\mathrm{JD}n-1} + y_{\mathrm{JD}n-1}\mathrm{i}$，先计算出 JDn－1→JDn 的辐角：

$$\theta_{(n-1)n} = \mathrm{Arg}(z_{\mathrm{JD}n} - z_{\mathrm{JD}n-1}) \qquad (12-3)$$

当算出的辐角 $\theta_{(n-1)n} > 0$ 时，$\alpha_{(n-1)n} = \theta_{(n-1)n}$；$\theta_{(n-1)n} < 0$ 时，$\alpha_{(n-1)n} = \theta_{(n-1)n} + 360°$。则 ZY 点与 YZ 点的中桩坐标为

$$
\left.
\begin{aligned}
z_{\mathrm{ZY}} &= z_{\mathrm{JD}n} - T \angle \alpha_{(n-1)n} \\
z_{\mathrm{YZ}} &= z_{\mathrm{JD}n} + T \angle (\alpha_{(n-1)n} + \Delta)
\end{aligned}
\right\}
$$

$$(12-4)$$

式中，转角 Δ 为含"±"号的代数值，右转角 $\Delta > 0$，左转角 $\Delta < 0$，下同。

（4）加桩中桩坐标的计算

设圆曲线上任意点 j 的桩号为 Z_{j}，则 ZY 点至 j 点的圆弧长为

$$l_{\mathrm{j}} = Z_{\mathrm{j}} - Z_{\mathrm{ZY}} \qquad (12-5)$$

弦切角 $\gamma_{\mathrm{ZY-j}}$ 与弦长 $c_{\mathrm{ZY-j}}$ 的计算公式为

$$
\left.
\begin{aligned}
\gamma_{\mathrm{ZY-j}} &= \frac{l_{\mathrm{j}}}{R} \cdot \frac{90}{\pi} \\
c_{\mathrm{ZY-j}} &= 2R \sin \gamma_{\mathrm{ZY-j}}
\end{aligned}
\right\}
$$

$$(12-6)$$

弦长 $c_{\mathrm{ZY-j}}$ 的方位角 $\alpha_{\mathrm{ZY-j}}$ 及 j 点的走向方位角 α_{j} 为

$$
\left.
\begin{aligned}
\alpha_{\mathrm{ZY-j}} &= \alpha_{(n-1)n} \pm \gamma_{\mathrm{ZY-j}} \\
\alpha_{\mathrm{j}} &= \alpha_{(n-1)n} \pm 2\gamma_{\mathrm{ZY-j}}
\end{aligned}
\right\}
$$

$$(12-7)$$

j点的走向方位角是指j点切线沿路线走向方向的方位角。式中的"±"号,交点转角Δ为右转角时取"+";交点转角Δ为左转角时取"−",下同。j点中桩坐标的计算公式为

$$z_j = z_{ZY} + c_{ZY-j} \angle \alpha_{ZY-j} \tag{12-8}$$

（5）加桩边桩坐标的计算

如图12-9所示,算出加桩j的中桩坐标z_j及其走向方位角α_j后,只需要指定边桩直线的偏角θ与边距d,即可算出边桩点的平面坐标。

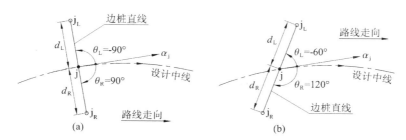

图12-9　边桩直线偏角θ的定义

边桩直线偏角θ定义为边桩直线与加桩走向方向的水平角。如图12-9所示,设加桩j的左边桩点为j_L,右边桩点为j_R,j点边桩直线定义为过j点的任意直线,且j_L,j_R两点一定位于边桩直线上。以j点走向方向为零方向,顺时针到边桩直线的水平角定义为右偏角θ_R,$\theta_R > 0$;逆时针到边桩直线的水平角为θ_L,$\theta_L < 0$。二者的关系为

$$\theta_R - \theta_L = 180° \tag{12-9}$$

设偏角$\theta = 90°$,为右偏角θ_R,代入式（12-9）,边桩直线的左偏角为$\theta_L = \theta_R - 180° = -90°$,即偏角$\theta = \pm 90°$的几何意义是相同的,计算结果也相同,如图12-9（a）所示。

偏角$\theta < 0$时,中桩$j \to$左边桩j_L的方位角为$\alpha_{j-j_L} = \alpha_j + \theta_L$,此时,中桩$j \to$右边桩$j_R$的方位角为$\alpha_{j-j_R} = \alpha_{j-j_L} \pm 180°$。 式中的"±",$\alpha_{j-j_L} \leqslant 180°$时,取"−";$\alpha_{j-j_L} > 180°$时,取"+",下同。

偏角$\theta > 0$时,中桩$j \to$右边桩j_R的方位角为$\alpha_{j-j_R} = \alpha_j + \theta_R$,此时,中桩$j \to$左边桩$j_L$的方位角为$\alpha_{j-j_L} = \alpha_{j-j_R} \pm 180°$。 位于统一边桩直线上的左、右边桩点的坐标计算公式为

$$\left. \begin{array}{l} z_{j_L} = z_j + d_L \angle \alpha_{j-j_L} \\ z_{j_R} = z_j + d_R \angle \alpha_{j-j_R} \end{array} \right\} \tag{12-10}$$

2. 单圆平曲线的坐标反算

设用全站仪实测路线附近任意边桩点j的坐标为$z_j = x_j + y_j i$,由j点向单圆曲线作垂线时,垂点p可能位于圆曲线元,也可能位于圆曲线外的夹直线线元。

（1）直线线元坐标反算原理

如图12-10（a）所示,设已知直线线元起点s的桩号为Z_s,中桩坐标为$z_s = x_s + y_s i$,走向方位角为α_s,终点为e,设垂点p的中桩坐标为$z_p = x_p + y_p i$,则直线se的点斜式方程为

$$y - y_p = \tan \alpha_s (x - x_p) \tag{12-11}$$

将起点 s 的中桩坐标代入式(12-11),解得

$$y_p = y_s - \tan \alpha_s (x_s - x_p) \qquad (12\text{-}12)$$

因直线 jp⊥se,故 p 点中桩坐标应满足垂线 jp 的下列点斜式方程:

$$y_p - y_j = -\frac{x_p - x_j}{\tan \alpha_s} \qquad (12\text{-}13)$$

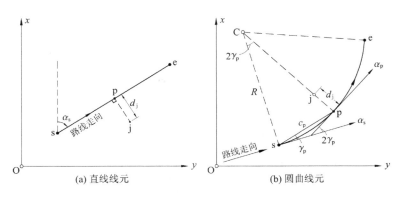

图 12-10　直线线元与圆曲线元坐标反算原理

将式(12-12)代入式(12-13),解得

$$\left.\begin{array}{l} y_s - \tan \alpha_s (x_s - x_p) - y_j = -\dfrac{x_p - x_j}{\tan \alpha_s} \\[2mm] \tan \alpha_s (y_s - y_j) - \tan^2 \alpha_s x_s + \tan^2 \alpha_s x_p = -x_p + x_j \end{array}\right\} \qquad [12\text{-}14(a)]$$

化简后,得

$$\left.\begin{array}{l} x_p = \dfrac{x_j + \tan^2 \alpha_s x_s - \tan \alpha_s (y_s - y_j)}{\tan^2 \alpha_s + 1} \\[4mm] y_p = y_j - \dfrac{x_p - x_j}{\tan \alpha_s} \end{array}\right\} \qquad [12\text{-}14(b)]$$

再由算出的 p 点坐标与测量的 j 点坐标反算出边距 d_j,p 点桩号为

$$Z_p = Z_s + \mathrm{Abs}(z_p - z_s) \qquad (12\text{-}15)$$

下面介绍边桩点位于直线线元左、右侧的判断方法。设由垂点 p 的坐标与边桩点 j 的坐标反算出的 p→j 的方位角为 α_{pj},而 p 点的走向方位角为 $\alpha_p = \alpha_s$,以 α_p 为零方向,将 α_{pj} 归零为

$$\alpha'_{pj} = \alpha_{pj} - \alpha_p \pm 360° \qquad (12\text{-}16)$$

当 $\alpha'_{pj} > 180°$ 时,j 点位于直线线元走向的左侧;当 $\alpha'_{pj} < 180°$ 时,j 点位于直线线元走向的右侧。

　　(2)圆曲线元坐标反算原理

　　如图 12-10(b)所示,设圆曲线元起点 s 的桩号为 Z_s,中桩坐标为 $z_s = x_s + y_s i$,走向方位

角为 α_s,终点为 e,圆曲线半径为 R,则圆心点 C 的坐标为

$$
\left.
\begin{array}{l}
z_C = z_s + R \angle \alpha_{sC} \\
\alpha_{sC} = \alpha_s \pm 90°
\end{array}
\right\}
\tag{12-17}
$$

由圆心点 C 与边桩点 j 的坐标算出 C→j 直线的方位角 α_{Cj} 和距离 d_{Cj},则 j 点边距为 $d_j = R - d_{Cj}$,由圆心点坐标反算垂点 p 的中桩坐标为

$$
z_p = z_C + R \angle \alpha_{Cj}
\tag{12-18}
$$

s→p 直线的弦长及弦切角为

$$
\left.
\begin{array}{l}
c_{sp} = \text{Abs}(z_p - z_s) \\
\gamma_{sp} = \arcsin \dfrac{c_{sp}}{2R}
\end{array}
\right\}
\tag{12-19}
$$

垂点 p 的桩号及其走向方位角为

$$
\left.
\begin{array}{l}
Z_p = Z_s + \dfrac{2\gamma_{sp}\pi}{180} R \\
\alpha_p = \alpha_s \pm 2\gamma_{sp}
\end{array}
\right\}
\tag{12-20}
$$

边桩点位于圆曲线线元左、右侧的判断方法是:当交点转角 $\Delta < 0$ 时,边距 $d_j > 0$,j 点位于圆曲线线元走向的左侧,边距 $d_j < 0$,j 点位于圆曲线线元走向的右侧;当交点转角 $\Delta > 0$ 时,边距 $d_j > 0$,j 点位于圆曲线线元走向的右侧,边距 $d_j < 0$,j 点位于圆曲线线元走向的左侧。

[例 12-1] 图 12-11 所示路线中 JD3 为单圆平曲线,试用 fx-5800P 计算器手动计算 JD3 的曲线要素,ZY 与 YZ 两个主点的桩号及其中桩坐标,ZY 点的边桩坐标。已知边桩直线偏角 $\theta = 90°$,左边距 $d_L = 2.75$ m,右边距 $d_R = 4.25$ m。

[解] 按 (MODE)(1) 键进入 COMP 模式,按 (SHIFT)(SETUP)(3) 键设置角度单位为 Deg,屏幕顶部状态栏显示 **D**,按 (SHIFT)(SETUP)(6)(4) 键设置 4 位小数显示。

按 41 (···) 23 (···) 52.7 (···) (SHIFT)(STO)(D) 键存储 JD3 的右转角到 D 变量;按 55 (SHIFT)(STO)(R) 键存储 JD3 的圆曲线半径到 R 变量,结果如图 12-12(a)所示。

按 (ALPHA)(R)(tan)(ALPHA)(D)(÷) 2) (STO)(T) 键,使用式(12-1)的第一式计算切线长并存入 T 变量;按 (π)(ALPHA)(R)(ALPHA)(D)(÷) 180 (STO)(L)(···) 键,使用式(12-1)的第二式计算曲线长并存入 L 变量,结果如图 12-12(b)所示。

按 (ALPHA)(R)((1 ÷ (cos)(ALPHA)(D)(÷) 2) − 1) (STO)(E) 键,使用式(12-1)的第三式计算外距并存入 E 变量,结果如图 12-12(c)所示。

按 2 (ALPHA)(T) − (ALPHA)(L)(STO)(J) 键,使用式(12-1)的第四式计算切曲差并存入 J 变量;按 **847.108** (SHIFT)(STO)(Z) 键储 JD3 的桩号到 Z 变量,结果如图 12-12(d)所示。

按 (ALPHA)(Z) − (ALPHA)(T)(EXE) 键,使用式(12-2)的第一式计算 ZY 点桩号;按 (ALPHA)(Z) + (ALPHA)(T) − J (EXE) 键,使用式(12-2)的第三式计算 YZ 点桩号,结果如图 12-12 (e)所示。

大庆至广州高速公路湖北黄石至通山段第10合同段
龙港互通式立交A匝道直线、曲线及转角表(局部)
设计单位:中铁第四勘察设计院集团有限公司
施工单位:核工业西南建设集团有限公司

交点号	交点桩号及交点坐标		转 角	曲线要素/m						
				半 径	缓和曲线参数	缓和曲线长	切线长	曲线长	外距	切曲差(校正值)
QD	桩	−AK0−001.37								
	N	276 158.968								
	E	493 969.384								
JD1	桩	AK0+216.6	33°51'58.7"(Z)	420	130	40.238	153.942	361.707	20.958	8.434
	N	276 291.075			280	186.667	216.198			
	E	493 796.009								
JD2	桩	AK0+833.664	123°05'34"(Y)	300	230	176.333	409.298	401.963	142.595	210.627
	N	276 328.608			100	148.485	203.291			
	E	493 171.638								
JD3	桩	AK0+847.108	41°23'52.7"(Y)	55	0	0	20.782	39.739	3.795	1.824
	N	276 508.654			0	0	20.782			
	E	493 305.025								
ZD	桩	AK0+866.065								
	N	276 512.999								
	E	493 325.346								

图 12-11　大庆至广州高速公路湖北黄石至通山段第 10 合同段龙港互通式立交 A 匝道平曲线设计图纸

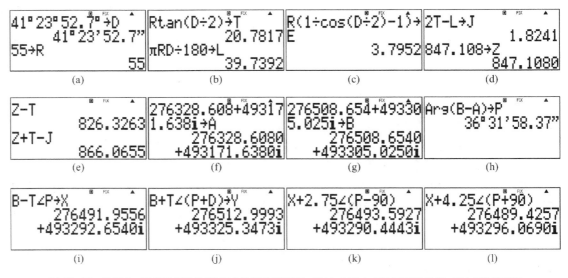

图 12-12　使用 fx-5800P 手动计算 JD3 单圆曲线要素、ZY 与 YZ 主点桩号及其坐标、ZY 点边桩坐标

按 **276328.608** ⊞ **493171.638** Ⓘ STO Ⓐ 键存储 JD2 的坐标复数到 **A** 变量[图 12-12（f）]；按 **276508.654** ⊞ **493305.025** Ⓘ STO Ⓑ 键存储 JD3 的坐标复数到 **B** 变量[图 12-12（g）]。

按 ⌨FUNCTION⌨ ⌨2⌨ ⌨2⌨ ⌨ALPHA⌨ ⌨B⌨ ⌨−⌨ ⌨ALPHA⌨ ⌨A⌨ ⌨)⌨ ⌨STO⌨ ⌨P⌨ ⌨···⌨ 键,计算 JD2→JD3 的辐角并存入 **P** 变量[图 12-12(h)]。算出的辐角大于 0,它就等于 JD2→JD3 的方位角。

按 ⌨ALPHA⌨ ⌨B⌨ ⌨−⌨ ⌨ALPHA⌨ ⌨T⌨ ⌨SHIFT⌨ ⌨∠⌨ ⌨ALPHA⌨ ⌨P⌨ ⌨STO⌨ ⌨X⌨ 键,应用式(12-4)的第一式计算 ZY 点的坐标复数并存入 **X** 变量[图 12-12(i)]。

按 ⌨ALPHA⌨ ⌨B⌨ ⌨+⌨ ⌨ALPHA⌨ ⌨T⌨ ⌨SHIFT⌨ ⌨∠⌨ ⌨(⌨ ⌨ALPHA⌨ ⌨P⌨ ⌨+⌨ ⌨ALPHA⌨ ⌨D⌨ ⌨)⌨ ⌨STO⌨ ⌨Y⌨ ⌨EXE⌨ 键,应用式(12-4)的第二式计算 YZ 点的坐标复数并存入 **Y** 变量[图 12-12(j)]。

按 ⌨ALPHA⌨ ⌨X⌨ ⌨+⌨ **2.75** ⌨SHIFT⌨ ⌨∠⌨ ⌨(⌨ ⌨ALPHA⌨ ⌨P⌨ ⌨−⌨ **90** ⌨EXE⌨ 键,应用式(12-10)的第一式计算 ZY 点的左边桩坐标[图 12-12(k)];按 ⌨▶⌨ 键重演表达式,修改表达式为图 12-12(l)第一式所示,按 ⌨EXE⌨ 键计算 ZY 点的右边桩坐标,结果如图 12-12(l)所示。

12.5 交点法非对称基本型平曲线计算原理

可以将直线看作曲率半径为∞的圆曲线,在直线与半径为 R 的圆曲线径相连接处,曲率半径有突变,由此带来离心力的突变。当 R 较大时,离心力的突变一般不对行车安全构成不利影响;当 R 较小时,离心力的突变将使快速行驶的车辆在进入或离开圆曲线时偏离原车道,侵入邻近车道,从而影响行车安全。解决该问题的方法是在圆曲线段设置**超高**(superelevation)或在直线与圆曲线之间增设**缓和曲线**(spiral),或既设置超高,又增设缓和曲线。

《公路路线设计规范》[9]规定,高速公路和一、二、三级公路的直线与半径小于表 12-11 不设超高的圆曲线最小半径的圆曲线径相连接处,应设置缓和曲线。

表 12-11 不设超高的圆曲线最小半径

设计速度/(km·h⁻¹)		120	100	80	60	40	30	20
不设超高圆曲线最小半径/m	路拱≤2%	5 500	4 000	2 500	1 500	600	350	150
	路拱>2%	7 550	5 250	3 350	1 900	800	450	200

称由第一缓和曲线、圆曲线、第二缓和曲线组成的交点曲线为基本型平曲线。

1. 缓和曲线方程

如图 12-13 所示,缓和曲线的几何意义是:曲线上任意点 j 的曲率半径 ρ 与该点至曲线起点 ZH 的曲线长 l(简称原点线长)成反比,曲线方程为

$$\rho = \frac{A^2}{l} \tag{12-21}$$

式中,A 为缓和曲线参数。在缓和曲线终点 HY,缓和曲线长为 L_h,曲率半径为 R,代入式(12-21),求得缓和曲线参数为

$$A = \sqrt{RL_h} \tag{12-22}$$

将式(12-22)代入式(12-21),得

$$\rho = \frac{RL_h}{l} \tag{12-23}$$

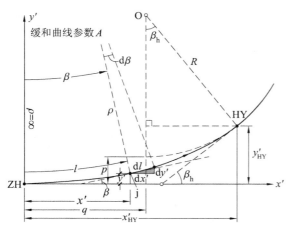

图 12-13　缓和曲线的几何意义及其切线支距坐标计算原理

在缓和曲线起点 ZH 处，$l=0$，代入式（12-23），求得 $\rho \to \infty$，缓和曲线的曲率半径等于直线的曲率半径；在缓和曲线终点 HY 处，$l=L_h$，代入式（12-23），求得 $\rho=R$，缓和曲线的曲率半径等于圆曲线的半径 R。因此，缓和曲线的作用是使路线曲率半径由 ∞ 逐渐变化到圆曲线半径 R。

设缓和曲线任意点 j 的曲率半径为 ρ，其偏离纵轴 y' 的角度为 β，称 β 为 j 点的原点偏角，设 j 点的微分弧长为 dl，则缓和曲线的微分方程为

$$dl = \rho d\beta \qquad (12\text{-}24)$$

顾及式（12-21）并化简，得

$$d\beta = \frac{dl}{\rho} = \frac{l}{A^2} dl \qquad (12\text{-}25)$$

对式（12-25）积分，得

$$\beta = \frac{l^2}{2A^2} = \frac{A^4/R^2}{2A^2} = \frac{A^2}{2R^2} \qquad (12\text{-}26)$$

在 ZH 点，$l=0$，代入式（12-26），得 $\beta_{ZH}=0$；在 HY 点，$l=L_h$，代入式（12-26）并顾及式（12-22），得 HY 点的原点偏角为

$$\beta_{HY} = \frac{L_h^2}{2RL_h} = \frac{L_h}{2R} = \beta_h \qquad (12\text{-}27)$$

式中，β_h 的单位为弧度。

2. 缓和曲线切线支距坐标

缓和曲线碎部点坐标的计算一般在图 12-13 所示的切线支距坐标系 $x'ZHy'$ 中进行。设缓和曲线任意点 j 的微分弧长 dl 在切线支距坐标系的投影分别为 dx'，dy'，则有

$$\left.\begin{array}{l} dx' = \cos\beta dl \\ dy' = \sin\beta dl \end{array}\right\} \qquad (12\text{-}28)$$

（1）切线支距坐标的积分公式

将式（12-26）代入式（12-28）并积分，得

$$\left.\begin{array}{l} x' = \displaystyle\int_0^l \cos\dfrac{l^2}{2A^2} dl \\[4mm] y' = \displaystyle\int_0^l \sin\dfrac{l^2}{2A^2} dl \end{array}\right\} \qquad (12\text{-}29)$$

应用式(12-29),使用 fx-5800P 的积分函数 ∫ 计算图 12-11 所示 JD1 第一缓和曲线终点 HY 点的切线支距坐标 x', y' 的方法如下。

按 [SHIFT] [SETUP] [4] 键设置角度单位为弧度 **Rad**,屏幕顶部的状态栏显示 ⓡ 。

按 **130** [SHIFT] [STO] [A] 键存储第一缓和曲线参数到变量 **A**,按 **40.238** [SHIFT] [STO] [L] 键存储第一缓和曲线长到变量 **L**[图 12-14(a)]。

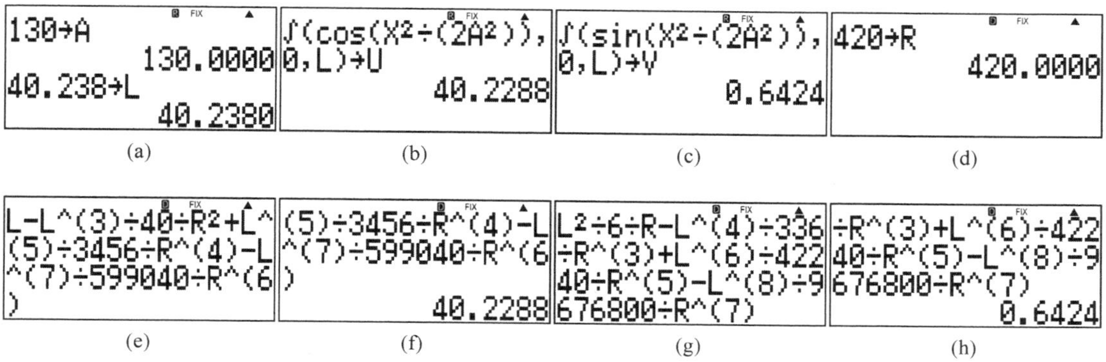

130→A 　　　　130.0000 40.238→L 　　　　40.2380	∫(cos(X²÷(2A²)), 0,L)→U 　　　　40.2288	∫(sin(X²÷(2A²)), 0,L)→V 　　　　0.6424	420→R 　　　　420.0000
(a)	(b)	(c)	(d)
L-L^(3)÷40÷R²+L^ (5)÷3456÷R^(4)-L ^(7)÷599040÷R^(6)	(5)÷3456÷R^(4)-L ^(7)÷599040÷R^(6) 　　　　40.2288	L²÷6÷R-L^(4)÷336 ÷R^(3)+L^(6)÷422 40÷R^(5)-L^(8)÷9 676800÷R^(7)	÷R^(3)+L^(6)÷422 40÷R^(5)-L^(8)÷9 676800÷R^(7) 　　　　0.6424
(e)	(f)	(g)	(h)

图 12-14　分别使用积分公式(12-29)和级数公式(12-35)计算 JD1 第一缓和曲线终点 HY 的切线支距坐标

按 [FUNCTION] [1] [1] [cos] [ALPHA] [X] [x²] [÷] [(] [2] [ALPHA] [A] [x²] [)] [)] [,] [0] [,] [ALPHA] [L] [)] [SHIFT] [STO] [U] 键计算 HY 点的切线坐标并存入 **U** 变量[图 12-14(b)]。

按 [▶] 键重演表达式,光标自动位于上述表达式第一个字符位置,按 [▶] 键移动光标到 **sin(** 函数位置,按 [SHIFT] [INS] 键设置光标为覆盖模式,按 [sin] 键;移动光标到 **U** 变量位置,按 [ALPHA] [V] [EXE] 键计算 HY 点的支距坐标并存入 **V** 变量[图 12-14(c)]。

注:fx-5800P 编程计算器的积分函数 ∫ 的自变量只能是字母变量 **X**,当积分表达式含有三角函数时,应将角度单位设置为弧度 **Rad**。

(2)切线支距坐标的级数展开式

将式(12-24)代入式(12-28),得

$$\left.\begin{aligned}\mathrm{d}x' &= \rho\cos\beta\mathrm{d}\beta\\\mathrm{d}y' &= \rho\sin\beta\mathrm{d}\beta\end{aligned}\right\} \tag{12-30}$$

由式(12-26),得 $l = A\sqrt{2\beta}$,代入式(12-21),得

$$\rho = \frac{A^2}{A\sqrt{2\beta}} = \frac{A}{\sqrt{2\beta}} \tag{12-31}$$

将式(12-31)代入式(12-30),得

$$\left.\begin{aligned}\mathrm{d}x' &= \frac{A}{\sqrt{2\beta}}\cos\beta\mathrm{d}\beta\\\mathrm{d}y' &= \frac{A}{\sqrt{2\beta}}\sin\beta\mathrm{d}\beta\end{aligned}\right\} \tag{12-32}$$

将 $\cos\beta$, $\sin\beta$ 以幂级数表示为

$$\cos\beta=1-\frac{\beta^2}{2!}+\frac{\beta^4}{4!}-\frac{\beta^6}{6!}+\cdots=1-\frac{\beta^2}{2}+\frac{\beta^4}{24}-\frac{\beta^6}{720}+\cdots$$
$$\left.\sin\beta=\beta-\frac{\beta^3}{3!}+\frac{\beta^5}{5!}-\frac{\beta^7}{7!}+\cdots=\beta-\frac{\beta^3}{6}+\frac{\beta^5}{120}-\frac{\beta^7}{5\,040}+\cdots\right\} \tag{12-33}$$

将式(12-33)代入式(12-32)并积分,顾及式(12-26),略去高次项,经整理后,得

$$x'=l-\frac{l^5}{40A^4}+\frac{l^9}{3\,456A^8}-\frac{l^{13}}{599\,040A^{12}}+\cdots$$
$$\left.y'=\frac{l^3}{6A^2}-\frac{l^7}{336A^6}+\frac{l^{11}}{42\,240A^{10}}-\frac{l^{15}}{9\,676\,800A^{14}}+\cdots\right\} \tag{12-34}$$

将 $l=L_h$ 代入式(12-34)并顾及式(12-22),得 HY 点的切线支距坐标计算公式为

$$x'_{HY}=L_h-\frac{L_h^3}{40R^2}+\frac{L_h^5}{3\,456R^4}-\frac{L_h^7}{599\,040R^6}$$
$$\left.y'_{HY}=\frac{L_h^2}{6R}-\frac{L_h^4}{336R^3}+\frac{L_h^6}{42\,240R^5}-\frac{L_h^8}{9\,676\,800R^7}\right\} \tag{12-35}$$

因式(12-34)、式(12-35)为省略了高次项的近似公式,文献[11]证明,设切线支距坐标的计算误差为 ±1 mm,使用式(12-34)第一式计算切线坐标 x' 的最大允许原点偏角为 $50°$,即 $\beta\leqslant50°$,使用式(12-34)第二式计算支距坐标 y' 的最大允许原点偏角为 $65°$,即 $\beta\leqslant65°$。对于起点(或终点)半径为 ∞ 的完整缓和曲线,其最大原点偏角一般均满足 $\beta<50°$ 的要求。

按 **420** SHIFT STO R 键存储 JD3 的圆曲线半径到变量 **R**[图 12-14(d)],使用式(12-35)计算 JD3 第一缓和曲线终点 HY 的切线支距坐标的过程如图 12-14(e)—(h)所示,按 x■ 键输入指数函数^(。

3. 曲线要素

(1) 圆曲线内移值与切线增量

如图 12-15 所示,当在直线与圆曲线之间插入缓和曲线时,在参数为 A_1 的第一缓和曲线端,应将原有圆曲线向内移动距离 p_1,才能使圆曲线与第一缓和曲线衔接,这时,切线增长了 q_1,称 p_1 为**圆曲线内移值**(circular curve internal shift value),q_1 为**切线增量**(tangent increment)。此时,在参数为 A_2 的第二缓和曲线端,圆曲线内移值为 p_2,切线增量为 q_2。

由图 12-15 可以写出圆曲线在第一缓和曲线端的内移值 p_1 与切线增量 q_1 的计算公式为

$$\left.\begin{array}{l}p_1=y'_{HY}-R(1-\cos\beta_{h1})\\q_1=x'_{HY}-R\sin\beta_{h1}\end{array}\right\} \tag{12-36}$$

圆曲线在第二缓和曲线端的内移值 p_2 与切线增量 q_2 为

$$\left.\begin{array}{l}p_2=y''_{YH}-R(1-\cos\beta_{h2})\\q_1=x''_{YH}-R\sin\beta_{h2}\end{array}\right\} \tag{12-37}$$

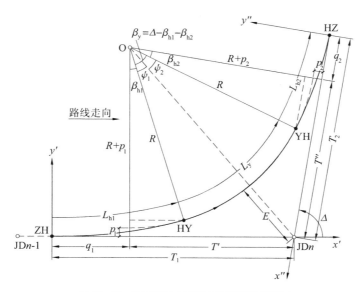

图 12-15　非对称基本型平曲线要素计算原理

（2）切线长

由式（12-22），得第一、第二缓和曲线长为

$$
\left.\begin{aligned}
L_{h1} &= \frac{A_1^2}{R} \\
L_{h2} &= \frac{A_2^2}{R}
\end{aligned}\right\}
\tag{12-38}
$$

由式（12-27），得以弧度为单位的第一、第二缓和曲线的最大原点偏角为

$$
\left.\begin{aligned}
\beta_{h1} &= \frac{L_{h1}}{2R} \\
\beta_{h2} &= \frac{L_{h2}}{2R}
\end{aligned}\right\}
\tag{12-39}
$$

由图 12-15 可以列出切线方程为

$$
\left.\begin{aligned}
T_1 &= T' + q_1 = (R + p_1)\tan(\psi_1 + \beta_{h1}) + q_1 \\
T_2 &= T'' + q_2 = (R + p_2)\tan(\psi_2 + \beta_{h2}) + q_2
\end{aligned}\right\}
\tag{12-40}
$$

角度方程为

$$
\left.\begin{aligned}
\psi_1 + \beta_{h1} &= \Delta - (\psi_2 + \beta_{h2}) \\
\frac{\cos(\psi_1 + \beta_{h1})}{\cos(\psi_2 + \beta_{h2})} &= \frac{R + p_1}{R + p_2}
\end{aligned}\right\}
\tag{12-41}
$$

将式（12-41）的第一式代入第二式，消去（$\psi_1 + \beta_{h1}$）项，展开并化简，得

$$\tan(\psi_2 + \beta_{h2}) = \frac{R + p_1}{R + p_2} \csc \Delta - \cot \Delta \tag{12-42}$$

将式(12-42)代入式(12-40)的第二式,得

$$T_2 = (R + p_1) \csc \Delta - (R + p_2) \cot \Delta + q_2 \tag{12-43}$$

将式(12-41)变换为

$$\left. \begin{aligned} \psi_2 + \beta_{h2} &= \Delta - (\psi_1 + \beta_{h1}) \\ \frac{\cos(\psi_2 + \beta_{h2})}{\cos(\psi_1 + \beta_{h1})} &= \frac{R + p_2}{R + p_1} \end{aligned} \right\} \tag{12-44}$$

采用上述同样的方法化简,得

$$T_1 = (R + p_2) \csc \Delta - (R + p_1) \cot \Delta + q_1 \tag{12-45}$$

fx-5800P 计算器没有 $\csc \Delta$ 和 $\tan \Delta$ 函数,应使用 $\csc \Delta = 1 \div \sin \Delta$,$\cot \Delta = 1 \div \tan \Delta$ 计算。

作为特例,当 $A_1 = A_2$ 时,非对称基本型平曲线便退化为对称基本型平曲线,有 $p_1 = p_2 = p$,$q_1 = q_2 = q$ 成立,将其代入式(12-45),并顾及下列半角三角函数恒等式:

$$\tan \frac{\Delta}{2} = \frac{1 - \cos \Delta}{\sin \Delta} = \csc \Delta - \cot \Delta \tag{12-46}$$

得

$$T_1 = T_2 = T = (R + p) \tan \frac{\Delta}{2} + q \tag{12-47}$$

下面介绍使用 fx-5800P 计算器手动计算图 12-11 所示 JD1 的第一、第二切线长的方法。为便于计算,将 JD1 的转角、第一和第二缓和曲线参数、线长、之前已算出的 HY 点与 YH 点切线支距坐标列于表 12-12 的 1～4 行,设 JD1 的转角已存入 **D** 变量,圆曲半径已存入 **R** 变量,按 <kbd>SHIFT</kbd> <kbd>SETUP</kbd> <kbd>3</kbd> 键设置角度单位为 **Deg**,屏幕顶部状态栏显示 **D**。

表 12-12　　　　　湖北龙港互通式立交 A 匝道 JD1 第一、第二切线长计算数据

(JD1 的转角 $\Delta = 33°51'58.7''$)　　　　　　　　　　(单位:m)

序号	第一缓和曲线			第二缓和曲线		
1	缓曲参数	A_1	130	缓曲参数	A_2	280
2	缓曲线长	L_{h1}	40.238	缓曲线长	L_{h2}	186.667
3	切线坐标	x'_{HY}	40.228 8	切线坐标	x''_{YH}	185.747 3
4	支距坐标	y'_{HY}	0.642 4	支距坐标	y''_{YH}	13.778 5
5	偏角	β_{h1}	$2°44'40.58''$	偏角	β_{h2}	$12°43'56.71''$
6	内移值	p_1	0.160 6	内移值	p_2	3.450 7
7	切线增量	q_1	20.117 5	切线增量	q_2	93.180 1
8	第一切线长	T_1	153.941 8	第二切线长	T_2	216.197 8

应用式(12-27)计算第一缓和曲线偏角 β_{h1} 并存入 **B** 变量,按 ⌐⋯⌐ 键以六十进制角度显示[图 12-16(a)],计算第二缓和曲线偏角 β_{h2} 并存入 **C** 变量,按 ⌐⋯⌐ 键以六十进制角度显示[图 12-16(b)];应用式(12-36)的第一式计算圆曲线在第一缓和曲线端的内移值 p_1[图 12-16(c)],第二式计算圆曲线在第一缓和曲线端的切线增量 q_1[图 12-16(d)];应用式(12-37)的第一式计算圆曲线在第二缓和曲线端的内置值 p_2[图 12-16(e)],第二式计算圆曲线在第二缓和曲线端的切线增量 q_2[图 12-16(f)]。

应用式(12-45)计算 JD1 的第一切线长 T_1[图 12-16(g)],应用式(12-43)计算 JD1 的第二切线长 T_2[图 12-16(h)],全部计算结果列于表 12-12 的 5～6 列。JD1 第一、第二切线长的计算结果与图 12-11 的图纸值相符。

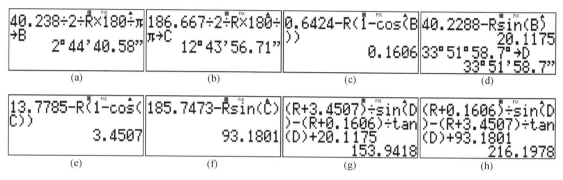

图 12-16　计算图 12-11 所示 JD1 的第一、第二切线长

4. 主点桩号

由图 12-15 可以列出曲线长公式为

$$\left.\begin{array}{l} L_y = R(\Delta - \beta_{h1} - \beta_{h2}) \\ L = L_{h1} + L_{h2} + L_y \end{array}\right\} \tag{12-48}$$

式中,L_y 为圆曲线长,切曲差为

$$J = T_1 + T_2 - L \tag{12-49}$$

4 个主点桩号为

$$\left.\begin{array}{l} Z_{ZH} = Z_{JD} - T_1 \\ Z_{HY} = Z_{ZH} + L_{h1} \\ Z_{YH} = Z_{HY} + L_y \\ Z_{HZ} = Z_{YH} + L_{h2} = Z_{JD} + T_2 - J \end{array}\right\} \tag{12-50}$$

外距计算式为

$$E = \sqrt{(R + p_1)^2 + (T_1 - q_1)^2} - R \tag{12-51}$$

5. 主点与加桩的中桩坐标

(1) ZH 点与 HZ 点的中桩坐标

设由 JD$n-1$ 与 JDn 的坐标算出的 JD$n-1 \to$JDn 的方位角为 $\alpha_{(n-1)n}$,则 ZH 点的走向方

341

位角与中桩坐标为

$$\left.\begin{array}{l}\alpha_{ZH}=\alpha_{(n-1)n}\\ z_{ZH}=z_{JDn}-T_1\angle\alpha_{ZH}\end{array}\right\}\qquad(12-52)$$

HZ 点的走向方位角及中桩坐标为

$$\left.\begin{array}{l}\alpha_{HZ}=\alpha_{(n-1)n}+\Delta\\ z_{HZ}=z_{JDn}+T_2\angle\alpha_{HZ}\end{array}\right\}\qquad(12-53)$$

式中,转角 Δ 为含"$\pm$"号的代数值,右转角 $\Delta>0$,左转角 $\Delta<0$。边桩坐标的计算公式与式(12-10)相同,下同。

(2)加桩位于第一缓和曲线段的中桩坐标

设加桩 j 的桩号为 Z_j,当 j 点位于第一缓和曲线段时,以 ZH 点为基准计算。设 ZH 点至加桩 j 的曲线长为

$$l_j=Z_j-Z_{ZH}\qquad(12-54)$$

将 l_j 代入式(12-29)或式(12-34)算出 j 点的切线支距坐标 $z'_j=x'_j+y'_j i$,则 ZH 点→j 点的弦长及其弦切角即为 z'_j 的模及其辐角:

$$\left.\begin{array}{l}c_{ZH-j}=\mathrm{Abs}(z'_j)\\ \gamma_{ZH-j}=\mathrm{Arg}(z'_j)\end{array}\right\}\qquad(12-55)$$

ZH→j 点弦长的方位角及 j 点走向方位角为

$$\left.\begin{array}{l}\alpha_{ZH-j}=\alpha_{ZH}\pm\gamma_{ZH-j}\\ \alpha_j=\alpha_{ZH}\pm\beta_j\end{array}\right\}\qquad(12-56)$$

式中,β_j 为 j 点的原点偏角,将 A_1 和 l_j 代入式(12-26)计算。j 点的中桩坐标为

$$z_j=z_{ZH}+c_{ZH-j}\angle\alpha_{ZH-j}\qquad(12-57)$$

当 $l_j=L_h$ 时,j 点即为 HY 点。

(3)加桩位于圆曲线段的中桩坐标

以 HY 点为基准计算,HY 点→加桩 j 的弧长为

$$l_j=Z_j-Z_{HY}\qquad(12-58)$$

HY 点→j 点的弦切角及其弦长为

$$\left.\begin{array}{l}\gamma_{HY-j}=\dfrac{l_j}{2R}\\[2mm] c_{HY-j}=2R\sin\gamma_{HY-j}\end{array}\right\}\qquad(12-59)$$

HY 点→j 点弦长的方位角及 j 点走向方位角为

$$\left.\begin{array}{l}\alpha_{HY-j}=\alpha_{HY}\pm\gamma_{HY-j}\\ \alpha_j=\alpha_{HY}\pm2\gamma_{HY-j}\end{array}\right\}\qquad(12-60)$$

j 点中桩坐标为

$$z_{\mathrm{j}} = z_{\mathrm{HY}} + c_{\mathrm{HY-j}} \angle \alpha_{\mathrm{HY-j}} \qquad (12\text{-}61)$$

当 $l_{\mathrm{j}} = L_{\mathrm{y}}$ 时,j 点即为 YH 点。

（4）加桩位于第二缓和曲线段的中桩坐标

如图 12-17 所示,有以 YH 点为基准计算和以 HZ 点为基准计算两种方法,本书采用前者,它需要在第二缓和曲线的切线支距坐标系 $x''\mathrm{HZ}y$ 中算出 YH 点→j 点的弦长 $c_{\mathrm{YH-j}}$ 及其弦切角 $\Delta\gamma_{\mathrm{YH-j}}$。

将 $A = A_2$ 及 $l = L_{\mathrm{h2}}$ 代入式（12-29）或式（12-34）和式（12-26）,分别算出 YH 点的切线支距坐标 $z''_{\mathrm{YH}} = x''_{\mathrm{YH}} + y''_{\mathrm{YH}}i$ 及其原点偏角 β_{h2},则 j 点→HZ 点的曲线长为

$$l_{\mathrm{j}} = Z_{\mathrm{HZ}} - Z_{\mathrm{j}} \qquad (12\text{-}62)$$

同理计算出 j 点的切线支距坐标 $z''_{\mathrm{j}} = x''_{\mathrm{j}} + y''_{\mathrm{j}}i$ 及其原点偏角 β_{j},则有

$$\left. \begin{array}{l} c_{\mathrm{j-YH}} = \mathrm{Abs}(z''_{\mathrm{YH}} - z''_{\mathrm{j}}) \\ \gamma_{\mathrm{j-YH}} = \mathrm{Arg}(z''_{\mathrm{YH}} - z''_{\mathrm{j}}) \end{array} \right\} \qquad (12\text{-}63)$$

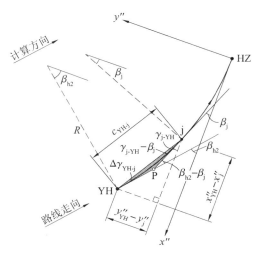

图 12-17 以 YH 点为基准计算加桩 j 的中桩坐标

在图 12-17 所示灰底色三角形 YH-P-j 中,外角 $(\beta_{\mathrm{h2}} - \beta_{\mathrm{j}})$ 等于不相邻的两个内角之和,则有

$$\beta_{\mathrm{h2}} - \beta_{\mathrm{j}} = \Delta\gamma_{\mathrm{YH-j}} + (\gamma_{\mathrm{j-YH}} - \beta_{\mathrm{j}})$$

化简,得

$$\Delta\gamma_{\mathrm{YH-j}} = \beta_{\mathrm{h2}} - \gamma_{\mathrm{j-YH}} \qquad (12\text{-}64)$$

YH→j 点弦长的方位角及 j 点走向方位角为

$$\left. \begin{array}{l} \alpha_{\mathrm{YH-j}} = \alpha_{\mathrm{YH}} \pm \Delta\gamma_{\mathrm{YH-j}} \\ \alpha_{\mathrm{j}} = \alpha_{\mathrm{YH}} \pm (\beta_{\mathrm{h2}} - \beta_{\mathrm{j}}) \end{array} \right\} \qquad (12\text{-}65)$$

式中的"±",缓和曲线右偏取"+",左偏取"-",下同。j 点中桩坐标为

$$z_{\mathrm{j}} = z_{\mathrm{YH}} + c_{\mathrm{j-YH}} \angle \alpha_{\mathrm{YH-j}} \qquad (12\text{-}66)$$

6. 缓和曲线坐标反算原理

缓和曲线属于积分曲线,边桩点 j 在缓和曲线垂点 p 的桩号与中桩坐标无法通过方程解算出,只能迭代计算,本书介绍拟合圆弧法,取计算误差 $\varepsilon = 0.001$ m 时,一般只需要计算 2 次即可。

（1）拟合圆弧的曲率半径

设任意**非完整缓和曲线**（incomplete spiral）的起点半径为 R_{s},原点线长为 l_{s};终点半径为 R_{e},原点线长为 l_{e},$R_{\mathrm{s}} > R_{\mathrm{e}}$,则缓和曲线长 $L_{\mathrm{h}} = l_{\mathrm{e}} - l_{\mathrm{s}}$,由式（12-21）得缓和曲线中点 m 的曲率半径 ρ_{m} 为

$$\rho_{m} = \frac{A^2}{l_s + \dfrac{L_h}{2}} = \frac{A^2}{\dfrac{2l_s + L_h}{2}} = \frac{2}{\dfrac{l_s}{A^2} + \dfrac{l_e}{A^2}} = \frac{2}{R_s^{-1} + R_e^{-1}} \tag{12-67}$$

对于正向完整缓和曲线,将 $R_s \to \infty$, $R_e = R$(R 为圆曲线的半径)代入式(12-67),得 $\rho_m = 2R$;同理,对于反向完整缓和曲线,将 $R_s = R$, $R_e \to \infty$ 代入式(12-67),也得 $\rho_m = 2R$。由此可知,完整缓和曲线中点的曲率半径 ρ_m 为其小半径 R 的 2 倍。设 $R' = 2R$,对于第一缓和曲线,以 ZH 点和 HY 点为端点,以 R' 为半径作圆弧;对于第二缓和曲线,以 YH 点和 HZ 点为端点,以 R' 为半径作圆弧,称该圆弧为缓和曲线拟合圆弧,简称**拟合圆弧**(fitting arc)。

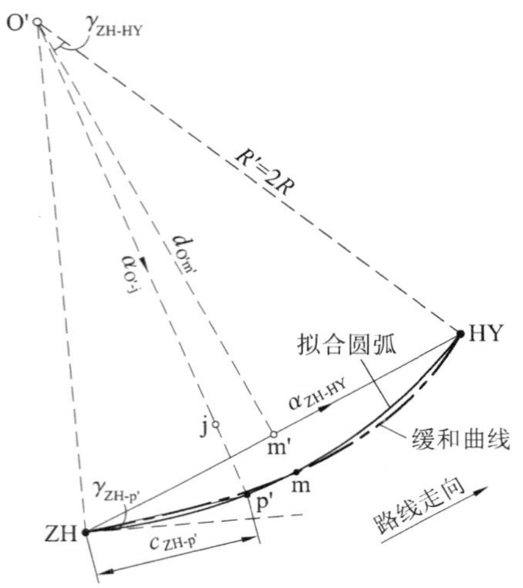

(2)拟合圆弧的圆心坐标

如图 12-18 所示,由 ZH 点和 HY 点的中桩坐标,可以算出弦长 c_{ZH-HY} 及其方位角 α_{ZH-HY},则弦长中点 m′ 的坐标复数为

$$z_{m'} = \frac{z_{ZH} + z_{HY}}{2} \tag{12-68}$$

设拟合圆弧的圆心为 O′,则直线 m′O′ 的平距及其方位角为

$$\left. \begin{array}{l} d_{m'O'} = \sqrt{R'^2 - c_{ZH-HY}^2/4} \\ \alpha_{m'O'} = \alpha_{ZH-HY} \pm 90° \end{array} \right\} \tag{12-69}$$

式中的"±",缓和曲线左偏取"−",右偏取"+"。拟合圆曲圆心 O′ 点的坐标为

$$z_{O'} = z_{m'} + d_{m'O'} \angle \alpha_{m'O'} \tag{12-70}$$

图 12-18 拟合圆弧圆心坐标计算原理

(3)垂点应满足的条件

设边桩点 j 在缓和曲线垂点 p 的坐标为 $z_p = x_p + y_p i$,p 点走向方位角为 α_p,则垂线 jp 的点斜式方程为

$$y - y_j = -\frac{x - x_j}{\tan \alpha_p} \tag{12-71}$$

将 p 点坐标代入式(12-71),得

$$y_p - y_j = -\frac{x_p - x_j}{\tan \alpha_p} \tag{12-72}$$

化简后,得

$$\begin{aligned} f(l_p) &= \tan \alpha_p (y_p - y_j) + x_p - x_j \\ &= \tan \alpha_p \Delta y_{jp} + \Delta x_{jp} \\ &= \tan \alpha_p \, \mathrm{ImP}(z_p - z_j) + \mathrm{ReP}(z_p - z_j) \end{aligned} \tag{12-73}$$

式中,$\mathrm{ImP}(z_p - z_j)$ 为复数 $(z_p - z_j)$ 的虚部,$\mathrm{ReP}(z_p - z_j)$ 为复数 $(z_p - z_j)$ 的实部,称 $f(l_p)$ 为垂线方程残差。在式(12-73)中,z_p 和 α_p 都是垂点桩号 Z_p 的函数,而 $Z_p = Z_{ZH} +$

l_p,故 Z_p 和 α_p 也是 ZH 点→p 点曲线长 l_p 的函数,用 $f(l_p)$ 表示。

(4)垂点的初始桩号及其改正数

如图 12-18 所示,由拟合圆弧圆心坐标 $z_{O'}$ 计算出直线 O'j 的方位角 $\alpha_{O'j}$ 及其平距 $d_{O'j}$,则边桩点 j 在拟合圆弧垂点 p′ 的坐标复数为

$$z_{p'} = z_{O'} + R' \angle \alpha_{O'j} \tag{12-74}$$

在拟合圆弧上,ZH 点→p′ 点弦长的弦切角为

$$\gamma_{ZH-p'} = \arcsin \frac{c_{ZH-p'}}{2R'} \tag{12-75}$$

ZH 点→p′ 点的拟合圆弧长为

$$l_{p'} = \frac{\pi \gamma_{ZH-p'} R'}{90} \tag{12-76}$$

缓和曲线垂点 p 的初始桩号为

$$Z_p^{(0)} = Z_{ZH} + L_{p'} \tag{12-77}$$

与桩号 $Z_p^{(0)}$ 对应的点为 $p^{(0)}$,$L_{p'}$ 为 $p^{(0)}$ 点的缓曲线长,简称初始线长。由此可以计算出初始中桩坐标 $z_p^{(0)}$ 和初始走向方位角 $\alpha_p^{(0)}$,$p^{(0)}$ 点→边桩点 j 的边距为 $d_{p^{(0)}j}$,方位角为 $\alpha_{p^{(0)}j}$,则边距直线 $p^{(0)}$j 以 $p^{(0)}$ 点的走向方位角 $\alpha_p^{(0)}$ 为零方向的走向归零方位角为

$$\alpha'_{p^{(0)}j} = \alpha_{p^{(0)}j} - \alpha_p^{(0)} \tag{12-78}$$

走向归零方位角 $\alpha_{p^{(0)}j}$ 的标准值,右边桩点应为 90°,左边桩点应为 270°,由此得边距直线 $p^{(0)}$j 的偏角改正数为

$$\left. \begin{array}{l} \delta_L = \alpha'_{p^{(0)}j} - 270° \\ \delta_R = 90° - \alpha'_{p^{(0)}j} \end{array} \right\} \tag{12-79}$$

如图 12-19 所示,偏角改正数 $\delta(\delta_L$ 或 $\delta_R)>0$ 时,垂点初始线长 $l_p^{(0)}$ 的改正数 $dl>0$,反之 $dl<0$。下面讨论 dl 的计算公式。如图 12-19(a)所示,线长改正数 dl 对直线 $p^{(0)}$j 方位角的影响值为

$$d\beta_1 = \frac{dl}{c_{p^{(0)}j}} \tag{12-80}$$

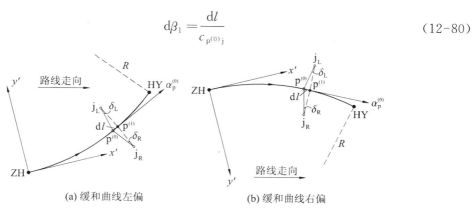

(a)缓和曲线左偏   (b)缓和曲线右偏

图 12-19 缓和曲线垂点初始桩号改正数与角度改正数的关系

345

对式(12-26)取微分,得 dl 对 $p^{(0)}$ 点走向方位角的影响值为

$$d\beta_2 = \frac{l}{A^2}dl \qquad (12\text{-}81)$$

式(12-80)与式(12-81)的代数和应等于式(12-79)的偏角改正数:

$$\delta = \frac{dl}{c_{p^{(0)}j}} \pm \frac{l}{A^2}dl \qquad (12\text{-}82)$$

式(12-82)中的"±"号,与缓和曲线偏转方向(左偏或右偏)、边桩点的位置(在路线左侧或右侧)有关,规律如下:

左边桩:缓和曲线左偏取"一"号;缓和曲线右偏取"＋"号。

右边桩:缓和曲线左偏取"＋"号;缓和曲线右偏取"一"号。

解微分方程式(12-82),得缓和曲线初始线长改正数为

$$dl = \frac{\delta}{c_{p^{(0)}j}^{-1} \pm \dfrac{l}{A^2}} \qquad (12\text{-}83)$$

改正后的垂点桩号为 $Z_p = Z_p^{(0)} + dl$,由 Z_p 计算出垂点中桩坐标 z_p 及其走向方位角 α_p,将其代入式(12-73)计算垂线方程残差值 $f(l_p)$,如果 $|f(l_p)| < 0.001$ m,则结束计算,否则还需再重复计算一次。

7. 使用南方 MSMT 手机软件的 Q2X8 交点法程序进行坐标正反算

图 12-11 所示的线路有三个交点,其中,JD1 与 JD2 均为基本型平曲线,JD3 为单圆曲线。使用交点法程序 Q2X8 计算之前,应先验算基本型平曲线的第一、第二缓和曲线是否为完整缓和曲线,如果不是,应算出第一缓和曲线起点半径 R_{ZH} 与第二缓和曲线终点半径 R_{HZ},因为直曲表一般不会给出 R_{ZH} 和 R_{HZ} 的值。

(1)缓和曲线起讫半径验算

① JD1 第一、第二缓和曲线起讫半径验算

由图 12-11 可知,JD1 的圆曲线半径 $R = 420$ m,第一缓和曲线参数 $A_1 = 130$,缓曲线长 $L_{h1} = 40.238$ m,将其代入式(12-21),算出 HY 点的曲率半径为

$$\rho_{HY} = \frac{A_1^2}{L_{h1}} = \frac{130^2}{40.238} = 420.000\,994\,1 \approx R = 420 \text{ m}$$

说明 JD1 第一缓和曲线为完整缓和曲线。JD1 第二缓和曲线参数 $A_2 = 280$,缓曲线长 $L_{h2} = 186.667$ m,将其代入式(12-21),算出 YH 点的曲率半径为

$$\rho_{YH} = \frac{A_2^2}{L_{h2}} = \frac{280^2}{186.667} = 419.999\,25 \approx R = 420 \text{ m}$$

说明 JD1 第二缓和曲线也为完整缓和曲线。

② JD2 第一、第二缓和曲线起讫半径验算

JD2 圆曲线半径 $R = 300$ m,第一缓和曲线参数 $A_1 = 230$,缓曲线长 $L_{h1} = 176.333$ m,将

其代入式(12-21),算出 HY 点的曲率半径为

$$\rho_{HY} = \frac{A_1^2}{L_{h1}} = \frac{230^2}{176.333} = 300.000\ 567\ 1 \approx R = 300\ \text{m}$$

说明 JD2 第一缓和曲线为完整缓和曲线。JD2 第二缓和曲线参数 $A_2 = 100$,缓曲线长 $L_{h2} = 148.485$ m,将其代入式(12-21),算出 YH 点的曲率半径为

$$\rho_{YH} = \frac{A_2^2}{L_{h2}} = \frac{100^2}{148.485} = 67.346\ 870\ 05 \neq R = 300\ \text{m}$$

说明 JD2 第二缓和曲线为非完整缓和曲线,需要计算终点半径 R_{HZ}。

在"测试"项目主菜单[图 12-20(a)],点击 $\boxed{\substack{\text{缓曲半}\\\text{径计算}}}$ 按钮,进入"缓曲线元设计数据"界面[图 12-20(b)]。输入 JD2 第二缓和曲线参数 100、缓曲线长 148.485 m、起点半径 $R_s = 300$ m,因 JD2 的第二缓和曲线是连接 JD3 半径为 55 m 的单圆曲线,可以确定 JD2 第二缓和曲线起迄半径满足 $R_s > R_e$。设置 ⊙ **Rs>Re** 单选框[图 12-20(c)],点击 $\boxed{\text{计 算}}$ 按钮,结果如图 12-20(d)所示,JD2 第二缓和曲线终点半径 $R_e = 55$ m,正好等于 JD3 的单圆曲线半径。

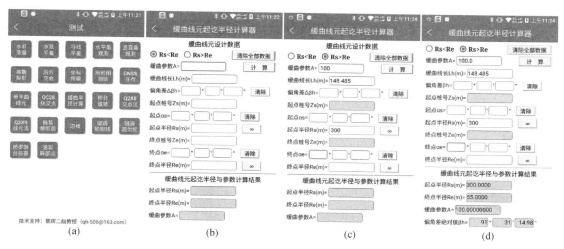

图 12-20 在"测试"项目主菜单执行"缓曲半径计算"程序,计算 JD2 第二缓和曲线终点半径 R_e

（2）新建 Q2X8 文件

在"测试"项目主菜单[图 12-21(a)],点击 $\boxed{\substack{\text{Q2X8}\\\text{交点法}}}$ 按钮,进入"Q2X8 交点法"文件列表界面[图 12-21(b)];点击 新建文件 按钮,输入文件名"湖北龙港互通式立交 A 匝道"[图 12-21(c)],点击 确定 按钮,返回文件列表界面[图 12-21(d)]。

（3）输入平曲线设计数据

点击新建文件名,在弹出的快捷菜单点击"进入文件主菜单"命令[图 12-22(a)],进入文件主菜单界面[图 12-22(b)]。

点击 $\boxed{\substack{\text{设计}\\\text{数据}}}$ 按钮,点击 取消保护 按钮,输入图 12-11 所示三个交点平曲线设计数据,结果如图 12-22(c)—(e)所示。点击 计算 按钮,计算平曲线主点数据,结果如图 12-22(f)所示。点击 保护 按钮,进入设计数据保护模式,屏幕显示各交点的曲线要素及其交点桩号。

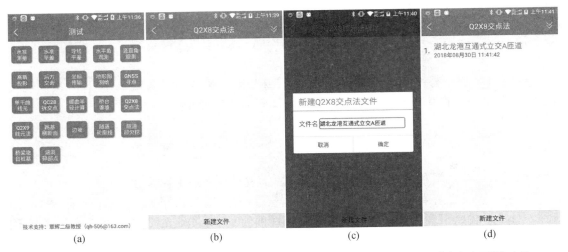

(a)　　　　　　　　(b)　　　　　　　　(c)　　　　　　　　(d)

图 12-21　执行"测试"项目主菜单执行"Q2X8 交点法"程序，新建"湖北龙港互通式立交 A 匝道"文件

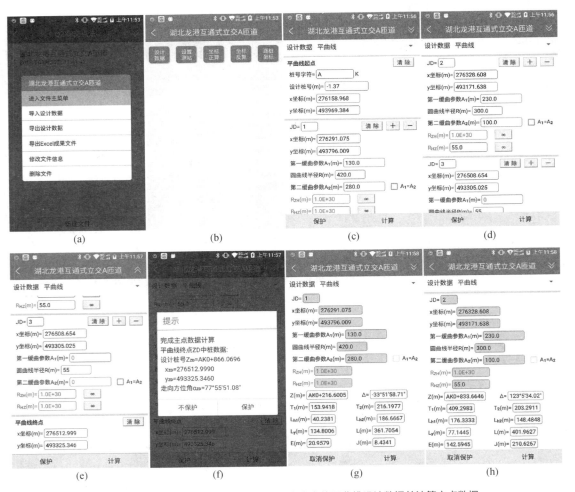

(a)　　　(b)　　　(c)　　　(d)

(e)　　　(f)　　　(g)　　　(h)

图 12-22　输入龙港互通式立交 A 匝道三个交点的平曲线设计数据并计算主点数据

与图 12-11 所示设计图纸比较，程序计算的终点设计桩号与图纸的差值为：（AK0＋866.0696）－（AK0＋866.065）＝3.6 mm。只要终点设计桩号与图纸相符，就说明用户输入的平曲线设计数据正确无误。

输入平曲线设计数据的规则如下：

① 新文件缺省设置的平曲线设计数据为起点设计桩号及其坐标、一个交点栏和终点坐标，在不保护模式下，点击交点栏右侧的 ＋ 按钮可新增一个交点栏，点击 － 按钮可删除交点栏及已输入的设计数据，至少应有一个交点栏。

② 只有起点需要输入设计桩号，各交点与终点的设计桩号由程序自动计算。

③ 每个交点栏的设计数据包括交点平面坐标、第一缓和曲线参数 A_1、圆曲线半径 R、第二缓和曲线参数 A_2、第一缓和曲线起点半径 R_{ZH} 和第二缓和曲线终点半径 R_{HZ} 等 5 个设计数据，交点的设计桩号与转角由程序自动计算求得，用户无法输入。R_{ZH} 与 R_{HZ} 的缺省值为 $1×10^{30}$，表示∞，当交点的第一、第二缓和曲线均为完整缓和曲线时，R_{ZH} 与 R_{HZ} 应维持缺省值。例如，JD1 的第一、第二缓和曲线均为完整缓和曲线，设计数据输入结果如图 12-22（c）所示；JD2 的第二缓和曲线为非完整缓和曲线，在 R_{HZ} 栏输入 55 m［图 12-22（d）］。

④ 只有当交点的第一、第二缓和曲线均为完整缓和曲线时，才能使用式（12-45）和式（12-43）计算切线长，例如，JD1。交点的一个缓和曲线为非完整缓和曲线时，不能使用式（12-45）和式（12-43）计算交点的切线长，其计算公式的推导过程比较复杂，详见参考文献［11］。

（4）坐标正算示例

已知加桩桩号，计算加桩中边桩坐标称为**坐标正算**（coordinate positive calculation）。

在文件主菜单［图 12-22（b）］，点击 坐标正算 按钮进入坐标正算界面，输入加桩号 815 m 和左边距 2.75 m［图 12-23（a）］，点击 计算坐标 按钮，结果如图 12-23（b）所示。该加桩位于 JD2 的第二非完整缓和曲线段。

点击 蓝牙发送 按钮，进入"蓝牙连接全站仪"界面［图 12-23（c）］，缺省设置为南方 NTS-360 全站仪，点击全站仪的蓝牙设备号 S105744（实际为全站仪的出厂编号），启动手机蓝牙与全站仪内置蓝牙的连接［图 12-23（d）］。完成蓝牙连接后，返回"坐标正算结果"界面，此时，粉红底色 蓝牙发送 按钮变成了蓝底色 蓝牙发送 按钮［图 12-23（e）］。

在南方 NTS-362LNB 全站仪按 CORD F4 F4 键，进入坐标模式 P3 页功能菜单［图 12-24（a）］，按 F2（放样）③（设置放样点）键［图 12-24（b）］，进入放样点坐标界面，屏幕显示最近一次设置的放样点坐标［图 12-24（c）］。

在手机点击加桩中桩坐标右侧的 蓝牙发送 按钮［图 12-23（e）］，通过蓝牙发送加桩 AK0＋815 的中桩坐标数据到 NTS-362LNB 全站仪的放样点坐标界面［图 12-24（d）］，点名 C1 表示 1 号中桩点，编码为 AK0＋815.000 ，在全站仪按 ▼ 键移动光标到编码行，最多可以显示 21 位编码字符［图 12-24（e）］。

按 F4（确认）键，输入棱镜高［图 12-24（f）］，按 F4（确认）键，屏幕显示测站→AK0＋815 中桩点的方位角及其平距［图 12-24（g）］；按 F3（指挥）键，转动照准部，使水平角差值等于零［图 12-24（h）］，此时，AK0＋815 中桩点位于望远镜视准轴方向。

在手机点击 返回 按钮，点击侧边列表框，点击"右边"［图 12-23（f）］，输入右边距 4.25 m，点击 计算坐标 按钮，结果如图 12-23（h）所示。

图 12-23 坐标正算计算加桩 AK0+ 815 的中边桩坐标

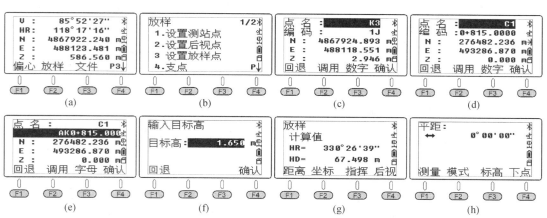

图 12-24 在坐标模式下执行"放样/设置放样点"命令放样中桩坐标数据

本例有 8 个平曲线元,每个平曲线元计算一个加桩的中桩与左边桩坐标结果列于表 12-13,左边距统一取 2.75 m。

序号	设计桩号	点位置	x/m	y/m	走向方位角 α	x_L/m	y_L/m
1	AK0+020	QD 与 JD1 夹直线	276 171.919 9	493 952.386 2	307°18′23.07″	276 169.732 5	493 950.719 5
2	AK0+095	JD1 第一缓曲线	276 217.108 5	493 892.531	305°32′0.12″	276 214.870 6	493 890.932 8
3	AK0+180	JD1 圆曲线	276 259.328 3	493 818.924 4	294°02′36.6″	276 256.816 9	493 817.804
4	AK0+245	JD1 第二缓曲线	276 281.122 3	493 757.755 7	285°11′44.82″	276 278.468 4	493 757.034 9
5	AK0+555	JD2 第一缓曲线	276 348.864 3	493 450.559 9	282°40′54.16″	276 316.181 4	493 449.956 2
6	AK0+660	JD2 圆曲线	276 357.573 8	493 353.488 9	301°36′15.26″	276 355.231 6	493 352.047 8
7	AK0+815	JD2 第二缓曲线	276 482.236	493 286.870 4	25°05′55.38″	276 483.402 5	493 284.380 0
8	AK0+860	JD3 单元曲线	276 511.406	493 319.495 1	71°36′33.49″	276 514.015 5	493 318.627 5

（5）坐标反算示例

已知路线标段平曲线范围内任意测点的坐标，计算测点在中线的垂点桩号、中桩坐标及其走向方位角称为**坐标反算**（coordinate back calculation）。

在文件主菜单[12-22(b)]，点击 坐标反算 按钮进入坐标反算界面，可以手工输入测点坐标，也可以点击 蓝牙读数 按钮，启动全站仪测距并自动提取测点的三维坐标。

手工输入坐标正算计算出的 AK0+815 的左边桩坐标[12-25(a)]，点击 计算坐标 按钮，结果如图 12-25(b)所示；点击 返回 按钮，手工输入坐标正算计算出的 AK0+815 的右边桩坐标[12-25(c)]，点击 计算坐标 按钮，结果如图 12-25(d)所示。

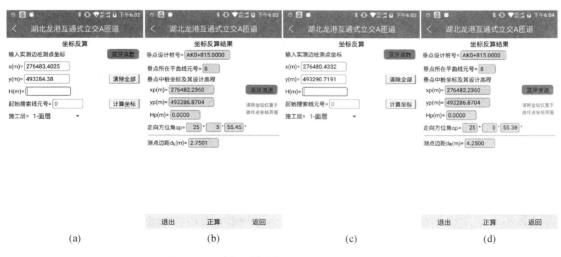

(a)   (b)   (c)   (d)

图 12-25 坐标反算计算左、右边桩点的垂点数据

12.6 断链计算

因局部改线或分段测量等原因造成的桩号不相连接的现象称为**"断链"**(broken chain)，桩号重叠的称**长链**(long chain)，桩号间断的称**短链**(short chain)。桩号不相连接的中桩称为**断链桩**(broken chain stake)，设计图纸应注明断链桩的后、前桩号和断链值(以路线走向为前进方向)，格式为：后桩号＝前桩号，断链值＝后桩号一前桩号。长链的断链值大于 0，示例如图 12-1 所示；短链的断链值小于 0，示例如图 12-26 所示。

重庆涪陵至丰都高速公路A1标段直线、曲线及转角表(局部)
建设单位：路桥建设重庆丰涪高速公路发展有限公司
设计单位：中交公路规划设计院有限公司
施工单位：路桥集团国际建设股份有限公司

交点号	交点桩号及交点坐标		转角	曲线要素/m						
				半径	缓和曲线参数	缓和曲线长	切线长	曲线长	外距	切曲差(校正值)
QD	桩	K24+918.423								
	N	92 297.495 3								
	E	85 249.646 9								
JD19	桩	K26+046.883	26°57'23.1"(Y)	1 000	387.298 3	150	314.889	620.481	29.286	9.297
	N	92 889.309			387.298 3	150	314.889			
	E	86 210.469								
JD20	桩	K26+699.798	45°35'58.1"(Z)	600	279.284 8	130	317.681	607.517	52.127	27.845
	N	92 940.857			279.284 8	130	317.681			
	E	86 840.935								
ZD	桩	K26+989.632	断链：K26+490.358=K26+520							
	N	93 185.188 5	断链值：(K26+490.358)−(K26+520)=−29.642m(短链)							
	E	87 043.972 6								

图 12-26　重庆涪陵至丰都高速公路 A1 标段平曲线设计图纸（局部）

1. 桩号处理

（1）坐标正算桩号的处理方法

如图 12-27(a)所示，每个长链存在两个重桩区间，分长链桩后重桩区间和长链桩前重桩区间，后、前重桩区间的总宽度为 2 倍长链值。坐标正算时，如果用户输入的加桩号位于重桩区间 K53＋563.478—K53＋570.416 内时，应提示用户在长链桩后重桩区与前重桩区之间选择其一计算。

如图 12-27(b)所示，短链存在一个空桩区间 K26＋490.358—K26＋520，区间宽度为短链值，该区间内的桩号在实际路线中并不存在。坐标正算时，如果用户输入的加桩号位于短链空桩区间 K26＋490.358—K26＋520 内时，程序不能计算并提示用户重新输入加桩号。

称不考虑断链的桩号为**连续桩号**(continuous mileage)，顾及断链的桩号为**设计桩号**(designed mileage)，完成平曲线主点数据计算后，文件内部数据库是存储主点的连续桩号。执行坐标正算命令时，用户输入加桩的设计桩号，程序内部先将其变换为连续桩号，再从文件数据库调用主点数据计算加桩的中桩坐标。

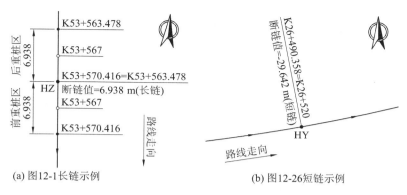

(a) 图12-1长链示例   (b) 图12-26短链示例

图 12-27 长链与断链示例

（2）坐标反算桩号的处理方法

坐标反算求出的桩号为连续桩号，程序内部将其变换为设计桩号后，才发送到屏幕显示。

2. 长链示例

（1）输入平曲线和断链桩设计数据

在 Q2X8 交点法文件列表界面新建"广西河池至都安高速公路 3-1 标"文件，在文件主菜单界面点击 设计数据 按钮，输入图 12-1 所示三个交点的设计数据，结果如图 12-28（a）—（c）所示。点击设计数据列表框，在弹出的快捷菜单点击"断链桩"选项[图 12-28（d）]，点击 编辑 按钮，输入一个长链桩设计数据[图 12-28（f）]，点击 **计算** 按钮计算平曲线主点数据，结果如图 12-28（g）所示。与图 12-1 给出的终点设计桩号比较，差值为（K54＋724.0866）－（K54＋724.089）＝－2.4 mm。

（2）坐标正算计算长链桩重桩区加桩中桩坐标

在坐标正算界面，输入图 12-27（a）所示的长链重桩区加桩号 K53＋567，程序自动探测到加桩桩号位于长链重桩区，缺省设置为"后重桩区"[图 12-29（a）]，点击 计算坐标 按钮，结果如图 12-29（b）所示；点击 返回 按钮，选择"前重桩区"[图 12-29（c）]，点击 计算坐标 按钮，结果如图 12-29（d）所示。这两个点的设计桩号是相同的，但中桩坐标显然不同。

（3）坐标反算计算长链桩重桩区测点的垂点数据

在坐标反算界面，输入图 12-29（b）所示的中桩坐标，结果如图 12-30（a）所示，点击 计算坐标 按钮，结果如图 12-30（b）所示。点击 返回 按钮，输入图 12-29（d）所示中桩坐标，结果如图 12-30（c）所示，点击 计算坐标 按钮，结果如图 12-30（d）所示。两个测点的坐标不同，但算出的垂点设计桩号都是 K53＋567，前者位于后重桩区，后者位于前重桩区。

3. 短链示例

（1）输入平曲线和断链桩设计数据

在 Q2X8 交点法文件列表界面新建"重庆涪陵至丰都高速公路 A1 标"文件，在文件主菜单界面点击 设计数据 按钮，输入图 12-26 所示两个交点的设计数据，结果如图 12-31（a），（b）所示，输入一个短链桩设计数据[图 12-31（c）]，点击 **计算** 按钮计算平曲线主点数据，结果如图 12-31（d）所示。与图 12-26 给出的终点设计桩号比较，差值为（K26＋989.635 4）－（K26＋986.632）＝3.4 mm。

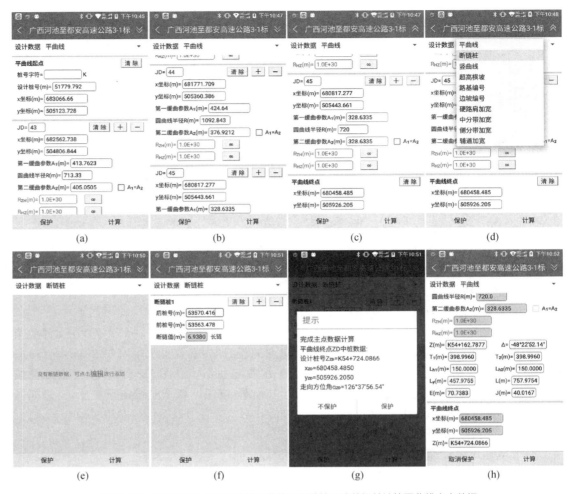

图 12-28 输入图 12-1 所示路线平曲线和断链桩设计数据并计算平曲线主点数据

图 12-29 坐标正算分别计算长链重桩区加桩 K53+568 的后、前重桩区两个中桩坐标

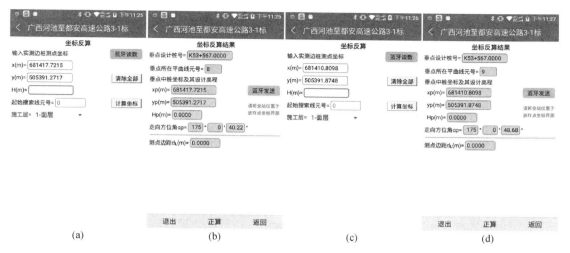

图 12-30　坐标反算分别计算长链后、前重桩区两个中桩坐标的设计桩号

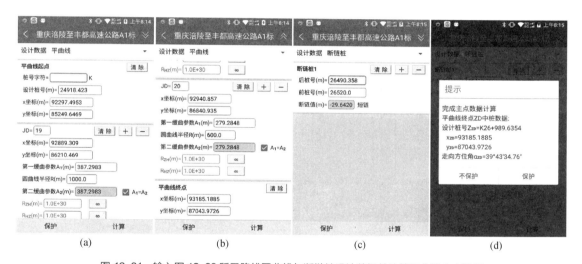

图 12-31　输入图 12-26 所示路线平曲线与断链桩设计数据并计算平曲线主点数据

（2）坐标正算计算短链桩空桩区加桩中桩坐标

在坐标正算界面,输入短链空桩区加桩号 26 500 m[图 12-32(a)],点击 计算坐标 按钮,结果如图 12-32(b)所示;点击 返回 按钮,点击 清除全部 按钮,输入加桩号 26 490.357 9 m(比短链后桩号小 0.1 mm),点击 计算坐标 按钮,结果如图 12-32(c)所示;点击 返回 按钮,点击 清除全部 按钮,输入加桩号 26 520.000 1 m(比短链前桩号大 0.1 mm),点击 计算坐标 按钮,结果如图 12-32(d)所示。

上述两个加桩号之差＝26 490.357 9－26 520.000 1＝－29.642 2 m,而两点的中桩坐标差最大为 0.2 mm,这是因为这两个加桩号之间隔着一个长度为 29.642 m 的空桩区。

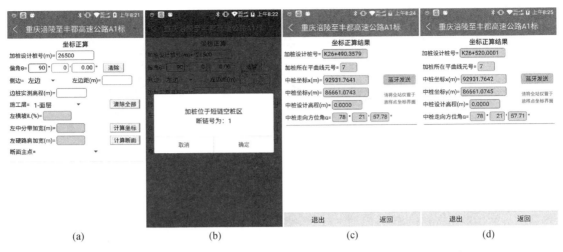

图 12-32 坐标正算分别计算长链重桩区加桩 K26+ 500 的中桩坐标

12.7 竖曲线计算原理

为了行车的平稳和满足视距的要求,路线纵坡变更处应以圆曲线相接,这种曲线称为**竖曲线**(vertical curve),纵坡变更处称为**变坡点**(grade change point),也称竖交点,用 SJD 表示。竖曲线按其变坡点 SJD 在曲线的上方或下方分别称为凸形或凹形竖曲线。如图 12-33 所示,路线上有三条相邻纵坡 $i_1(+)$,$i_2(-)$,$i_3(+)$,在 i_1 和 i_2 之间设置凸形竖曲线,在 i_2 和 i_3 之间设置凹形竖曲线。

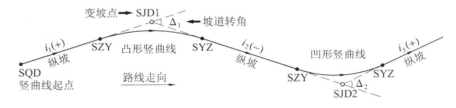

图 12-33 竖曲线及其类型

《公路路线设计规范》[9] 规定,路线最大**纵坡**(longitudinal slope)应符合表 12-14 的规定。

表 12-14   最大纵坡

设计速度/(km·h⁻¹)	120	100	80	60	40	30	20
最大纵坡/%	3	4	5	6	7	8	9

竖曲线的最小半径与竖曲线长度应符合表 12-15 的规定。

1. 计算原理

如图 12-34 所示,设 SQD 为路线起点,其桩号与高程分别为 Z_{SQD} 与 H_{SQD},变坡点 SJD1 的桩号与高程分别为 Z_{SJD1} 与 H_{SJD1},变坡点 SJD2 的桩号与高程分别为 Z_{SJD2} 与 H_{SJD2}。 设

SJD1 的竖曲线半径为 R，SQD→SJD1 的纵坡为 i_1，SJD1→SJD2 的纵坡为 i_2。

表 12-15   竖曲线最小半径与竖曲线长度

设计速度/(km·h⁻¹)		120	100	80	60	40	30	20
凸形竖曲线半径/m	一般值	17 000	10 000	4 500	2 000	700	400	200
	极限值	11 000	6 500	3 000	1 400	450	250	100
凹形竖曲线半径/m	一般值	6 000	4 500	3 000	1 500	700	400	200
	极限值	4 000	3 000	2 000	1 000	450	250	100
竖曲线长度/m	一般值	250	210	170	120	90	60	50
	最小值	100	85	70	50	35	25	20

$i_1 - i_2 > 0$ 时，为凸形竖曲线，有两种情形的凸形竖曲线：图 12-34(a) 所示为 $i_1 > 0$ 的凸形竖曲线，图 12-34(b) 所示为 $i_1 < 0$ 的凸形竖曲线。$i_1 - i_2 < 0$ 时，为凹形竖曲线，有两种情形的凹形竖曲线：图 12-35(a) 所示为 $i_1 < 0$ 的凹形竖曲线，图 12-35(b) 所示为 $i_1 > 0$ 的凹形竖曲线。

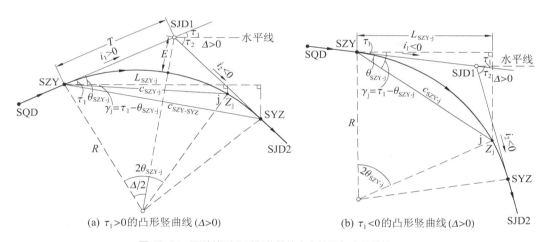

(a) $\tau_1 > 0$ 的凸形竖曲线 ($\Delta > 0$)   (b) $\tau_1 < 0$ 的凸形竖曲线 ($\Delta > 0$)

图 12-34   两种情形凸形竖曲线的主点桩号与高程计算原理

（1）竖曲线要素计算

在竖曲线设计图纸中，虽然同时给出了 Z_{SQD}，H_{SQD}，Z_{SJD1}，H_{SJD1}，Z_{SJD2}，H_{SJD2}，i_1，i_2 等数据，但在使用南方 MSMT 手机软件计算时，纵坡 i_1 与 i_2 是不需要输入的，它们可以由式（12-84）反算出：

$$\left.\begin{aligned} i_1 &= \frac{H_{SJD1} - H_{SQD}}{Z_{SJD1} - Z_{SQD}} \\ i_2 &= \frac{H_{SJD2} - H_{SJD1}}{Z_{SJD2} - Z_{SJD1}} \end{aligned}\right\} \tag{12-84}$$

变坡点 SJD1 的竖曲线要素包括竖曲线长 L_y、切线长 T、外距 E 及其坡道转角 Δ。由图

12-34 或图 12-35 所示的几何关系,得

$$
\left.\begin{array}{l}
\Delta = \tau_1 - \tau_2 \\
\tau_1 = \arctan i_1 \\
\tau_2 = \arctan i_2
\end{array}\right\}
\tag{12-85}
$$

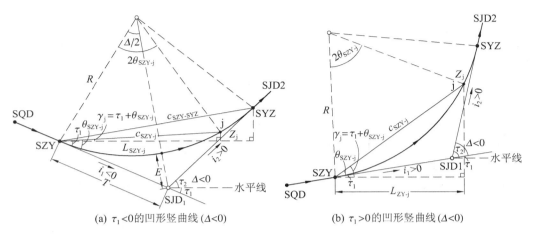

(a) $\tau_1 < 0$ 的凹形竖曲线 ($\Delta < 0$)   (b) $\tau_1 > 0$ 的凹形竖曲线 ($\Delta < 0$)

图 12-35　两种情形凹形竖曲线的主点桩号与高程计算原理

式(12-85)中的坡道转角 Δ,对于凸形竖曲线,$\Delta > 0$;对于凹形竖曲线,$\Delta < 0$。
竖曲线其余要素的计算公式为

$$
\left.\begin{array}{l}
L_y = \dfrac{\pi}{180°} \mid \Delta \mid R \\[2mm]
T = R \tan \dfrac{\mid \Delta \mid}{2} \\[2mm]
E = R \left(\sec \dfrac{\mid \Delta \mid}{2} - 1 \right)
\end{array}\right\}
\tag{12-86}
$$

(2) 竖曲线主点桩号及其设计高程计算

在图 12-34 所示的凸形竖曲线或图 12-35 所示的凹形竖曲线中,SJD1 竖曲线起点 SZY 的桩号及其设计高程为

$$
\left.\begin{array}{l}
Z_{SZY} = Z_{SJD1} - T \cos \tau_1 \\
H_{SZY} = H_{SJD1} - T \sin \tau_1
\end{array}\right\}
\tag{12-87}
$$

SJD1 竖曲线终点 SYZ 的桩号及其设计高程为

$$
\left.\begin{array}{l}
Z_{SYZ} = Z_{SJD1} + T \cos \tau_2 \\
H_{SYZ} = H_{SJD1} + T \sin \tau_2
\end{array}\right\}
\tag{12-88}
$$

(3) 竖曲线圆曲线段加桩设计高程计算

设加桩 j 的桩号为 Z_j,则 $L_{SZY-j} = Z_j - Z_{SZY}$ 即为 SZY 点→j 点的平距,设 ZY 点→j 点的弦长为 c_{SZY-j},弦长与水平线的夹角为 $\gamma_j = \tau_1 \mp \theta_{SZY-j}$,则加桩 j 的设计高程为

$$H_j = H_{SZY} + L_{SZY-j}\tan(\tau_1 \mp \theta_{SZY-j}) \tag{12-89}$$

式中，θ_{SZY-j} 为恒大于零的正角，其中的"$\mp$"号，对凸形竖曲线，取"$-$"号，对凹形竖曲线，取"$+$"号。θ_{SZY-j} 的公式推导过程如下：

$$
\begin{aligned}
L_{SZY-j} &= c_{SZY-j}\cos(\tau_1 \mp \theta_{SZY-j})\\
&= 2R\sin\theta_{SZY-j}(\cos\tau_1\cos\theta_{SZY-j} \pm \sin\tau_1\sin\theta_{SZY-j})\\
&= 2R(\cos\tau_1\sin\theta_{SZY-j}\cos\theta_{SZY-j} \pm \sin\tau_1\sin^2\theta_{SZY-j})\\
&= 2R\cos^2\theta_{SZY-j}(\cos\tau_1\tan\theta_{SZY-j} \pm \sin\tau_1\tan^2\theta_{SZY-j})
\end{aligned} \tag{12-90(a)}
$$

将三角函数恒等式 $\cos^2\theta_{SZY-j} = \dfrac{1}{1+\tan^2\theta_{SZY-j}}$ 代入式[12-90(a)]，得

$$L_{SZY-j} = \frac{2R}{1+\tan^2\theta_{SZY-j}}(\cos\tau_1\tan\theta_{SZY-j} \pm \sin\tau_1\tan^2\theta_{SZY-j}) \tag{12-90(b)}$$

化简，得

$$
\begin{aligned}
L_{SZY-j} + L_{SZY-j}\tan^2\theta_{SZY-j} &= 2R\cos\tau_1\tan\theta_{SZY-j} \pm 2R\sin\tau_1\tan^2\theta_{SZY-j}\\
(\pm 2R\sin\tau_1 - L_{SZY-j})\tan^2\theta_{SZY-j} &+ 2R\cos\tau_1\tan\theta_{SZY-j} - L_{SZY-j} = 0
\end{aligned} \tag{12-91}
$$

式(12-91)为一元二次方程，其中的"$\pm$"号，对凸形竖曲线，取"$+$"号，对凹形竖曲线，取"$-$"号。设方程式的系数为

$$
\left.
\begin{aligned}
a &= \pm 2R\sin\tau_1 - L_{SZY-j}\\
b &= 2R\cos\tau_1\\
c &= -L_{SZY-j}
\end{aligned}
\right\} \tag{12-92}
$$

则方程式(12-91)的两个解为

$$\tan\theta_{SZY-j} = \frac{-b \pm \sqrt{b^2-4ac}}{2a} \tag{12-93}$$

应取满足条件 $0 < \theta_{SZY-j} \leqslant \dfrac{|\Delta|}{2}$ 的解为方程式(12-91)的解。

（4）竖曲线直线坡道加桩设计高程计算

当加桩位于 SYZ 点前、纵坡为 i_2 的直线坡道时（以路线走向为前进方向），其设计高程为

$$H_j = H_{SYZ} + (Z_j - Z_{SYZ})i_2 \tag{12-94}$$

2. 竖曲线设计数据输入示例

在"广西河池至都安高速公路 3-1 标"文件设计数据界面，点击设计数据列表框，在弹出的快捷菜单点击"竖曲线"选项[图 12-36(a)]，点击 取消保护 按钮，点击 编辑 按钮，新建一个变坡点的竖曲线栏，点击变坡点栏右侧的 + 按钮两次，新增两个变坡点栏。

输入表 12-5 的三个变坡点数据,结果如图 12-36(b)所示,每个变坡点只需要输入设计桩号、高程和竖曲线半径三个数据。点击 **计算** 按钮,重新计算平竖曲线主点数据,结果如图 12-36(c)所示。点击 **保护** 按钮进入保护模式,屏幕以黄底色背景显示起点与每个变坡点的纵坡 i、切线长 T、外距 E,结果如图 12-36(d)所示,将其与表 12-5 的设计值比较,可以检核竖曲线设计数据输入的正确性。

图 12-36(e),(f)为计算长链重桩区加桩 K53+567 在后重桩区的中桩三维设计坐标,图 12-36(g),(h)为计算该加桩在前重桩区的中桩三维设计坐标。由于加桩位于竖曲线起、终点桩号范围内,所以,屏幕显示中桩的设计高程。由图 12-36(f),(h)可知,两个点的设计高程也不相等。

图 12-36　输入"广西河池至都安高速公路 3-1 标"三个变坡点设计数据并计算加桩 K53+ 567 后、前重桩区中桩坐标

12.8　路基超高与边桩设计高程计算

圆曲线半径小于表 12-11 规定的不设超高的最小半径时,应在曲线段设置**超高**(superelevation)。路基由直线段的双向路拱横断面逐渐过渡到圆曲线段的全超高单向横断

面,其间必须设置超高过渡段。

二、三、四级公路的圆曲线半径 $R \leqslant 250$ m 时,应设置**加宽**（curve widening）。圆曲线段的硬路肩加宽应设置在圆曲线的内侧。设置缓和曲线或超高过渡段时,加宽过渡段长度应采用与缓和曲线或超高过渡段长度相同的数值。

四级公路的直线和半径小于表 12-11 规定的不设超高的最小半径的圆曲线径相连接处,与半径 $R \leqslant 250$ m 的圆曲线径相连接处,应设置超高、加宽过渡段。

《公路路线设计规范》[9] 将超高过渡方式分"无中间带公路"和"有中间带公路"两类。图 12-37 所示为有中间带公路超高过渡的三种方式。

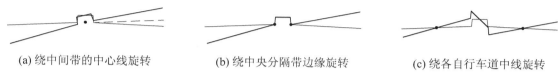

(a) 绕中间带的中心线旋转　　　(b) 绕中央分隔带边缘旋转　　　(c) 绕各自行车道中线旋转

图 12-37　有中间带公路的三种超高过渡方式

（1）绕中间带的中心线旋转:先将外侧行车道绕中间带的中心线旋转,待达到与内侧行车道构成单向横坡后[图 12-37(a)中虚线所示],整个断面一同绕中心线旋转,直至超高横坡值。此时,中央分隔带呈倾斜状。中间带宽度 $\leqslant 4.5$ m 的公路可采用。

（2）绕中央分隔带边缘旋转:将两侧行车道分别绕中央分隔带边缘旋转,使之各自成为独立的单向超高断面,此时,中央分隔带维持原水平状态。各种宽度中间带的公路均可采用。

（3）绕各自行车道中线旋转:将两侧行车道分别绕各自行车道中线旋转,使之各自成为独立的单向超高断面,此时,中央分隔带两边缘分别升高与降低而成为倾斜断面。车道数大于 4 的公路可采用。

本节只讨论图 12-37(b)所示绕中央分隔带边缘旋转的超高过渡方式,这是我国高速公路和市政道路普遍采用的超高过渡方式,南方 MSMT 手机软件的 Q2X8 交点法程序就是按这种方式设计的。

在路线设计图纸中,纵、横坡正负值的定义是相反的,即:纵坡 >0 时为升坡,纵坡 <0 时为降坡;横坡 >0 时为降坡,横坡 <0 时为升坡。

1. 路基超高渐变方式

设 i_s 为路基超高过渡段的起点横坡,i_e 为终点横坡,L_c 为超高过渡段长,l 为超高过渡段内任意点 j→起点 s 的线长,$k = l/L_c$ 为 0～1 之间的系数。采用线性渐变方式内插计算 j 点超高横坡的公式为

$$i_j = i_s + (i_e - i_s)k \tag{12-95}$$

采用三次抛物线渐变方式内插计算 j 点超高横坡的公式为

$$i_j = i_s + (i_e - i_s)(3k^2 - 2k^3) = i_s + (i_e - i_s)k^2(3 - 2k) \tag{12-96}$$

路基超高数据及其采用的渐变方式在路线纵断面图的最底行给出,在设计说明文件中也会给出相应的文字说明。图 12-3 中 JD44 纵断面图底部的超高表,有以下四个超高过渡段:

（1）K52+850.764～K52+903.514，超高过渡段长 52.751 m；

（2）K52+903.514～K53+015.764，超高过渡段长 112.25 m；

（3）K53+015.764～K53+440.416，超高过渡段长 424.652 m；

（4）K53+440.416～K53+570.416，超高过渡段长 130 m。

因图 12-3 中的超高线为折线连接，所以，其超高渐变方式应为线性渐变（曲线连接为三次抛物线渐变）。

为比较超高横坡线性渐变与三次抛物线渐变的差异，分别用式（12-95）和式（12-96）计算超高过渡段 K53+440.416—K53+570.416 左幅的超高横坡，结果如图 12-38 所示。

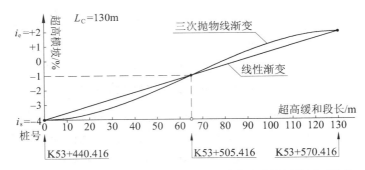

图 12-38　K53+440.414—K53+570.414 段左幅两种超高过渡方式比较

图 12-3 中共有 18 个超高横坡断面，根据该图整理出的超高横坡设计数据列于表 12-16。

表 12-16　　　　　　　　　　"广西河池至都安高速公路 3-1 标"超高横坡设计数据

序号	设计桩号	左横坡 i_L/%	右横坡 i_R/%	序号	设计桩号	左横坡 i_L/%	右横坡 i_R/%
1	K51+779.792	0	0	10	K53+570.416	2	2
2	K51+837.554	2	−2	11	K53+763.794	2	2
3	K52+019.794	6	−6	12	K53+796.1	2	2
4	K52+620.765	6	−6	13	K53+838.795	2	−2
5	K52+793.014	2	−2	14	K53+913.795	6	−6
6	K52+850.764	0	0	15	K54+371.771	6	−6
7	K52+903.514	−2	2	16	K54+446.771	2	−2
8	K53+015.764	−4	4	17	K54+521.771	2	2
9	K53+440.416	−4	4	18	K54+724.089	2	2

2. 边坡

（1）边坡设计数据

边坡分为填方边坡与挖方边坡两种，每级边坡有四个设计数据：坡率 $1:n$，坡高 H，平台宽 d，平台横坡 i。其几何意义如图 12-39 所示。

填方边坡从 1 开始以正整数顺序编号，挖方边坡从 −1 开始以负整数顺序编号，图纸给出的边坡设计参数列于表 12-17。

362

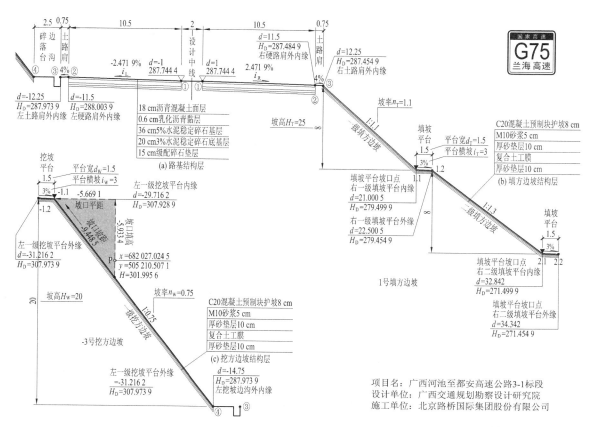

图 12-39　加桩 K52+930 横断面设计图（单位：m）

表 12-17　　　　　　"广西河池至都安高速公路 3-1 标"边坡设计数据

坡级		一级填方边坡				二级填方边坡				三级填方边坡			
参数		n_{T1}	H_{T1}	i_{T1}	d_{T1}	n_{T2}	H_{T2}	i_{T2}	d_{T2}	n_{T3}	H_{T3}	i_{T3}	d_{T3}
单位			m	%	m		m	%	m		m	%	m
1 号		1.1	8	3	1.5	1.3	8	3	1.5				

坡级	边沟	一级挖方边坡				二级挖方边坡				三级挖方边坡			
参数	边沟	n_{W1}	H_{W1}	i_{W1}	d_{W1}	n_{W2}	H_{W2}	i_{W2}	d_{W2}	n_{W3}	H_{W3}	i_{W3}	d_{W3}
单位	m		m	%	m		m	%	m		m	%	m
—1 号	2.5	0.3	5	3	1.5								
—2 号	2.5	1	10	3	1.5								
—3 号	2.5	0.75	20	3	1.5								
—4 号	2.5	0.3	15	3	1.5	0.5	10	3	1.5				
—5 号	2.5	0.3	15	3	1.5	0.3	15	3	1.5				1.5
—6 号	2.5	0.5	10	3	1.5	0.5	10	3	1.5	0.75	15	3	1.5

图 12-39 为广西河池至都安高速公路 3-1 标段加桩 K52＋930 路基横断面设计图,其中,左侧边坡为－3 号挖方边坡,右侧边坡为 1 号填方边坡,设计标高 287.744 4 m 为竖曲线算出的加桩 K52＋930 中桩设计高程,在挖方边坡一侧应设置"碎落台＋边沟"。

(2) 断面边坡号

根据图纸给出的路基横断面图编写的断面边坡号数据列于表 12-18。

表 12-18   "广西河池至都安高速公路 3-1 标"边坡编号设计数据

序号	设计桩号	左边坡号	右边坡号	序号	设计桩号	左边坡号	右边坡号
1	K51＋779.792	－1	1	7	K53＋416.885	1	－4
2	K52＋100.527	1	1	8	K53＋476.934	－4	－4
3	K52＋583.882	1	－2	9	K53＋537.937	－5	－4
4	K52＋603.957	1	1	10	K53＋650	－5	1
5	K52＋925	－3	1	11	K53＋690	1	1
6	K53＋130	1	1	12	K54＋440	1	－6

3. 加桩边桩设计高程计算原理

如图 12-39 所示,Q2X8 交点法程序先计算加桩中桩设计高程,应用加桩号,根据超高横坡数据内插计算加桩路基横断面的左、右幅超高横坡 i_L 与 i_R;在横断面路基号数据库提取路基号,计算左幅或右幅路基横断面主点①,②,③,④边距及其设计高程;在断面边坡号数据库提取左幅或右幅边坡号,根据边坡设计数据计算左幅或右幅边坡平台主点边距及其设计高程,一级挖方边坡平台主点编号为－1.1,－1.2,二级挖方边坡平台主点编号为－2.1,－2.2,依次类推;一级填方边坡平台主点编号为 1.1,1.2,二级填方边坡平台主点编号为 2.1,2.2,依次类推。最后,应用边距值,使用线性内插法计算边桩的设计高程。

《公路路线设计规范》[9] 规定:土路肩横坡为 4％,当路基横坡 i_L(或 i_R)<4％时,土路肩横坡取 4％;当 i_L(或 i_R)>4％时,土路肩横坡应取路基横坡 i_L 或 i_R,以防止在硬路肩与土路肩衔接处形成积水,满足路面排水的需要。

4. 输入路基和边坡等设计数据

完成竖曲线数据输入后,还应输入路基横断面、边坡、超高横坡、路基编号和边坡编号等五种设计数据才能计算边桩设计高程。其中,路基横断面和边坡属于项目共享数据,可以被项目下的 Q2X8 交点法和 Q2X9 线元法的所有文件调用。而超高横坡、路基编号和边坡编号等三种设计数据应在 Q2X8 交点法或 Q2X9 线元法文件中输入。

(1) 输入项目共享设计数据——路基

在项目主菜单[图 12-40(a)],点击 [路基横断面] 按钮,进入路基横断面界面,点击 [+] 按钮,缺省设置为 ◎ 高速公路 单选框[图 12-40(b)],点击 确定 按钮新建 1 号路基断面;输入图 12-39 所示路基横断面及其结构层设计数据,结果如图 12-40(c),(d)所示。点击屏幕标题栏左侧的 [<] 按钮,返回项目主菜单。

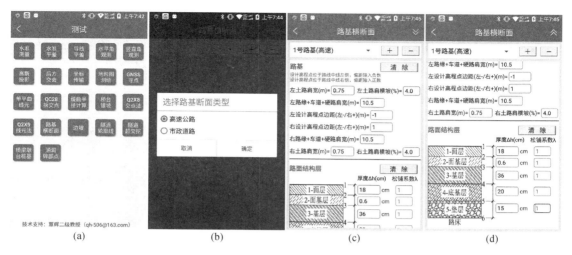

图 12-40　输入图 12-39 所示路基横断面设计数据

每个路基最多可以输入 5 层路面结构层,每个结构层有厚度 Δh 和松铺系数 λ, λ 的缺省值均为 1。

(2)输入项目共享设计数据——边坡

在项目主菜单[图 12-40(a)],点击 边坡 按钮,进入填方边坡设计数据界面,输入表 12-17 的 1 号填方边坡设计数据,结果如图 12-41(a)所示。

点击边坡类型列表框,点击"挖方边坡",进入挖方边坡设计数据界面,输入表 12-17 的 —1 号挖方边坡设计数据,结果如图 12-41(c)所示,点击 + 按钮新建—2 号挖方边坡,输入表 12-17 的—2 号挖方边坡设计数据,结果如图 12-41(d)所示。同理输入表 12-17 的—3, —4,—5,—6 号挖方边坡设计数据,结果如图 12-41(e)—(h)所示。点击屏幕标题栏左侧的 ᐸ 按钮,返回项目主菜单。

每个边坡最多可以输入 4 层边坡结构层,每个结构层有厚度 Δh 和松铺系数 λ, λ 的缺省值均为 1。

(3)输入文件设计数据——超高横坡

在项目主菜单[图 12-40(a)],点击 Q2XB 交点法 按钮,点击"广西河池至都安高速公路 3-1 标"文件名,在弹出的快捷菜单点击"进入文件主菜单"命令,点击 设计 数据 按钮,点击"设计数据"类型列表框,在弹出的快捷菜单点击"超高横坡"选项[图 12-42(a)]。输入表 12-16 所列 17 个横断面的超高横坡数据,结果如图 12-42(b)—(d)所示。

(4)输入文件设计数据——路基编号

在文件设计数据界面,点击"设计数据"类型列表框,在弹出的快捷菜单点击"路基编号"选项[图 12-43(a)],输入一个路基编号,结果如图 12-43(b)所示。

(5)输入文件设计数据——边坡编号

点击"设计数据"类型列表框,在弹出的快捷菜单点击"边坡编号"选项[图 12-43(c)],输入表 12-18 所列 12 个边坡编号设计数据,结果如图 12-43(d)—(g)所示。完成文件全部设计数据输入后,应点击 计算 按钮,重新计算平竖曲线主点数据,其目的是将当前文件新输入的超高横坡、路基编号、边坡编号中的设计桩号全部变换为连续桩号并存入文件数据库,结果如图 12-43(h)所示。

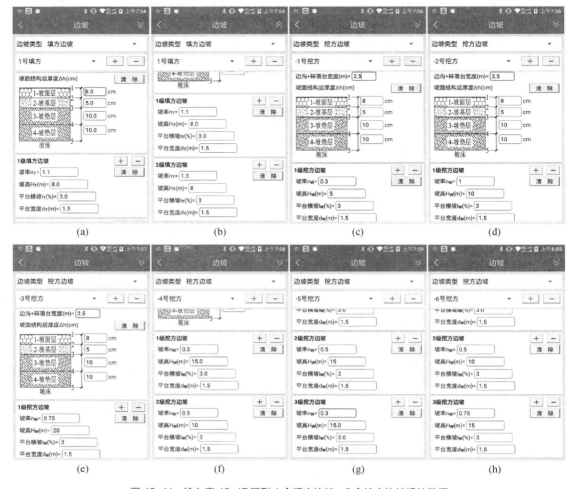

图 12-41 输入表 12-17 所列 1 个填方边坡、6 个挖方边坡设计数据

图 12-42 输入表 12-16 所列 17 个断面的超高横坡设计数据

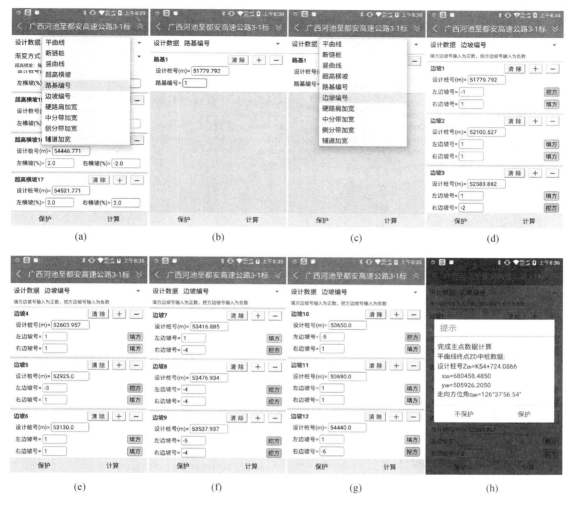

图 12-43　输入路基编号与表 12-18 所列 12 个边坡编号设计数据

5. 坐标正算

在文件主菜单界面，点击 $\boxed{\text{坐标正算}}$ 按钮，输入加桩号 52 930 m，设置施工层号为 4，点击 $\boxed{\text{计算断面}}$ 按钮，计算加桩 K52＋930 左幅路基及其边坡断面的主点数据，并且自动设置"左设计高程点"的边距[图 12-44(a)]，它是图 12-39(a)所示的左幅①号路基主点。

点击断面主点列表框，点击"−1.1 左 1 级挖方平台内缘点"选项[图 12-44(b)]，设置左边距为−1.1 主点的边距 29.716 2 m[图 12-44(c)]，点击 $\boxed{\text{计算坐标}}$ 按钮，结果如图 12-44(d)所示。程序算出的−1.1 主点的坡面设计高程与图 12-39 注记的设计值相符，边坡施工层设计高程 $H_C=307.545\ 5$ m。下面介绍边坡施工层设计高程计算原理。

如图 12-45 所示，设边坡点 P 的坡面设计高程为 H_D，坡率为 n，则施工层设计高程 H_C 为

$$H_C=H_D-h_C'　　　　　　　　　　（12-97）$$

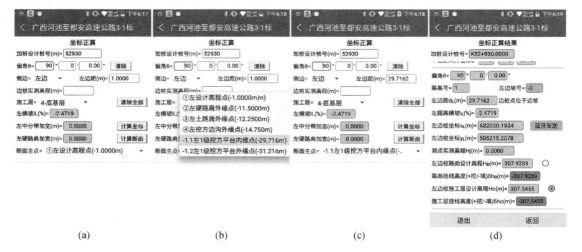

| (a) | (b) | (c) | (d) |

图 12-44　坐标正算计算加桩 K52+ 930 左幅一级挖方边坡平台内缘点三维设计坐标

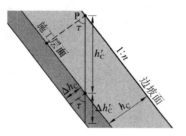

n—坡率；τ—坡角；Δh_{C}—施工层厚度；
h_{C}—施工层→边坡面高度；
h'_{C}—施工层→边坡面高差

图 12-45　边坡施工层设计高程 H_{C} 的
　　　　　计算原理

式中，h'_{C} 的计算公式容易由图 12-45 的几何关系得到：

$$\left.\begin{array}{l}h'_{\mathrm{C}}=\dfrac{h_{\mathrm{C}}}{\cos\tau}\\[2mm]\Delta h'_{\mathrm{C}}=\dfrac{\Delta h_{\mathrm{C}}}{\cos\tau}\end{array}\right\}\qquad(12\text{-}98)$$

式中，

$$\tau=\arctan\frac{1}{n}\qquad(12\text{-}99)$$

由图 12-39 可知，边坡施工层"4—基层"的 $h_{\mathrm{C}}=0.08+0.05+0.1=0.23$ m，$\Delta h_{\mathrm{C}}=0.1$ m，P 点位于一级挖方边坡坡面，坡率 $n_{\mathrm{w}}=0.75$，将坡率代入式(12-99)，得

$$\tau=\arctan\frac{1}{0.75}=53°07'48.37''$$

将 h_{C} 和 τ 代入式(12-98)的第一式，得

$$h'_{\mathrm{C}}=\frac{h_{\mathrm{C}}}{\cos\tau}=\frac{0.23}{\cos 53°07'48.37''}=0.383\ 3\ \text{m}$$

则 P 点的施工层设计高程为：$H_{\mathrm{C}}=H_{\mathrm{D}}-h'_{\mathrm{C}}=307.928\ 9-0.383\ 3=307.545\ 6$ m，与图 12-44(d)的计算结果相差 0.1 mm。加桩 K52+930 左幅横断面路基主点与边坡主点三维设计坐标计算结果列于表 12-19，请读者自行验算。

表 12-19　　　　坐标正算计算加桩 K52+ 930 左幅横断面路基主点与边坡主点三维设计坐标结果

（施工层号=4,中桩坐标 $x=682\,013.582\,4$ m,$y=505\,190.567\,9$ m,$H=287.744\,4$ m,$\alpha=146°00'50.92''$)

点名	$d_{\mathrm{L}}/\mathrm{m}$	$x_{\mathrm{L}}/\mathrm{m}$	$y_{\mathrm{L}}/\mathrm{m}$	$H_{\mathrm{LD}}/\mathrm{m}$	$H_{\mathrm{LC}}/\mathrm{m}$	$h_{\mathrm{C}}/\mathrm{m}$	备注
①	1	682 014.141 4	505 191.397 1	287.744 4	287.198 4	0.546	左设计高程点
②	11.5	682 020.010 8	505 200.103 4	288.003 9	287.457 9	0.546	左硬路肩外缘点
③	12.25	682 020.430	505 200.725 3	287.973 9	287.427 9	0.546	左土路肩外缘点
④	14.75	682 021.827 5	505 202.798 2				左边沟外缘点
−1.1	29.716 2	682 030.193 4	505 215.207 8	307.928 9	307.545 5	0.383 3	一级挖方平台内缘点
−1.2	31.216 2	682 031.031 9	505 216.451 6	307.973 9	307.743 9	0.23	一级挖方平台外缘点

图 12-46 为计算加桩 K52+930 右幅二级填方边坡平台内缘点（2.1 点）三维设计坐标的操作过程,边坡主点 2.1 点的边距及其设计高程值与图 12-39 的设计值相符。

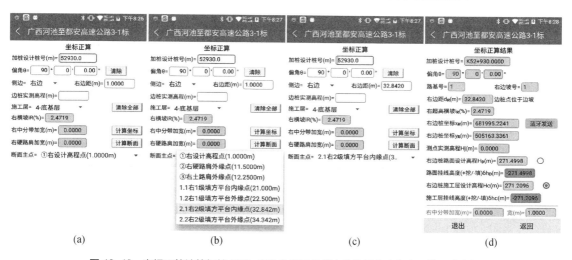

图 12-46　坐标正算计算加桩 K52+ 930 右幅二级填方边坡平台内缘点三维设计坐标

6. 坐标反算

在文件主菜单界面,点击■按钮,输入图 12-39 所注 P 点的三维坐标[图 12-47(a)],点击■按钮,结果如图 12-47(b)—(d)所示。

如图 12-39 所示,测点 P 位于左幅一级挖方边坡,程序计算出 P 点距离坡口主点−1.1 点的坡口坡距、平距及其挖填高差,以便于用户快速确定离测点最近的坡口位置。

12.9　桥梁墩台桩基坐标验算

《公路工程技术标准》[12] 对公路桥梁的分类规定列于表 12-20。

为便于叙述,本节将桥梁墩台的桩基点和盖梁角点统称为墩台碎部点。

1. 计算原理

（1）墩台中心斜交坐标变换为墩台中心直角坐标

如图 12-48(a)所示,设+X 轴为桥梁墩台桩基轴线方向（+X 轴应位于路线走向右侧）,盖梁边线 10 点→7 点方向与+X 轴的水平角为 $\theta_{\mathrm{j台}}$,过墩台中心点 $O_{\mathrm{j台}}$ 且平行于盖梁边线

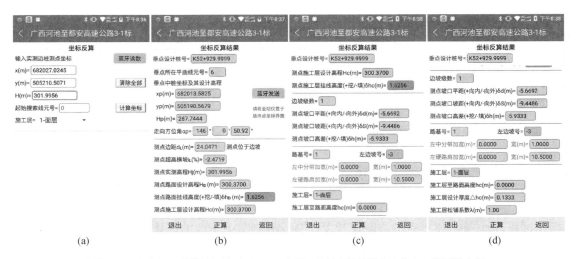

图 12-47　坐标正算计算加桩 K52+ 930 右幅二级填方边坡平台内缘点三维设计坐标

表 12-20　　　　　　　　　　　公路桥梁分类

分类	多孔跨径总长 L/m	单孔跨径 L_K/m
特大桥	$L>1\ 000$	$L_K>150$
大桥	$100≤L≤1\ 000$	$40≤L_K≤150$
中桥	$30≤L≤100$	$20≤L_K<40$
小桥	$8≤L≤30$	$5≤L_K<20$

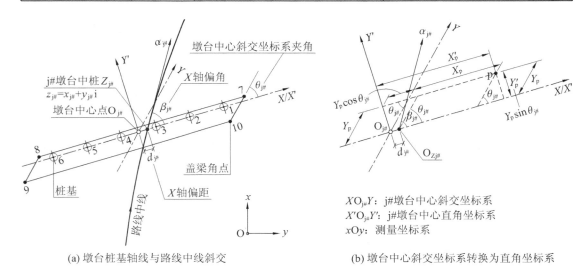

(a) 墩台桩基轴线与路线中线斜交　　　　　(b) 墩台中心斜交坐标系转换为直角坐标系

图 12-48　墩台中心斜交坐标系、墩台中心直角坐标系与测量坐标系的关系

10 点→7 点方向为 $+Y$ 轴,称 $XO_{j\#}Y$ 坐标系为墩台中心斜交坐标系,$+X$ 轴与 $+Y$ 轴的水平角为 $\theta_{j\#}$,简称墩台斜交坐标系夹角,即有 $\angle XO_{j\#}Y=\theta_{j\#}$。

墩台大样图的尺寸一般是在墩台中心斜交坐标系标注的,建立墩台中心斜交坐标系的目的是从设计图纸直接获取墩台碎部点的墩台中心斜交坐标,不需要在 AutoCAD 按 1∶1 的比例精确绘制墩台桩基与盖梁的大样图,减少了在 AutoCAD 中绘制大样图的工作量。下面先讨论墩台中心斜交坐标系 $XO_{j\#}Y$ 转换为墩台中心直角坐标系 $X'O'_{j\#}Y'$ 的计算公式。

如图 12-48(a)所示,设 $\alpha_{j\#}$ 为应用 j# 墩台桩号计算出的走向方位角,$\alpha_{j\#}$ 方向顺时针到 +X 轴的水平角 $\beta_{j\#}$ 为 X 轴偏角。j# 墩台中心直角坐标系 $X'O_{j\#}Y'$ 的 X' 轴与墩台中心斜交坐标系 $XO_{j\#}Y$ 的 X 轴重合。由图 12-48(b)的几何关系可知,任意点 p 的 j# 墩台中心斜交坐标 (X_p,Y_p) 变换为墩台中心直角坐标 (X'_p,Y'_p) 的公式为

$$\left. \begin{array}{l} X'_p = X_p + Y_p \cos\theta_{j\#} \\ Y'_p = Y_p \sin\theta_{j\#} \end{array} \right\} \qquad (12\text{-}100)$$

将墩台中心 $O_{j\#}$ 沿 +X 轴方向移动至 j# 墩台中桩点 $O_{Zj\#}$,等价于将 p 点的 X'_p 坐标加上墩台中心 X 轴偏距 $d_{j\#}$,结果为 $X'_p + d_{j\#}$。墩台中心 X 轴偏距 $d_{j\#}$ 的定义为:墩台中心 $O_{j\#}$ 位于路线左侧为负值,墩台中心 $O_{j\#}$ 位于路线右侧为正值。由此可得 p 点墩台中心直角坐标为

$$z'_p = Y'_p + (X'_p + d_{j\#})i \qquad (12\text{-}101)$$

(2) 墩台中心直角坐标变换为测量坐标

如图 12-48(a)所示,+X 轴的测量方位角为 $\alpha_{+X} = \alpha_{j\#} + \beta_{j\#}$,故 +Y' 轴的测量方位角为

$$\alpha_{+Y'} = \alpha_{j\#} + \beta_{j\#} - 90° \qquad (12\text{-}102)$$

p 点墩台中心直角坐标复数 z'_p 变换为测量坐标复数 z_p 的公式为

$$z_p = z_{Oj\#} + z'_p \times 1\angle\alpha_{+Y'} = z_{Oj\#} + z'_p \times 1\angle(\alpha_{j\#} + \beta_{j\#} - 90°) \qquad (12\text{-}103)$$

2. 计算示例

三干渠中桥有 0#—3# 四个墩台,图 12-49 为三干渠中桥平曲线设计图纸,竖曲线设计数据列于表 12-21,墩台中心设计参数列于表 12-22。

205国道江苏省淮安西绕城段淮涟三干渠中桥直线、曲线及转角表(局部)
设计单位:江苏淮安交通勘察设计研究院
施工单位:泛华建设集团有限公司　　　　　　　　　　　　平面坐标系:淮安市独立坐标系

`G205`

交点号	交点桩号及交点坐标		转角	曲线要素/m						
				半径	缓和曲线参数	缓和曲线长	切线长	曲线长	外距	切曲差(校正值)
QD	桩	K0+000								
	N	3 727 798.360								
	E	498 238.765								
JD1	桩	K0+541.027	10°21'22.02"(Y)	2 300	634.428 9	175	295.974	590.721	9.982	1.228
	N	3 727 270.063			634.428 9	175	295.974			
	E	498 355.437								
ZD	桩	K0+835.774								
	N	3 726 974.287								
	E	498 366.269 7								

图 12-49　205国道江苏淮安西绕城段淮涟三干渠中桥平竖曲线与墩台中心设计图纸

表 12-21　　　　　　　　205 国道江苏淮安西绕城段淮涟三干渠中桥竖曲线及纵坡表

点名	设计桩号	高程 H/m	竖曲半径 R/m	纵坡 i/%	切线长 T/m	外距 E/m
SQD	K0+000	14.559		0.3		
SJD1	K0+250	15.309	60 000	−0.17	140.972	0.166
SJD2	K0+785	14.4	80 000	0.012	72.723	0.033
SZD	K1+600	14.497				

表 12-22　　　　　　　205 国道江苏淮安西绕城段淮涟三干渠中桥墩台中心设计参数

墩台号	墩类号	设计桩号	X 轴偏距 d/m	X 轴偏角 β	$\angle XOY$ 夹角 θ
0#	1	K0+186.346	0.25	45°	45°
1#	2	K0+215.780	0.25	45°	45°
2#	2	K0+245.780	0.25	45°	45°
3#	3	K0+275.214	0.25	45°	45°

图 12-50 为三干渠中桥墩台大样图,图中尺寸是在墩台斜交坐标系标注的。表 12-23 为图纸给出的四个墩台 24 根桩基的设计坐标,图纸未给出各墩台盖梁角点的设计坐标,只需验算墩台桩基设计坐标的正确性。

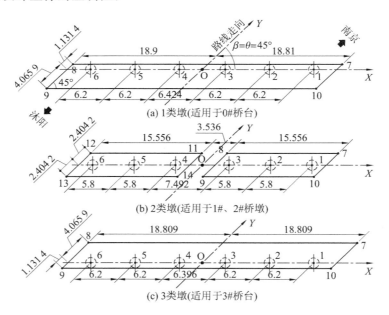

图 12-50　墩台桩基与盖梁角点设计尺寸（单位：m）

在 MS-Excel 文件的"墩台桩基斜交坐标"选项卡,参照图 12-50 的标注尺寸,累加墩台碎部点的墩台中心斜交坐标,结果如图 12-51 所示。

（1）输入平竖曲线设计数据

在 Q2X8 交点法文件列表界面,新建"205 国道江苏淮涟三干渠中桥"文件,输入图 12-49 所示 JD1 的平曲线设计数据,结果如图 12-52(a),(b)所示,输入两个变坡点的竖曲线设计数据,结果如图 12-52(c)所示。

表 12-23　　　　　　　　　　205国道江苏淮安西绕城段淮涟三干渠中桥墩台桩基坐标设计表

墩号	桩基	x/m	y/m	墩号	桩基	x/m	y/m
0#	1	3 727 603.028	498 270.417	2#	1	3 727 545.216	498 283.377
	2	3 727 608.254	498 273.752		2	3 727 550.105	498 286.497
	3	3 727 613.480	498 277.088		3	3 727 554.995	498 289.618
	4	3 727 618.895	498 280.544		4	3 727 561.310	498 293.648
	5	3 727 624.122	498 283.879		5	3 727 566.199	498 296.769
	6	3 727 629.348	498 287.215		6	3 727 571.088	498 299.889
1#	1	3 727 574.510	498 276.907	3#	1	3 727 516.270	498 289.563
	2	3 727 579.399	498 280.028		2	3 727 521.492	498 292.904
	3	3 727 584.289	498 283.148		3	3 727 526.715	498 296.245
	4	3 727 590.604	498 287.179		4	3 727 532.102	498 299.692
	5	3 727 595.493	498 290.299		5	3 727 537.325	498 303.034
	6	3 727 600.382	498 293.419		6	3 727 542.548	498 306.375

注:1. 平面坐标系为淮安市独立坐标系。
　　2. 本表提供的数据需经施工单位核实无误后方可施工,并需用桩号和纵横向距离相互校核。

	A	B	C	D	E	F
1	15.612	0	15.346	0	15.598	0
2	9.412	0	9.546	0	9.398	0
3	3.212	0	3.746	0	3.198	0
4	-3.212	0	-3.746	0	-3.198	0
5	-9.412	0	-9.546	0	-9.398	0
6	-15.612	0	-15.346	0	-15.598	0
7	18.81	1.1314	17.324	2.4042	18.809	4.0659
8	-18.9	1.1314	1.768	2.4042	-18.809	4.0659
9	-18.9	-4.0659	1.768	-2.4042	-18.809	-1.1314
10	18.81	-4.0659	17.324	-2.4042	18.809	-1.1314
11			-1.768	2.4042		
12			-17.324	2.4042		
13			-17.324	-2.4042		
14			-1.768	-2.4042		

墩台桩基斜交坐标 / 桩基测量坐标比较

图 12-51　在 MS-Excel 累加桩基墩台中心斜交坐标

　　点击 计算 按钮计算平竖曲线主点数据,结果如图 12-52(d)所示;点击 保护 按钮,进入设计数据保护模式。与图 12-49 设计图纸比较,程序计算的终点设计桩号与图纸的差值为 (K0+835.7736)－(K0+835.774)＝－0.4 mm。点击屏幕标题栏左侧的 ◁ 按钮三次,返回项目主菜单[图 12-53(a)]。

　　(2)输入墩台中心参数与墩台碎部点斜交坐标

　　在项目主菜单[图 12-53(a)],点击 桥梁墩台桩基 按钮,点击 新建文件 按钮,输入"三干渠中桥"文件名,在平竖曲线文件列表框选择"Q2X8-205 国道江苏淮涟三干渠中桥"[图 12-53(b)],点击 确定 按钮,返回桥梁墩台桩基文件列表界面[图 12-53(c)]。点击新建文件名,在弹出的快捷菜单点击"进入文件主菜单"命令[图 12-53(d)],进入三干渠中桥文件主菜单[图 12-53(e)]。

图 12-52　输入三干渠中桥平竖曲线设计数据并计算主点数据

点击 桥梁墩台桩坐标 按钮,输入图 12-49 所示 0♯—3♯ 墩台的中心设计参数,结果如图 12-53(f),(g)所示。点击数据类型列表框,在弹出的快捷菜单点击"墩台中心斜交坐标",输入图 12-51 所示 1,2,3 类墩的墩台碎部点斜交坐标,结果如图 12-53(i)—(l)所示。点击屏幕标题栏左侧的 ＜ 按钮,返回文件主菜单[图 12-53(a)]。

点击 坐标计算 按钮,计算四个墩台中心的中桩坐标、设计高程、走向方位角及全部墩台碎部点的测量坐标,结果如图 12-54 所示。

完成手机与 NTS-362LNB 全站仪蓝牙连接后,在全站仪按 CORD 键进入坐标模式,按 F4 F4 键翻页到 P3 页功能菜单,按 F2 (放样) ③ (设置放样点)键进入放样点坐标界面;点击桩基坐标右侧的 蓝牙发送 按钮,通过蓝牙发送该桩基点的测量坐标到全站仪放样点坐标界面,或点击 导出全部坐标 按钮,导出南方 CASS 展点坐标文件。

在 MS-Excel 的"桩基测量坐标比较"选项卡比较 24 根桩基设计坐标与程序计算值的差异,结果如图 12-55 所示。

12.10　隧道超欠挖测量计算

隧道(tunnel)属于路线的重要构造物之一,其平面位置由平曲线设置,高程由竖曲线设置,开挖断面由隧道衬砌断面图与隧道地质纵断面图设置。按开挖方式,隧道施工分为**矿山法**(mine tunneling method)与**盾构法**(shield tunneling method)两种,只有矿山法需要进行超欠挖测量计算。

在无棱镜测距全站仪出现以前,隧道施工测量的主要工作内容是放样隧道的中线与腰线,中线控制隧道的平面位置,腰线控制隧道的高程,但断面开挖形状的控制就比较麻烦。无棱镜测距全站仪出现以后,测量隧道掌子面上任意点的三维坐标得以实现,只要能算出掌子面系列测点距离隧道轮廓线的垂距,就同时控制了隧道的平面、高程及其断面形状。本节以八亩隧道右洞为例,介绍使用南方 MSMT 手机软件进行隧道超欠挖测量计算的方法。

图 12-53 输入三干渠中桥 0# —3# 墩台中心设计参数和 1~3 类墩台中心斜交坐标

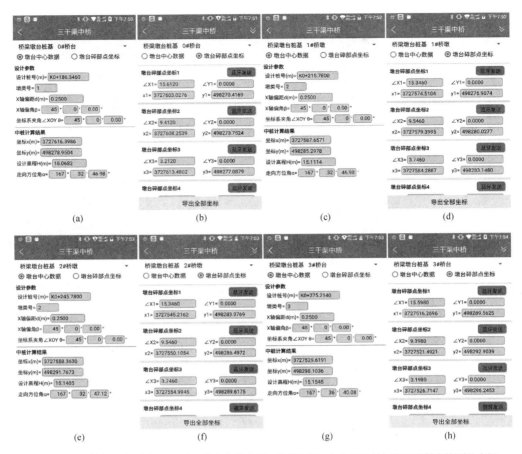

图 12-54 计算三干渠中桥 0#—3# 墩台中桩坐标、设计高程、走向方位角与全部桩基点的测量坐标

		设计图纸		Q2X8程序计算		坐标差	
墩号	点号	x/m	y/m	x/m	y/m	△x/m	△y/m
0#	1	3727603.028	498270.417	3727603.0276	498270.4169	0.0004	0.0001
	2	3727608.254	498273.752	3727608.2539	498273.7524	0.0001	-0.0004
	3	3727613.48	498277.088	3727613.4802	498277.0879	-0.0002	0.0001
	4	3727618.895	498280.544	3727618.8954	498280.5439	-0.0004	0.0001
	5	3727624.122	498283.879	3727624.1217	498283.8794	0.0003	-0.0004
	6	3727629.348	498287.215	3727629.3480	498287.2148	0	0.0002
1#	1	3727574.51	498276.907	3727574.5104	498276.9074	-0.0004	-0.0004
	2	3727579.399	498280.028	3727579.3995	498280.0277	-0.0005	0.0003
	3	3727584.289	498283.148	3727584.2887	498283.148	0.0003	0
	4	3727590.604	498287.179	3727590.6041	498287.1786	-0.0001	0.0004
	5	3727595.493	498290.299	3727595.4932	498290.2989	-0.0002	0.0001
	6	3727600.382	498293.419	3727600.3824	498293.4192	-0.0004	-0.0002
2#	1	3727545.216	498283.377	3727545.2162	498283.3769	-0.0002	0.0001
	2	3727550.105	498286.497	3727550.1054	498286.4972	-0.0004	-0.0002
	3	3727554.995	498289.618	3727554.9945	498289.6175	0.0005	0.0005
	4	3727561.31	498293.648	3727561.3100	498293.648	0	0
	5	3727566.199	498296.769	3727566.1991	498296.7683	-1E-04	0.0007
	6	3727571.088	498299.889	3727571.0882	498299.8886	-0.0002	0.0004
4#	1	3727516.27	498289.563	3727516.2696	498289.5625	0.0004	0.0005
	2	3727521.492	498292.904	3727521.4921	498292.9039	-1E-04	0.0001
	3	3727526.715	498296.245	3727526.7147	498296.2453	0.0003	-0.0003
	4	3727532.102	498299.692	3727532.1023	498299.6924	-0.0003	-0.0004
	5	3727537.325	498303.034	3727537.3249	498303.0338	0.0001	0.0002
	6	3727542.548	498306.375	3727542.5474	498306.3751	0.0006	-0.0001

墩台桩基斜交坐标 \ 桩基测量坐标比较 /

图 12-55 在 MS-Excel 比较 24 根桩基设计坐标与程序计算结果的差异

图 12-56 为八亩隧道平曲线设计图纸,表 12-24 为隧道竖曲线及纵坡表。

国家高速公路珠江三角洲环线广东中山市沙溪至月环段右线
八亩隧道右洞直线、曲线及转角表(局部)
设计单位:中交公路规划设计院有限公司
施工单位:中铁十局第三工程有限公司

交点号	交点桩号及交点坐标		转 角	曲线要素/m						
				半 径	缓和曲线参数	缓和曲线长	切线长	曲线长	外 距	切曲差(校正值)
QD	桩	K88+950.177								
	N	2 472 251.779								
	E	501 243.827								
JD16	桩	K90+299.96	43°36'53.8"(Z)	1 500	600	240	720.799	1 381.836	117.341	59.761
	N	2 471 428.776			600	240	720.799			
	E	502 223.883								
ZD	桩	K90+890.998								
	N	2 471 473.948								
	E	502 943.265								

图 12-56　广东中山市沙溪至月环段八亩隧道右洞平曲线设计图纸

表 12-24　　　　　　　　　　广东中山市沙溪与月环段八亩隧道竖曲线及纵坡表

点名	设计桩号	高程 H/m	竖曲半径 R/m	纵坡 i/%	切线长 T/m	外距 E/m
SQD	K88+650	17.405		3		
SJD1	K89+130	31.805	36 004.2	2	179.909	0.45
SJD2	K90+160	52.405	35 000	−1.21	561.741	4.508
SZD	K92+040	29.657				

由图 12-57(b)可知,隧道断面由 C25 钢拱架喷射混凝土(简称喷射层)与 C30 钢筋混凝土衬砌(简称二衬)构成,SVq 级围岩的喷射层厚 28 cm,二衬厚 60 cm,喷射层与二衬之间的预留变形量为 12 cm。隧道的喷射层厚、二衬厚和预留变形量为洞身支护参数。围岩级别不同,其洞身支护参数也不相同。

由图 12-58 隧道纵断面图灰底色背景的衬砌类型数据可知,八亩隧道右洞的衬砌类型有 SVq,SV,SⅣq,SⅣ,SⅢ,SⅡ 等六种,其洞身支护参数列于表 12-25,其中,SVq 型衬砌的洞身支护参数如图 12-57(b)所示,表中其余五种衬砌的洞身支护参数直接从设计图纸提取。

1. 输入平竖曲线设计数据

在 Q2X8 交点法程序文件列表界面,新建"广东中山八亩隧道右线"文件,输入图 12-56所示 JD16 的平曲线设计数据,结果如图 12-59(a)所示,输入表 12-24 两个变坡点的竖曲线设计数据,结果如图 12-59(b)所示。

点击 **计算** 按钮计算平竖曲线主点数据,结果如图 12-59(c)所示;点击 **保护** 按钮,进入设计数据保护模式[图 12-59(d)]。与图 12-56 设计图纸比较,程序计算的终点设计桩号与图纸的差值为(K90+890.998)−(K90+890.998)=0。点击屏幕标题栏左侧的 ◀ 按钮三次,返回项目主菜单[图 12-53(a)]。

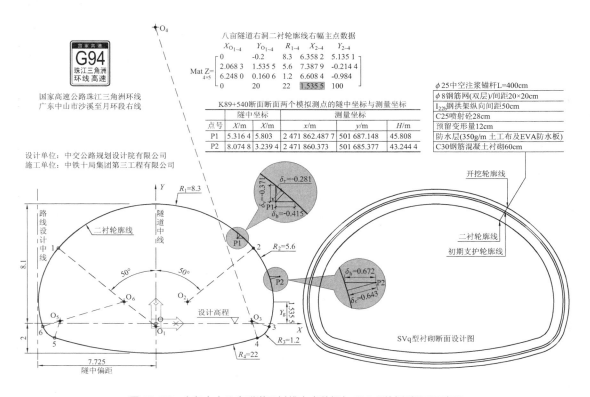

图 12-57　广东中山八亩隧道二衬线主点数据与 SVq 型衬砌断面设计图

2. 输入八亩隧道二衬线右幅主点数据

在项目主菜单界面[图 12-53(a)],点击 隧道轮廓线 按钮,进入"隧道轮廓线右幅主点数据"界面,缺省设置的 1 号轮廓线只有两个右幅线元,点击 ＋ 按钮两次,新增两个右幅线元数据栏。输入图 12-57 所示 Mat Z 矩阵的 4 行×5 列二衬线右幅主点数据,结果如图 12-60(a),(b)所示。为检验用户采集及输入轮廓线右幅主点数据的正确性,可以在 AutoCAD 采集的模拟测点的隧中坐标测试。点击 计算 按钮,输入图 12-57 中所列模拟测点 P1 的隧中坐标,点击 计算 按钮,结果如图 12-60(c)所示。点击 清除坐标 按钮,输入图 12-57 中所列模拟测点 P2 的隧中坐标,点击 计算 按钮,结果如图 12-60(d)所示。

反算出测点至轮廓线的垂距 δ_r、水平移距 δ_h,$\delta_r<0$ 为超挖(P1 点),$\delta_r>0$ 为欠挖(P2 点),只有当测点垂距 δ_r 位于拱顶 1 号线元与仰拱线元(本例为 4 号线元)时,程序才计算并显示测点的垂直移距 δ_v。图 12-57 所示灰底色圆圈局部详图内的数值为作者在 AutoCAD 执行"di"命令测量的 P1,P2 测点的 δ_r,δ_h,δ_v 值,它们与程序计算的结果相符。点击屏幕标题栏左侧的 ◀ 按钮,返回项目主菜单[图 12-61(a)]。

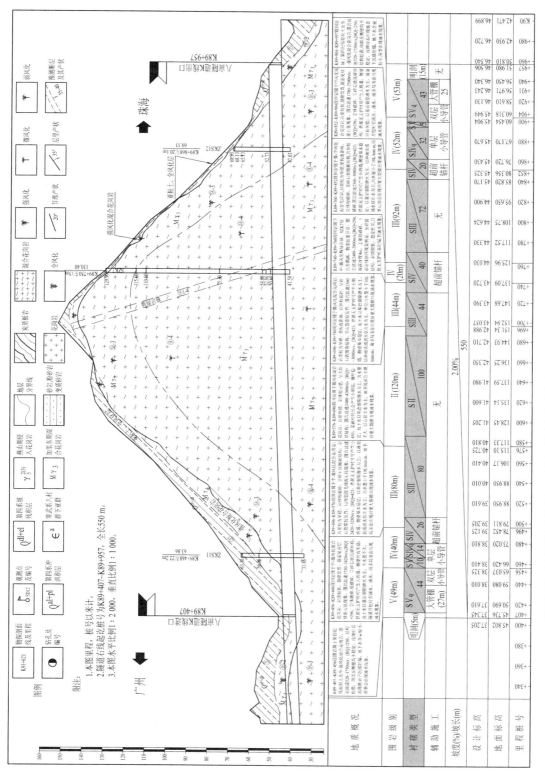

图 12-58 国家高速公路珠江三角洲环线广东中山市沙溪至月环段右洞八亩隧道右洞地质纵断面设计图

379

表 12-25 广东中山八亩隧道右洞（550 m）衬砌洞身支护参数

行号	衬砌类型	设计桩号	内部计算连续桩号	二衬线号	初支线号	开挖线号	二衬厚＋预留变形量 δ_1/m	喷射层厚 δ_2/m	隧中偏距 δ_3/m
	明洞	K89＋407	K89＋407						
1	SVq	K89＋412	K89＋412	1	0	0	0.72	0.28	7.725
2	SV	K89＋456	K89＋456	1	0	0	0.72	0.26	7.725
3	SⅣq	K89＋466	K89＋466	1	0	0	0.63	0.26	7.725
4	SⅣ	K89＋480	K89＋480	1	0	0	0.58	0.24	7.725
5	SⅢ	K89＋506	K89＋506	1	0	0	0.51	0.18	7.725
6	SⅡ	K89＋586	K89＋586	1	0	0	0.45	0.10	7.725
7	SⅢ	K89＋686	K89＋686	1	0	0	0.51	0.18	7.725
8	SⅣ	K89＋730	K89＋730	1	0	0	0.58	0.24	7.725
9	SⅢ	K89＋770	K89＋770	1	0	0	0.51	0.18	7.725
10	SⅣ	K89＋842	K89＋842	1	0	0	0.58	0.24	7.725
11	SⅣq	K89＋862	K89＋862	1	0	0	0.63	0.26	7.725
12	SV	K89＋894	K89＋894	1	0	0	0.72	0.26	7.725
13	SVq	K89＋899	K89＋899	1	0	0	0.72	0.28	7.725
	明洞	K89＋942	K89＋942						
	终点	K89＋957	K89＋957						

注：表中第 4 列的连续桩号，是程序自动计算并存储在文件数据库中，它们不属于洞身支护参数数据，因本例没有断链桩，所以，断面的设计桩号等于其连续桩号。

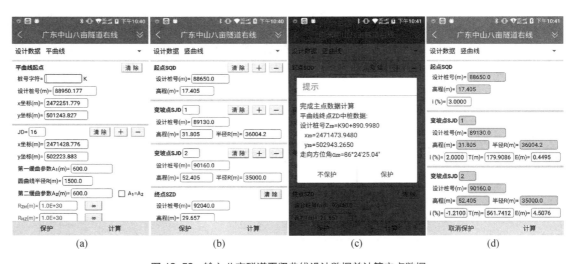

(a)	(b)	(c)	(d)

图 12-59 输入八亩隧道平竖曲线设计数据并计算主点数据

| (a) | (b) | (c) | (d) |

图 12-60　输入八亩隧道二衬线右幅主点数据

3. 隧道超欠挖测量计算

（1）新建隧道超欠挖文件

在项目主菜单［图 12-61(a)］，点击 ![隧道超欠挖] 按钮，点击 **新建文件** 按钮，输入"八亩隧道"文件名，平竖曲线文件选择"Q2X8－广东中山八亩隧道右线"［图 12-61(c)］，点击 确定 按钮，返回隧道超欠挖文件列表界面［图 12-61(d)］。

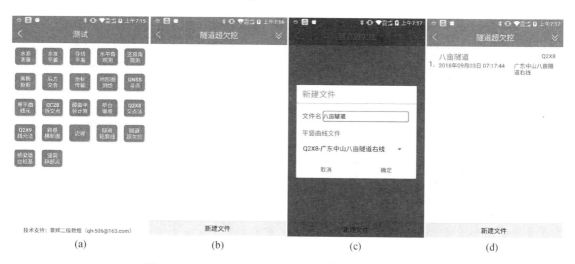

| (a) | (b) | (c) | (d) |

图 12-61　执行"隧道超欠挖"程序，新建"八亩隧道"文件

（2）输入洞身支护参数

点击新建文件名，在弹出的快捷菜单点击"进入文件主菜单"命令，进入"八亩隧道"文件主菜单［图 12-62(a)］。点击 ![洞身支护参数] 按钮，输入表 12-25 所列的 13 行洞身支护参数，结果如图 12-62(b)—(d)所示。点击 ![<] 按钮，返回文件主菜单［图 12-61(a)］。

（3）选择二衬线为施工线计算 K89+540 断面 2 个模拟测点的超欠挖值

点击 ![超欠挖测量] 按钮，施工线选择"二衬线"，输入图 12-57 中 P1 点的隧中坐标［图 12-63(a)］，

图 12-62 输入洞身支护参数

点击 计算 按钮,结果如图 12-63(b)所示。如图 12-57 所示,因 P1 点位于 1 号拱顶线元,所以,屏幕显示超欠挖值 δ_r 及其线元号 n_r、水平移距 δ_h 及其线元号 n_h、垂直移距 δ_v 及其线元号 n_v,计算结果与图 12-57 所示 P1 点灰底色圆内的标注值相符。

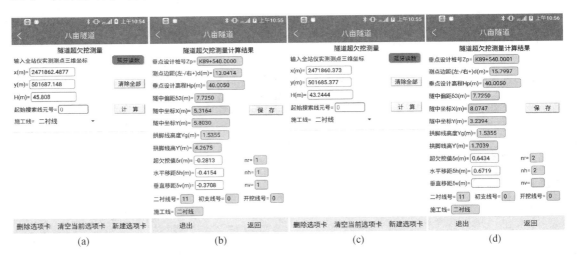

图 12-63　设置施工线为二衬线,计算 K89+540 断面、图 12-57 所示 P1 和 P2 两个模拟测点的超欠挖值

点击 返回 按钮,点击 清除全部 按钮,输入图 12-57 中 P2 点的隧中坐标[图 12-63(c)],点击 计算 按钮,结果如图 12-63(d)所示。如图 12-57 所示,因 P2 点位于 2 号线元,所以,屏幕只显示超欠挖值 δ_r 及其线元号 n_r、水平移距 δ_h 及其线元号 n_h,计算结果与图 12-57 所示 P2 点灰底色圆内的标注值相符。

在施工现场,完成手机与全站仪蓝牙连接后,使望远镜瞄准隧道掌子面边缘测点,在全站仪设置反射器为无棱镜,点击 蓝牙读数 按钮启动全站仪测距,并自动提取测点的三维坐标到隧道超欠挖测量界面。

(4)选择初支线为施工线计算 K89+540 断面 9 个测点的超欠挖值

用户可以存储测点超欠挖测量及其计算数据到成果文件的选项卡。在隧道超欠挖测量界面[图 12-64(a)],点击 **新建选项卡** 按钮新建以当前日期＋序号命名的选项卡名[图 12-64(b)],点击 **确定** 按钮,新建"181110_1"选项卡。新建选项卡自动设置为当前选项卡,用于存储测点数据。

图 12-64(c)为设置施工线为初支线,使全站仪望远镜瞄准隧道掌子面 1 号测点,点击 **蓝牙读数** 按钮启动南方 NTS-362LNB 全站仪测距[图 12-64(d)],并自动提取测点的三维坐标[图 12-64(e)];点击 **计算** 按钮,结果如图 12-64(f)所示;点击 **保存** 按钮,点击 **确定** 按钮[图 12-64(g)],存储测点数据到当前选项卡[图 12-64(h)]。同法测量其余 8 个测点,全部 9 个测点的计算结果列于表 12-26。

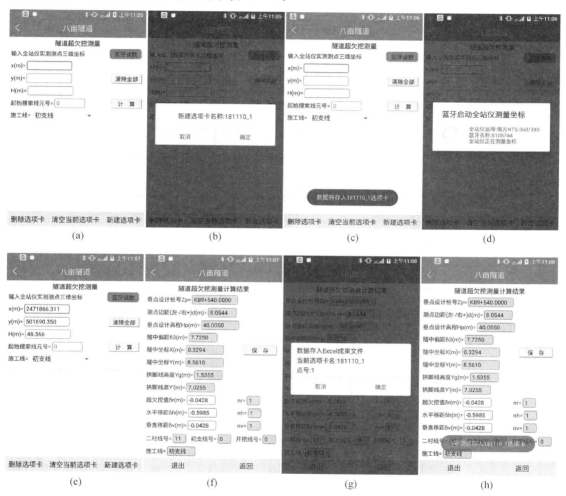

图 12-64　设置施工线为初支线,计算 K89+ 540 断面 9 测点的超欠挖值

(5) 导出隧道超欠挖测量成果文件

点击屏幕标题栏左侧的 **＜** 按钮 2 次,返回隧道超欠挖文件列表界面,点击"八亩隧道"文件名,在弹出的快捷菜单点击"导出 Excel 成果文件"命令[图 12-65(a)],导出"八亩隧道.xls"文件到手机内置 SD 卡的工作目录[图 12-65(b)],点击 **发送** 按钮,点击 ◎ 按钮[图 12-65(c)],启动手机 QQ 发送"八亩隧道.xls"文件到用户 PC 机[图 12-65(d)]。"八亩隧道.

表 12-26

八亩隧道 K89+ 540 断面初支线 9 个测点超欠挖值计算结果

测点名	全站仪实测隧道掌子面测点三维坐标			测点超欠挖值及其轮廓线线元号					
	x/m	y/m	H/m	δ_r/m	n_r	δ_h/m	n_h	δ_v/m	n_v
1	2 471 866.311	501 690.350	48.566	$-0.042\ 8$	1	$-0.598\ 5$	1	$-0.042\ 8$	1
2	2 471 861.418	501 686.252	45.458	$-0.034\ 8$	1	$-0.045\ 4$	2	$-0.053\ 9$	1
3	2 471 860.586	501 685.555	39.649	$-0.077\ 0$	3	$-0.081\ 0$	2		
4	2 471 861.341	501 686.188	38.521	$0.028\ 6$	3	$0.093\ 4$	4		
5	2 471 868.395	501 692.095	37.670	$-0.047\ 6$	4	$-0.412\ 7$	4	$-0.047\ 9$	4
6	2 471 871.696	501 694.860	38.566	$-0.050\ 0$	4	$-0.157\ 7$	5	$-0.052\ 4$	4
7	2 471 872.527	501 695.556	39.643	$-0.092\ 5$	5	$-0.097\ 5$	6		
8	2 471 872.832	501 695.812	42.052	$0.020\ 0$	6	$0.020\ 1$	6		
9	2 471 871.699	501 694.862	45.446	$-0.052\ 8$	1	$-0.068\ 8$	6	$-0.081\ 6$	1

(a)	(b)	(c)	(d)

图 12-65 导出"八亩隧道"的 Excel 成果文件并 QQ 发送到用户 PC 机

xls"文件有 4 个选项卡,图 12-66 为用户在隧道超欠挖测量界面点击 **新建选项卡** 按钮新建的"181110_1"选项卡的内容,已存储了 9 个测点的观测数据及其超欠挖计算结果。

4. 隧道超欠挖测量计算原理简介

用户输入了测点 j 的三维坐标$(x_j,\ y_j,\ H_j)$后,程序应用其平面坐标$(x_j,\ y_j)$反算该点在路线中线的垂点连续桩号 Z'_p 及其中桩坐标(x_p,y_p)、设计高程 H_p、边距代数值 d_j(负数为左边距,正数为右边距);应用 Z'_p 的值,在表 12-25 所列的洞身支护参数第 4 列中搜索该点所在的衬砌起始连续桩号所在的行号,根据行号从第 10 列提取该点的隧道中线偏距 δ_3,并计算测点 j 的隧中坐标:

$$\left.\begin{array}{l} Y_j = H_j - H_p \\ X_j = d_j - \delta_3 \end{array}\right\} \tag{12-104}$$

由测点隧中坐标(X_j,Y_j)和施工线的全幅主点数据,计算测点的超欠挖值 δ_r、水平移距

	序号	全站仪实测测点三维坐标			测点垂直数据			施工线	轮廓线号	隧中偏距
		$x(m)$	$y(m)$	$H(m)$	设计桩号	$Hp(m)$	边距$d(m)$			
1	隧道超欠挖测量成果_广东中山八亩隧道右线									
4	1	2471866.311	501690.35	48.566	K89+540.0000	40.0050	8.0544	初支线	0	7.725
5	2	2471861.418	501686.252	45.458	K89+539.9999	40.0050	14.4368	初支线	0	7.725
6	3	2471860.586	501685.555	39.649	K89+539.9998	40.0050	15.5221	初支线	0	7.725
7	4	2471861.341	501686.188	38.521	K89+540.0003	40.0050	14.5369	初支线	0	7.725
8	5	2471868.395	501692.059	37.67	K89+539.9997	40.0050	5.3363	初支线	0	7.725
9	6	2471871.696	501694.86	38.566	K89+540.0000	40.0050	1.0302	初支线	0	7.725
10	7	2471872.527	501695.556	39.643	K89+540.0001	40.0050	-0.0537	初支线	0	7.725
11	8	2471872.832	501695.812	42.052	K89+540.0005	40.0050	-0.4519	初支线	0	7.725
12	9	2471871.699	501694.862	45.446	K89+539.9996	40.0050	1.0267	初支线	0	7.725

	测点隧中坐标		拱脚线高度	测点拱脚线高差	测点超欠挖计算结果			测量日期与时间
	$X(m)$	$Y(m)$	$Yg(m)$		$\delta r(m)$	$\delta H(m)$	$\delta V(m)$	
4	0.3294	8.5610	1.5355	7.0255	-0.0428	-0.5985	-0.0428	2018/11/10 11:08
5	6.7118	5.4530	1.5355	3.9175	-0.0348	-0.0454	-0.0539	2018/11/10 11:23
6	7.7971	-0.3560	1.5355	-1.8915	-0.0770	-0.0810	0.0000	2018/11/10 11:24
7	6.8119	-1.4840	1.5355	-3.0195	0.0286	0.0934	0.0000	2018/11/10 11:24
8	-2.3887	-2.3350	1.5355	-3.8705	-0.0476	-0.4127	-0.0479	2018/11/10 11:26
9	-6.6948	-1.4390	1.5355	-2.9745	-0.0500	-0.1577	-0.0524	2018/11/10 11:27
10	-7.7787	-0.3620	1.5355	-1.8975	-0.0925	-0.0975	0.0000	2018/11/10 11:27
11	-8.1769	2.0470	1.5355	0.5115	0.0200	0.0201	0.0000	2018/11/10 11:28
12	-6.6983	5.4410	1.5355	3.9055	-0.0528	-0.0585	-0.0816	2018/11/10 11:29

| ⑭ ◄ ► ▶| 1-Q2X8平曲线 / 2-竖曲线 / 3-轮廓线主点 / 4-洞身支护参数 / 181110_1 / |

图 12-66 "八亩隧道左洞.xls"文件"181110_1"选项卡隧道超欠挖测量成果内容

δ_h 和垂直移距 δ_v。

隧道轮廓线至少应输入各类型衬砌的二衬线右幅主点数据,初支线与开挖线是否与二衬线图形相似有下列三种情形。

（1）衬砌二衬线、初支线、开挖线图形相似

只输入衬砌二衬线右幅主点数据。施工线设置为二衬线时,计算测点相对于二衬线的超欠挖值;施工线设置为初支线时,先计算测点相对于二衬线的超欠挖值,再用 δ_1 改正为初支线的超欠挖值;施工线设置为开挖线时,先计算测点相对于二衬线的超欠挖值,再用（δ_1 + δ_2）改正为开挖线的超欠挖值。

（2）衬砌二衬线图形与初支线图形不相似,初支线图形与开挖线图形相似

分别输入衬砌二衬线和初支线的右幅主点数据。施工线设置为二衬线时,计算测点相对于二衬线的超欠挖值;施工线设置为初支线时,计算测点相对于初支线的超欠挖值;施工线设置为开挖线时,先计算测点相对于初支线的超欠挖值,再用 δ_2 改正为开挖线的超欠挖值。

（3）衬砌二衬线、初支线、开挖线图形均不相似

分别输入衬砌二衬线、初支线和开挖线的右幅主点数据。施工线设置为二衬线时,计算测点相对于二衬线的超欠挖值;施工线设置为初支线时,计算测点相对于初支线的超欠挖值;施工线设置为开挖线时,计算测点相对于开挖线的超欠挖值。

由表 12-25 可知,八亩隧道的所有衬砌类型都属于上述情形（1）,因此,全部衬砌的初支线号和开挖线号均等于零。

本 章 小 结

（1）路线中线属于三维空间曲线，中线投影到水平面构成平曲线，投影到竖直面并按桩号展开构成竖曲线，平、竖曲线联系的组带为桩号，桩号为中线上某点距路线起点的水平距离，也称里程数。

（2）路线平曲线由直线、圆曲线、缓和曲线三种线元按设计需要径相连接组合而成。其中缓和曲线为半径连续渐变的积分曲线，称一端半径为∞的缓和曲线为完整缓和曲线，半径为∞的端点为切线支距坐标系的原点，两端半径$\neq\infty$的缓和曲线为非完整缓和曲线。

（3）缓和曲线参数定义为$A=\sqrt{RL_h}$，缓和曲线任意点 j 的原点偏角为$\beta_j=\dfrac{l_j^2}{2A^2}$，其中$l_j$为缓和曲线原点至 j 点的线长。缓和曲线 j 点的切线支距坐标公式（12-34）的第一式适用于原点偏角$\beta_j<50°$的切线坐标计算，式（12-34）的第二式适用于原点偏角$\beta_j<65°$的支距坐标计算，否则应使用积分公式（12-29）计算。

（4）计算给定桩号的中、边桩三维设计坐标称为坐标正算。由于公路路线设计图纸一般只给出 20 m 中桩间距的逐桩坐标，不能满足路线平曲线详细测设的需求，因此需要使用南方 MSMT 手机 Q2X8 交点法程序频繁地计算加桩的中、边桩三维设计坐标。根据全站仪测定的边桩三维坐标反求垂点桩号、走向方位角、中桩坐标及其设计高程、边距、挖填高差、坡口平距称为坐标反算。坐标正、反算是路线施工测量中使用频率最高的计算工作。坐标正算计算出的中、边桩坐标，坐标反算计算出的测点垂点坐标，可以通过蓝牙发送到 NTS-362LNB 全站仪的放样界面，用于坐标放样。

（5）根据桥梁墩台桩基大样图、墩台中心设计参数计算桥梁墩台桩基与盖梁角点的测量坐标称为桥梁墩台桩基坐标计算。南方 MSMT 手机软件计算出的墩台桩基坐标可以单个发送到 NTS-362LNB 全站仪的放样界面，也可以全部发送到 NTS-362LNB 全站仪的坐标文件。

（6）隧道超欠挖计算时，应先在开挖线、初支线与二衬线中选择其一作为计算的基准线，也称施工线，测点距离施工线的垂直距离δ_r称为超欠挖值，$\delta_r>0$为超挖，$\delta_r<0$为欠挖。超欠挖测量时，可以点击 蓝牙读数 按钮通过蓝牙启动全站仪测距并自动提取测点三维坐标。

思考题与练习题

[12-1]　什么是转角？其正负是如何定义的？

[12-2]　路线平曲线在什么情况下需要设置缓和曲线？

[12-3]　什么情况下圆曲线需要设置加宽？高速公路的圆曲线是否需要设置加宽？

[12-4]　什么情况下圆曲线需要设置超高？如何设置超高过渡段？超高过渡方式有哪些？

[12-5]　什么情况下需要设置超高、加宽过渡段？

[12-6] 图 12-67 为项目平曲线设计图纸,表 12-27 为竖曲线及纵坡表,试完成下列计算内容:

(1) 验算 JD1 第二缓和曲线、JD3 第一、第二缓和曲线的起讫半径。

(2) 坐标正算计算表 12-28 所列 1~4 号加桩中桩的三维设计坐标,结果填入表 12-28。

(3) 坐标反算计算表 12-28 所列 5 号、6 号测点的垂点数据,结果填入表 12-28。

云南都匀至香格里拉高速公路守望(滇黔界)至红山(滇川界)段
A1标段直线、曲线及转角表(局部)
设计单位:中国公路工程咨询集团有限公司
施工单位:中交第四公路工程局有限公司

交点号	交点桩号及交点坐标		转角	曲线要素/m						
				半径	缓和曲线参数	缓和曲线长	切线长	曲线长	外距	切曲差(校正值)
QD	桩	−K0−095.95								
	N	3 013 869.772								
	E	543 959.391								
JD1	桩	K0+010.502	8°32′11.3″(Z)	1 250	0	0	106.451	256.598	4.525	0.444
	N	3 013 919.006			625	209.704	150.591			
	E	543 865.009								
JD2	桩	K0+216.64	1°41′17.9″(Z)	3 800	0	0	55.99	111.972	0.413	0.008
	N	3 013 986.304			0	0	55.99			
	E	543 669.696								
JD3	桩	K0+696.885	49°51′26.3″(Z)	780	390	154.974	424.261	815.317	81.706	47.6
	N	3 014 129.310			342.052 6	150	438.655			
	E	543 211.229								
ZD	桩	K1+290.387								
	N	3 013 784.531								
	E	542 670.730								

平面坐标系:2000国家大地坐标系,中央子午线经度E103°20′,投影面高程1 480m。

图 12-67　云南都香高速公路守望(滇黔界)至红山(滇川界)段 A1 标段平曲线设计图纸

表 12-27　　云南都香高速公路守望(滇黔界)至红山(滇川界)段 A1 标段竖曲线及纵坡表

点名	设计桩号	高程 H/m	竖曲半径 R/m	纵坡 i/%	切线长 T/m	外距 E/m
SQD	K0+004.051	1 883.703		1.6		
SJD1	K0+470	1 891.158	30 000	2.637	155.518	0.403
SJD2	K0+900	1 902.498	20 000	4	136.098	0.463
SJD3	K1+540	1 928.096	15 000	2.2	134.847	0.606
SZD	K2+330	1 945.476				

表 12-28　　　云南都香高速公路守望（滇黔界）至红山（滇川界）段 A1 标段坐标正反算数据

点号	Z	x/m	y/m	H_D/m	α	加桩点位说明
1	K0+060					JD1 第二缓和曲线
2	K0+360					JD3 第一缓和曲线
3	K0+680					JD3 圆曲线
4	K1+180					JD3-ZD 夹直线

点号	x_j/m	y_j/m	Z_p	x_p/m	y_p/m	d/m
5	3 014 007.566 9	543 568.248 4				
6	3 014 062.100 1	543 233.576 9				
7	3 013 929.981 7	542 921.922 3				

[12-7]　图 12-68 为项目平曲线设计图纸,试完成下列计算内容:

（1）验算 JD1 第二缓和曲线、JD2 第一、第二缓和曲线的起讫半径。

（2）使用 fx-5800P 计算器,分别应用积分公式（12-29）与级数展开公式（12-34）,计算 JD2 第二缓和曲线起讫点的原点偏角与切线支距坐标,结果填入表 12-29。

（3）坐标正算计算表 12-30 所列 1 号、2 号加桩中桩的三维设计坐标,结果填入表 12-30。

（4）坐标反算计算表 12-30 所列 3 号、4 号测点的垂点数据,结果填入表 12-30。

山西平定至阳曲高速公路第12标段
盂县南互通式立交B匝道直线、曲线及转角表(局部)
设计单位：山西省交通规划勘察设计院
施工单位：山西华通路桥集团有限公司

交点号	交点桩号及交点坐标		转角	曲线要素/m						
				半径	缓和曲线参数	缓和曲线长	切线长	曲线长	外距	切曲差（校正值）
QD	桩	BK0+000								
	N	4 214 873.977								
	E	445 546.054								
JD1	桩	BK0+027.663	2°36′28.5″(Z)	911.448	0	0	27.662	82.972	0.42	0.012
	N	4 214 896.629								
	E	445 530.174			275	82.972	55.320			
JD2	桩	BK0+649.807	148°42′37.6″(Y)	140	105	78.75	566.839	433.62	406.302	683.897
	N	4 215 389.292								
	E	445 150.226			360	239.092	550.678			
ZD	桩	BK0+516.592								
	N	4 215 191.315								
	E	445 664.080								

图 12-68　山西盂县南互通式立交 B 匝道平曲线设计图纸

388

表 12-29　　　　山西孟县南互通式立交 B 匝道 JD2 第二缓和曲线起讫点切线支距坐标

点名	R/m	原点偏角 β	积分公式(12-29)		级数公式(12-34)		坐标差	
			x'/m	y'/m	x'/m	y'/m	$\Delta x'$/m	$\delta y'$/m
YH								
HZ								

表 12-30　　　　山西孟县南互通式立交 B 匝道坐标正反算数据

点号	Z	x/m	y/m	α	加桩点位说明	
1	BK0+280				JD2 第二缓和曲线	
2	BK0+515				JD2 第二缓和曲线	

点号	x_j/m	y_j/m	Z_p	x_p/m	y_p/m	d/m
3	4 215 169.375	445 511.561 2				
4	4 215 210.292 6	445 591.705 2				

[12-8]　图 12-69 为项目平曲线设计图纸,试完成下列计算内容:

(1) 验算 JD1 第一、第二缓和曲线的起讫半径。

(2) 坐标正算计算表 12-31 所列 1～5 号加桩中桩的三维设计坐标,结果填入表 12-31。

(3) 坐标反算计算表 12-31 所列 6 号、7 号测点的垂点数据,结果填入表 12-31。

日(照)至兰(考)高速公路
郓城南立交改造工程E匝道直线、曲线及转角表(局部)
设计单位:山东省交通规划设计院
施工单位:中铁十八局集团轨道交通工程有限公司

交点号	交点桩号 及 交点坐标		转角	曲线要素/m						
				半径	缓和曲线参数	缓和曲线长	切线长	曲线长	外距	切曲差(校正值)
QD	桩	EK0+000								
	N	3 925 525.975								
	E	502 796.176								
JD1	桩	EK0+111.144	54°42′54.3″(Y)	180	95	41.078	111.144	202.476	23.657	15.177
	N	3 925 636.876								
	E	502 803.526			180	70.370	106.509			
ZD	桩	EK0+202.475								
	N	3 925 692.515								
	E	502 894.346								

图 12-69　山东郓城南立交改造工程 E 匝道平曲线设计图纸

表 12-31 　　　　　　　　　　山东郓城南立交改造工程 E 匝道坐标正反算数据

点号	Z	x/m	y/m	α	加桩点位说明	
1	EK0+005				JD1 第一缓和曲线	
2	EK0+040				JD1 第一缓和曲线	
3	EK0+100				JD1 圆曲线	
4	EK0+135				JD1 第二缓和曲线	
5	EK0+200				JD1 第二缓和曲线	

点号	x_j/m	y_j/m	Z_p	x_p/m	y_p/m	d/m
6	3 925 561.645 4	502 794.715 2				
7	3 925 677.792 8	502 877.307 5				

[12-9] 交点转角大于 180° 的基本型平曲线称为回头曲线,图 12-70 所示的 JD1 为回头曲线,且 $Z_{QD} > Z_{JD1}$,回头曲线的半径应输入为负数,试完成下列计算内容:

(1) 验算 JD1 第一、第二缓和曲线的起讫半径。

(2) 坐标正算计算表 12-32 所列 1～5 号加桩中桩的三维设计坐标,结果填入表 12-32。

(3) 坐标反算计算表 12-32 所列 6 号、7 号测点的垂点数据,结果填入表 12-32。

江西昌(傅镇)至泰(和县)高速公路技改工程
吉安南互通式立交B匝道直线、曲线及转角表(局部)
设计单位:中交路桥技术有限公司
施工单位:江西赣粤高速公路工程有限责任公司

交点号	交点桩号 及 交点坐标		转 角	曲线要素/m						
				半径	缓和曲线参数	缓和曲线长	切线长	曲线长	外距	切曲差 (校正值)
QD	桩	BK0+000								
	N	3 000 989.648								
	E	515 292.007								
JD1	桩	BK0−747.333	192°51′34.9″(Y)	80	82.046	31.962	-747.331	339.874	677.655	1096.87
	N	3 000 299.864			103.58	131.551	-689.413			
	E	515 004.423 8								
ZD	桩	BK0+339.873								
	N	3 000 861.184								
	E	515 404.688 7								

图 12-70 　江西吉安南互通式立交 B 匝道平曲线设计图纸

表 12-32 　　　　　　　　　　江西吉安南互通式立交 B 匝道坐标正反算数据

点号	Z	x/m	y/m	α	加桩点位说明	
1	BK0+005				JD1 第一缓和曲线	
2	BK0+030				JD1 第一缓和曲线	
3	BK0+100				JD1 圆曲线	

（续表）

点号	Z	x/m	y/m	α	加桩点位说明	
4	BK0+210				JD1 第二缓和曲线	
5	BK0+335				JD1 第二缓和曲线	

点号	x_j/m	y_j/m	Z_p	x_p/m	y_p/m	d/m
6	3 001 013.967 7	515 300.704 1				
7	3 000 939.597 2	515 448.853 4				

[12-10] 图 12-71 所示项目的 JD21 与 JD22 均为对称基本型平曲线,两个交点的第一、第二缓和曲线均为完整缓和曲线,表 12-33 所列为竖曲线设计数据,表 12-34 所列为路基超高横坡设计数据,超高渐变方式为线性渐变;边坡设计数据列于表 12-35,边坡编号数据列于表 12-36,整体式路基横断面图与图 12-2 相同,路基结构层数据如图 12-39(a)所示,超高横坡设计数据列于表 12-34,边坡设计数据列于表 13-33,边坡结构层数据如图 12-39 所示,边坡编号设计数据列于表 12-36,试完成下列计算:

（1）坐标正算计算加桩 K175+900 左幅断面 7 个主点的三维设计坐标,施工层号选择 3,结果填入表 12-37。

（2）坐标正算计算加桩 K175+900 右幅断面 8 个主点的三维设计坐标,施工层号选择 3,结果填入表 12-38。

（3）坐标反算计算加桩 K175+900 断面的 4 个测点的垂点数据,结果填入表 12-39。

贵州道真至新寨高速公路
流河渡至陆家寨段TJ18标直线、曲线及转角表(局部)
设计单位:中交第二公路勘察设计研究院有限公司
施工单位:中交第一航务工程局有限公司

交点号	交点桩号及交点坐标		转角	曲线要素/m						
				半径	缓和曲线参数	缓和曲线长	切线长	曲线长	外距	切曲差（校正值）
QD	桩	K174+298.97								
	N	3 064 740.778 6								
	E	503 170.695 4								
JD21	桩	K174+766.612	39°28′19.6″(Z)	1 100	400	145.455	467.642	903.264	69.5	32.02
	N	3 064 281.554			400	145.455	467.642			
	E	503 082.369								
JD22	桩	K176+088.165	25°23′34″(Y)	1 100	400	145.455	320.72	632.961	28.392	8.479
	N	3 063 092.969			400	145.455	320.72			
	E	503 730.000								
ZD	桩	K176+400.406								
	N	3 062 772.746 3								
	E	503 747.859								

图 12-71 贵州道真至新寨高速公路流河渡至陆家寨段 TJ18 标平曲线设计图纸

表 12-33   贵州道真至新寨高速公路流河渡至陆家寨段 TJ18 标竖曲线及纵坡表

点名	设计桩号	高程 H/m	竖曲半径 R/m	纵坡 i/%	切线长 T/m	外距 E/m
SQD	K174+050	884.078		−1.4		
SJD1	K174+900	872.178	10 000	2.1	174.998	1.531
SJD2	K175+455	883.833	13 000	−0.5	168.989	1.098
SJD3	K176+000	881.108	18 000	1.3	161.997	0.729
SJD4	K176+630	889.298	12 000	−2.3	215.995	1.944
SZD	K177+100	878.488				

表 12-34   贵州道真至新寨高速公路流河渡至陆家寨段 TJ18 标超高横坡设计数据

序	设计桩号	左横坡 i_L/%	右横坡 i_R/%	序	设计桩号	左横坡 i_L/%	右横坡 i_R/%
1	K174+250	−2	2	7	K175+770	2	2
2	K174+350	2	−2	8	K175+865	−2	2
3	K174+405	4	−4	9	K175+915	−4	4
4	K175+055	4	−4	10	K176+295	−4	4
5	K175+105	2	−2	11	K176+350	−2	2
6	K175+200	2	2	12	K176+450	2	−2

表 12-35   贵州道真至新寨高速公路流河渡至陆家寨段 TJ18 标边坡设计数据

坡级		一级填方边坡				二级填方边坡			
参数		n_{T1}	H_{T1}	i_{T1}	d_{T1}	n_{T2}	H_{T2}	i_{T2}	d_{T2}
单位			m	%	m		m	%	m
1 号		1.5	8	3	2	1.75	12	3	2
坡级		一级挖方边坡				二级挖方边坡			
参数	边沟	n_{W1}	H_{W1}	i_{W1}	d_{W1}	n_{W2}	H_{W2}	i_{W2}	d_{W2}
单位	m		m	%	m		m	%	m
−1 号	2	1	10	3	2				
−2 号	2	0.75	10	3	2	1	10	3	2
−3 号	2	0.5	10	3	2	0.75	10	3	2

表 12-36   贵州道真至新寨高速公路流河渡至陆家寨段 TJ18 标边坡编号设计数据

序号	设计桩号	左边坡号	右边坡号	序号	设计桩号	左边坡号	右边坡号
1	K174+298.97	−1	−1	6	K174+725	−1	−1
2	K174+413	−1	1	7	K174+856	1	1
3	K174+430	1	1	8	K175+020	−1	0
4	K174+458	1	−1	9	K175+100	−1	−1
5	K174+540	1	1	10	K175+160	−1	1

（续表）

序号	设计桩号	左边坡号	右边坡号	序号	设计桩号	左边坡号	右边坡号
11	K175+179.2	1	1	22	K175+942	1	−2
12	K175+230	1	−1	23	K175+960	1	−1
13	K175+253.5	−1	−1	24	K176+020	1	1
14	K175+339	1	−1	25	K176+062	−1	1
15	K175+355	−1	−1	26	K176+078	−2	1
16	K175+560.5	1		27	K176+100	−2	−3
17	K175+738	−1	−1	28	K176+235	1	−3
18	K175+857	1	−1	29	K176+258	1	1
19	K175+880	−2	−2	30	K176+300	−3	0
20	K175+900	1	−2	31	K176+360	−3	−3
21	K175+920	−2	−2				

表 12-37　贵州道新高速 TJ18 标加桩 K175+ 900 左幅断面路基与边坡主点三维设计坐标

（施工层号=3,中桩坐标 $x=3\,063\,257.072\,9$ m, $y=503\,637.821\,4$ m, $H=881.714\,8$ m, $\alpha=154°33'40.18''$）

序号	点名	d_L/m	i_L/%	x_L/m	y_L/m	H_{LD}/m	H_{LC}/m	h_C/m
1	①	1						
2	②	11.5						
3	③	12.25						
4	−1.1	24.16						
5	−1.2	26.16						
6	−2.1	47.055						
7	−2.2	49.055						

表 12-38　贵州道新高速 TJ18 标加桩 K175+ 900 右幅断面路基与边坡主点三维设计坐标

（施工层号=3,中桩坐标 $x=3\,063\,257.072\,9$ m, $y=503\,637.821\,4$ m, $H=881.714\,8$ m, $\alpha=154°33'40.18''$）

序号	点名	d_R/m	i_R/%	x_R/m	y_R/m	H_{RD}/m	H_{RC}/m	h_C/m
1	①	1						
2	②	11.5						
3	③	12.25						
4	④	14.25						
5	−1.1	21.705						
6	−1.2	23.705						
7	−2.1	33.645						
8	−2.2	35.645						

表 12-39 **贵州道新高速 TJ18 标加桩 K175+ 900 断面测点坐标反算数据**

（施工层号＝3，垂点中桩坐标 x_p＝3 063 257.072 9 m，y_p＝503 637.821 4 m，H_p＝881.714 8 m，α_p＝154°33′40.18″）

点名	x/m	y/m	H/m	d/m	H_C/m	$\delta h_C/m$	$\delta d/m$	$\delta S/m$	$\delta h/m$
P1	3 063 261.564 9	503 647.265 1	881.916 8						
P2	3 063 265.676 7	503 655.909 4	876.365 1						
P3	3 063 252.041	503 627.241 8	881.474 8						
P4	3 063 243.955 3	503 610.243 1	898.920 6						

[12-11] 贵州道真至新寨高速 TJ18 标河坝田大桥平曲线设计数据如图 12-71 所示，1～3 类墩台大样图如图 12-72(a)—(c)所示，8 个墩台中心设计参数列于表 12-40，40 个桩基的设计测量坐标列于表 12-41，试验算这 40 个桩基的设计坐标，并在 MS-Excel 中比较计算值与设计值的差异。

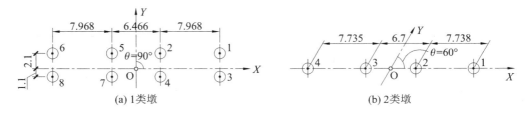

(a) 1 类墩   (b) 2 类墩

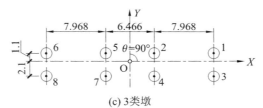

(c) 3 类墩

图 12-72 贵州道新高速公路流河渡至陆家寨段 TJ18 标河坝田大桥墩台桩基图

表 12-40 河坝田大桥墩台中心设计参数

墩台号	墩类号	设计桩号	X 轴偏距 d/m	X 轴偏角 β	$\angle XOY$ 夹角 θ
0#	1	K174＋859.96	0	60°	90°
1#	2	K174＋880	0	60°	60°
2#	2	K174＋900	0	60°	60°
3#	2	K174＋920	0	60°	60°
4#	2	K174＋940	0	60°	60°
5#	2	K174＋960	0	60°	60°
6#	2	K174＋980	0	60°	60°
7#	3	K175＋000.04	0	60°	90°

表 12-41　　　　贵州道真至新寨高速公路流河渡至陆家寨段 TJ18 标河坝田大桥墩台桩基设计坐标表

墩号	桩基	x/m	y/m	墩号	桩基	x/m	y/m
0#	1	3 064 175.848	503 166.693	4#	1	3 064 100.197	503 188.790
	2	3 064 181.437	503 172.372		2	3 064 106.011	503 193.895
	3	3 064 178.129	503 164.448		3	3 064 111.044	503 198.314
	4	3 064 183.718	503 170.127		4	3 064 116.856	503 203.418
	5	3 064 185.973	503 176.980	5#	1	3 064 081.182	503 195.531
	6	3 064 191.562	503 182.659		2	3 064 087.088	503 200.530
	7	3 064 188.254	503 174.736		3	3 064 092.200	503 204.857
	8	3 064 193.843	503 180.414		4	3 064 098.104	503 209.854
1#	1	3 064 157.933	503 170.655	6#	1	3 064 062.293	503 202.617
	2	3 064 163.460	503 176.070		2	3 064 068.289	503 207.508
	3	3 064 168.244	503 180.757		3	3 064 073.479	503 211.741
	4	3 064 173.769	503 186.170		4	3 064 079.473	503 216.630
2#	1	3 064 138.578	503 176.350	7#	1	3 064 042.727	503 210.854
	2	3 064 144.203	503 181.663		2	3 064 048.993	503 215.777
	3	3 064 149.072	503 186.262		3	3 064 044.705	503 208.338
	4	3 064 154.695	503 191.574		4	3 064 050.970	503 213.261
3#	1	3 064 119.331	503 182.395		5	3 064 054.077	503 219.772
	2	3 064 125.052	503 187.606		6	3 064 060.342	503 224.695
	3	3 064 130.003	503 192.116		7	3 064 056.054	503 217.256
	4	3 064 135.722	503 197.324		8	3 064 062.319	503 222.179

［12-12］　贵州道新高速 TJ18 标 K176＋040 盖板涵平面设计图如图 12-73 所示,试计算图中 20 个涵洞碎部点的设计坐标,结果填入表 12-42。

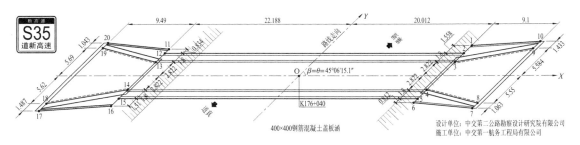

图 12-73　贵州道新高速公路 TJ18 标 K176＋040 钢筋混凝土盖板涵设计平面图（单位: m）

［12-13］　图 12-74 为二衬线设计图纸,试完成下列计算:

（1）在 AutoCAD 按 1︰1 的比例绘制二衬线图形并采集其右幅主点数据,验证图 12-74 所示的 Mat **Z** 矩阵数据。

（2）在 AutoCAD 展绘表 12-43 所列的 20 个模拟测点的隧中坐标。

（3）计算表 12-43 所列 20 个模拟测点的超欠挖值,结果填入表 12-43。

表 12-42　　　　貴州道新高速 TJ18 标 K176+ 040 盖板涵碎部点平面坐标

点号	x/m	y/m	点号	x/m	y/m
1			11		
2			12		
3			13		
4			14		
5			15		
6			16		
7			17		
8			18		
9			19		
10			20		

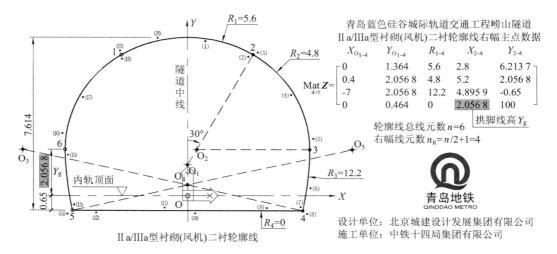

图 12-74　青岛崂山隧道 Ⅱa/Ⅲ 型衬砌（风机）二衬线设计图（单位：m）

表 12-43　　　　崂山隧道 Ⅱa/Ⅲa 型衬砌（风机）二衬线 20 个模拟测点隧中坐标

列号	1	2	3	4	5	6	7	8	9
测点名	X/m	Y/m	Y'/m	δ_r/m	n_r	δ_h/m	n_h	δ_v/m	n_v
（1）	0.772 8	6.797 3							
（2）	2.600 6	6.121 8							
（3）	3.002 1	6.304 9							
（4）	4.410 5	4.454							
（5）	5.348	2.537 1							
（6）	5.226 5	0.329 7							
（7）	4.799 3	−0.483 7							
（8）	5.078 8	−0.789 5							
（9）	3.364 5	−0.527 1							
（10）	0.323 3	−0.772 3							
（11）	−0.973 8	−0.509 6							
（12）	−3.88	−0.746 2							

列号	1	2	3	4	5	6	7	8	9
(13)	−4.814 7	−0.387 9							
(14)	−5.097 7	−0.800 5							
(15)	−5.075 5	1.809 1							
(16)	−5.307 8	2.773 2							
(17)	−4.431	4.357 5							
(18)	−2.767 9	6.038 1							
(19)	−2.851 4	6.392 4							
(20)	−1.256 7	6.949 5							

[12-14] 上寨隧道长 1 100 m,图 12-75 为平曲线设计图纸,竖曲线设计数据列于表 12-44,洞身支护参数列于表 12-45,图 12-76 为其Ⅲ型衬砌二衬线与开挖线设计图,试完成下列计算内容:

(1) 施工线设置为开挖线,计算表 12-46 所列 1～5 号测点的超欠挖值,结果填入表 12-46。

(2) 施工线设置为初支线,计算表 12-47 所列 1～5 号测点的超欠挖值,结果填入表 12-47。

(3) 施工线设置为二衬线,计算表 12-48 所列 1～5 号测点的超欠挖值,结果填入表 12-48。

贵广铁路贵阳段3标上寨隧道直线、曲线及转角表(局部)
设计单位: 中铁二院工程集团有限责任公司
施工单位: 中铁二局第三工程有限公司

交点号	交点桩号及交点坐标		转 角	曲线要素/m							
				半 径	缓和曲线参数	缓和曲线长	切线长	曲线长	外 距	切曲差(校正值)
QD	桩	DK71+477								
	N	2915517.683								
	E	469620.974								
JD19	桩	DK73+146.674	27°09′27.3″(Z)	6 000	1 624.807 7	440	1 669.517	3 283.936	173.918	55.098
	N	2914236.336								
	E	470691.4693			1 624.807 7	440	1 669.517			
ZD	桩	DK76+217.422								
	N	2913016.703								
	E	473569.5609								

图 12-75 贵阳至广州铁路贵阳段 3 标上寨隧道平曲线设计图纸

表 12-44　　　　　　　　　贵阳至广州铁路贵阳段 3 标上寨隧道竖曲线及纵坡表

点名	设计桩号	高程 H/m	竖曲半径 R/m	纵坡 i/%	切线长 T/m	外距 E/m
SQD	DK71+050	1 040.549		−0.3		
SJD1	DK72+250	1 036.949	25 000	0.5	100	0.2
SJD2	DK73+500	1 043.199	25 000	0.3	25.004 6	0.012 5
SJD3	DK76+000	1 050.698	25 000	−0.52	102.488 7	0.210 1
SZD	DK77+218	1 044.365				

表 12-45　　　　贵阳至广州铁路贵阳段 3 标上寨隧道（1 100 m）洞身支护参数

名称	衬砌类型	设计桩号	二衬线号	初支线号	开挖线号	二衬厚+预留变形量 δ_1/m	喷射层厚 δ_2/m	隧中偏距 δ_3/m
1	Ⅲ	DK73+400	1	0	2	0.55	0.12	2.4
2	Ⅲ	DK74+500						

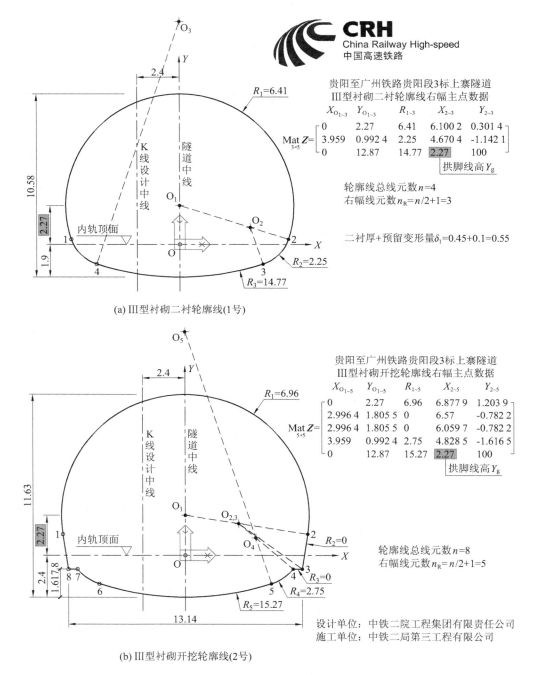

贵阳至广州铁路贵阳段3标上寨隧道
Ⅲ型衬砌二衬轮廓线右幅主点数据

$$\text{Mat } Z_{3\times5} = \begin{bmatrix} X_{O_{1-3}} & Y_{O_{1-3}} & R_{1-3} & X_{2-3} & Y_{2-3} \\ 0 & 2.27 & 6.41 & 6.100\,2 & 0.301\,4 \\ 3.959 & 0.992\,4 & 2.25 & 4.670\,4 & -1.142\,1 \\ 0 & 12.87 & 14.77 & 2.27 & 100 \end{bmatrix}$$

拱脚线高 Y_g

轮廓线总线元数 $n=4$
右幅线元数 $n_R=n/2+1=3$

二衬厚+预留变形量 $\delta_1=0.45+0.1=0.55$

(a) Ⅲ型衬砌二衬轮廓线(1号)

贵阳至广州铁路贵阳段3标上寨隧道
Ⅲ型衬砌开挖轮廓线右幅主点数据

$$\text{Mat } Z_{5\times5} = \begin{bmatrix} X_{O_{1-5}} & Y_{O_{1-5}} & R_{1-5} & X_{2-5} & Y_{2-5} \\ 0 & 2.27 & 6.96 & 6.877\,9 & 1.203\,9 \\ 2.996\,4 & 1.805\,5 & 0 & 6.57 & -0.782\,2 \\ 2.996\,4 & 1.805\,5 & 0 & 6.059\,7 & -0.782\,2 \\ 3.959 & 0.992\,4 & 2.75 & 4.828\,5 & -1.616\,5 \\ 0 & 12.87 & 15.27 & 2.27 & 100 \end{bmatrix}$$

拱脚线高 Y_g

轮廓线总线元数 $n=8$
右幅线元数 $n_R=n/2+1=5$

(b) Ⅲ型衬砌开挖轮廓线(2号)

设计单位：中铁二院工程集团有限责任公司
施工单位：中铁二局第三工程有限公司

图 12-76　贵广铁路贵阳段 3 标上寨隧道 Ⅲ 型衬砌二衬线与开挖线断面设计图（单位：m）

表 12-46　　　　贵广铁路贵阳段 3 标上寨隧道 K74+ 000 断面开挖线 5 个测点超欠挖值计算结果

测点名	全站仪实测隧道掌子面测点三维坐标			测点超欠挖值及其轮廓线线元号					
	x/m	y/m	H/m	δ_r/m	n_r	δ_h/m	n_h	δ_v/m	n_v
1	2 913 897.541 9	471 534.472 8	1 049.348 7						
2	2 913 897.215 3	471 534.298 2	1 046.043 3						
3	2 913 897.420 8	471 534.408 1	1 044.135 2						
4	2 913 897.943 4	471 534.687 5	1 043.681 3						
5	2 913 899.053 9	471 535.281 3	1 043.171 4						

表 12-47　　　　贵广铁路贵阳段 3 标上寨隧道 K74+ 000 断面初支线 5 个测点超欠挖值计算结果

测点名	全站仪实测隧道掌子面测点三维坐标			测点超欠挖值及其轮廓线线元号					
	x/m	y/m	H/m	δ_r/m	n_r	δ_h/m	n_h	δ_v/m	n_v
1	2 913 899.347 9	471 535.438 5	1 052.295 5						
2	2 913 896.996 7	471 534.181 4	1 047.555 9						
3	2 913 897.440 7	471 534.418 8	1 044.839 8						
4	2 913 908.907 4	471 540.549 7	1 044.841 1						
5	2 913 908.799 6	471 540.492 1	1 049.567 6						

表 12-48　　　　贵广铁路贵阳段 3 标上寨隧道 K74+ 000 断面二衬线 5 个测点超欠挖值计算结果

测点名	全站仪实测隧道掌子面测点三维坐标			测点超欠挖值及其轮廓线线元号					
	x/m	y/m	H/m	δ_r/m	n_r	δ_h/m	n_h	δ_v/m	n_v
1	2 913 900.621 3	471 536.119 3	1 052.821 9						
2	2 913 897.911 9	471 534.670 7	1 045.160 3						
3	2 913 899.216 4	471 535.368 2	1 043.666 8						
4	2 913 907.082 5	471 539.574	1 043.738 7						
5	2 913 908.375 6	471 540.265 4	1 045.222 3						

参考文献

［1］高等学校土木工程专业学科指导委员会.高等学校土木工程本科指导性专业规范[M].北京:中国建筑工业出版社,2011.

［2］中华人民共和国住房和城乡建设部.城市测量规范:CJJ/T 8—2011[S].北京:中国建筑工业出版社,2012.

［3］中华人民共和国国家质量监督检验检疫总局,中国国家标准化管理委员会.国家基本比例尺地形图图式第1部分:1∶500 1∶1 000 1∶2 000 地形图图式:GB/T 20257.1—2017[S].北京:中国标准出版社,2017.

［4］中华人民共和国国家质量监督检验检疫总局,中国国家标准化管理委员会.国家基本比例尺地形图分幅和编号:GB/T 13989—2012[S].北京:中国标准出版社,2012.

［5］中华人民共和国国家质量监督检验检疫总局,中国国家标准化管理委员会.国家三、四等水准测量规范:GB/T 12898—2009[S].北京:中国标准出版社,2009.

［6］中华人民共和国建设部,中华人民共和国国家质量监督检验检疫总局.工程测量规范:GB 50026—2007[S].北京:中国计划出版社,2008.

［7］中华人民共和国交通部.公路勘测细则:JTG/T C10—2007[S].北京:人民交通出版社,2007.

［8］中华人民共和国交通部.公路勘测规范:JTG C10—2007[S].北京:人民交通出版社,2007.

［9］中华人民共和国交通运输部.公路路线设计规范:JTG D20—2017[S].北京:人民交通出版社,2017.

［10］中华人民共和国交通部.公路勘测规范:JTJ 061—99[S].北京:人民交通出版社,1999.

［11］覃辉,段长虹,覃楠.CASIO fx-CG20 中文图形编程计算器电子手簿与隧道超欠挖程序[M].上海:同济大学出版社,2011.

［12］中华人民共和国交通运输部.公路工程技术标准:JTG B01—2014[S].北京:人民交通出版社,2014.

［13］中华人民共和国国家质量监督检验检疫总局,中国国家标准化管理委员会.国家一、二等水准测量规范:GB/T 12897—2006[S].北京:中国标准出版社,2006.

［14］中华人民共和国国家质量监督检验检疫总局,中国国家标准化管理委员会.国家基本比例尺地形图图式第2部分:1∶5 000 1∶10 000 地形图图式:GB/T 20257.2—2017[S].北京:中国标准出版社,2018.

［15］中华人民共和国住房和城乡建设部.建筑变形测量规程:JGJ/T 8—2016[S].北京:中国建筑工业出版社,2016.

［16］中华人民共和国交通运输部.公路隧道施工技术规范:JTG F60—2009[S].北京:人民交通出版社,2009.

［17］中华人民共和国交通运输部.公路隧道施工技术细则:JTG/T F60—2009[S].北京:人民交通出版社,2009.

［18］中华人民共和国国家计划委员会.道路工程术语标准:GBJ 124—88[S].北京:中国计划出版社,1989.

［19］覃辉.CASIO fx-5800P 编程计算器公路与铁路施工测量程序[M].上海:同济大学出版社,2009.

［20］覃辉.CASIO fx-5800P 编程计算器公路与铁路施工测量程序[M].2 版.上海:同济大学出版社,2011.

［21］覃辉,段长虹.CASIO fx-9750GⅡ图形机编程原理与路线施工测量程序[M].郑州:黄河水利出版社,2012.

［22］覃辉,段长虹,覃楠.CASIO fx-9860GⅡ图形机原理与道路桥梁隧道测量工程案例[M].广州:华南理工大学出版社,2013.

［23］覃辉,段长虹,魏加训.CASIO fx-FD10Pro 中文图形机道路桥梁隧道测量程序与案例[M].广州:华南理工大学出版社,2014.

［24］覃辉.CASIO fx-5800P 工程编程机道路桥梁隧道测量程序与案例[M].上海:同济大学出版社,2015.

［25］覃辉,马超,朱茂栋.南方 MSMT 道路桥梁隧道施工测量[M].上海:同济大学出版社,2018.